U0038967

1580242753

中华人民共和国国家标准

工业建筑供暖通风
与空气调节设计规范

Design code for heating ventilation and
air conditioning of industrial buildings

GB 50019-2015

主编部门:中国有色金属工业协会
批准部门:中华人民共和国住房和城乡建设部
施行日期:2 0 1 6 年 2 月 1 日

中国计划出版社

2015 北 京

中华人民共和国国家标准

工业建筑供暖通风
与空气调节设计规范

GB 50019 - 2015

☆

中国计划出版社出版发行

网址：www. jhpress. com

地址：北京市西城区木樨地北里甲 11 号国宏大厦 C 座 3 层

邮政编码：100038　电话：(010) 63906433（发行部）

北京市科星印刷有限责任公司印刷

850mm×1168mm　1/32　17.75 印张　456 千字

2015 年 11 月第 1 版　2021 年 4 月第 6 次印刷

☆

统一书号：1580242·753

定价：128.00 元

中华人民共和国住房和城乡建设部公告

第 822 号

住房城乡建设部关于发布国家标准
《工业建筑供暖通风与空气调节设计规范》的公告

现批准《工业建筑供暖通风与空气调节设计规范》为国家标准，编号为 GB 50019—2015，自 2016 年 2 月 1 日起实施。其中，第 5.4.12、5.5.2、5.7.4、5.8.17、6.1.13、6.2.2、6.3.2、6.3.10、6.4.7、6.9.2、6.9.3、6.9.9、6.9.12、6.9.13、6.9.15、6.9.19、6.9.30、8.5.6、9.1.2、9.4.4 （4）、9.7.12、9.11.3、10.2.12、11.2.11、11.6.7 条（款）为强制性条文，必须严格执行。原国家标准《采暖通风与空气调节设计规范》GB 50019—2003 同时废止。

本规范由我部标准定额研究所组织中国计划出版社出版发行。

中华人民共和国住房和城乡建设部
2015 年 5 月 11 日

前 言

　　本规范是根据住房和城乡建设部《关于印发〈2012年工程建设标准规范制订修订计划〉的通知》(建标〔2012〕5号)的要求,由中国有色工程有限公司、中国恩菲工程技术有限公司会同有关单位对原国家标准《采暖通风与空气调节设计规范》GB 50019—2003进行修订而成的。

　　本规范在修订过程中,修订组进行了广泛深入地调查研究,认真总结了实践经验,吸取了近年来有关科研成果,借鉴有关国际标准和国外先进标准,广泛征求意见,并对一些重要问题进行了专题研究和反复讨论,最后经审查定稿。

　　本规范共分13章和11个附录,主要内容包括总则、术语、基本规定、室内外设计计算参数、供暖、通风、除尘与有害气体净化、空气调节、冷源与热源、矿井空气调节、监测与控制、消声与隔振、绝热与防腐等。

　　本规范本次修订的主要内容有:

　　1.对适用范围进行调整;

　　2.将空气调节冷热源名称调整为冷源与热源,对监测与控制的内容进行了调整;

　　3.增加了蒸发冷却冷水机组、冷热电联供、局部排风罩、防火与防爆、有害气体净化、真空吸尘、粉尘输送、喷雾抑尘、排气筒、蒸发冷却冷水机组、冷热电联供、矿井空气调节、绝热与防腐等相关规定;

　　4.增加了室外空气计算参数、室外空气计算温度简化统计方法、局部送风的计算。

　　本规范中以黑体字标志的条文为强制性条文,必须严格执行。

本规范由住房和城乡建设部负责管理和对强制性条文的解释，由中国有色金属工业工程建设标准规范管理处负责日常管理工作，由中国恩菲工程技术有限公司负责具体技术内容的解释。本规范在执行过程中如有意见和建议，请将有关意见和建议反馈给中国恩菲工程技术有限公司（地址：北京市海淀区复兴路12号，邮政编码：100038），以供今后修订时参考。

本规范主编单位、参编单位、参加单位、主要起草人和主要审查人：

主 编 单 位：中国有色工程有限公司
中国恩菲工程技术有限公司

参 编 单 位：中国疾病预防控制中心
中国电子工程设计院
中冶京诚工程技术有限公司
上海市机电设计研究院有限公司
中国航空规划建设发展有限公司
广东启源建筑工程设计院有限公司
机械工业第六设计研究院有限公司
中国昆仑工程公司
中国瑞林工程技术有限公司
昆明有色冶金设计研究院股份公司
长沙有色冶金设计研究院有限公司
中国建筑科学研究院
清华大学
同济大学
哈尔滨工业大学
西安建筑科技大学
广州大学
重庆大学
东华大学

　　　　　　　　西安工程大学
　　　　　　　　湖南大学
参 加 单 位：上海拓邦电子有限公司
　　　　　　　　河南乾丰暖通科技股份有限公司
　　　　　　　　洁华控股股份有限公司
　　　　　　　　南通昆仑空调有限公司
　　　　　　　　约克(无锡)空调冷冻设备有限公司
　　　　　　　　唐纳森(无锡)过滤器有限公司
　　　　　　　　澳蓝(福建)实业有限公司
主要起草人：任兆成　罗　英　高　波　邓有源　欧阳施化
　　　　　　　　戴自祝　秦学礼　袁志明　陈佩文　叶　鸣
　　　　　　　　赵　波　赵　炬　刘　强　舒春林　朱映莉
　　　　　　　　许小云　路　宾　郑　翔　李先庭　王福林
　　　　　　　　燕　达　张　崎　赵晓宇　张　旭　刘　东
　　　　　　　　周　翔　赵加宁　董重成　刘　京　姜益强
　　　　　　　　李安桂　冀兆良　李百战　李　楠　沈恒根
　　　　　　　　黄　翔　张国强　韩　杰　钱怡松　叶方涛
　　　　　　　　胡洪明　孟　辉
主要审查人：潘云刚　丁力行　李著萱　江　亿　罗继杰
　　　　　　　　张家平　李娥飞　魏占和　刘文清　赵继豪
　　　　　　　　孙敏生　张小慧　李建功　周　敏　宋　波

目　　次

Contents

1 总　　则

1.0.1 为了工业企业改善劳动条件,提高劳动生产率,保证产品质量和人身安全,在供暖、通风与空气调节设计中采用先进技术,合理利用和节约能源与资源,保护环境,制定本规范。

1.0.2 本规范适用于新建、扩建和改建的工业建筑物及构筑物的供暖、通风与空气调节设计。本规范不适用于有特殊用途、特殊净化与特殊防护要求的建筑物、洁净厂房以及临时性建筑物的供暖、通风与空气调节设计。

1.0.3 供暖、通风与空气调节设计方案应根据生产工艺要求以及建筑物的用途与功能、使用要求、冷热负荷构成特点、环境条件、能源状况,结合现行国家相关卫生、安全、节能、环保等方针政策,会同相关专业通过综合技术经济比较确定。在设计中宜采用新技术、新工艺、新设备、新材料。

1.0.4 供暖、通风与空气调节设计中,应明确施工及验收的要求以及应执行的相关施工及验收规范。当对施工及验收有特殊要求时,应在设计文件中加以说明。

1.0.5 工业建筑供暖、通风与空气调节设计除应符合本规范外,尚应符合国家现行有关标准的规定。

2 术 语

2.0.1 工业建筑 industrial building

生产厂房、仓库、公用辅助建筑以及生活、行政辅助建筑的统称。

2.0.2 活动区 activity area

本规范中特指建筑物内人的活动区,一般指从地面、楼面或操作平台以上 3m 以内的空间。

2.0.3 工作地点 work site

人员从事职业活动或进行生产管理而经常或定时停留的岗位或作业地点。

2.0.4 爆炸性气体环境 explosive gas atmosphere

大气条件下,气体、蒸气或雾状的可燃物质与空气构成的混合物,在该混合物中点燃后,燃烧将传遍整个未燃烧混合物的环境。

2.0.5 干式除尘 dry-type collection

捕集下来的粉尘或烟尘呈干态,未增加含湿量的除尘方法。

2.0.6 湿式除尘 wet separation

捕集下来的粉尘或烟尘呈泥浆状的除尘方法。

2.0.7 工艺性空调 industrial air conditioning system

指以满足生产工艺要求为主、人员舒适为辅,对室内温度、湿度、洁净度有较高要求的空调系统。

2.0.8 舒适性空调 comfort air conditioning

为满足人员工作与生活需要设置的空调。

2.0.9 分区两管制水系统 zoning two-pipe water system

按建筑物的负荷特性将空气调节水路分为冷水和冷热水合用的两个两管制系统。

2.0.10 二流体加湿 two fluid humidification

利用压缩空气雾化水,并利用细水雾加湿空气的技术。

2.0.11 矿井空气调节 mine air conditioning

严寒及寒冷地区的矿井,为了防止冬季井口结冰或为了维持作业面一定的环境温度,对矿井进风进行加热的技术;以及原始岩温较高的热井或深井,为了维持作业面一定的环境温度,对矿井进行人工制冷、空调降温的技术。

3 基 本 规 定

3.0.1 建筑室内环境的热舒适性评价应符合现行国家标准《中等热环境 PMV 和 PPD 指数的测定及热舒适条件的规定》GB/T 18049 的有关规定,评价指标预计平均热感觉指数(PMV)值宜大于或等于－1,并宜小于或等于1,预计不满意者的百分数(PPD)值宜小于或等于 27%。

3.0.2 高温作业场所应采取隔热降温措施。高温作业场所应符合现行国家标准《高温作业分级》GB/T 4200 的有关规定,并应对作业环境进行分级、评价。

3.0.3 供暖、通风与空调设备应按设计工况选型。

3.0.4 在供暖、通风与空气调节系统设计中,应留有设备、管道及配件所必需的安装、操作和维修的空间,并应在建筑设计中预留安装和维修用的孔洞。对于大型设备及管道应设置运输通道和起吊设施。

3.0.5 在供暖、通风与空气调节设计中,对有可能造成人体伤害的设备及管道应采取安全防护措施。

3.0.6 位于地震区或湿陷性黄土地区的工程,在供暖、通风与空气调节设计中应根据需要分别采取防震和防沉降措施。

3.0.7 供暖空调系统的水质应符合现行国家标准《工业锅炉水质》GB/T 1576 或《采暖空调系统水质》GB/T 29044 的有关规定。

3.0.8 通风、空调及制冷设备在下列情况下应设置备用设备:

1 防毒、防爆通风设备,设备停止运行会造成安全事故,或仅允许设备短时间停止运行时;

2 通风、空调及制冷设备,设备停止运行会造成所负担区域工艺系统运行异常,且会造成经济损失甚至事故,危害较大时。

3.0.9 蒸汽凝结水应回收利用。

3.0.10 供暖、通风、空调系统在技术经济条件合理时,应进行余热回收。

3.0.11 供暖、通风、空调水系统设备、管道及其部件等,其工作压力不应大于允许承压。

4 室内外设计计算参数

4.1 室内空气设计参数

4.1.1 冬季室内设计温度应根据建筑物的用途采用,并应符合下列规定:

1 生产厂房、仓库、公用辅助建筑的工作地点应按劳动强度确定设计温度,并应符合下列规定:

    1)轻劳动应为 18℃～21℃,中劳动应为 16℃～18℃,重劳动应为 14℃～16℃,极重劳动应为 12℃～14℃;

    2)当每名工人占用面积大于 50㎡,工作地点设计温度轻劳动时可降低至 10℃,中劳动时可降低至 7℃,重劳动时可降低至 5℃。

2 生活、行政辅助建筑物及生产厂房、仓库、公用辅助建筑的辅助用室的室内温度应符合下列规定:

    1)浴室、更衣室不应低于 25℃;

    2)办公室、休息室、食堂不应低于 18℃;

    3)盥洗室、厕所不应低于 14℃。

3 生产工艺对厂房有温、湿度有要求时,应按工艺要求确定室内设计温度。

4 采用辐射供暖时,室内设计温度值可低于本条第 1 款～第 3 款规定值 2℃～3℃。

5 严寒、寒冷地区的生产厂房、仓库、公用辅助建筑仅要求室内防冻时,室内防冻设计温度宜为 5℃。

4.1.2 设置供暖的建筑物,冬季室内活动区的平均风速应符合下列规定:

1 生产厂房,当室内散热量小于 23W/m³ 时,不宜大于

0.3m/s;当室内散热量大于或等于 23W/m³ 时,不宜大于 0.5m/s;

    2 公用辅助建筑,不宜大于 0.3m/s。

4.1.3 空气调节室内设计参数应符合下列规定:

    1 工艺性空气调节室内温湿度基数及其允许波动范围应根据工艺需要及卫生要求确定。活动区的风速,冬季不宜大于 0.3m/s,夏季宜采用 0.2m/s～0.5m/s;当室内温度高于 30℃时,可大于 0.5m/s。

    2 舒适性空气调节室内设计参数宜符合表 4.1.3 的规定。

表 4.1.3 空气调节室内设计参数

参　　数	冬　季	夏　季
温度(℃)	18～24	25～28
风速(m/s)	≤0.2	≤0.3
相对湿度(%)	—	40～70

4.1.4 当工艺无特殊要求时,生产厂房夏季工作地点的温度可根据夏季通风室外计算温度及其与工作地点的允许最大温差进行设计,并不得超过表 4.1.4 的规定。

表 4.1.4 夏季工作地点温度(℃)

夏季通风室外计算温度	≤22	23	24	25	26	27	28	29～32	≥33
允许最大温差	10	9	8	7	6	5	4	3	2
工作地点温度	≤32			32				32～35	35

4.1.5 生产厂房不同相对湿度下空气温度的上限值应符合表 4.1.5 的规定。

表 4.1.5 生产厂房不同相对湿度下空气温度的上限值

相对湿度 Φ(%)	55≤Φ<65	65≤Φ<75	75≤Φ<85	≥85
温度(℃)	29	28	27	26

4.1.6 高温、强热辐射作业场所应采取隔热、降温措施,并应符合下列规定:

    1 人员经常停留或靠近的高温地面或高温壁板,其表面平均温度不应大于 40℃,瞬间最高温度不宜大于 60℃。

    2 在高温作业区附近应设置休息室。夏季休息室的温度宜为 26℃～30℃。

3 特殊高温作业区应采取隔热措施,热辐射强度应小于 700W/m²,室内温度不应大于 28℃。

4.1.7 热辐射强度较高的作业场所采用局部送风系统时,工作地点的温度和平均风速应符合表 4.1.7 的规定。

表 4.1.7 工作地点的温度和平均风速

热辐射照度	冬 季		夏 季	
（W/m²）	温度（℃）	风速（m/s）	温度（℃）	风速（m/s）
350～700	20～25	1～2	26～31	1.5～3
701～1400	20～25	1～3	26～30	2～4
1401～2100	18～22	2～3	25～29	3～5
2101～2800	18～22	3～4	24～28	4～6

注:1 轻劳动时,温度宜采用表中较高值,风速宜采用较低值;重劳动时,温度宜采用较低值,风速宜采用较高值;中劳动时,其数据可按插入法确定。

　　 2 表中夏季工作地点的温度,对于夏热冬冷或夏热冬暖地区可提高 2℃;对于累年最热月平均温度小于 25℃的地区可降低 2℃。

4.1.8 工业建筑室内空气质量应符合国家现行有关室内空气质量标准及职业卫生标准的规定。

4.1.9 工业建筑应保证每人不小于 30m³/h 的新风量。

4.2 室外空气计算参数

4.2.1 供暖室外计算温度应采用累年平均每年不保证 5d 的日平均温度。

4.2.2 冬季通风室外计算温度应采用历年最冷月月平均温度的平均值。

4.2.3 冬季空气调节室外计算温度应采用累年平均每年不保证 1d 的日平均温度。

4.2.4 冬季空气调节室外计算相对湿度应采用历年最冷月平均相对湿度的平均值。

4.2.5 夏季空气调节室外计算干球温度应采用累年平均每年不

保证 50h 的干球温度。

4.2.6 夏季空气调节室外计算湿球温度应采用累年平均每年不保证 50h 的湿球温度。

4.2.7 夏季通风室外计算温度应采用历年最热月 14 时平均温度的平均值。

4.2.8 夏季通风室外计算相对湿度应采用历年最热月 14 时平均相对湿度的平均值。

4.2.9 夏季空气调节室外计算日平均温度应采用累年平均每年不保证 5 天的日平均温度。

4.2.10 夏季空气调节室外计算逐时温度可按下列公式确定：

$$t_{sh} = t_{wp} + \beta \Delta t_r \qquad (4.2.10\text{-}1)$$

$$\Delta t_r = \frac{t_{wg} - t_{wp}}{0.52} \qquad (4.2.10\text{-}2)$$

式中：t_{sh}——室外计算逐时温度（℃）；

$\quad t_{wp}$——夏季空气调节室外计算日平均温度（℃），按本规范第
　　　　4.2.9 条采用；

$\quad \beta$——室外温度逐时变化系数，按表 4.2.10 采用；

$\quad \Delta t_r$——夏季室外计算平均日较差；

$\quad t_{wg}$——夏季空气调节室外计算干球温度（℃），按本规范第
　　　　4.2.5 条采用。

表 4.2.10　室外温度逐时变化系数

时刻	1	2	3	4	5	6
β	−0.35	−0.38	−0.42	−0.45	−0.47	−0.41
时刻	7	8	9	10	11	12
β	−0.28	−0.12	0.03	0.16	0.29	0.40
时刻	13	14	15	16	17	18
β	0.48	0.52	0.51	0.43	0.39	0.28
时刻	19	20	21	22	23	24
β	0.14	0.00	−0.10	−0.17	−0.23	−0.26

4.2.11 当室内温、湿度确需全年保证时，应另行确定空气调节室外计算参数。

4.2.12 室外平均风速的采用应符合下列规定：

1 冬季室外平均风速应采用累年最冷3个月各月平均风速的平均值。

2 冬季室外最多风向的平均风速应采用累年最冷3个月最多风向(静风除外)的各月平均风速的平均值。

3 夏季室外平均风速应采用累年最热3个月各月平均风速的平均值。

4.2.13 最多风向及其频率的采用应符合下列规定：

1 冬季最多风向及其频率应采用累年最冷3个月的最多风向及其平均频率；

2 夏季最多风向及其频率应采用累年最热3个月的最多风向及其平均频率；

3 年最多风向及其频率应采用累年最多风向及其平均频率。

4.2.14 冬季日照百分率应采用累年最冷3个月各月平均日照百分率的平均值。

4.2.15 室外大气压力的采用应符合下列规定：

1 冬季室外大气压力应采用累年最冷3个月各月平均大气压力的平均值；

2 夏季室外大气压力应采用累年最热3个月各月平均大气压力的平均值。

4.2.16 设计计算用供暖期天数及供暖室外临界温度的选取应符合下列规定：

1 设计计算用供暖期天数应按累年日平均温度稳定低于或等于供暖室外临界温度的总日数确定；

2 工业建筑供暖室外临界温度宜采用5℃。

4.2.17 极端最高气温应采用累年极端最高气温。

4.2.18 极端最低气温应采用累年极端最低气温。

4.2.19 历年极端最高气温平均值应采用历年极端最高气温的平均值。

4.2.20 历年极端最低气温平均值应采用历年极端最低气温的平均值。

4.2.21 累年最低日平均温度应采用累年日平均温度中的最低值。

4.2.22 累年最热月平均相对湿度应采用累年月平均温度最高的月份的平均相对湿度。

4.2.23 夏季空气调节室外逐时计算焓值可采用 24 个时刻累年平均每年不保证 7h 的空气焓值。

4.2.24 室外计算参数的统计年份宜取近 30 年。不足 30 年者，应按实有年份采用，但不得少于 10 年；少于 10 年时，应对统计结果进行修正。

4.2.25 设计用室外空气计算参数，应从本规范附录 A 中与建设地理和气候条件接近的气象台站中选取。确有必要时，应自行调查室外气象参数，并应按本规范第 4.2.1～4.2.24 条确定的统计方法形成设计用室外空气计算参数。基本观测数据不满足使用要求时，其冬夏两季室外计算参数，可按本规范附录 B 所列的简化统计方法确定。

4.3 夏季太阳辐射照度

4.3.1 夏季太阳辐射照度应根据当地的地理纬度、大气透明度和大气压力，按 7 月 21 日的太阳赤纬计算确定。

4.3.2 建筑物各朝向垂直面与水平面的太阳总辐射照度可按本规范附录 C 采用。

4.3.3 透过建筑物各朝向垂直面与水平面标准窗玻璃的太阳直接辐射照度和散射辐射照度可按本规范附录 D 采用。

4.3.4 采用本规范附录 C 和附录 D 时，当地的大气透明度等级应根据本规范附录 E 及夏季大气压力按表 4.3.4 确定。

表 4.3.4　大气透明度等级

本规范附录 C 规定的大气透明度等级	下列大气压力(hPa)时的透明度等级							
	650	700	750	800	850	900	950	1000
1	1	1	1	1	1	1	1	1
2	1	1	1	1	1	2	2	2
3	1	2	2	2	2	3	3	3
4	2	2	3	3	3	4	4	4
5	3	3	4	4	4	4	5	5
6	4	4	4	5	5	5	6	6

5 供 暖

5.1 一 般 规 定

5.1.1 供暖方式的选择应根据建筑物的功能及规模,所在地区气象条件、能源状况、能源政策、环保等要求,通过技术经济比较确定。

5.1.2 累年日平均温度稳定低于或等于 5℃ 的日数大于或等于 90d 的地区,宜采用集中供暖。

5.1.3 符合下列条件之一的地区,有余热可供利用或经济条件许可时,可采用集中供暖:

　　1 累年日平均温度稳定低于或等于 5℃ 的日数为 60d~89d;

　　2 累年日平均温度稳定低于或等于 5℃ 的日数不足 60d,但累年日平均温度稳定低于或等于 8℃ 的日数大于或等于 75d。

5.1.4 严寒地区和寒冷地区的工业建筑,在非工作时间或中断使用的时间内,当室内温度需要保持在 0℃ 以上,而利用房间蓄热量不能满足要求时,应按 5℃ 设置值班供暖。当工艺或使用条件有特殊要求时,可根据需要另行确定值班供暖所需维持的室内温度。

5.1.5 位于集中供暖区的工业建筑,如工艺对室内温度无特殊要求,且每名工人占用的建筑面积超过 100m² 时,宜在固定工作地点设置局部供暖,工作地点不固定时应设置取暖室。

5.1.6 除外窗、阳台门和天窗外,设置全面供暖的建筑物,其围护结构的最小传热阻不得小于按下列公式计算所得值:

$$R_{o,min} = k \frac{a(t_n - t_e)}{\Delta t_y \alpha_n} \tag{5.1.6-1}$$

或

$$R_{o,min} = k \frac{a(t_n - t_e)}{\Delta t_y} R_n \tag{5.1.6-2}$$

式中：$R_{o,min}$——围护结构的最小传热阻（$m^2 \cdot ℃/W$）；

t_n——冬季室内计算温度（℃），按本规范第 4.1 节和表 5.1.6-1 采用；

t_e——冬季围护结构室外计算温度（℃），按表 5.1.6-2 采用；

α——围护结构温差修正系数，按表 5.1.6-3 采用；

Δt_y——冬季室内计算温度与围护结构内表面温度的允许温差（℃），按表 5.1.6-4 采用；

α_n——围护结构内表面换热系数 $[W/(m^2 \cdot ℃)]$，按表 5.1.6-5 采用；

R_n——围护结构内表面换热阻（$m^2 \cdot ℃/W$），按表 5.1.6-5 采用；

k——最小传热阻修正系数，砖石墙体取 0.95，外门取 0.60，其他取 1。

表 5.1.6-1　冬季室内计算温度

围护结构	层高＜4m	层高≥4m
地面		$t_n = t_g$
外墙	$t_n = t_g$	$t_n = t_{np} = \dfrac{t_g + t_d}{2}$
屋顶		$t_n = t_d = t_g + \Delta t_h(H-2)$

注：t_n 为冬季室内计算温度（℃），t_d 为屋顶下的温度（℃），t_g 为工作地点温度（℃），t_{np} 为室内平均温度（℃），Δt_h 为温度梯度（℃/m），H 为房间高度（m）。

表 5.1.6-2　冬季围护结构室外计算温度 t_e（℃）

围护结构类型	热惰性指标 D 值	t_e 的取值（℃）
I	＞6.0	$t_e = t_{wn}$
II	4.1～6.0	$t_e = 0.6t_{wn} + 0.4t_{e,min}$
III	1.6～4.0	$t_e = 0.3t_{wn} + 0.7t_{e,min}$
IV	≤1.5	$t_e = t_{e,min}$

注：t_{wn} 和 $t_{e,min}$ 分别为供暖室外计算温度和累年最低日平均温度（℃）。

表 5.1.6-3 温差修正系数 α

围护结构特征	α
外墙、屋顶、地面以及与室外相通的楼板等	1.00
闷顶和与室外空气相通的非供暖地下室上面的楼板等	0.90
与有外门窗的不供暖楼梯间相邻的隔墙(1层～6层建筑)	0.60
与有外门窗的不供暖楼梯间相邻的隔墙(7层～30层建筑)	0.50
非供暖地下室上面的楼板,外墙上有窗时	0.75
非供暖地下室上面的楼板,外墙上无窗且位于室外地坪以上时	0.60
非供暖地下室上面的楼板,外墙上无窗且位于室外地坪以下时	0.40
与有外门窗的非供暖房间相邻的隔墙	0.70
与无外门窗的非供暖房间相邻的隔墙	0.40
伸缩缝墙、沉降缝墙	0.30
防震缝墙	0.70

表 5.1.6-4 允许温差 Δt_y 值(℃)

建筑物及房间类别	外墙	屋顶
室内空气干燥或正常的工业企业辅助建筑物	7.0	5.5
室内空气干燥的生产厂房	10.0	8.0
室内空气湿度正常的生产厂房	8.0	7.0
室内空气潮湿的公共建筑、生产厂房及辅助建筑物: 当不允许墙和顶棚内表面结露时 当仅不允许顶棚内表面结露时	$t_n - t_1$ 7.0	$0.8(t_n - t_1)$ $0.9(t_n - t_1)$
室内空气潮湿且具有腐蚀性介质的生产厂房	$t_n - t_1$	$t_n - t_1$
室内散热量大于 23W/m³,且计算相对湿度不大于 50%的生产厂房	12.0	12.0

注:1 室内空气干湿程度的区分应根据室内温度和相对湿度按表 5.1.6-6 确定。

 2 与室外空气相通的楼板和非供暖地下室上面的楼板,其允许温差 Δt_y 值可采用 2.5℃。

 3 t_n 为冬季室内计算温度,t_1 为在室内计算温度和相对湿度状况下的露点温度(℃)。

表 5.1.6-5　内表面换热系数 α_n 和换热阻值 R_n

围护结构内表面特征	α_n $[W/(m^2 \cdot ℃)]$	$R_n(m^2 \cdot ℃/W)$
墙、地面、表面平整或有肋状突出物的顶棚,当 $\dfrac{h}{s} \leqslant 0.3$ 时	8.7	0.115
有肋状突出物的顶棚,当 $\dfrac{h}{s} > 0.3$ 时	7.6	0.132

注:h 为肋高(m),s 为肋间净距(m)。

表 5.1.6-6　室内空气干湿程度的区分

类　　别 \ 室内温度(℃) 相对湿度(%)	$\leqslant 12$	$13 \sim 24$	> 24
干燥	$\leqslant 60$	$\leqslant 50$	$\leqslant 40$
正常	$61 \sim 75$	$51 \sim 60$	$41 \sim 50$
较湿	> 75	$61 \sim 75$	$51 \sim 60$
潮湿	—	> 75	> 60

5.1.7　集中供暖系统的热媒应根据建筑物的用途、供热情况和当地气候特点等条件,经技术经济比较确定,并应符合下列规定:

　　1　当厂区只有供暖用热或以供暖用热为主时,应采用热水作热媒;

　　2　当厂区供热以工艺用蒸汽为主时,生产厂房、仓库、公用辅助建筑物可采用蒸汽作热媒,生活、行政辅助建筑物应采用热水作热媒;

　　3　利用余热或可再生能源供暖时,热媒及其参数可根据具体情况确定;

　　4　热水辐射供暖系统的热媒应符合本规范第 5.4 节的规定。

5.2　热　负　荷

5.2.1　冬季供暖通风系统的热负荷应根据建筑物下列耗热量和得热量确定。不经常的散热量可不计算。经常而不稳定的散热量应采用小时平均值。

1 围护结构的耗热量；

2 加热由门窗缝隙渗入室内的冷空气的耗热量；

3 加热由门、孔洞及相邻房间侵入的冷空气的耗热量；

4 水分蒸发的耗热量；

5 加热由外部运入的冷物料和运输工具的耗热量；

6 通风耗热量；

7 最小负荷班的工艺设备散热量；

8 热管道及其他热表面的散热量；

9 热物料的散热量；

10 通过其他途径散失或获得的热量。

5.2.2 围护结构的耗热量应包括基本耗热量和附加耗热量。

5.2.3 围护结构的基本耗热量应按下式计算：

$$Q = \alpha F K (t_n - t_{wn}) \tag{5.2.3}$$

式中：Q——围护结构的基本耗热量（W）；

α——围护结构温差修正系数，按本规范表 5.1.6-3 采用；

F——围护结构的面积（m^2）；

K——围护结构平均传热系数［W/（$m^2 \cdot ℃$）］，按本规范公式（5.2.4）计算；

t_n——供暖室内计算温度（℃）；

t_{wn}——供暖室外计算温度（℃）。

5.2.4 围护结构平均传热系数应按下式计算：

$$K = \frac{\phi}{\dfrac{1}{\alpha_n} + \sum \dfrac{\delta}{a_\lambda \cdot \lambda} + R_k + \dfrac{1}{\alpha_w}} \tag{5.2.4}$$

式中：K——围护结构平均传热系数［W/（$m^2 \cdot ℃$）］；

α_n——围护结构内表面换热系数［W/（$m^2 \cdot ℃$）］，按本规范表 5.1.6-5 采用；

α_w——围护结构外表面换热系数［W/（$m^2 \cdot ℃$）］，按表 5.2.4-1 采用；

δ——围护结构主断面各层材料厚度(m);

λ——围护结构主断面各层材料导热系数[W/(m·℃)];

α_λ——材料导热系数的修正系数,按表5.2.4-2采用;

R_k——主断面封闭的空气间层的热阻(㎡·℃/W),按表5.2.4-3采用;

ϕ——考虑热桥影响,对主断面传热系数的修正系数。

表 5.2.4-1　外表面换热系数 α_w 和换热阻 R_w 值

围护结构外表面特征	α_w [W/(㎡·℃)]	R_w (㎡·℃/W)
外墙和屋顶	23	0.04
与室外空气相通的非供暖地下室上面的楼板	17	0.06
闷顶和外墙上有窗的非供暖地下室上面的楼板	12	0.08
外墙上无窗的非供暖地下室上面的楼板	6	0.17

表 5.2.4-2　材料导热系数的修正系数 α_λ

材料、构造、施工、地区及说明	α_λ
作为夹芯层浇筑在混凝土墙体及屋面构件中的块状多孔保温材料,因干燥缓慢及灰缝影响	1.60
铺设在密闭屋面中的多孔保温材料,因干燥缓慢	1.50
铺设在密闭屋面中及作为夹芯层浇筑在混凝土构件中的半硬质矿棉、岩棉、玻璃棉板等,因压缩及吸湿	1.20
作为夹芯层浇筑在混凝土构件中的泡沫塑料等,因压缩	1.20
开孔型保温材料,表面抹灰或与混凝土浇筑在一起,因灰浆掺入	1.30
加气混凝土、泡沫混凝土砌块墙体及加气混凝土条板墙体、屋面,因灰缝影响	1.25
填充在空心墙体及屋面构件中的松散保温材料,因下沉	1.20
矿渣混凝土、炉渣混凝土、浮石混凝土、粉煤灰陶粒混凝土、加气混凝土等实心墙体及屋面构件,在严寒地区,且在室内平均相对湿度超过65%的供暖房间内使用,因干燥缓慢	1.15

表 5.2.4-3　封闭的空气间层热阻值 R_k（m² · ℃/W）

位置、热流状态及材料特性		间层厚度（mm）						
		5	10	20	30	40	50	60
一般空气间层	热流向下（水平、倾斜）	0.10	0.14	0.17	0.18	0.19	0.20	0.20
	热流向上（水平、倾斜）	0.10	0.14	0.15	0.16	0.17	0.17	0.17
	垂直空气间层	0.10	0.14	0.16	0.17	0.18	0.18	0.18
单面铝箔空气间层	热流向下（水平、倾斜）	0.16	0.28	0.43	0.51	0.57	0.60	0.64
	热流向上（水平、倾斜）	0.16	0.26	0.35	0.40	0.42	0.42	0.43
	垂直空气间层	0.16	0.26	0.39	0.44	0.47	0.49	0.50
双面铝箔空气间层	热流向下（水平、倾斜）	0.18	0.34	0.56	0.71	0.84	0.94	1.01
	热流向上（水平、倾斜）	0.17	0.29	0.45	0.52	0.55	0.56	0.57
	垂直空气间层	0.18	0.31	0.49	0.59	0.65	0.69	0.71

5.2.5　与相邻房间的温差大于或等于 5℃ 时，应计算通过隔墙或楼板等的传热量。与相邻房间的温差小于 5℃，但通过隔墙和楼板等的传热量大于该房间热负荷的 10％ 时，此项传热量应计入该房间热负荷。

5.2.6　围护结构的附加耗热量应按其占基本耗热量的百分率确定。各项附加（或修正）百分率选用宜符合下列规定：

　　1　围护结构耗热量朝向修正率应根据当地冬季日照率、辐射照度、建筑物使用和被遮挡等情况选用，宜符合下列规定：

　　　　1）北、东北、西北宜为 0～10％，东、西宜为 -5％，东南、西南宜为 -10％～-15％，南宜为 -15％～-30％；

　　　　2）冬季日照率小于 35％ 的地区，东南、西南和南向的修正率宜采用$-10\%\sim0$，东、西向可不修正。

2 在不避风的高地、河边、海岸、旷野上的建筑物，以及城镇、厂区内特别高出的建筑物，垂直的外围护结构风力附加率取值宜为$5\%\sim10\%$。

3 短时间开启的、无热空气幕的外门，外门附加率取值宜符合下列规定，其中n为建筑物的楼层数：

　　1）一道门宜为$65\%\times n$；

　　2）两道门且有一个门斗时，宜为$80\%\times n$；

　　3）三道门且有两个门斗时，宜为$60\%\times n$；

　　4）主要出入口宜为500%。

5.2.7 除楼梯间外的供暖房间高度大于4m时，围护结构基本耗热量可采用下列简化的计算方法：

1 本规范式（5.2.3）中t_n应采用室内设计温度；

2 计算结果采用高度附加率修正。采用地面辐射供暖的房间，高度附加率取$(H-4)\%$，且总附加率不宜大于8%；采用热水吊顶辐射或燃气红外辐射供暖的房间，高度附加率取$(H-4)\%$，且总附加率不宜大于15%；采用其他供暖形式的房间，高度附加率取$2(H-4)\%$，且总附加率不宜大于15%。H为房间高度。

5.2.8 间歇时间较长，只要求在使用时间保持室内温度时，可间歇供暖。间歇供暖应采用能快速反应的供暖系统，并应对房间供暖热负荷进行附加，间歇附加率选取宜符合下列规定：

1 仅白天使用的房间不宜小于20%；

2 不经常使用的房间不宜小于30%。

5.2.9 加热由门窗缝隙渗入室内的冷空气的耗热量应根据建筑物的内部隔断、门窗构造、门窗朝向、室内外温度和室外风速等因素确定，宜按本规范附录F和附录G进行计算，也可采用计算机模拟方法计算。

5.2.10 采用辐射供暖作局部供暖时，局部供暖的热负荷应按全面辐射供暖的热负荷乘以表5.2.10的计算系数确定。

表 5.2.10 局部辐射供暖负荷计算系数

局部辐射供暖区面积与房间总面积的比值 f	f≥0.75	0.55	0.40	0.25	≤0.20
计算系数	1	0.72	0.54	0.38	0.30

5.3 散热器供暖

5.3.1 选择散热器时应符合下列规定：

1 应根据供暖系统的压力要求确定散热器的工作压力，并应符合国家现行相关产品标准的规定；

2 放散粉尘或防尘要求较高的工业建筑应采用易于清扫的散热器；

3 具有腐蚀性气体的工业建筑或相对湿度较大的房间应采用耐腐蚀的散热器；

4 采用钢制散热器时应满足产品对水质的要求，在非供暖季节供暖系统应充水保养；

5 采用铝制散热器时，应选用内防腐型铝制散热器，并应满足产品对水质的要求；

6 蒸汽供暖系统不应采用板型和扁管型散热器，并不应采用薄钢板加工的钢制柱型散热器；

7 安装热量表和恒温阀的热水供暖系统采用铸铁散热器时，应采用内腔无砂型；

8 应采用外表面刷非金属性涂料的散热器。

5.3.2 布置散热器时应符合下列规定：

1 散热器宜安装在外墙窗台下；

2 两道外门之间的门斗内不应设置散热器；

3 楼梯间的散热器宜布置在底层或按一定比例分配在下部各层。

5.3.3 散热器应明装。确实需要暗装时，装饰罩应有合理的气流通道、足够的通道面积，并应方便维修。

5.3.4 铸铁散热器的组装片数宜符合下列规定：

   1 粗柱型不宜超过 20 片；

   2 细柱型不宜超过 25 片；

   3 长翼型不宜超过 7 片。

5.3.5 确定散热器数量时,应根据其连接方式、安装形式、组装片数、热水流量以及表面涂料等对散热量的影响,对散热器数量进行修正。

5.3.6 供暖系统中明装的不保温干管或支管,其散热量应计为有效供暖量。供暖管道暗装时,应采取减少无效热损失的措施。

5.3.7 建筑物热水供暖系统高度超过 50m 时,宜竖向分区设置。

5.3.8 垂直单管和垂直双管供暖系统,同一房间的两组散热器可采用异侧连接的水平单管串联的连接方式,也可采用上下接口同侧连接方式。当采用上下接口同侧连接方式时,散热器之间的上下连接管应与散热器接口同径。

5.3.9 有冻结危险的场所,其散热器的供暖立管或支管应单独设置,且散热器前后不应设置阀门。

5.4 热水辐射供暖

5.4.1 低温热水辐射供暖系统供水温度不应超过 60℃；供回水温差不宜大于 10℃,且不宜小于 5℃。辐射体的表面平均温度宜符合表 5.4.1 的规定。

表 5.4.1 辐射体表面平均温度(℃)

设置位置	宜采用的温度	温度上限值
人员经常停留的地面	25～27	29
人员短期停留的地面	28～30	32
无人停留的地面	35～40	42
房间高度 2.5m～3.0m 的顶棚	28～30	—
房间高度 3.1m～4.0m 的顶棚	33～36	—
距地面 1m 以下的墙面	35	—
距地面 1m 以上 3.5m 以下的墙面	45	—

5.4.2 确定地面散热量时,应校核地面表面平均温度,且不宜高于本规范表 5.4.1 的温度上限值;当由于地面平均温度低而使得地面辐射供暖系统供暖量小于建筑物热负荷时,应通过改善建筑热工性能减小建筑物热负荷,或同时设置其他供暖设备。

5.4.3 低温热水地面辐射供暖的有效散热量应经计算确定,并应计算室内设备等地面覆盖物对散热量的折减。

5.4.4 供暖辐射地面绝热层的设置应符合下列规定:

    1 当与土壤接触的底层地面作为辐射地面时,应设置绝热层。设置绝热层时,绝热层与土壤之间应设置防潮层。

    2 加热管及其覆盖层与外墙之间应设置绝热层。

    3 当不允许楼板双向传热时,楼板结构层间应设置绝热层。

    4 直接与室外空气接触的楼板或与不供暖房间相邻的地板作为供暖辐射地面时,应设置绝热层。

    5 潮湿房间的混凝土填充式供暖地面的填充层上、预制沟槽保温板或预制轻薄供暖板供暖地面的面层下应设置隔离层。

5.4.5 低温热水地面辐射供暖系统敷设加热管的覆盖层厚度不宜小于 50mm。构造层应设置伸缩缝,伸缩缝的位置、距离及宽度应会同相关专业计算确定。加热管穿过伸缩缝时,宜设置长度不小于 100mm 的柔性套管。

5.4.6 生产厂房、仓库、生产辅助建筑物采用地面辐射供暖时,地面承载力应满足建筑的需要,地面构造应会同土建专业共同确定。

5.4.7 加热管的敷设管间距应根据地面散热量、室内设计温度、平均水温及地面传热热阻等通过计算确定。

5.4.8 每个环路加热管的进、出水口应分别与分水器、集水器相连接。分水器、集水器内径不应小于总供、回水管内径,且分水器、集水器最大断面流速不宜大于 0.8m/s。每个分水器、集水器分支环路不宜多于 8 路。每个分支环路供、回水管上均应设置可关断阀门。

5.4.9 在分水器的总进水管与集水器的总出水管之间宜设置旁

通管,旁通管上应设置阀门。分水器、集水器上均应设置手动或自动排气阀。

5.4.10 低温热水地面辐射供暖系统的阻力应计算确定。加热管内水的流速不应小于 0.25m/s,同一集配装置的每个环路加热管长度应接近,每个环路的阻力不宜超过 30kPa。低温热水地面辐射供暖系统分水器前应设置阀门及过滤器,集水器后应设置阀门;系统配件应采用耐腐蚀材料。

5.4.11 低温热水地面辐射供暖系统的工作压力应根据选用管道的材质、壁厚、介质温度和使用寿命等因素确定,不宜大于0.8MPa;当工作压力超过 0.8MPa 时,应采取相应的措施。

5.4.12 辐射供暖加热管的材质和壁厚的选择应根据工程的耐久年限、管材的性能、管材的累计使用时间,以及系统的运行水温、工作压力等条件确定。

5.4.13 热水吊顶辐射板供暖可用于层高为 3m~30m 建筑物的供暖。

5.4.14 热水吊顶辐射板的供水温度,宜采用 40℃~130℃的热水,其水质应满足产品的要求。在非供暖季节,供暖系统应充水保养。

5.4.15 热水吊顶辐射板散热量应根据其安装角度、循环水量进行修正,修正系数应符合下列规定:

1 热水吊顶辐射板倾斜安装时,散热量修正系数应按表5.4.15取值;

2 辐射板的管中流体应为紊流,达不到最小流量要求时,辐射板的散热量应在其标准散热量的基础上加以修正,修正系数应取 0.85~0.90。

表 5.4.15 辐射板安装角度修正系数

辐射板与水平面的夹角(°)	0	10	20	30	40
修正系数	1	1.022	1.043	1.066	1.088

5.4.16 热水吊顶辐射板的安装高度应根据人体的舒适度确定。辐射板的最高平均水温应根据辐射板安装高度和其面积占天花板面积的比例按表 5.4.16 确定。

表 5.4.16　热水吊顶辐射板最高平均水温(℃)

最低安装高度(m)	热水吊顶辐射板占天花板面积的百分比					
	10%	15%	20%	25%	30%	35%
3	73	71	68	64	58	56
4	115	105	91	78	67	60
5	147	123	100	83	71	64
6	—	132	104	87	75	69
7	—	137	108	91	80	74
8	—	141	112	96	86	80
9	—	—	117	101	92	87
10	—	—	122	107	98	94

注:表中安装高度系指地面到板中心的垂直距离(m)。

5.4.17 热水吊顶辐射板与供暖系统供、回水管的连接方式可采用并联或串联、同侧或异侧连接,并应采取使辐射板表面温度均匀、流体阻力平衡的措施。

5.4.18 布置全面供暖的热水吊顶辐射板装置时,应使室内作业区辐射照度均匀,并应符合下列规定:

　　1 安装吊顶辐射板时,宜沿最长的外墙平行布置;

　　2 设置在墙边的辐射板规格应大于在室内设置的辐射板规格;

　　3 层高小于4m的建筑物,宜选择较窄的辐射板;

　　4 房间应预留辐射板沿长度方向热膨胀的余地;

　　5 辐射板装置不应布置在对热敏感的设备附近。

5.5　燃气红外线辐射供暖

5.5.1 无电气防爆要求的场所,技术经济比较合理时,可采用燃

气红外线辐射供暖。采用燃气红外线辐射供暖时,应符合下列规定:

1 易燃物质可能出现的最高浓度不超过爆炸下限值的 10％时,燃烧器宜设置在室外;

2 燃烧器设置在室内时,应采取通风安全措施,并应符合现行国家标准《城镇燃气设计规范》GB 50028 的相关规定。

5.5.2 燃气红外线辐射供暖严禁用于甲、乙类生产厂房和仓库。

5.5.3 燃气红外线辐射供暖系统的燃料应符合城镇燃气质量要求,宜采用天然气,可采用液化石油气、人工煤气等。燃气入口压力应与燃烧器所需压力相适应。燃料应充分气化,在严寒、寒冷地区采用液化石油气时,应采取防止燃气因管道敷设环境温度低而再次液化的措施。燃气质量、燃气输配系统应符合现行国家标准《城镇燃气设计规范》GB 50028 的规定。

5.5.4 采用燃气红外线辐射供暖时,热负荷应按本规范第5.2节的有关规定进行计算,室内计算温度宜低于对流供暖室内空气温度 2℃～3℃。当由室内向燃烧器提供空气时,还应计算加热该空气量所需的热负荷。

5.5.5 燃气红外线辐射加热器的安装高度应符合下列规定:

1 应根据加热器的辐射强度、安装角度由生产工艺要求及人体舒适度确定。除工艺特殊要求外,不应低于3m。

2 用于固定工作地点供暖时,宜安装在人体的侧上方。

3 当安装高度超过额定供热量的最大高度时,应对加热器的总输入热量进行附加修正。

5.5.6 采用燃气红外线辐射供暖进行全面供暖时,加热器宜沿外墙布置,且加热器散热量不宜少于总热负荷的 60％。

5.5.7 当燃烧器所需要的空气量超过按厂房 0.5 次/h 换气计算所得的空气量时,其补风应直接来自室外。

5.5.8 燃气红外线辐射供暖系统采用室外进气时,进风口设置应符合本规范第6.3节的相关要求。

5.5.9 燃气红外线辐射供暖系统的尾气宜通过排气管直接排至室外,其室外排气口应符合下列规定：

    1 应设置在人员不经常通行的地方,距地面高度不应小于2m;

    2 水平安装的排气管,其排气口伸出墙面不宜小于0.3m,且排气口距可开启门、窗的距离不应小于3m;

    3 垂直安装的排气管,其排气口高出本建筑屋面不宜小于1m,且排气口距可开启门、窗的距离不应小于3m;

    4 排气管穿越外墙或屋面处应加装金属套管。

5.5.10 燃气红外线辐射供暖系统燃烧尾气直接排放在室内时,厂房上部应设置排风设施,宜采用机械排风方式。排风量应根据加热器的总输入功率和燃气种类经计算确定,宜为20m³/(h·kW)～30m³/(h·kW)。当厂房净高小于6m时,尚应满足换气次数不小于0.5次/h的要求。

5.5.11 燃气红外线辐射供暖系统应在便于操作的位置设置能直接切断供暖系统及燃气供应系统的控制装置。利用通风机提供燃烧所需空气或排除燃烧尾气时,通风机与供暖系统应连锁。

5.5.12 燃气红外线辐射供暖系统的燃烧器安装在厂房内时,燃气系统的相关安全措施除应符合本规范的规定外,尚应符合现行国家标准《城镇燃气设计规范》GB 50028 的相关规定。

5.6 热风供暖及热空气幕

5.6.1 符合下列条件之一时,应采用热风供暖：

    1 能与机械送风系统结合时;

    2 利用循环空气供暖,技术经济合理时;

    3 由于防火、防爆和卫生要求,需要采用全新风的热风供暖时。

5.6.2 当采用燃气、燃油或电加热空气时,热风供暖应符合现行国家标准《城镇燃气设计规范》GB 50028 和《建筑设计防火规范》

GB 50016 的有关规定。

5.6.3 工业建筑采用热风供暖时,应采取减小沿高度方向的温度梯度的措施,并应符合下列规定:

1 热风供暖系统或运行装置不宜少于两台。一台装置的最小供热量应保持非工作时间工艺所需的最低室内温度,且不得低于 5℃。

2 高于 10m 的空间采用热风供暖时,应采取自上向下的强制对流措施。

5.6.4 选择暖风机或空气加热器时,其散热量应留有 20%～30%的裕量。

5.6.5 采用暖风机热风供暖时,应符合下列规定:

1 应根据厂房内部的几何形状、工艺设备布置情况及气流作用范围等因素,设计暖风机台数及位置;

2 室内空气的循环次数宜大于或等于 1.5 次/h;

3 热媒为蒸汽时,每台暖风机应单独设置阀门和疏水装置。

5.6.6 采用集中送热风供暖时,应符合下列规定:

1 工作区的风速应按本规范第 4.1.2 条的规定确定,但最小平均风速不宜小于 0.15m/s;送风口的出口风速应通过计算确定,可采用 5m/s～15m/s;

2 送风温度不宜低于 35℃,并不得高于 70℃。

5.6.7 符合下列条件之一的外门宜设置热空气幕:

1 位于严寒地区、寒冷地区,经常开启,且不设门斗和前室时;

2 当生产工艺要求不允许降低室内温度时或经技术经济比较设置热空气幕合理时。

5.6.8 设置热空气幕时,应符合下列规定:

1 大门宽度小于 3m 时,宜采用单侧送风;大门宽度为 3m～18m 时,可采用单侧、双侧或顶部送风;大门宽度超过 18m 时,宜采用顶部送风。

2 热空气幕的送风温度应根据计算确定,不宜高于 50℃。对于高大的外门,不应高于 70℃。

3 热空气幕的出口风速应通过计算确定,不宜大于 8m/s。高大的外门,热空气幕的出口风速不宜大于 25m/s。

5.7 电 热 供 暖

5.7.1 电供暖散热器的形式、电气安全性能和热工性能应满足使用要求及相关规定。

5.7.2 低温加热电缆辐射供暖宜采用地板式,低温电热膜辐射供暖宜采用顶棚式。辐射体表面平均温度应符合本规范第 5.4.1 条的相关规定。

5.7.3 低温加热电缆辐射供暖和低温电热膜辐射供暖的加热元件及其表面工作温度,应符合国家现行标准《额定电压 300/500V 生活设施加热和防结冰用加热电缆》GB/T 20841 和《低温辐射电热膜》JG/T 286 的有关安全的规定。

5.7.4 低温加热电缆辐射供暖系统和低温电热膜辐射供暖系统应设置温控装置。

5.7.5 采用低温加热电缆地面辐射供暖方式时,加热电缆的线功率不宜大于 17W/m,且电缆布置时应避开无支腿家具占压区域;当面层采用带龙骨的架空木地板时,应采取散热措施,且加热电缆的线功率不应大于 10W/m。

5.7.6 电热膜辐射供暖安装功率应满足房间所需散热量的要求。在顶棚上布置电热膜时,应为灯具、烟感器、消防喷头、风口、音响等留出安装位置。

5.8 供 暖 管 道

5.8.1 供暖管道的材质应根据其工作温度、工作压力、使用寿命、施工与环保性能等因素,经技术经济比较后确定,其质量应符合国家现行相关产品标准的规定。明装管道不宜采用非金属管材。

5.8.2 散热器供暖系统的供水、回水、供汽和凝结水管道在热力入口处与下列系统宜分开设置：

    1 通风、空气调节系统；

    2 热风供暖和热空气幕系统；

    3 地面辐射供暖系统；

    4 生产供热系统；

    5 生活热水供应系统；

    6 其他需要单独热计量的系统。

5.8.3 热水型热力入口的配置应符合下列规定：

    1 供水、回水管道上应分别设置关断阀、过滤器、温度计、压力表；

    2 供水、回水管之间应设置循环管，循环管上应设置关断阀；

    3 应根据水力平衡要求和建筑物内供暖系统的调节方式设置水力平衡装置。

5.8.4 高压蒸汽型热力入口的配置应符合下列规定：

    1 供汽管道上应设置关断阀、过滤器、减压阀、安全阀、压力表，过滤器及减压阀应设置旁通；

    2 凝结水管道上应设置关断阀、疏水器。单台疏水器安装时应设置旁通管，多台疏水器并联安装时宜设置旁通管。疏水器后应根据需要设置止回阀。

5.8.5 高压蒸汽供暖系统最不利环路的供汽管，其压力损失不应大于起始压力的 25%。供暖系统最不利环路的比摩阻宜符合下列规定：

    1 高压蒸汽系统（汽水同向）宜保持在 100Pa/m～350Pa/m；

    2 高压蒸汽系统（汽水逆向）宜保持在 50Pa/m～150Pa/m；

    3 低压蒸汽系统宜保持在 50Pa/m～100Pa/m；

    4 蒸汽凝结水余压回水宜为 150Pa/m。

5.8.6 室内热水供暖系统总供回水压差不宜大于 50kPa。应减少热水供暖系统各并联环路之间的压力损失的相对差额，当超过

15％时,应设置调节装置。

5.8.7 供暖系统供水、供汽干管的末端和回水干管始端的管径不应小于 20mm。

5.8.8 室内供暖管道中的热媒流速应根据热水或蒸汽的资用压力、系统形式、防噪声要求等因素确定,最大允许流速应符合下列规定:

    1 热水供暖系统室内供暖管道最大允许流速应符合下列规定:

        1)生活、行政辅助建筑物应为 2m/s;

        2)生产厂房、仓库,公用辅助建筑物应为 3m/s。

    2 低压蒸汽供暖系统最大允许流速应符合下列规定:

        1)汽水同向流动时应为 30m/s;

        2)汽水逆向流动时应为 20m/s。

    3 高压蒸汽供暖系统最大允许流速应符合下列规定:

        1)汽水同向流动时应为 80m/s;

        2)汽水逆向流动时应为 60m/s。

5.8.9 机械循环双管热水供暖系统应对水在散热器和管道中冷却而产生自然作用压力的影响采取相应的技术措施。

5.8.10 供暖系统计算压力损失的附加值宜采用 10％。

5.8.11 蒸汽供暖系统的凝结水回收方式应根据二次蒸汽利用的可能性以及室外地形、管道敷设方式等情况,分别采用下列回水方式:

    1 闭式满管回水;

    2 开式水箱自流或机械回水;

    3 余压回水。

5.8.12 高压蒸汽供暖系统,疏水器前的凝结水管不应向上抬升;疏水器后的凝结水管向上抬升的高度应经计算确定。当疏水器本身无止回功能时,应在疏水器后的凝结水管上设置止回阀。

5.8.13 疏水器至回水箱或二次蒸发箱之间的蒸汽凝结水管应按

汽水乳状体进行计算。

5.8.14 供暖系统各并联环路应设置关闭和调节装置。当有冻结危险时,立管或支管上的阀门至干管的距离不应大于120mm。

5.8.15 多层和高层建筑的热水供暖系统中,每根立管和分支管道的始末段均应设置调节、检修和泄水用的阀门。

5.8.16 热水和蒸汽供暖系统应根据不同情况设置排气、泄水、排污和疏水装置。

5.8.17 **供暖管道必须计算其热膨胀。当利用管段的自然补偿不能满足要求时,应设置补偿器。**

5.8.18 供暖管道宜有坡敷设。对于热水管、汽水同向流动的蒸汽管和凝结水管,坡度宜采用0.003,不得小于0.002;立管与散热器连接的支管,坡度不得小于0.01;对于汽水逆向流动的蒸汽管,坡度不得小于0.005。当受条件限制时,热水管道(包括水平单管串联系统的散热器连接管)可无坡度敷设,但管中的水流速度不宜小于0.25m/s。

5.8.19 穿过建筑物基础、变形缝的供暖管道,以及埋设在建筑构造里的管道,应采取预防由于建筑物下沉而损坏管道的措施。

5.8.20 当供暖管道确需穿过防火墙时,在管道穿过处应采取防火封堵措施,并应在管道穿过处采取使管道可向墙的两侧伸缩的固定措施。

5.8.21 供暖管道不得与输送蒸气燃点不高于120℃的可燃液体管道,或输送可燃、腐蚀性气体的管道在同一条管沟内平行或交叉敷设。

5.8.22 符合下列情况之一时,供暖管道应保温:

   1 管道内输送的热媒必须保持一定参数时;

   2 管道敷设在地沟、技术夹层、闷顶及管道井内或易被冻结的地方;

   3 管道通过的房间或地点要求保温时;

   4 管道的无益热损失较大时;

5 人员易触碰烫伤的部位。

5.9 供暖热计量及供暖调节

5.9.1 集中供暖系统应按能源管理要求设置热量表。

5.9.2 热量表的设置应满足各成本核算单位分摊供暖费用的需要,并应符合下列规定:

1 热源处应设置总热量表;

2 用户端宜按成本核算单位、单体建筑或供暖系统分设热量表;

3 计量装置准确度等级应符合现行国家标准《用能单位能源计量器具配备和管理通则》GB 17167 的有关规定。

5.9.3 热量表的选型和设置应符合下列规定:

1 热量表应根据公称流量选型,并应校核在系统设计流量下的压降。公称流量可按设计流量确定。

2 热量表的流量传感器、压力表、温度计的安装位置应符合仪表安装要求。

5.9.4 供暖热源处应设置供热调节装置,并应根据气象条件、用户需求进行调节。

5.9.5 对于需要分室自动控制室温的散热器供暖系统,选用散热器恒温控制阀应符合下列规定:

1 当室内供暖系统为垂直或水平双管系统时,应在每组散热器的供水支管上安装高阻恒温控制阀;

2 单管跨越式系统应采用低阻力两通恒温控制阀或三通恒温控制阀;

3 当散热器有罩时,应采用温包外置式恒温控制阀。

5.9.6 热力入口处设置的流量或压力调节装置应与整个供暖系统的调节目标相适应;当室内供暖系统为变流量系统时,不应设置自力式流量控制阀。

6 通 风

6.1 一 般 规 定

6.1.1 工业通风设计应在合理进行工艺设计、建筑设计、厂区总平面设计的基础上,采取综合预防和治理措施,并应防止生产中产生的有害物质对室内外环境造成污染。

6.1.2 生产工艺应按清洁生产标准的要求进行设计。对放散有害物质的生产过程和设备宜采用机械化、自动化,并应采取密闭、隔离和负压操作措施。对生产过程中不可避免放散的有害物质,在排放前应采取通风净化措施,并应达到相关污染物排放标准的要求。

6.1.3 放散粉尘的生产过程宜采用湿式作业,应采取综合防尘措施和无尘或低尘的新技术、新工艺、新设备。输送粉尘物料时,应采用不扬尘的运输工具。放散粉尘的工业建筑,地面清洁宜采取水冲洗措施;当工艺或建筑不允许水冲洗且防尘要求严格时,宜设置真空吸尘装置。

6.1.4 大量散热的热源宜布置在生产厂房外面或坡屋内。对生产厂房内的热源应采取隔热措施,并宜采用远距离控制或自动控制的工艺流程设计。

6.1.5 确定建筑物方位和形式时,宜减少夏季东西向的日晒。以自然通风为主的建筑物,其方位还应根据主要进风面和建筑物形式,按夏季最多风向布置。

6.1.6 位于夏热冬冷或夏热冬暖地区,工艺散热量小于 $23W/m^3$ 的厂房,当屋顶离地面平均高度小于或等于 8m 时,宜采取屋顶隔热措施。采用通风屋顶隔热时,其通风层长度不宜大于 10m,空气层高度宜为 20cm。

6.1.7 对于放散热或有害物质的生产设备布置,应符合下列规定:

1 放散不同毒性有害物质的生产设备布置在同一建筑物内时,毒性大的应与毒性小的隔开;

2 放散热和有害气体的生产设备,宜布置在厂房自然通风的天窗下部或穿堂风的下风侧;

3 放散热和有害气体的生产设备,当布置在多层厂房内时,应采取防止热或有害气体向相邻层扩散的措施。

6.1.8 厂房内放散热、蒸汽、粉尘和有害气体的生产设备应设置局部排风装置。当设置局部排风装置仍不能保证室内工作环境满足卫生要求时,应辅以全面通风系统。

6.1.9 厂房内放散有害气体或烟尘,无组织排放至室外,不符合现行国家标准《大气污染物综合排放标准》GB 16297 及国家相关排放标准时,应采取封闭和净化措施,并应采用机械通风。

6.1.10 设计局部排风或全面排风时,宜采用自然通风。当自然通风不能满足卫生、环保或生产工艺要求时,应采用机械通风或自然与机械的联合通风。

6.1.11 组织室内送风、排风气流时,不应使含有大量热、蒸汽或有害物质的空气流入没有或仅有少量热、蒸汽或有害物质的人员活动区,且不应破坏局部排风系统的正常工作。

6.1.12 进行室内送风、排风设计时,可根据污染源变化、污染物特性和污染物控制要求,采用计算机模拟的方法优化气流组织。

6.1.13 下列情况之一时,应单独设置排风系统:

1 不同的物质混合后能形成毒害更大或腐蚀性的混合物、化合物时;

2 混合后易使蒸汽凝结并聚积粉尘时;

3 散发剧毒物质的房间和设备。

6.1.14 同时放散有害物质、余热和余湿时,全面通风量应按分别消除有害物质、余热和余湿所需风量的最大值确定。当数种溶剂(苯及其同系物、醇类或醋酸酯类)蒸气或数种刺激性气体同时放散于空气中时,应按各种气体分别稀释至规定的接触限值所需要的空气量的总和计算全面通风换气量。

6.1.15 放散入室内的有害物质数量不能确定时,全面通风量可根据类似房间的实测资料或经验数据按换气次数确定。

6.1.16 放散粉尘、有害气体的房间,室内应维持负压;要求空气清洁的房间,室内应维持正压。空气清洁程度要求不同或与有异味的房间有门、洞相通时,应通过压力控制措施使气流从较清洁的房间流向有污染的房间。

6.1.17 控制室、电子设备机房等工艺设备有防尘、防腐蚀要求的房间,新风宜净化,净化措施应包括过滤颗粒物、吸附或吸收有害气体等。

6.1.18 建筑物的防烟、排烟设计应按现行国家标准《建筑设计防火规范》GB 50016 的有关规定执行。

6.2 自 然 通 风

6.2.1 厂房采用自然通风时,应符合下列规定:

1 消除工业厂房余热、余湿的通风,宜采用自然通风;

2 厂房内放散的有害气体比空气轻时,宜采用自然通风;

3 无组织排放将造成室外环境空气质量不达标时,不应采用自然通风;

4 周围空气被粉尘或其他有害物质严重污染的生产厂房,不宜采用自然通风。

6.2.2 放散极毒物质的生产厂房、仓库严禁采用自然通风。

6.2.3 放散热量的厂房,其自然通风量应根据热压作用按本规范附录 H 的规定进行计算,但应避免风压造成的不利影响。

6.2.4 利用穿堂风进行自然通风的厂房,其迎风面与夏季最多风向宜成 $60°\sim90°$ 角,且不应小于 $45°$ 角。

6.2.5 自然通风应采用阻力系数小、易于开关和维修的进、排风口或窗扇。不便于人员开关或需要经常调节的进、排风口或窗扇，应设置机械开关或调节装置。

6.2.6 夏季自然通风用的进风口，其下缘距室内地面的高度不宜大于 1.2m；冬季自然通风用的进风口，当其下缘距室内地面的高度小于 4m 时，应采取防止冷风吹向工作地点的措施。

6.2.7 当热源靠近厂房的一侧外墙布置，且外墙与热源之间无工作地点时，该侧外墙的进风口宜布置在热源的间断处。

6.2.8 利用天窗排风的厂房，符合下列情况之一时，应采用避风天窗或屋顶通风器。多跨厂房的相邻天窗或天窗两侧与建筑物邻接，且处于负压区时，无挡风板的天窗可视为避风天窗：

   1 夏热冬冷和夏热冬暖地区，室内散热量大于 23W/m³ 时；

   2 其他地区，室内散热量大于 35W/m³ 时；

   3 不允许气流倒灌时。

6.2.9 利用天窗排风的厂房，符合下列情况之一时，可不设置避风天窗：

   1 利用天窗能稳定排风时；

   2 夏季室外平均风速小于或等于 1m/s 时。

6.2.10 当建筑物一侧与较高建筑物相邻接时，应防止避风天窗或风帽倒灌，避风天窗或风帽与建筑物的相关尺寸(图 6.2.10-1、图 6.2.10-2)应符合表 6.2.10 的要求。

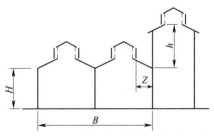

图 6.2.10-1 避风天窗与建筑的相关尺寸

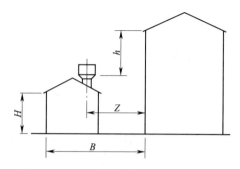

图 6.2.10-2　风帽与建筑物的相关尺寸

表 6.2.10　避风天窗或风帽与建筑物的相关尺寸

Z/h	0.4	0.6	0.8	1.0	1.2	1.4	1.6	1.8	2.0	2.1	2.2	2.3
$\dfrac{B-Z}{H}$	≤1.3	1.4	1.45	1.5	1.65	1.8	2.1	2.5	2.9	3.7	4.6	5.6

注:当 $Z/h>2.3$ 时,建筑物的相关尺寸可不受限制。

6.2.11　挡风板与天窗之间,以及作为避风天窗的多跨厂房相邻天窗之间,其端部均应封闭。当天窗较长时,应设置横向隔板,其间距不应大于挡风板上缘至地坪高度的 3 倍,且不应大于 50m。在挡风板或封闭物上应设置检查门。挡风板下缘至屋面的距离宜为 0.1m～0.3m。

6.2.12　夏热冬暖或夏热冬冷地区以自然通风为主的热加工车间,进风口与排风天窗的水平距离及高差应满足自然通风效果的要求,通风效果可应用计算流体动力学(CFD)数值模拟方法预测。

6.2.13　不需调节天窗窗扇开启角度的高温厂房,宜采用不带窗扇的避风天窗,但应采取防雨措施。

6.3　机　械　通　风

6.3.1　设置集中供暖且设有机械排风的建筑物,当采用自然补风不能满足室内卫生条件、生产工艺要求或在技术经济上不合理时,宜设置机械送风系统。设置机械送风系统时,应进行风量平衡及热平衡计算。每班运行不足 2h 的机械排风系统,当室内卫生条件和生产工艺要求许可时,可不设机械送风补偿所排出的风量。

6.3.2 下列情况之一时,不应采用循环空气:

1 含有难闻气味以及含有危险浓度的致病细菌或病毒的房间;

2 空气中含有极毒物质的场所;

3 除尘系统净化后,排风含尘浓度仍大于或等于工作区容许浓度的 30% 时。

6.3.3 机械送风系统(包括与热风供暖合用的系统)的送风方式应符合下列规定:

1 放散热或同时放散热、湿和有害气体的厂房,当采用上部或上、下部同时全面排风时,宜送至作业地带;

2 放散粉尘或密度比空气大的气体和蒸气,而不同时放散热的厂房,当从下部地区排风时,宜送至上部区域;

3 当固定工作地点靠近有害物质放散源,且不可能安装有效的局部排风装置时,应直接向工作地点送风。

6.3.4 机械通风系统室外计算参数的采用应符合下列规定:

1 计算冬季通风耗热量时,应采用冬季供暖室外计算温度。

2 计算冬季消除余热、余湿通风量时,应采用冬季通风室外计算温度。

3 计算夏季消除余热通风量,或计算通风系统新风冷却量时,宜采用夏季通风室外计算温度;室内最高温度限值要求较严格,可采用夏季空气调节室外计算温度计算消除余热通风量或新风冷却量。

4 计算夏季消除室内余湿的通风量时,宜采用夏季通风室外计算干球温度和夏季通风室外计算相对湿度;室内最高湿度限值要求较严格,可采用夏季空气调节室外计算温度和夏季空气调节室外湿球温度计算消除余湿通风量。

6.3.5 机械送风系统进风口的位置应符合下列规定：

    1 应直接设置在室外空气较清洁的地点；

    2 近距离内有排风口时，应低于排风口；

    3 进风口的下缘距室外地坪不宜小于 2m,当设置在绿化地带时,不宜小于 1m;

    4 应避免进风、排风短路。

6.3.6 符合下列全部条件时,可设置置换通风:

    1 厂房内有热源或热源与污染源伴生；

    2 污染空气温度高于周围环境空气温度；

    3 房间高度不小于 3m;

    4 厂房内无强烈的扰动气流。

6.3.7 置换通风系统的设计应符合下列规定:

    1 置换通风风口宜落地安装。厂房内物流频繁时,置换通风风口可吊装,风口底部距离地面不应大于 2m。

    2 人员活动区内气流分布应均匀。

    3 置换通风口的出风速度不宜大于 0.5m/s。

6.3.8 同时放散热、蒸汽和有害气体,或仅放散密度比空气小的有害气体的厂房,除应设置局部排风外,宜从上部区域进行自然或机械的全面排风;当车间高度小于或等于 6m 时,其排风量不应小于按 1 次/h 换气计算所得的风量;当车间高度大于 6m 时,排风量可按 $6m^3/(h \cdot m^2)$ 计算。

6.3.9 当采用全面排风消除余热、余湿或其他有害物质时,应分别从建筑物内温度最高、含湿量或有害物质浓度最大的区域排风。全面排风量的分配应符合下列规定:

    1 当放散气体的相对密度小于或等于 0.75,视为比室内空气轻,或虽比室内空气重但建筑内放散的显热全年均能形成稳定的上升气流时,宜从房间上部区域排出;

    2 当放散气体的相对密度大于 0.75,视为比空气重,且建筑内放散的显热不足以形成稳定的上升气流而沉积在下部区域时,宜从下部区域排出总排风量的 2/3、上部区域排出总排风量的 1/3；

3 当人员活动区有害气体与空气混合后的浓度未超过卫生标准，且混合后气体的相对密度与空气密度接近时，可只设上部或下部区域排风；

4 上、下部区域的全面排风量中应包括该区域内的局部排风量；地面以上 2m 以下应为下部区域。

6.3.10 排除氢气与空气混合物时，建筑物全面排风系统室内吸风口的布置应符合下列规定：

1 吸风口上缘至顶棚平面或屋顶的距离不应大于 0.1m；

2 因建筑构造形成的有爆炸危险气体排出的死角处应设置导流设施。

6.3.11 排除含有剧毒物质、难闻气味物质或含有浓度较高的爆炸危险性物质的局部排风系统，排出的气体应排至建筑物的空气动力阴影区和正压区外。

6.3.12 采用燃气加热的供暖装置、热水器或炉灶等的通风要求，应符合现行国家标准《城镇燃气设计规范》GB 50028 的相关规定。

6.4 事 故 通 风

6.4.1 对可能突然放散大量有毒气体、有爆炸危险气体或粉尘的场所，应根据工艺设计要求设置事故通风系统。

6.4.2 事故通风系统的设置应符合下列规定：

1 放散有爆炸危险的可燃气体、粉尘或气溶胶等物质时，应设置防爆通风系统或诱导式事故排风系统；

2 具有自然通风的单层建筑物，所放散的可燃气体密度小于室内空气密度时，宜设置事故送风系统；

3 事故通风可由经常使用的通风系统和事故通风系统共同保证。

6.4.3 事故通风量宜根据工艺设计条件通过计算确定，且换气次数不应小于 12 次/h。房间计算体积应符合下列规定：

1 当房间高度小于或等于 6m 时，应按房间实际体积计算；

2 当房间高度大于 6m 时，应按 6m 的空间体积计算。

6.4.4 事故排风的吸风口应设在有毒气体或爆炸危险性物质放散量可能最大或聚集最多的地点。对事故排风的死角处应采取导流措施。

6.4.5 事故排风的排风口应符合下列规定：

1 不应布置在人员经常停留或经常通行的地点。

2 排风口与机械送风系统的进风口的水平距离不应小于 20m；当水平距离不足 20m 时，排风口应高于进风口，并不得小于 6m。

3 当排气中含有可燃气体时，事故通风系统排风口距可能火花溅落地点应大于 20m。

4 排风口不得朝向室外空气动力阴影区和正压区。

6.4.6 工作场所设置有有毒气体或有爆炸危险气体监测及报警装置时，事故通风装置应与报警装置连锁。

6.4.7 **事故通风的通风机应分别在室内及靠近外门的外墙上设置电气开关。**

6.4.8 设置有事故排风的场所不具备自然进风条件时，应同时设置补风系统，补风量宜为排风量的 80%，补风机应与事故排风机连锁。

6.5 隔 热 降 温

6.5.1 工作人员较长时间直接受辐射热影响的工作地点，当其热辐射强度大于或等于 350W/m² 时，应采取隔热措施；受辐射热影响较大的工作室应隔热。

6.5.2 经常受辐射热影响的工作地点，应根据工艺、供水和室内环境等条件，分别采用水幕、隔热水箱或隔热屏等隔热。

6.5.3 工作人员经常停留的高温地面或靠近的高温壁板，其表面平均温度不应高于 40℃。当采用串水地板或隔热水箱时，其排水温度不宜高于 45℃。

6.5.4 较长时间操作的工作地点,当热环境达不到卫生要求时应设置局部送风。

6.5.5 当采用不带喷雾的轴流式通风机进行局部送风时,工作地点的风速应符合下列规定:

    1 轻劳动地点的风速应为 2m/s～3m/s;

    2 中劳动地点的风速应为 3m/s～5m/s;

    3 重劳动地点的风速应为 4m/s～6m/s。

6.5.6 温度高于 35℃、热辐射强度大于 1400W/m² ,且工艺不忌细小雾滴的中、重劳动的工作地点可设置喷雾风扇降温。采用喷雾风扇进行局部送风时,工作地点的风速应采用 3m/s～5m/s,雾滴直径宜小于 100μm。

6.5.7 当局部送风系统的空气需要冷却处理时,其室外计算参数应采用夏季通风室外计算温度及相对湿度。

6.5.8 局部送风系统宜符合下列规定:

    1 送风气流宜从人体的前侧上方倾斜吹到头、颈和胸部,也可从上向下垂直送风;

    2 送到人体上的有效气流宽度宜采用 1m;对于室内散热量小于 23W/m³ 的轻劳动,可采用 0.6m;

    3 当工作人员活动范围较大时,宜采用旋转送风口;

    4 局部送风的计算应按本规范附录 J 规定的方法进行。

6.5.9 特殊高温的工作小室应采取密闭、隔热措施,并应采用空气调节设备降温。

6.6 局部排风罩

6.6.1 工艺生产过程中产生的粉尘及有害气体应设置排风罩捕集。排风罩内的负压或罩口风速应根据污染物粒径大小、密度、释放动力及周围干扰气流等因素确定。有条件时,可采用工程经验数据。

6.6.2 排气罩设计宜采用密闭罩。密闭罩的设计风量应按下列因素叠加计算：

    1 物料进入诱导的空气量；

    2 设备运转鼓入的空气量；

    3 工艺送风量；

    4 物料和机械散热空气膨胀量；

    5 压实物料排挤出的空气量；

    6 排出物料带走的空气量；

    7 控制污染物外溢从缝隙处吸入的空气量。

6.6.3 用于除尘的密闭罩，在确定密闭罩结构、吸风口位置、吸风口平均风速时，应使罩内负压均匀，应防止粉尘外逸和防止排风带走大量物料。吸风口的平均风速宜符合下列规定：

    1 细粉料的筛分不宜大于 0.6m/s；

    2 物料的粉碎不宜大于 2m/s；

    3 粗颗粒物料的破碎不宜大于 3m/s。

6.6.4 当工艺操作不允许采用密闭罩时，可选用半密闭罩或柜式通风罩。其排风量应按防止粉尘或有害气体外逸，通过计算确定。

6.6.5 粉尘或有害气体发散面积小且不允许设置密闭罩时，可采用外部吸气罩。外部吸气罩的排风量应根据罩口形式、控制点风速等因素经过计算确定。

6.6.6 工业槽边排风罩的排风口风速应分布均匀，且应符合下列规定：

    1 槽宽小于或等于 0.7m 时，宜采用单侧排风；槽宽大于 0.7m 且小于或等于 1.2m 时，宜采用双侧排风；

    2 槽宽大于 1.2m 时，宜采用吹吸式排风罩；

    3 圆形槽直径为 500mm～1000mm 时，宜采用环形排风罩。

6.6.7 当工艺产生大量诱导热气流时，排气罩宜采用热接受排气罩。热接受罩的断面尺寸不应小于罩口处污染气流的尺寸。热接受罩的排风量应按下式计算：

$$L = L_z + vF \qquad (6.6.7)$$

式中：L——热接受罩的排风量(m^3/s)；

L_z——罩口断面热射流量(m^3/s)；

v——扩大面积上空气的吸入速度，取 0.5m/s～0.7m/s；

F——罩口的扩大面积(m^2)。

6.6.8 高速旋转的工艺设备产生的诱导污染气流应采用接受式排气罩，排风罩的排风量可按经验公式确定。

6.6.9 排风罩的材料应根据粉尘或有害气体温度、磨琢性、腐蚀性等因素选择。在可能由静电引起火灾爆炸的环境，罩体应采用防静电材料制作或采取防静电措施。

6.6.10 多台排风柜合并设计为一个排风系统时，应按同时使用的排风柜总风量确定系统风量。每台排风柜排风口宜安装调节风量用的阀门，风机宜能变频调速。

6.6.11 设有排风柜的房间应按房间风平衡设计进风通道，并应按房间热平衡设置供暖或空气调节设施。

6.7 风 管 设 计

6.7.1 风管尺寸应符合下列规定：

1 风管的截面尺寸宜按现行国家标准《通风与空调工程施工质量验收规范》GB 50243 的规定执行；

2 矩形风管长、短边之比不应超过 10。

6.7.2 风管材料应满足风管使用条件、施工安装条件要求，并应符合下列规定：

1 宜采用金属材料制作；

2 风管材料的防火性能应符合现行国家标准《建筑设计防火规范》GB 50016 的有关规定；

3 风管材料的防腐蚀性能应能抵御所接触腐蚀性介质的危害；

4 需防静电的风管应采用金属材料制作。

6.7.3 风管壁厚应符合下列规定：

1 风管壁厚应根据风管材质、风管断面尺寸、风管使用条件等因素确定，且不应小于现行国家标准《通风与空调工程施工质量验收规范》GB 50243 中有关最小壁厚的要求；

2 当采用焊接连接方式时，金属风管壁厚不应小于 1.5mm。

6.7.4 系统漏风量应通过选择风管材料以及风管制作工艺控制。系统漏风率宜符合下列规定：

1 非除尘系统不宜超过 5%；

2 除尘系统不宜超过 3%。

6.7.5 通风、除尘、空气调节系统各环路的压力损失应进行水力平衡计算。各并联环路压力损失的相对差额宜符合下列规定。当通过调整管径仍无法满足要求时，宜设置风量调节装置：

1 非除尘系统不宜超过 15%；

2 除尘系统不宜超过 10%。

6.7.6 风管设计风速应符合下列规定：

1 非除尘系统风管设计风速宜按表 6.7.6 采用；

2 除尘系统风管设计风速应根据气体含尘浓度、粉尘密度和粒径、气体温度、气体密度等因素确定，并应以正常运转条件下管道内不发生粉尘沉降为基本原则。设计工况和通风标准工况相近时，最低风速不应低于本规范附录 K 的规定。

表 6.7.6 风管内的风速（m/s）

风管类别	金属及非金属风管	砖及混凝土风道
干管	6~14	4~12
支管	2~8	2~6

6.7.7 下列情况下风管应采取补偿措施：

1 输送高温烟气的金属风管，应合理布置管道以及膨胀节、柔性接头和管道支架，并应选用合适的管道托座和减小管道对支架的推力；

2 线膨胀系数较大的非金属风管直段连续长度大于 20m 时，应设置伸缩节。

6.7.8 当风管内可能产生凝结水或其他液体时，风管应设置不小于 0.005 的坡度，并应在风管的最低点设置排水装置。

6.7.9 除尘系统的风管应符合下列规定：

1 宜采用圆形钢制风管。除与阀门、排风罩、设备的连接处以及经常拆装的管段可采用法兰连接外，除尘风管应采用焊接连接方式。

2 除尘风管最小直径应符合下列规定：

1）排风中含细矿尘、木材粉尘的风管直径不应小于 80mm；

2）排风中含较粗粉尘、木屑的风管直径不应小于 100mm；

3）排风中含粗粉尘、粗刨花的风管直径不应小于 130mm。

3 风管宜垂直或倾斜敷设。倾斜敷设时，与水平面的夹角宜大于 45°。水平敷设的管段不宜过长。

4 支管宜从主管的上面或侧面连接，三通的夹角宜采用 15°～45°，90°连接时宜采取扩口导流措施。

5 应减少弯头数量，在空间允许的条件下宜加大弯头曲率半径和减小弯头角度。

6 输送含尘浓度高、粉尘磨琢性强的含尘气体时，风管易受冲刷部位应采取防磨措施。

7 在容易积尘的异形管件附近，宜设置密闭清扫孔。

8 支管上宜设置风量调节装置及风量测定孔，风量调节装置宜设置在垂直管道上。

9 风管支、吊架的最大跨距宜按挠度确定。室外管道挠度不宜超过跨距的 1/600，室内管道的挠度不宜超过跨距的 1/300。

10 当风管安装高度超过 2.5m 时，需要经常操作和维护的部位宜设置平台和梯子。

11 大管径除尘风管，当有人员进入风管内部操作、检修的可能时，管道内部孔洞处应安装防踏空格栅或栏杆。

6.8 设备选型与配置

6.8.1 选择空气加热器、空气冷却器和空气热回收装置等设备时,应附加风管和设备等的漏风量,系统允许漏风量不应超过本规范第6.7.4条的附加风量;当计算工况与设备样本标定状态相差大时,应按计算工况复核设备换热能力。

6.8.2 通风机宜根据管路特性曲线和风机性能曲线进行选择,其性能参数应符合下列规定:

1 通风机的风量应在系统计算的总风量上附加风管和设备的漏风量,通风机的压力应在系统计算的压力损失上附加10%～15%;

2 当计算工况与风机样本标定状态相差较大时,应将风机样本标定状态下的数值换算成风机选型计算工况风量和全压;

3 风机的选用设计工况效率不应低于风机最高效率的90%;

4 采用定转速通风机时,电机轴功率应按工况参数计算确定;采用变频通风机时,电机轴功率应按工况参数计算确定,且应在100%转速计算值上再附加15%～20%;通风机输送介质温度较高时,电动机功率应按冷态运行进行附加。

6.8.3 通风机并联或串联安装,其联合工况下的风量和风压应按通风机和管道的特性曲线确定,并应符合下列规定:

1 不同型号、不同性能的通风机不宜并联安装;

2 串联安装的通风机设计风量应相同;

3 变速风机并联或串联安装时应同步调速。

6.8.4 当通风系统风量、风压调节范围较大时,宜采用双速或变频调速风机。

6.8.5 为防毒而设置的排风机应独立设置,不应与其他系统的通风设备布置在同一通风机室内。

6.8.6 大型通风机应预留检修场地,并宜设置吊装设施及操作平台。通风机露天布置时,其电机应采取防雨措施,电机防护等级不应低于 IP54。

6.8.7 通风机进、出风口不接风管或风管较短时,风口应设置安全防护网。风机与电机之间的传动皮带应设置防护罩。

6.8.8 符合下列条件之一时,通风设备和风管应采取保温或防冻等措施:

    1 不允许所输送空气的温度有较显著升高或降低时;

    2 所输送空气的温度相对环境温度较高或较低时;

    3 除尘风管或干式除尘器内可能有结露时;

    4 排出的气体可能被冷却而形成凝结物堵塞或腐蚀风管和设备时;

    5 湿式除尘器可能被冻结时。

6.8.9 有振动的通风设备进、出口应设置柔性接头。通风设备进、出口风管应设置独立的支、吊架,管道荷载不应加在通风设备上。

6.8.10 电机功率大于 300kW 的大型离心式通风机宜采用高压供电方式。

6.8.11 离心通风机宜设置风机入口阀。需要通过关阀降低风机启动电流时,应设置风机启动用的阀门,风机启动用阀门的设置应符合下列规定:

    1 中低压供电、供电条件允许且电动机功率小于或等于75kW 时,可不装设仅为启动用的阀门;

    2 中低压供电、电动机功率大于 75kW 时,宜设置启动用风机入口阀;

    3 风机启动用阀门宜为电动,并应与风机电机连锁。

6.8.12 大型离心式通风机轴承箱和电机采用水冷却方式时,应采用循环水冷却方式。

6.8.13 排除含有蒸汽的空气,其通风设备应在易积液部位设置水封排液口。

6.9 防火与防爆

6.9.1 对厂房或仓库空气中含有易燃易爆物质的场所,应根据工艺要求采取通风措施。

6.9.2 下列场所均不得采用循环空气:

 1 甲、乙类厂房或仓库;

 2 空气中含有的爆炸危险粉尘、纤维,且含尘浓度大于或等于其爆炸下限值的25%的丙类厂房或仓库;

 3 空气中含有的易燃易爆气体,且气体浓度大于或等于其爆炸下限值的10%的其他厂房或仓库;

 4 建筑物内的甲、乙类火灾危险性的房间。

6.9.3 在下列任一情况下,通风系统均应单独设置:

 1 甲、乙类厂房、仓库中不同的防火分区;

 2 不同的有害物质混合后能引起燃烧或爆炸时;

 3 建筑物内的甲、乙类火灾危险性的单独房间或其他有防火防爆要求的单独房间。

6.9.4 对于生产、试验中散发容易起火或爆炸危险性物质的厂房或局部房间,其机械通风系统宜采用局部通风方式。

6.9.5 排除有爆炸危险的气体、蒸气或粉尘的局部排风系统,其风量应按在正常运行情况下,风管内有爆炸危险的气体、蒸气或粉尘的浓度不大于爆炸下限值的50%计算。

6.9.6 放散有爆炸危险性物质的房间应保持负压。

6.9.7 根据工艺要求在爆炸危险区域内为非防爆设备的封闭空间设置的正压送风系统,其进风口应设置在清洁区,正压值应根据工艺要求确定。

6.9.8 甲、乙类厂房、仓库及其他有燃烧或爆炸危险的单独房间或区域,其送风系统的进风口应与其他房间或区域的进风口分设,其进风口和排风口均应设置在室外无火花溅落的安全处。

6.9.9 含有燃烧或爆炸危险粉尘的空气,在进入排风机前应采用不产生火花的除尘器进行处理。净化有爆炸危险粉尘的除尘器、排风机应与其他普通型的排风机、除尘器分开设置。

6.9.10 净化有爆炸危险粉尘的干式除尘器宜布置在厂房外的独立建筑中,该建筑与所属厂房的防火间距不应小于 10.0m。

6.9.11 符合下列条件之一时,净化有爆炸危险粉尘的干式除尘器可布置在厂房内的单独房间内,但不得布置在车间休息室、会议室等房间的下一层。与休息室、会议室等房间贴邻布置时,应采用耐火极限不小于 3.00h 的隔墙和 1.50h 的楼板与其他部位分隔,并应至少有一侧外围护结构:

   1 有连续清灰设备;

   2 除尘器定期清灰,处理风量不超过 15000m³/h,且集尘斗的储尘量小于 60kg。

6.9.12 粉尘遇水后,能产生可燃或有爆炸危险的物质时,不得采用湿式除尘器。

6.9.13 净化有爆炸危险粉尘和碎屑的除尘器应布置在系统的负压段上,且应设置泄爆装置。

6.9.14 用于净化含有爆炸危险物质的湿式除尘器,可布置在所属生产厂房或排风机房内。

6.9.15 在下列任一情况下,供暖、通风与空调设备均应采用防爆型:

   1 直接布置在爆炸危险性区域内时;

   2 排除、输送或处理有甲、乙类物质,其浓度为爆炸下限 10%及以上时;

   3 排除、输送或处理含有燃烧或爆炸危险的粉尘、纤维等物质,其含尘浓度为其爆炸下限的 25%及以上时。

6.9.16 用于甲、乙类厂房、仓库及其他厂房中有爆炸危险区域的通风设备的布置应符合下列规定:

   1 排风设备不应布置在建筑物的地下室、半地下室内,宜设置在生产厂房外或单独的通风机房中;

2 送、排风设备不应布置在同一通风机房内;

3 排风设备不应与其他房间的送、排风设备布置在同一机房内;

4 送风设备的出口处设有止回阀时,可与其他房间的送风设备布置在同一个送风机房内。

6.9.17 用于甲、乙类厂房、仓库及其他厂房中有爆炸危险区域的通风设备的选型应符合下列规定:

1 设在专用机房中的排风机应采用防爆型,电动机可采用密闭型;

2 直接设置在甲、乙类厂房、仓库及其他厂房中有爆炸危险区域的送、排设备,通风机和电机均应采用防爆型,风机和电机之间不得采用皮带传动;

3 送风设备设置在通风机房内且送风干管上设置止回阀时,可采用非防爆型。

6.9.18 用于甲、乙类厂房、仓库的爆炸危险区域的送风机房应采取通风措施,排风机房的换气次数不应小于 1 次/h。

6.9.19 **排除或输送有燃烧或爆炸危险物质的风管不应穿过防火墙和有爆炸危险的车间隔墙,且不应穿过人员密集或可燃物较多的房间。**

6.9.20 一般通风系统的管道不宜穿过防火墙和不燃性楼板等防火分隔物。如确实需要穿过时,应在穿过处设防火阀。在防火阀两侧各 2m 范围内的风管及其保温材料应采用不燃材料。风管穿过处的缝隙应用防火材料封堵。

6.9.21 排除有爆炸危险物质的排风管应采用金属管道,并应直接通到室外的安全处,不应暗设。

6.9.22 排除或输送有爆炸或燃烧危险物质的排风系统,除工艺确需要设外,其各支管节点处不应设置调节阀,但应对两个管段结合点及各支管之间进行静压平衡计算。

6.9.23 直接布置在空气中含有爆炸危险物质场所内的通风系统

和排除有爆炸危险物质的通风系统上的防火阀、调节阀等部件,应符合在防爆场合应用的要求。

6.9.24 排除或输送有燃烧或爆炸危险物质的通风设备和风管均应采取防静电接地措施,当风管法兰密封垫料或螺栓垫圈采用非金属材料时,还应采取法兰跨接的措施。

6.9.25 热媒温度高于110℃的供热管道不应穿过输送有爆炸危险的气体、蒸气、粉尘或气溶胶等物质的风管,亦不得沿风管外壁敷设;当热媒管道与风管交叉敷设时,应采用不燃材料绝热。

6.9.26 排除比空气轻的可燃气体混合物的风管,应沿气体流动方向具有上倾的坡度,其值不应小于0.005。

6.9.27 排除有爆炸危险粉尘的风管宜采用圆形风管,宜垂直或倾斜敷设。水平敷设管道时不宜过长,需用水冲洗清除积灰时,管道应沿气体流动方向具有下倾的坡度,其值不应小于0.01。

6.9.28 设有可燃气体探测报警装置时,防爆通风设备应与可燃气体探测报警装置连锁。

6.9.29 排除或输送温度大于80℃的空气或气体混合物的非保温金属风管、烟道,与输送有爆炸危险物质的风管及管道应有安全距离,当管道互为上下布置时,表面温度较高者应布置在上面;应与建筑可燃或难燃结构体之间保持不小于150mm的安全距离,或采用厚度不小于50mm的不燃材料隔热。

6.9.30 可燃气体管道、可燃液体管道和电缆线等不得穿过风管的内腔,并不得沿风管的外壁敷设。可燃气体管道和可燃液体管道不得穿过与其无关的通风机房。

6.9.31 当风管内设有电加热器时,电加热器前、后各800mm范围内的风管和穿过设有火源等容易起火房间的风管及其保温材料均应采用不燃材料。

7 除尘与有害气体净化

7.1 一 般 规 定

7.1.1 废气向大气排放时,其污染物排放浓度及排放速率应符合国家现行有关污染物排放标准的要求。

7.1.2 需要与工艺设备连锁控制时,除尘及有害气体净化设备应比工艺设备提前启动、滞后停止。

7.1.3 除尘系统的划分应符合下列规定:

    1 同一生产流程、同时工作的扬尘点相距不远时,宜合设一个系统;

    2 同时工作但粉尘种类不同的扬尘点,当工艺允许不同粉尘混合回收或粉尘无回收价值时,可合设一个系统;

    3 温、湿度不同的含尘气体,当混合后可能导致风管内结露时,应分设系统。

7.1.4 当工艺设备扬尘点较多时,除尘系统宜分区域集中设置;每个除尘系统连接的排风点不宜过多;当不能完全通过调整管径等达到风系统水力平衡要求时,可在风阻力小的支路上设调平衡用的阀门;风阀宜设置在垂直管路上。

7.1.5 除尘系统的排风量应按同时工作的最大排风量以及间歇工作的排风点漏风量之和计算。各间歇工作的排风点上应装设与工艺设备联动的阀门,阀门关闭时的漏风量应取正常排风量的 $15\% \sim 20\%$。

7.1.6 干式除尘系统收集的粉尘应返回生产工艺系统回收或二次开发利用,当确无利用价值时应按国家有关固体废物贮存、处置或填埋标准进行处理。粉尘储运过程中应防止二次扬尘。

7.1.7 湿式除尘系统污水有条件时应直接利用,无直接利用条件时应经处理后回用。污水处理产生的污泥应返回生产工艺系统回收或二次开发利用,无利用价值时应按国家有关固体废物贮存、处置或填埋标准进行处理。

7.2 除 尘

7.2.1 除尘器的选择应根据下列因素并通过技术经济比较确定:

  1 含尘气体的化学成分、腐蚀性、爆炸性、温度、湿度、露点、气体量和含尘浓度;

  2 粉尘的化学成分、密度、粒径分布、腐蚀性、亲水性、磨琢度、比电阻、粘结性、纤维性和可燃性、爆炸性等;

  3 净化后气体或粉尘的容许排放浓度;

  4 除尘器的压力损失和除尘效率;

  5 粉尘的回收价值及回收利用形式;

  6 除尘器的设备费、运行费、使用寿命、场地布置及外部水、电源条件等;

  7 维护管理的繁简程度。

7.2.2 粉尘净化宜选用干式除尘方式。不适合选用干式除尘或选用湿式除尘较合理的场合,可选用湿式除尘方式。

7.2.3 含尘粒径在 0.1μm 以上、温度在 250℃ 以下,且含尘浓度低于 50g/m³ 的废气的净化宜选用袋式除尘器。选用袋式除尘器时,其性能参数应符合下列规定:

  1 袋式除尘器的除尘效率应满足污染物达标排放或除尘工艺对除尘器的技术要求。除尘器的总效率宜根据实际处理的粉尘的粒径分布及质量分布、除尘器分级效率经计算确定。

  2 袋式除尘器的运行阻力宜为 1200Pa~2000Pa。

  3 袋式除尘器过滤风速应根据气体和粉尘的类型、清灰方式、滤料性能等因素确定。采用脉冲喷吹清灰方式时,过滤风速不

宜大于 1.2m/min；采用其他清灰方式时，过滤风速不宜大于
0.60m/min。

    4 袋式除尘器的漏风率应小于 4%，且应满足除尘工艺的要
求。

7.2.4 袋式除尘器清灰方式应根据工程条件确定，宜采用脉冲喷
吹、反吹风清灰方式，也可采用机械振打、复合清灰方式，并应符合
下列规定：

    1 潮湿多雨地区不宜直接采用大气作为反吹风气源；

    2 混入空气易引起除尘器内燃烧或爆炸时，不应采用空气作
为清灰用气体；

    3 分室数量大于或等于 4 的反吹类袋式除尘器宜采用离线
清灰方式。

7.2.5 袋式除尘器的滤料应能适应被处理气体，其耐温性能、抗
水解性能、抗氧化性能及耐腐蚀性能应满足使用要求。技术经济
条件合理时应选用经过表面覆膜处理的滤料。

7.2.6 旋风除尘器可作为预除尘器使用。旋风除尘器计算参数
应符合表 7.2.6 的规定。

表 7.2.6　旋风除尘器计算参数

参 数 名 称	参 数 指 标
入口流速	12m/s～25m/s
筒体断面流速	3m/s～5m/s
阻力	800Pa～1500Pa
允许操作温度	<450℃
允许含尘浓度	1000g/m³

7.2.7 湿式除尘器除尘效率应满足污染物达标排放或除尘工艺
对除尘器的技术要求。湿式除尘器计算参数应符合表 7.2.7 的规
定。

表 7.2.7　湿式除尘器计算参数

设备名称	除尘效率 （%）	风速（m/s）	阻力（Pa）	循环水量 （L/m³）	适用的粉尘 粒径（μm）
水膜除尘器	≥80	入口风速 16～20	600～900	0.1～0.4	≥5
冲激式除尘器	≥85	入口风速 18～35	1000～1600	0.2～0.5	≥1
文丘里除尘器	≥95	喉口风速 30～80	2000～6000	0.3～1.0	≥1
湿式三 效除尘器	≥85	入口风速 16～20	1000～4000	1.0～1.5	≥1
喷淋洗涤塔	≥70	空塔风速 0.6～1.5	250～500	0.4～2.7	≥5

7.2.8 采用静电除尘器时,粉尘比电阻值应为 $1 \times 10^4 \Omega \cdot cm \sim 4 \times 10^{12} \Omega \cdot cm$。

7.2.9 净化有爆炸危险物质的除尘器应符合本规范第 6.9.9 条～第 6.9.14 条的要求。

7.2.10 有结露或冻结可能时,除尘器应采取保温、伴热、室内布置等措施。

7.3　有害气体净化

7.3.1 有害气体净化应根据有害气体的物理及化学性质,并应经技术经济比较,选择吸收、吸附、冷凝、催化燃烧、生化法、电子束照射法和光触媒法等方法。废气净化最终产物应以回收有害物质、生成其他产品、生成无害化物质为处理目标。

7.3.2 有害气体净化吸收设备应符合下列规定:

　　1 应根据被吸收气体、吸收液、吸收塔形式和要求的吸收效率,选择经济合理的空塔气速;

　　2 气液之间宜逆流运行、有较大的接触面积、有一定的接触时间,并宜扰动强烈;

　　3 应根据有害气体吸收难易程度采用适宜的液气比;液气比宜可调节;

　　4 吸收塔的气体进口段应设气流分布装置,吸收塔的出口处应设置除雾装置；

5 应耐腐蚀，运行应安全可靠；

6 构造宜简单，宜便于制作和检修。

7.3.3 吸收剂应符合下列规定：

1 对被吸收组分的溶解度应高，吸收速率应快，应有良好的选择性；

2 蒸汽压应低；

3 黏度应低，化学稳定性应好，腐蚀性应小，应无毒或低毒，并应难燃；

4 价格应合理，且应易于重复使用；

5 应有利于被吸收组分的回收或处理。

7.3.4 低浓度有毒有害气体宜采用吸附法净化，吸附剂宜再生后重复利用。废气吸附处理前应除去颗粒物、油雾、难脱附的气态污染物，以及能造成吸附剂中毒的成分，并应调节气体温度、湿度、浓度和压力等满足吸附工艺操作的要求。

7.3.5 吸附装置应符合下列规定：

1 宜按最大废气排放量的120%进行设计。

2 净化效率不宜小于90%。

3 吸附剂连续工作时间不应少于3个月。

4 固定床吸附装置吸附层的风速应根据吸附剂的材质、结构和性能确定，采用颗粒状活性炭时，宜取 0.20m/s～0.60m/s；采用活性炭纤维毡时，宜取 0.10m/s～0.15m/s；采用蜂窝状吸附剂时，宜取 0.70m/s～1.20m/s。

5 吸附剂和气体的接触时间宜为 0.5s～2.0s。

7.3.6 吸附法净化有害气体宜选用活性炭、硅胶、活性氧化铝、分子筛等作为吸附剂。

7.3.7 吸附剂脱附可采用升温、降压、置换、吹扫和化学转化等方式，也可采用几种方式结合使用，并应符合下列规定：

1 脱附产物宜分离并回收；

2 采用活性炭做吸附剂时,脱附气的温度宜控制在 120℃以下;

3 脱附气冷凝回收有机溶剂时,冷却水宜采用低温水。

7.4 设备布置

7.4.1 当收集的粉尘允许直接纳入工艺流程时,除尘器宜布置在胶带运输机、料仓等生产设备的上部。当收集的粉尘不允许或难以做到直接纳入工艺流程时,除尘器可另择合适的场地布置,但应设储尘斗及相应的搬运设备。

7.4.2 除尘器宜布置在系统的负压段。当布置在正压段时,宜选用排尘通风机。除尘系统各排风点计算压力损失不平衡率不宜大于 10%,当通过调整管径或改变风量仍无法达到时,可装设风量调节装置。

7.4.3 湿式废气净化设备有冻结可能时,应采取防冻措施。严寒地区,湿式废气净化设备应设置在室内;寒冷地区,湿式废气净化设备宜设置在室内。

7.4.4 干式除尘器的卸尘管和湿式除尘器的污水排出管应采取防止漏风的措施。

7.4.5 袋式除尘器布置在室内时,应留出便于滤袋的检查和更换的空间。

7.4.6 设备的阀门、电动机、人孔、检测孔等处应设操作平台或留有操作空间。

7.4.7 设备布置在屋面时,该屋面应按上人屋面要求进行设计。

7.5 排 气 筒

7.5.1 排气筒的高度应满足国家现行有关大气污染物排放标准的要求,且不应低于 15m。

7.5.2 排气筒出口风速宜为 15m/s～20m/s。对集中大型排气筒宜预留排风能力。

7.5.3 排气筒应设置用于监测的采样孔和监测平台,以及必要的附属设施。

7.5.4 排气筒排烟时应根据烟气条件设绝热层、防腐层等。

7.5.5 一定区域内的排风点宜合并设置集中排气筒。

7.6 抑尘及真空清扫

7.6.1 在不影响生产和不改变物料性质时,对扬尘点宜采用水力喷雾抑尘。

7.6.2 放散粉尘的生产厂房,地面清扫宜采用真空吸尘装置。真空吸尘装置的设置应符合下列规定:

    1 最高真空度宜大于 30kPa;

    2 吸气量宜满足 2 个～3 个吸嘴同时工作,可按粉尘或物料粒径 3.0mm～30mm 设计;

    3 应根据清扫面积的大小和卸灰条件等因素确定设置移动式或固定式真空清扫设备;

    4 真空清扫设备应有自动保护功能。

7.6.3 真空清扫管网系统的设计应符合下列规定:

    1 每台生产装置和对应的料仓区域宜设置一套独立的真空清扫管网系统;

    2 应根据吸尘软管长度及其工作半径,确定各吸尘口之间的合理距离;

    3 吸尘管材质应按粉尘性质确定;

    4 从主管接引支管时,宜采用支管接头或 Y 形接头,支管应从主管的侧面或上部接入,并应保证支管中物料流向与主管中物料流向的夹角不大于 15°,支管中的物料流向与主管中的物料流向应成顺流方向;

    5 弯管曲率半径不应小于 4 倍公称管径。

7.7 粉 尘 输 送

7.7.1 粉尘输送应符合下列规定:

1 粉尘加湿后更利于其回收利用时,粉尘应加湿输送或搅拌制浆后输送。

2 除尘器收集的粉尘需远距离输送时,干式输送方式宜采用机械输送或气力输送。

3 机械输送的设备选型,后一级设备的输送能力不应小于前一级设备的能力。气力输送设备的输送能力应有 50% 以上裕量。

4 储灰仓卸灰时,宜采用真空罐车、无尘装车装置、加湿机,无条件时,应在卸灰点设置局部排风。

7.7.2 采用气力输送装置时,应符合下列规定:

1 输送具有爆炸危险性的粉尘时,气力输送系统应采取防爆措施;

2 气力输送设备前宜设置中间储灰仓,中间仓的容积应按 1d~2d 储灰量设计;

3 气力输送管路易磨构件宜采取耐磨措施;

4 输送大量的磨琢性强的粉尘时,宜设置备用的仓式泵输灰系统;

5 管道中的弯管曲率半径不宜小于 8 倍公称直径。

8 空 气 调 节

8.1 一 般 规 定

8.1.1 工艺性空气调节应满足生产工艺或产品对空气环境参数的要求,舒适性空气调节应满足人体舒适、健康对空气环境参数的要求。

8.1.2 符合下列条件之一时,应设计空气调节:

1 采用供暖通风达不到生产工艺对室内温度、湿度、洁净度等的要求时;

2 有利于提高劳动生产率、降低设备生命周期费用、增加经济效益时;

3 有利于保护工作人员身体健康时;

4 有利于提高和保证产品质量时;

5 采用空气调节系统较采用供暖通风系统更经济合理时。

8.1.3 在满足生产工艺要求的条件下,宜减少空气调节区的面积和散热、散湿设备。当采用局部空气调节或局部区域空气调节能满足要求时,不应采用全室性空气调节。

8.1.4 工业建筑的高大空间,仅要求下部生产区域保持一定的温、湿度时,宜采用分层式空气调节方式。大面积厂房不同区域有不同温、湿度要求时,宜采用分区空气调节方式。

8.1.5 空气调节区内的空气压力应符合下列规定:

1 工艺性空气调节应按工艺要求确定;

2 当工艺无要求时,有外围护结构的空气调节区宜维持5Pa~10Pa 的正压;不同的空气调节区之间有压差要求时,其压差值宜取 5Pa~10Pa。

8.1.6 空气调节区宜集中布置。室内温、湿度基数和使用要求相近的空气调节区宜相邻布置。

8.1.7 工艺性空气调节区围护结构的传热系数不应大于表8.1.7所规定的数值，并应符合本规范第5.2.4条的规定。

表8.1.7 工艺性空气调节区围护结构最大传热系数

K 限值[W/(m² · ℃)]

围护结构名称	室温允许波动范围(℃)		
	±(0.1~0.2)	±0.5	±1.0
屋顶	—	—	0.8
顶棚	0.5	0.8	0.9
外墙		0.8	1.0
内墙和楼板	0.7	0.9	1.2

注:表中内墙和楼板的相关数值仅适用于相邻空气调节区的温差大于3℃时。

8.1.8 工艺性空气调节区,当室温允许波动范围小于或等于±0.5℃时,其围护结构的热惰性指标 D 值不应小于表8.1.8的规定。

表8.1.8 围护结构热惰性指标 D 值

围护结构名称	室温允许波动范围(℃)	
	±(0.1~0.2)	±0.5
外墙	—	4
屋顶		3
顶棚	4	3

8.1.9 工艺性空气调节区的外墙、外墙朝向及其所在层次应符合表8.1.9的规定。室温允许波动范围小于或等于±0.5℃的空气调节区宜布置在室温允许波动范围较大的空气调节区中,当布置在单层建筑物内时,宜设通风屋顶。

表8.1.9 外墙、外墙朝向及所在层次

室温允许波动范围(℃)	外墙	外墙朝向	层次
±1.0	宜减少外墙	宜北向	宜避免在顶层
±0.5	不宜有外墙	如有外墙时, 应北向	宜在底层
±(0.1~0.2)	不应有外墙	—	宜在底层

注:北向适用于北纬23.5°以北的地区;北纬23.5°以南的地区,可采用南向。

8.1.10 室温允许波动范围大于±1.0℃的空气调节区,应设置可开启外窗。

8.1.11 工艺性空气调节区,当室温允许波动范围大于±1.0℃时,外窗宜北向;等于±1.0℃时,不应有东、西向外窗;等于±0.5℃时,不宜有外窗,如有外窗时,应北向。

8.1.12 工艺性空气调节区的门和门斗应符合表8.1.12的规定。外门门缝应严密,当门两侧的温差大于或等于7℃时,应采用保温门。

表 8.1.12　门和门斗

室温允许 波动范围(℃)	外门和门斗	内门和门斗
±1.0	不宜设置外门,如有经常开启的外门,应设门斗	门两侧温差大于或等于7℃时,宜设门斗
±0.5	不应有外门	门两侧温差大于3℃时,宜设门斗
±(0.1～0.2)	—	内门不宜通向室温基数不同或室温允许波动范围大于±1.0℃的邻室

8.1.13 以消除余热、余湿为主的全空气空调系统,宜可变新风比,且应配备过渡季全新风运行的设施。

8.1.14 规模较大、功能复杂的工业建筑空气调节系统的设计,宜通过全年综合能耗分析和投资及运行费用等的比较,进行方案优化。

8.2　负　荷　计　算

8.2.1 空气调节区的冷负荷在方案设计或初步设计阶段可采用冷负荷指标法估算,在施工图设计阶段应进行逐项逐时计算。

8.2.2 空气调节区的冬季热负荷应按本规范第5.2节的规定计算,室外计算参数应采用冬季空气调节室外计算参数。

8.2.3 空气调节区的夏季计算得热量应包括下列内容：

1 通过围护结构传入的热量；

2 通过围护结构透明部分进入的太阳辐射热量；

3 人体散热量；

4 照明散热量；

5 设备、器具、管道及其他内部热源的散热量；

6 食品或物料的散热量；

7 室外渗透空气带入的热量；

8 伴随各种散湿过程产生的潜热量；

9 非空调区或其他空调区转移来的热量。

8.2.4 工业建筑空气调节区的夏季冷负荷应根据各项得热量的种类、性质以及空气调节区的蓄热特性经计算确定，并应符合下列规定：

1 24h 连续生产时，生产工艺设备散热量、人体散热量、照明灯具散热量可按稳态传热方法计算；

2 非连续生产时，生产工艺设备散热量、人体散热量、照明灯具散热量，以及通过围护结构进入的非稳态传热量、透过透明部分进入的太阳辐射热量等形成的冷负荷应按非稳态传热方法计算确定，不应将得热量的逐时值直接作为各相应时刻冷负荷的即时值。

8.2.5 夏季计算围护结构传热量时，室外或邻室计算温度应符合下列规定：

1 对于外窗或其他透明部分，应采用夏季空气调节室外计算逐时温度，并应按本规范式(4.2.10-1)计算。

2 对于外墙和屋顶，应采用室外计算逐时综合温度，并应按下式计算：

$$t_{zs} = t_{sh} + \frac{\rho J}{\alpha_w} \qquad (8.2.5-1)$$

式中：t_{zs}——夏季空气调节室外计算逐时综合温度(℃)；

t_{sh}——夏季空气调节室外计算逐时温度，应按本规范第

4.2.10 条的规定采用(℃);

ρ——围护结构外表面对于太阳辐射热的吸收系数;

J——围护结构所在朝向的逐时太阳总辐射照度(W/m²),应按本规范附录 C 的规定采用;

α_w——围护结构外表面换热系数[W/(m² · ℃)]。

3 对于室温允许波动范围大于或等于±1.0℃的空气调节区,其非轻型外墙的室外计算温度可采用近似室外计算日平均综合温度,并应按下式计算:

$$t_{zp} = t_{wp} + \frac{\rho J_p}{\alpha_w} \qquad (8.2.5-2)$$

式中:t_{zp}——夏季空气调节室外计算日平均综合温度(℃);

t_{wp}——夏季空气调节室外计算日平均温度,按本规范第 4.2.9 条的规定采用(℃);

J_p——围护结构所在朝向太阳总辐射照度的日平均值(W/m²)。

4 对于隔墙、楼板等内围护结构,当邻室为非空气调节区时,可采用邻室计算平均温度,并应按下式计算:

$$t_{ls} = t_{wp} + \Delta t_{ls} \qquad (8.2.5-3)$$

式中:t_{ls}——邻室计算平均温度(℃);

Δt_{ls}——邻室计算平均温度与夏季空气调节室外计算日平均温度的差值,宜按表 8.2.5 采用(℃)。

表 8.2.5 温度的差值

邻室散热强度(w/m³)	Δt_{ls}(℃)
很少(如办公室和走廊等)	0~2
<23	3
23~116	5

8.2.6 外墙和屋顶传热形成的逐时冷负荷宜按下式计算。当屋顶处于空气调节区之外时,屋顶传热形成的冷负荷应在下式计算结果上进行修正:

$$CL = KF(t_{w1} - t_n) \tag{8.2.6}$$

式中:CL——外墙或屋顶传热形成的逐时冷负荷(W);

$\quad K$——传热系数[W/(m²·℃)];

$\quad F$——传热面积(m²);

$\quad t_{w1}$——外墙或屋顶的逐时冷负荷计算温度(℃),根据空气调节区的蓄热特性以及传热特性,由夏季空气调节室外计算逐时综合温度 t_{zs} 值通过转换计算确定;

$\quad t_n$——夏季空气调节室内设计温度(℃)。

8.2.7 对于室温允许波动范围大于或等于±1.0℃的空气调节区,其非轻型外墙传热形成的冷负荷可按下式计算:

$$CL = KF(t_{zp} - t_n) \tag{8.2.7}$$

式中:CL——外墙或屋顶传热形成的逐时冷负荷(W);

$\quad K$——传热系数[W/(m²·℃)];

$\quad F$——传热面积(m²);

$\quad t_{zp}$——夏季空气调节室外计算日平均综合温度(℃);

$\quad t_n$——夏季空气调节室内设计温度(℃)。

8.2.8 外窗温差传热形成的逐时冷负荷宜按下式计算:

$$CL = KF(t_{w1} - t_n) \tag{8.2.8}$$

式中:CL——外窗温差传热形成的逐时冷负荷(W);

$\quad K$——传热系数[W/(m²·℃)];

$\quad F$——传热面积(m²);

$\quad t_{w1}$——外窗的逐时冷负荷计算温度(℃),根据建筑物的地理位置和空气调节区的蓄热特性以及传热特性,由本规范第 4.2.10 条确定的夏季空气调节室外计算逐时温度 t_{sh} 值通过转换计算确定;

$\quad t_n$——夏季空气调节室内设计温度(℃)。

8.2.9 空气调节区与邻室的夏季温差大于3℃时,宜按下式计算通过隔墙、楼板等内围护结构传热形成的冷负荷:

$$CL = KF(t_{1s} - t_n) \tag{8.2.9}$$

式中:CL——内围护结构传热形成的冷负荷(W);

K——传热系数[W/(m² · ℃)];

F——传热面积(m²);

t_{1s}——邻室计算平均温度(℃);

t_n——夏季空气调节室内设计温度(℃)。

8.2.10 工艺性空气调节区有外墙,且室温允许波动范围小于或等于±1.0℃时,宜计算距外墙2m范围内的地面传热形成的冷负荷。其他情况下,夏季可不计算通过地面传热形成的冷负荷。

8.2.11 透过外窗或其他透明部分进入空气调节区的太阳辐射热量应根据当地的太阳辐射照度、外窗或其他透明部分的构造、遮阳设施的类型,以及附近高大建筑或遮挡物的影响等因素,通过计算确定。

8.2.12 透过外窗或其他透明部分进入空气调节区的太阳辐射热形成的冷负荷,应根据本规范第8.2.11条得出的太阳辐射热量,并应综合外窗或其他透明部分遮阳设施的种类、室内空气分布特点,以及空气调节区的蓄热特性等因素,通过计算确定。

8.2.13 计算设备、人体、照明等散热形成的冷负荷时,应根据空气调节区蓄热特性、不同使用功能和设备开启时间,分别选用适宜的设备功率系数、同时使用系数、通风保温系数、人员群集系数,有条件时宜采用实测数值。当设备、人体、照明等散热形成的冷负荷占空气调节区冷负荷的比率较小时,可不计及空气调节区蓄热特性的影响。

8.2.14 空气调节区的夏季计算散湿量应包括下列内容:

1 人体散湿量;

2 工艺过程的散湿量;

3 各种潮湿表面、液面或液流的散湿量;

4 设备散湿量;

5 食品或其他物料的散湿量;

6 渗透空气带入的湿量。

8.2.15 确定散湿量时,应根据散湿源的种类,分别选用适宜的人员群集系数、设备同时使用系数以及通风系数。有条件时,应采用实测数值。

8.2.16 空气调节夏季设计冷负荷的计算应符合下列规定:

    1 空调区冷负荷应按各项逐时冷负荷的综合最大值确定。

    2 空气调节系统冷负荷计算应符合下列规定:

        1)各空气调节区设有室温自动控制装置时,宜按各空气调节区逐时冷负荷的综合最大值确定;无室温自动控制装置时,可按各空气调节区冷负荷的累加值确定。

        2)计算新风冷负荷时,新风计算参数宜采用夏季空气调节室外计算干球温度和夏季空气调节室外计算湿球温度。

        3)应计入风机温升、风管温升、再热量等附加冷负荷。

    3 空调冷源冷负荷计算应符合下列规定:

        1)宜按各空调系统冷负荷的综合最大值确定,并宜计入同时使用系数;

        2)宜采用夏季新风逐时焓值计算新风冷负荷,与空气调节系统总冷负荷叠加时应采用综合最大值;

        3)应计入供冷系统输送冷损失。

8.3 空气调节系统

8.3.1 选择空气调节系统时,应根据建筑物的用途、构造形式、规模、使用特点、负荷变化情况与参数要求、所在地区气象条件与能源状况等,通过技术经济比较确定。

8.3.2 不同的空气调节区存在下列情况之一时,宜分别设置全空气空调系统。确需合设时,空调系统应能适应不同区域的不同要求:

    1 使用时间不同时;

    2 温、湿度基数和允许波动范围不同时;

3 空气的清洁度要求不同时；

4 噪声控制标准不同时；

5 在同一时间内需分别进行供热和供冷时。

8.3.3 下列空气调节区宜采用全空气定风量空气调节系统：

1 空间较大、人员较多；

2 温、湿度允许波动范围小；

3 噪声或洁净度标准高；

4 过渡季可利用新风作冷源的空气调节区。

8.3.4 当空气调节区允许采用较大送风温差时，宜采用具有一次回风的全空气定风量空气调节系统。

8.3.5 全空气调节系统符合下列情况之一时，可设回风机：

1 不同季节的新风量变化较大，而其他排风措施不能适应风量变化要求时；

2 回风系统阻力较大，设置回风机经济合理时。

8.3.6 空气调节区允许温、湿度波动范围小或噪声要求严格时，不宜采用全空气变风量空气调节系统。技术经济合理、符合下列情况之一时，可采用全空气变风量空气调节系统：

1 负担多个空气调节区，各空气调节区负荷变化较大，且低负荷运行时间较长，需要分别调节室内温度时；

2 负担单个空气调节区，低负荷运行时间较长，相对湿度不宜过大时。

8.3.7 采用变风量空气调节系统时，应符合下列规定：

1 风机应采用变速调节；

2 应采取保证最小新风量要求的措施；

3 空气调节区最大送风量应根据空气调节区夏季冷负荷确定，最小送风量应根据负荷变化情况、送风方式、系统稳定要求等确定；

4 当采用变风量的送风末端装置时，送风口应符合本规范第8.4.2条的规定。

8.3.8 空气调节区较多、各空气调节区要求单独调节,且层高较低的建筑物宜采用风机盘管加新风系统,经处理的新风应直接送入室内。当空气调节区空气质量和温、湿度波动范围要求严格或空气中含有较多油烟等有害物质时,不宜采用风机盘管。

8.3.9 符合下列条件之一时,宜采用蒸发冷却空调系统:

1 室外空气计算湿球温度小于 23℃ 的干燥地区;

2 显热负荷大,但散湿量较小或无散湿量,且全年需要以降温为主的高温车间;

3 湿度要求较高的或湿度无严格限制的生产车间。

8.3.10 蒸发冷却空调系统设计应符合下列规定:

1 空调系统形式应根据夏季空调室外计算湿球温度和空调区显热负荷确定;

2 全空气蒸发冷却空调系统的送风量宜根据夏季空调设计工况下消除显热负荷的风量确定。

8.3.11 振动较大、油污蒸气较多以及产生电磁波或高次频波的场所不宜采用变频多联式空调系统。多联式空调系统的设计应符合下列规定:

1 使用时间接近的空调区宜设计为同一空调系统;

2 室内、外机之间以及室内机之间的最大管长和最大高差应符合产品技术要求;

3 夏热冬冷地区、夏热冬暖地区、温和地区需全年运行时,宜采用热泵式机组;

4 在同一系统中需要同时供冷和供热时,可选用热回收式机组。

8.3.12 有低温冷媒可利用时,宜采用低温送风空气调节系统;要求保持较高空气湿度或需要较大送风量的空气调节区,不宜采用低温送风空气调节系统。

8.3.13 采用低温送风空气调节系统时应符合下列规定:

1 空气冷却器出风温度与冷媒进口温度之间的温差不宜小

于 3℃,出风温度宜采用 4℃～10℃,直接膨胀系统出风温度不应低于 7℃。

2 确定室内送风温度时,应计算送风机、送风管道及送风末端装置的温升,并应保证在室内温、湿度条件下风口不结露。

3 空气处理机组的选型应通过技术经济比较确定。空气冷却器的迎风面风速宜采用 1.5m/s～2.3m/s,冷媒通过空气冷却器的温升宜采用 9℃～13℃。

4 低温送风系统的空气处理机组、管道及附件、末端送风装置应进行严密的保冷,保冷层厚度应经计算确定,并应符合本规范第 13.1.5 条的规定。

5 低温送风系统的末端送风装置应符合本规范第 8.4.2 条的规定。

8.3.14 符合下列情况之一时,宜采用分散设置单元整体式或分体式空气调节系统:

1 空气调节面积较小,采用集中供冷、供热系统不经济时;

2 需设空气调节的房间布置过于分散时;

3 少数房间的使用时间和要求与集中供冷供热不同时;

4 原有建筑需增设空气调节,而机房和管道难以设置时。

8.3.15 单元式空气调节系统设计应符合下列规定:

1 名义工况下的能效值应符合现行国家标准《单元式空气调节机能效限定值及能源效率等级》GB 19576 的规定;

2 利用热泵供暖经济合理时,宜选用热泵型机组;

3 采用非标准设备时可根据需要配备机组功能段;

4 宜按机电一体化要求配置机组。

8.3.16 符合下列情况之一时,应采用直流式(全新风)空气调节系统:

1 以消除余热余湿为目的的空调系统,夏季室内空气焓值高于室外空气焓值,使用回风不经济时;

2 空气调节区排风量大于系统送风量时;

3 空调系统兼顾防毒、防爆目的,不得从室内回风时。

8.3.17 湿热地区采用全新风空气调节系统时,夏季应采取防止未经除湿的新风直接送入室内的措施。

8.3.18 空气调节系统的最小新风量应取下列两项中的较大值:

1 人员所需的新风量应符合本规范第4.1.9条的规定;

2 补偿排风和保持室内正压所需风量之和。

8.3.19 新风进风口的面积应适应最大新风量的需要,进风口处应装设能严密关闭的阀门,进风口位置应符合本规范第6.3.5条的规定。

8.3.20 空气调节系统室内正压值应符合本规范第8.1.5条的规定。大量使用新风的空气调节区,应有排风出路或设置机械排风设施,排风量应适应新风量的变化。

8.3.21 空气处理机组宜安装在空调机房内,空调机房宜临近所服务的空调区,并应留有必要的维修通道和操作、检修空间,空气处理机组的设置应符合下列规定:

1 机组的风机和水泵应设置减振装置;

2 应设置排水水封;

3 工艺无特殊要求时,机组漏风率及噪声应符合现行国家标准《组合式空调机组》GB/T 14294的相关规定。

8.4 气 流 组 织

8.4.1 空气调节区的气流组织应根据下列因素通过计算确定,必要时可通过计算流体动力学(CFD)数值模拟方法确定:

1 工艺设备和生产过程对气流组织的要求;

2 室内温度、相对湿度、允许风速、噪声标准和温、湿度梯度等的要求;

3 室内热、湿负荷分布情况;

4 建筑物内部空间特点、建筑装修要求、工艺设备位置及外形尺寸;

5 职业卫生要求。

8.4.2 空气调节区的送风方式及送风口的选型应通过计算确定，并应符合下列规定：

1 设有吊顶时，应根据空气调节区高度与使用场所对气流的要求，分别采用方形、圆形、条缝形散流器。当单位面积送风量较大，且人员活动区内要求风速较小或区域温差要求严格时，应采用孔板送风。

2 当无吊顶时，应根据建筑物的特点及使用场所对气流和温、湿度参数的要求分别采用双层百叶风口、喷口侧送或地板风口下送风。

3 当工艺设备对侧送气流无阻碍且单位面积送风量不大时，可采用百叶风口或条缝形风口等侧送，侧送气流宜贴附。

4 室温允许波动范围大于或等于±1.0℃的高大厂房宜采用喷口送风、旋流风口送风或地板式风口送风。

5 对于高大空间的空调区域，当室内温、湿度梯度有严格要求时，宜采用百叶风口或条缝形风口等对整个空间竖向分区侧送；当上部温、湿度无严格要求时，宜采用百叶风口、条缝形风口或喷口等分层侧送，当冬季需要送热风时，应采用可调节送风角度功能的送风口或采用下送风。

6 变风量空气调节系统的送风末端装置，应在送风量改变时室内气流分布不受影响，并应满足空气调节区的温度、风速的基本要求。

7 机柜或机架高度大于1.8m、设备热密度大，且设备发热量大的电子信息系统主机房宜采用活动地板下送风。

8 选择低温送风口时，应使送风口表面温度高于室内露点温度1℃～2℃。

8.4.3 采用散流器送风时应符合下列规定：

1 平送贴附射流的散流器喉部风速宜采用2m/s～5m/s，不得超过6m/s；

2 散流器宜带能调节风量的装置;

3 圆形或方形散流器宜均匀布置,最大长宽比不宜大于1:1.5。

8.4.4 采用贴附侧送风时应符合下列规定:

1 送风口上缘离顶棚距离较大时,送风口处应设置向上倾斜10°～20°的导流片;

2 送风口内宜设置使射流不致左右偏斜的导流片;

3 射流流程中应无阻挡物。

8.4.5 采用孔板送风时应符合下列规定:

1 孔板上部稳压层的净高应按计算确定,但不应小于0.2m;

2 向稳压层内送风的速度宜采用3m/s～5m/s;

3 稳压层内可不设送风分布支管;

4 在稳压层进风口处,宜装设防止送风气流直接吹向孔板的导流片或挡板;

5 稳压层的围护结构应严密,内表面应光滑不起尘,且应有良好的绝热性能。

8.4.6 采用喷口送风时应符合下列规定:

1 人员操作区宜处于回流区;

2 喷口的安装高度应根据空气调节区高度和回流区的分布位置等因素确定;

3 兼作热风供暖时,喷口宜具有改变射流出口角度的功能。

8.4.7 电子信息系统机房采用活动地板下送风时应符合下列规定:

1 送风口宜布置在冷通道区域内,并宜靠近机柜进风口处;

2 送风口宜带风量调节装置,必要时高发热区送风口宜设置加压风扇;

3 地板送风口开孔率宜大于30%。

8.4.8 分层空气调节的气流组织设计应符合下列规定:

1 空气调节区宜采用双侧送风,当空气调节区跨度小于18m时,亦可采用单侧送风,其回风口宜布置在送风口的同侧下方。

2 侧送多股平行射流应互相搭接;采用双侧对送射流时,其射程可按相对喷口中点距离的90%计算。

3 当采用下送风时,宜采用空气调节区上部侧边回风。

4 当高大厂房仅下部生产区有温、湿度要求时,宜减少非空气调节区向空气调节区的热转移。必要时,应在非空气调节区设置送、排风装置。

8.4.9 空气调节系统上送风方式的夏季送风温差应根据送风口类型、安装高度、气流射程长度以及是否贴附等因素确定。在满足工艺和舒适要求的条件下,宜加大送风温差。工艺性空气调节的送风温差宜按表8.4.9采用。舒适性空气调节的送风温差,当送风口高度小于或等于5m时,不宜大于10℃;当送风口高度大于5m时,不宜大于15℃。

表 8.4.9 工艺性空气调节的送风温差(℃)

室温允许波动范围	送 风 温 差
在±1.0 以外	≤15
±1.0	6~9
±0.5	3~6
±(0.1~0.2)	2~3

8.4.10 空气调节区的换气次数应符合下列规定:

1 工艺性空气调节不宜小于表8.4.10所规定的数值;

2 舒适性空气调节不宜小于5次/h,但高大空间的换气次数应按其冷负荷通过计算确定。

表 8.4.10 工艺性空气调节换气次数

室温允许波动范围(℃)	换气次数(次/h)	备 注
±1.0	5	高大空间除外
±0.5	8	—
±(0.1~0.2)	12	工作时间不送风的除外

8.4.11 送风口的出口风速应根据送风方式、送风口类型、送风温度、安装高度、室内允许风速和噪声标准等因素确定。噪声标准较高时,宜采用 2m/s～5m/s,喷口送风可采用 4m/s～10m/s。

8.4.12 回风口的布置方式应符合下列规定:

    1 回风口宜靠近局部热源,不应设在射流区内或人员长时间停留的地点;

    2 采用侧送时,回风口宜设在送风口的同侧下方;采用顶送时,回风口宜设在房间的下部;

    3 条件允许时,宜采用集中回风或走廊回风,但走廊的横断面风速不宜超过 2m/s,且应保持走廊与非空气调节区之间的密封性。

8.4.13 回风口的吸风速度宜按表 8.4.13 选用。

表 8.4.13　回风口的吸风速度(m/s)

回风口的位置		吸风速度
房间上部		≤4.0
房间下部	不靠近人经常停留的地点时	≤3.0
	靠近人经常停留的地点时	≤1.5

8.5　空　气　处　理

8.5.1 空气的冷却应根据不同条件和要求,分别采用下列处理方式:

    1 蒸发冷却;

    2 江水、湖水、地下水等天然冷源冷却;

    3 采用蒸发冷却和天然冷源等冷却方式达不到要求时,应采用人工冷源冷却。

8.5.2 水与被处理空气直接接触的空气处理装置,其水质应符合卫生要求。

8.5.3 空气冷却装置的选择应符合下列规定:

1 采用蒸发冷却时,宜采用直接蒸发冷却装置、间接蒸发冷却装置或复合式蒸发冷却装置。

2 当夏季空气调节室外计算湿球温度较高或空调区显热负荷较大,但无散湿量时,宜采用多级间接加直接蒸发冷却器。

3 采用江水、湖水、地下水作为冷源时,宜采用喷水室。水温适宜时,宜选用两级喷水室。

4 采用人工冷源时,宜采用表面冷却器或喷水室。

8.5.4 空气冷却器的选择应符合下列规定:

1 空气与冷媒应逆向流动。

2 迎风面的空气质量流速宜采用 $2.5kg/(m^2 \cdot s) \sim 3.5kg/(m^2 \cdot s)$,当迎风面的空气质量流速大于 $3kg/(m^2 \cdot s)$ 时,应在冷却器后设置挡水板。

3 冷媒的进口温度应低于空气的出口干球温度至少 3.5℃。冷媒的温升宜采用 5℃～10℃,其流速宜采用 0.6m/s～1.5m/s。

4 低温送风空调系统的空气冷却器应符合本规范第 8.3.13条的规定。

5 冬季有冻结危险的空气冷却器应设置防冻设施。

8.5.5 制冷剂直接膨胀式空气冷却器的蒸发温度应低于空气的出口干球温度至少 3.5℃。常温空调系统满负荷运行时,蒸发温度不宜低于 0℃。

8.5.6 空气调节系统采用制冷剂直接膨胀式空气冷却器时,不得用氨作制冷剂。

8.5.7 采用人工冷源喷水室处理空气时,水温升宜采用 3℃～5℃;采用天然冷源喷水室处理空气时,水温升应通过计算确定。

8.5.8 在进行喷水室热工计算时,应进行挡水板过水量对处理后空气参数影响的修正。

8.5.9 空气加热器的选择应符合下列规定:

1 热媒宜采用热水;

2 热水的供水温度及供回水温差应符合本规范第 9.9.2 条

的规定；

3 严寒和寒冷地区,新风系统或直流式空气调节系统采用热水或蒸汽为热媒时,应采取适用的防冻措施。

8.5.10 当室内温度允许波动范围小于±1.0℃时,送风末端宜设置精调加热器或冷却器。

8.5.11 两管制水系统,当冬夏季空调负荷相差较大时,应分别计算空气处理机组冷、热盘管的换热面积；当冷、热盘管换热面积相差很大时,宜分别设置冷、热盘管。

8.5.12 空气调节系统新风、回风应过滤处理,当其中所含的化学有害物质不符合生产工艺及卫生要求时,应对新风、回风进行净化处理。

8.5.13 空气调节系统的空气过滤器的设置应符合下列规定：

1 空气过滤器效率应符合现行国家标准《空气过滤器》GB/T 14295的规定,并宜选用低阻、高效、能清洗、难燃和容尘量大的滤料制作；

2 当仅采用粗效空气过滤器不能满足要求时,应设置中效空气过滤器；

3 空气过滤器的阻力应按终阻力计算；

4 过滤器应具备更换条件。

8.5.14 当工艺生产冬季有相对湿度要求时,空气调节系统应设置加湿装置。加湿装置的类型应根据工厂热源、加湿量,以及空气调节区的相对湿度允许波动范围要求等,经技术经济比较确定,并应符合下列规定：

1 有蒸汽源时,宜采用干蒸汽加湿器。

2 空气调节区湿度控制精度要求较严格,加湿量较小且无蒸汽源时,宜采用电极、电热或高压微雾等加湿器；当加湿量大时,宜采用淋水加湿器。

3 空气调节区湿度控制精度要求不高,且无蒸汽源时,可采用高压喷雾或湿膜等加湿器。

4 新风集中处理,且有低温余热可利用时,宜采用温水淋水加湿器。

5 生产工艺对空气中化学物质有严格要求时,宜采用洁净蒸汽加湿器或初级纯水的淋水加湿器。

6 生产车间有大量余热,且湿度控制精度要求不严格时,宜采用二流体加湿器。

7 加湿装置的供水水质应满足工艺、卫生要求及加湿器供水要求。

8.5.15 有低湿环境要求的空气调节区,宜采用冷却除湿与其他除湿方法对空气进行联合除湿处理。

8.5.16 大、中型恒温恒湿类空气调节系统和对相对湿度有上限控制要求的空气调节系统,新风宜预先单独处理或集中处理。

8.5.17 除特殊的工艺要求外,在同一个空气调节系统中,不宜采用冷却和加热、加湿和除湿相互抵消的处理过程。

9 冷源与热源

9.1 一般规定

9.1.1 供暖、通风、空调冷热源形式应根据建筑物规模、用途、冷热负荷,以及所在地区气象条件、能源结构、能源政策、能源价格、环保政策等情况,经技术经济比较论证确定,并应符合下列规定:

1 一次热源宜采用工业余热或区域供热;无工业余热或区域供热的地区,技术经济合理时,可自建锅炉房供热。

2 有供冷需求且技术经济上可行时,宜采用工业余热驱动吸收式冷水机组供冷;无工业余热的地区,可采用电动压缩式冷水机组供冷。

3 具有多种能源的地区的大型建筑,可采用复合式能源供冷、供热。

4 夏热冬冷地区、干旱缺水地区的中、小型建筑,可采用空气源热泵或土壤源热泵冷热水机组供冷、供热。

5 有条件时,可采用江水、湖水、地下水或室外新风作为天然冷源。

6 有天然地表水或有浅层地下水等资源可供利用,且保证地下水100％回灌时,可采用水源热泵冷热水机组供冷、供热。

7 有工艺冷却水可利用,且经技术经济比较合理时,可采用热泵机组进行热回收供热。

8 燃气供应充足的地区,可采用燃气锅炉、燃气热水机供热或燃气吸收式冷(温)水机组供冷、供热。

9 当采用冬季热电联供、夏季冷电联供或全年冷热电三联供能取得较好的能源利用效率及经济效益时,可采用冷热电联供系统。

10 全年进行空气调节,且各房间或区域负荷特性相差较大,需长时间向建筑物同时供热和供冷时,经技术经济比较后,可采用水环热泵空气调节系统供冷、供热。

11 在执行分时电价、峰谷电价差较大的地区,空气调节系统采用低谷电价时段蓄冷(热)能明显节电及节省投资时,可采用蓄冷(热)系统供冷(热)。

9.1.2 工业厂房及辅助建筑,除符合下列条件之一且无法利用热泵外,不得采用电直接加热设备作为供暖、空调热源:

1 远离集中供热的分散独立建筑,无法利用其他方式提供热源时;

2 无工业余热、区域热源及气源,采用燃油、燃煤设备受环保、消防严格限制时;

3 在电力供应充足和执行峰谷电价格的地区,在夜间低谷电时段蓄热,在供电高峰和平段不使用时;

4 不能采用热水或蒸汽供暖的重要电力用房;

5 利用可再生能源发电,且发电量能满足电热供暖时。

9.1.3 工业建筑群同时具备下列条件且技术经济比较合理时,可设集中的供冷站:

1 整个区域供冷点相对集中,总冷负荷大时;

2 集中供冷能减少人员岗位设置,方便运行管理时;

3 集中供冷能满足冷媒参数需求,且能适应冷负荷调节需求时。

9.1.4 夏季空调室外计算湿球温度较低的地区,宜采用直接蒸发冷却冷水机组作为空调系统的冷源;露点温度较低的地区,宜采用间接-直接蒸发冷却冷水机组作为空调系统的冷源。

9.1.5 冷水机组的选择应满足空气调节负荷变化规律及部分负荷运行的调节要求,不宜少于 2 台;当小型工程仅设 1 台时,应选调节性能优良的机型;采用电动压缩式冷水机组时,对于负荷变化较大或运行工况变化较大的应用场合,宜配合使用变频调速式冷水机组。

9.1.6 选择电动压缩式机组时,其制冷剂应符合国家现行有关环保的规定。

9.2 电动压缩式冷水机组

9.2.1 电动压缩式冷水机组的总装机容量应根据计算的冷源负荷确定,不应另作附加;在设计条件下,当机组的规格不能符合计算冷负荷的要求时,所选择机组的总装机容量与计算冷负荷的比值不应超过 1.1。

9.2.2 选择水冷电动压缩式冷水机组机型时,宜按表 9.2.2 内的制冷量范围,经过性能价格综合比较后确定。

表 9.2.2 水冷式冷水机组选型

单机名义工况制冷量(kW)	冷水机组机型
≤116	涡旋式/活塞式
116~1054	螺杆式
1054~1758	螺杆式
	离心式
≥1758	离心式

9.2.3 选用冷水机组时应采用名义工况制冷性能系数(COP)及综合部分负荷性能系数(IPLV)均较高的产品。

9.2.4 电动压缩式冷水机组电动机的供电方式应符合下列规定:

 1 单台电动机的额定输入功率大于 900kW 时,应采用高压供电方式;

 2 单台电动机的额定输入功率大于 650kW 且小于或等于 900kW 时,宜采用高压供电方式;

 3 单台电动机的额定输入功率大于 300kW 且小于或等于 650kW 时,可采用高压供电方式。

9.2.5 采用氨作制冷剂时,应采用安全性、密封性能良好的整体式氨冷水机组。

9.3 溴化锂吸收式机组

9.3.1 蒸汽、热水型溴化锂吸收式冷水机组和直燃型溴化锂吸收式冷(温)水机组的选择,应根据用户具备的加热源种类和参数合理确定。各类机型的加热源参数应符合表9.3.1的规定。

表9.3.1 各类机型的加热源参数

机 型	加热源种类及参数
直燃机组	天然气、人工煤气、轻柴油、液化石油气
蒸汽双效机组	蒸汽额定压力(表压)0.4MPa、0.6MPa、0.8MPa
蒸汽单效机组	废气(0.1MPa)
热水机组	具体参数值由制造厂和用户协商确定

9.3.2 采用溴化锂吸收式冷(温)水机组时,其使用的能源种类应根据当地的资源情况合理确定。在具有多种可使用能源时,应符合下列规定:

　　1 应利用废热或工业余热;

　　2 宜利用可再生能源产生的热源;

　　3 采用矿物质能源的顺序宜为天然气、人工煤气、液化石油气、燃油等。

9.3.3 选用直燃型溴化锂吸收式冷(温)水机组时,应符合下列规定:

　　1 机组供冷、供热量应与空调系统冷、热负荷匹配,宜选择满足夏季冷负荷和冬季热负荷需求的较小机型;

　　2 当热负荷大于机组供热量时,不应用加大机型的方式增加供热量;当通过技术经济比较合理时,可加大高压发生器和燃烧器以增加供热量,但增加的供热量不宜大于机组原供热量的50%;

3 当机组供冷能力不足时,宜采用辅助电制冷等措施。

9.3.4 选择溴化锂吸收式机组时,应根据机组水侧污垢及腐蚀等因素的影响,对供冷(热)量进行修正。

9.3.5 采用供冷(温)及生活热水三用直燃机时,除应符合本规范第 9.3.3 条的规定外,尚应符合下列规定:

1 应完全满足冷(温)水与生活热水日负荷变化和季节负荷变化的要求,并应达到实用、经济、合理的要求;

2 设置与机组配合的控制系统,应按冷(温)水及生活热水的负荷需求进行调节;

3 当生活热水负荷大、波动大或使用要求高时,应另设专用热水机组供给生活热水。

9.3.6 溴化锂吸收式机组的冷却水、补充水的水质要求应符合现行国家标准《采暖空调系统水质》GB/T 29044 的规定。

9.3.7 直燃型溴化锂吸收式冷(温)水机组的储油、供油系统、燃气系统等的设计应符合现行国家标准《城镇燃气设计规范》GB 50028、《锅炉房设计规范》GB 50041 等的规定。

9.4 热 泵

9.4.1 空气源热泵机组的选型应符合下列规定:

1 冬季设计工况时机组的性能系数(COP),冷热风机组不应小于 1.80,冷热水机组不应小于 2.00;

2 具有先进可靠的融霜控制,融霜所需时间总和不应超过运行周期时间的 20%;

3 在冬季寒冷、潮湿的地区,需连续运行或对室内温度稳定性有要求的空气调节系统,应按当地平衡点温度确定辅助加热装置的容量。

9.4.2 空气源热泵机组的有效制热量应根据冬季室外空气调节计算温度,分别采用温度修正系数和融霜修正系数进行修正。

9.4.3 地埋管地源热泵系统的设计应符合下列规定:

1 同时有供冷供热需求时,可采用地埋管地源热泵系统,并应符合本条第 4 款的规定。

2 当应用建筑面积在 $5000m^2$ 以上时,应进行岩土热响应试验,并应利用岩土热响应试验结果进行地埋管换热器的设计。

3 地埋管的埋管方式、规格与长度应根据冷(热)负荷、占地面积、岩土层结构、岩土体热物性和机组性能等因素确定。

4 地埋管换热系统设计应进行全年供暖空调动态负荷计算,最小计算周期宜为 1 年。计算周期内,地源热泵系统总释热量和总吸热量宜基本平衡。

5 应分别按供冷与供热工况进行地埋管换热器的长度计算。当地埋管系统最大释热量和最大吸热量相差不大时,宜取其计算长度的较大者作为地埋管换热器的长度;当地埋管系统最大释热量和最大吸热量相差较大时,宜取其计算长度的较小者作为地埋管换热器的长度,宜采用增设辅助冷(热)源,或与其他冷、热源系统联合运行的方式,并应满足设计要求。

6 地埋管换热器宜埋设在冻土层之下 1m,宜采用水作为介质,不宜添加防冻剂。

9.4.4 地下水地源热泵系统的设计应符合下列规定:

1 地下水的持续出水量应满足热泵机组最大水量的需求;

2 地下水系统宜根据供冷或供热负荷调节流量;

3 地下水宜直接进入热泵机组,进出水温差不宜小于 $10℃$;

4 使用后的地下水应回灌到原取水层;

5 有生活热水供应需求时,宜回收机组冷凝热;

6 应采取防止水系统倒空的措施;

7 设于水流双方向流动管道上的阀门,应能双向密封。

9.4.5 以其他水源为热源时,热泵系统设计时应符合下列规定:

1 水源的水量、水温应满足供热或供冷需求;

2 当水源的水质不能满足要求时,应采取过滤、沉淀、灭藻、阻垢、除垢和防腐等措施;仍不满足使用需求时,可设热交换器换热;

3 以工艺循环冷却水为水源时,应首先满足工艺设备运行安全可靠,热泵机组与工艺循环水冷却塔应并联。

9.4.6 采用水环热泵空气调节系统时应符合下列规定:

1 循环水水温宜控制在 15℃～35℃。

2 循环水宜采用闭式系统。采用开式冷却塔时,应设置中间换热器。

3 辅助热源的供热量应根据建筑物的供暖负荷、系统内区可回收的余热等经热平衡计算确定。

4 水环热泵空调系统宜采用变流量运行方式,机组的循环水管道上应设置与机组连锁启停的双位式电动阀。

5 水环热泵机组应采取隔振及消声措施,并应满足空调区噪声标准要求。

9.5 蒸发冷却冷水机组

9.5.1 蒸发冷却冷水机组的供水温度应结合当地室外空气计算参数、室内冷负荷特性、末端设备的工作能力合理确定。直接蒸发冷却冷水机组设计供水温度,宜高于夏季空气调节室外计算湿球温度 3℃～3.5℃;间接蒸发冷却冷水机组设计供水温度,宜高于夏季空气调节室外计算湿球温度 5℃;间接-直接复合蒸发冷却冷水机组的设计供水温度,宜在夏季空气调节室外计算湿球温度和露点温度之间。

9.5.2 蒸发冷却冷水机组设计供回水温差宜符合下列规定:

1 大温差型冷水机组宜小于或等于 10℃。

2 小温差型冷水机组宜小于或等于 5℃。

9.5.3 蒸发冷却冷水机组采用小温差供水方式时,空调末端宜并联;蒸发冷却冷水机组采用大温差供水方式时,空调末端宜串联,且冷水宜先流经显热末端,再流经新风机组。

9.5.4 适宜的蒸发冷却冷水机组形式应根据室外空气计算参数选用,判定条件应符合表 9.5.4 的规定。

表 9.5.4 适宜的蒸发冷却冷水机组形式及其判定条件

适宜的蒸发冷却冷水机组形式	直接蒸发冷却冷水机组或间接蒸发冷却冷水机组	间接-直接蒸发冷却冷水机组
判定条件	$\dfrac{t_w-18}{t_w-t_s}\leqslant 80\%$	$80\%\leqslant\dfrac{t_w-21}{t_w-t_s}\leqslant 120\%$

注:t_w 为夏季空气调节室外计算干球温度,t_s 为夏季空气调节室外计算湿球温度,18℃、21℃为蒸发冷却冷水机组出水温度设计值。

9.6 冷热电联供

9.6.1 采用冷热电联供系统时,应优化系统配置,并应满足能源梯级利用的要求。

9.6.2 烟气余热利用方式应根据项目的冷热需求情况经技术经济比较后确定,可采用下列方式:

1 采用余热锅炉生产热水或蒸汽用于供热,采用热水或蒸汽型溴化锂吸收式冷水机组供冷;

2 采用烟气型溴化锂吸收式冷热水机组供冷、供热;

3 同时采用余热锅炉供热、溴化锂吸收式冷热水机组供冷、供热。

9.7 蓄冷、蓄热

9.7.1 符合下列条件之一,且综合技术经济比较合理时,宜蓄冷:

1 执行峰谷电价且峰谷电价差较大的地区,空气调节冷负荷高峰与电网高峰时段重合,而采用蓄冷方式能做到错峰用电,从而节约运行费用时;

2 空气调节冷负荷的峰谷差悬殊,使用常规制冷会导致装机容量过大,而采用蓄冷方式能降低设备初投资时;

3 对于改造工程,采取利用既有冷源、增加蓄冷装置的方式能取得较好的效益时;

4 蓄冷装置能作为应急冷源使用时;

5 电能的峰值供应量受到限制,以至于不采用蓄冷系统能源供应不能满足建筑空气调节的正常使用要求时。

9.7.2 符合下列条件之一,且综合技术经济比较合理时,宜蓄热:

1 执行峰谷电价且峰谷电价差较大的地区,采用电制热方式时;

2 利用太阳能集热技术供热时;

3 其他采用蓄热技术能取得较好效益的场合。

9.7.3 蓄冷空调系统设计应符合下列规定:

1 应计算一个蓄冷-释冷周期的逐时蓄冷量以及空调冷负荷,并应制订运行策略;宜进行全年动态负荷计算以及能耗分析。

2 应根据典型日逐时空调冷负荷曲线、电网峰谷时段,以及电价、蓄冷空间等因素,经技术经济综合比较后确定采用全负荷蓄冷或部分负荷蓄冷。

9.7.4 冰蓄冷系统载冷剂的选择应符合下列规定:

1 制冷机制冰时的蒸发温度应高于该浓度下溶液的凝固点,而溶液沸点应高于系统的最高温度;

2 物理化学性能应稳定;

3 比热应大,密度应小,黏度应低,导热应好;

4 应无公害;

5 价格应适中;

6 载冷剂中应添加缓蚀剂和防泡沫剂。

9.7.5 当采用乙烯乙二醇水溶液作为冰蓄冷系统载冷剂时,载冷剂系统设计应符合下列规定:

1 宜采用闭式系统,应配置溶液膨胀箱和补液设备。

2 乙烯乙二醇水溶液的管道可先按冷水管道进行水力计算,再加以修正后确定。25%浓度的乙烯乙二醇水溶液在管内的压力损失修正系数应为 1.2～1.3,流量修正系数应为 1.07～1.08。

3 应使用耐腐蚀管道,不应选用镀锌钢管。

4 空气调节系统规模较小时,可采用乙烯乙二醇水溶液直接进入空气调节系统供冷;当空气调节水系统规模大、工作压力较高时,宜通过板式换热器向空气调节系统供冷。

5 管路系统的最高处应设置自动排气阀。

6 多台蓄冷装置并联时,宜采用同程连接;当不能实现时,宜在每台蓄冷装置的入口处安装流量平衡阀。

7 管路系统中所有手动和电动阀均应保证其动作灵活而且严密性好,不应出现外泄漏和内泄漏。

8 蓄冰装置供冷、制冷机供冷、制冷机与蓄冰装置联合供冷应通过阀门切换实现。

9.7.6 蓄冰装置的设计应符合下列规定:

1 应保证在电网低谷时段内能完成全部预定蓄冷量的蓄存。

2 蓄冰装置释冷速率应满足供冷需求,冷水温度宜稳定。

9.7.7 蓄冰装置容量与双工况制冷机的空气调节标准制冷量宜按本规范附录 L 计算确定。

9.7.8 在蓄冰时段内有供冷需求时,应按下列规定采取措施:

1 当供冷负荷小于蓄冷速率的 15% 时,可在蓄冷的同时取冷;

2 当供冷负荷大于或等于蓄冷速率的 15% 时,宜另设制冷机供冷。

9.7.9 蓄冰系统供水温度及供回水温差应符合下列规定:

1 内融冰的供水温度不宜高于 6℃,供回水温差不应小于 6℃;

2 外融冰的供水温度不宜高于 5℃,供回水温差不应小于 8℃;

3 低温送风空调系统的冷水供水温度不宜高于 5℃;

4 区域供冷空调系统的冷水供回水温差不应小于 9℃。

9.7.10 共晶盐材料蓄冷装置的选择应符合下列规定:

1 蓄冷装置的蓄冷速率应保证在允许的时段内能充分蓄冷,制冷机工作温度的降低应控制在整个系统具有经济性的范围内;

2 释冷速率与出水温度应满足空气调节系统的用冷要求;

3 共晶盐相变材料应选用物理化学性能稳定,且相变潜热量大、无毒、价格适中的材料。

9.7.11 水蓄冷蓄热系统设计应符合下列规定:

1 蓄冷水温不宜低于 4℃;

2 水池容积不宜小于 $100m^3$,水池深度宜加深;

3 开式系统应采取防止水倒灌的措施。

9.7.12 消防水池不得兼作蓄热水池。

9.8 换 热 装 置

9.8.1 换热器的选择应符合下列规定:

1 应选择高效、结构紧凑、便于维护、使用寿命长的产品;

2 换热器的类型、构造、材质应与换热介质理化特性及换热系统的使用要求相适应。

9.8.2 换热器的容量应根据计算换热量确定,换热器的配置应符合下列规定:

1 全年使用的换热系统中,换热器的台数不应少于 2 台;

2 供暖用换热器的换热面积应乘以 1.1～1.2 的系数。且一台停止工作时,剩余换热器的设计换热量应符合下列规定:

1)寒冷地区不应低于设计供热量的 65%;

2)严寒地区不应低于设计供热量的 70%;

3 供冷用换热器的换热面积应乘以 1.05～1.1 的系数。

9.9 空气调节冷热水及冷凝水系统

9.9.1 工艺性空气调节系统冷水供回水温度,应根据空气处理工艺要求,并在技术可靠、经济合理的前提下确定。舒适性空气调节冷水供回水温度,应按制冷机组的能效高、循环泵的耗电输冷比低、输配冷损失小、末端需求适应性好等综合最佳,通过技术经济比较后确定,并应符合下列规定:

1 常规供冷系统冷水供水温度不宜低于5℃,供回水温差不应小于5℃,技术合理时宜增大供回水温差。

2 采用蓄冷装置的供冷系统供水温度和供回水温差应符合本规范第9.7.9条的相关规定。

3 采用温、湿度独立控制空调系统时,负担显热的冷水机组的空调供水温度不宜低于16℃;当采用强制对流末端设备时,空调冷水供回水温差不宜小于5℃;采用辐射供冷末端设备时,供水温度应以末端设备表面不结露为原则确定,空调冷水供回水温差不应小于2℃。

4 蒸发冷却冷水机组供水温度和供回水温差应符合本规范第9.5.1条和第9.5.2条的相关规定。

9.9.2 空气调节热水供回水温度应根据空气处理工艺要求,加热盘管或冷热盘管对热媒的需求,以及热媒的种类和特性等,通过技术经济比较后确定,并应符合下列规定:

1 舒适性空调系统采用冷热盘管处理空气时,供水温度宜为50℃~60℃,供回水温差不宜小于10℃。

2 工艺性空调系统设专用加热盘管时,供水温度宜为70℃~130℃,供回水温差不宜小于25℃;热源服务范围内同时有供暖系统且条件允许时,空调热水供回水温度与供暖系统供回水温度宜保持一致。

3 采用溴化锂吸收式冷(温)水机组、热泵型机组供热水时,供回水温度应满足机组高能效运行的需求。

9.9.3 空气调节水系统宜采用闭式循环。当确需采用开式系统时,应设置蓄水箱。蓄水箱的蓄水量宜按系统循环水流量的5%~10%确定。且在水系统停止运行时,应能容纳系统泄出的水,蓄水箱不得出现溢流现象。

9.9.4 全年运行的空气调节系统,仅要求按季节进行供冷和供热转换时,应采用两管制水系统;当厂区内一些区域需全年供冷时,可采用冷热源同时使用的分区两管制水系统。当供冷和供热工况交替频繁或同时使用时,宜采用四管制水系统。

9.9.5 直接供冷(热)空调水系统的设计应符合下列规定:

1 在冷水机组允许、控制方案和运行管理可靠的前提下,冷源侧可按变流量系统设计;

2 负荷侧应按变流量系统设计;

3 各区域水温要求一致且管路压力损失相差不大,系统设计阻力不高的中小型工程,宜采用一级泵系统;

4 各区域水温要求一致且管路压力损失相差不大,系统设计阻力较高的大型工程,宜采用二级泵系统,二级泵不应分区域集中设置;

5 各区域水温要求不一致或管路压力损失相差较大,系统设计阻力较高的大型工程,宜采用二级泵系统,二级泵应按不同的区域分别设置;

6 二级泵仍不满足使用要求时,可采用多级泵系统。

9.9.6 二级泵或多级泵系统的设计应符合下列规定:

1 应在二级泵供回水总管之间设平衡管,平衡管管径不宜小于总供回水管管径;

2 按区域分别设置二级泵或多级泵时,应按服务区域的平面布置、系统的压力分布等因素合理确定设备的位置;

3 二级泵或多级泵均应采用变速泵。

9.9.7 直接供冷(热)不满足使用要求时,可部分空调区或全部空调区设置换热器间接供冷(热)。二次侧空调水系统的设计应符合下列规定:

1 应按变流量系统设计;

2 各区域水温要求不一致或管路压力损失相差较大时,宜分区域设置热交换器。

9.9.8 冷源侧定流量运行、负荷侧变流量运行时,空调水系统设计应符合下列规定:

1 多台冷水机组和冷水泵之间通过共用集水管连接时,每台冷水机组进水或出水管道上宜设置电动或气动两通阀,并宜与冷水机组和水泵连锁。

2 空调末端装置应设置温控两通阀;

3 供、回水总管之间应设置旁通管及旁通调节阀或平衡管,旁通调节阀的设计流量宜取容量最大的单台冷水机组的额定流量。

9.9.9 冷源侧、负荷侧均变流量运行时,空调水系统设计除应符合本规范第9.9.8条第1款和第2款的规定外,还应符合下列规定:

1 应选择允许水流量变化范围大、适应冷水流量快速变化,且具有出水温度精确控制功能的冷水机组;

2 冷源侧循环泵应采用变速泵;

3 在供、回水总管之间应设置旁通管及旁通调节阀,旁通调节阀的设计流量应取各台冷水机组允许最小流量中的最大值;

4 采用多台冷水机组时,应选择在设计流量下蒸发器水压降相同或接近的冷水机组。

9.9.10 冷热水循环泵的选用应符合下列规定:

1 除冷水循环泵的流量及扬程、台数、允许使用温度满足冬季设计工况及部分负荷工况的使用要求外,两管制空气调节水系统应分别设置冷水和热水循环泵。

2 冷源侧冷水循环泵的台数和流量宜与冷水机组的台数和流量相对应;

3 冷热水泵台数应按系统设计流量和调节方式确定,每个分区不宜少于2台;

4 严寒及寒冷地区,每个分区运行的热水泵少于3台时,应设1台备用泵。

9.9.11 空气调节水系统布置和选择管径时,应减少并联环路之间的压力损失的相对差额,当超过15%时,应设置调节装置。

9.9.12 空气调节水系统的设计补水量(小时流量)可按系统水容量的1%计算。

9.9.13 空气调节水系统的补水点宜设置在循环水泵的吸入口处。当补水压力低于补水点压力时,应设置补水泵。空气调节补水泵的选择和设定应符合下列规定:

    1 补水泵的扬程应保证补水压力比系统静止时补水点的压力高30kPa~50kPa;

    2 小时流量宜为补水量的5倍~10倍;

    3 补水泵不宜少于2台。

9.9.14 当设置补水泵时,空气调节水系统应设补水调节水箱;水箱的调节容积应按水源的供水能力、水处理设备的间断运行时间及补水泵稳定运行等因素确定。

9.9.15 闭式空气调节水系统的定压和膨胀设计应符合下列规定:

    1 定压点宜设在循环水泵的吸入口处,定压点最低压力应使系统最高点压力高于大气压力5kPa以上;

    2 宜采用高位膨胀水箱定压;

    3 膨胀管上不宜设置阀门。设置阀门时,应采用有明显开关标志的阀门;

    4 系统的膨胀水量应能够回收。

9.9.16 当给水硬度不符合相应标准时,空气调节热水系统的补水宜进行水处理,并应符合设备对水质的要求。

9.9.17 空调水管道设计应符合下列规定:

    1 当空调热水管道利用自然补偿不能满足要求时,应设置补偿器;

    2 坡度应符合本规范第5.8.18条对热水供暖管道的规定。

9.9.18 空气调节水系统应设置排气和泄水装置。

9.9.19 冷水机组或换热器、循环水泵、补水泵等设备的入口管道上，应根据需要设置过滤器或除污器。

9.9.20 空气处理设备冷凝水管道设置应符合下列规定：

1 当空气调节设备的冷凝水盘位于机组的正压段时，冷凝水盘的出水口宜设置水封；位于负压段时，应设置水封，水封高度应大于冷凝水盘处正压或负压值。

2 冷凝水盘的泄水支管沿水流方向坡度不宜小于 0.01，冷凝水水平干管不宜过长，其坡度不应小于 0.003，且不应有积水部位。

3 冷凝水水平干管始端应设置扫除口。

4 冷凝水管道宜采用排水塑料管或热镀锌钢管，当冷凝水管表面可能产生二次冷凝水且对使用房间可能造成影响时，管道应采取防凝露措施。

5 冷凝水排入污水系统时，应采取空气隔断措施，冷凝水管不得与室内密闭雨水系统直接连接。

6 冷凝水管管径应按冷凝水的流量和管道坡度确定。

9.10　空气调节冷却水系统

9.10.1 除使用地表水外，冷却水应循环使用。冬季或过渡季有供冷需求时，宜将冷却塔作为空气调节系统的冷源设备使用。有供热需求且技术经济比较合理时，冷凝热应回收利用。

9.10.2 冷水机组和水冷单元式空气调节机的冷却水水温除机组有特别要求外，应符合下列规定：

1 冷水机组的冷却水进口温度不宜高于 33℃。

2 冷却水系统宜对冷却水的供水温度采取调节措施。冷却水进口最低温度应按冷水机组的要求确定，并应符合下列规定：

1）电动压缩式冷水机组不宜低于 15.5℃；

2）溴化锂吸收式冷水机组不宜低于 24℃。

3 冷却水进出口温差应按冷水机组的要求确定，电动压缩式冷水机组宜取 5℃,溴化锂吸收式冷水机组宜为 5℃～7℃。

9.10.3 冷却水泵的选择应符合下列规定:

1 冷却水泵的台数和流量应与集中设置的冷水机组相对应;

2 分散设置的水冷单元式空气调节机或小型户式冷水机组等可合用冷却水泵;

3 冷却水泵的扬程应包括冷却水系统阻力、布水点至冷却塔集水盘或中间水箱最低水位处的高差、冷却塔进水口要求的压力。

9.10.4 冷却塔的选用和设置应符合下列规定:

1 在夏季空气调节室外计算湿球温度条件下,冷却塔的出口水温、进出口水温差和循环水量应满足冷水机组的要求;

2 对进口水压有要求的冷却塔的台数,应与冷却水泵台数相对应;

3 供暖室外计算温度在 0℃ 以下的地区,冬季运行的冷却塔应采取防冻措施。冬季不运行的冷却塔及其室外管道应能泄空;

4 冷却塔设置位置应通风良好,应远离高温或有害气体,并应避免飘逸水对周围环境的影响;

5 冷却塔的噪声标准和噪声控制应符合本规范第 12 章的相关要求;

6 冷却塔材质应符合防火要求;

7 对于双工况制冷机组,应分别复核两种工况下的冷却塔热工性能;

8 冷却塔宜选用风量可调型。

9.10.5 冷却水的水质应符合现行国家标准《采暖空调系统水质》GB/T 29044 及相关产品对水质的要求,并应按下列规定采取措施:

1 应设置水质控制装置;

2 水泵或冷水机组的入口管道上应设置过滤器或除污器;

3 当开式冷却塔不能满足制冷设备的水质要求时,宜采用闭式冷却塔或设置中间换热器。

4 采用管壳式冷凝器的冷水机组宜设置在线清洗装置。

9.10.6 多台冷水机组和冷却水泵之间通过共用集管连接时,每台冷水机组入口或出口管道上宜设电动或气动阀,并宜与对应运行的冷水机组和冷却水泵连锁。

9.10.7 多台冷却水泵和冷却塔之间通过共用集管连接时,应使各台冷却塔并联环路的压力损失大致相同,在冷却塔之间宜设平衡管或各台冷却塔底部设置公用连通水槽。

9.10.8 多台冷却水泵和冷却塔之间通过共用集管连接时,进水口有水压要求的冷却塔应在每台冷却塔进水管上设置电动阀,并应与对应的冷却水泵连锁。

9.10.9 开式系统冷却水补水量应按系统的蒸发损失、飘逸损失、排污泄漏损失之和计算。不设置集水箱的系统应在冷却塔底盘处补水,设置集水箱的系统应在集水箱处补水。

9.10.10 间歇运行的开式冷却水系统,冷却塔底盘或集水箱的有效存水容积应大于湿润冷却塔填料等部件所需水量,以及停泵时靠重力流入的管道等的水容量。

9.10.11 当设置冷却水集水箱且确需设置在室内时,集水箱宜设置在冷却塔的下一层,且冷却塔布水器与集水箱设计水位之间的高差不应超过 8m。

9.11 制冷和供热机房

9.11.1 制冷或供热机房宜设置在空气调节负荷的中心,并应符合下列规定:

1 机房宜设置控制值班室、维修间以及卫生间。

2 机房应有良好的通风设施;地下层机房应设置机械通风,必要时应设置事故通风装置。

3 机房应预留安装洞及运输通道。

4 机房应设电话及事故照明装置,照度不宜小于 100 lx,测量仪表集中处应设局部照明。

5 机房内的地面和设备机座应采用易于清洗的面层;机房内应设置给水与排水设施,并应满足水系统冲洗、排污要求。

6 机房内设置集中供暖时,室内温度不宜低于 16℃。当制冷机房冬季不使用时,应设值班供暖。

7 控制室或值班室等有人员停留的场所宜设空气调节。

9.11.2 机房内设备布置应符合下列规定:

1 机组与墙之间的净距不应小于 1m,与配电柜的距离不应小于 1.5m;

2 机组与机组或其他设备之间的净距不应小于 1.2m;

3 应留有不小于蒸发器、冷凝器或低温发生器长度的维修距离;

4 机组与其上方管道、烟道或电缆桥架的净距不应小于 1m;

5 机房主要通道的宽度不应小于 1.5m。

9.11.3 氨制冷机房应符合下列规定:

1 应单独设置制冷机房,且与其他建筑的距离应满足防火间距要求;

2 严禁采用明火供暖及电散热器供暖;

3 应设置事故排风装置,换气次数不应少于 **12 次/h**,排风机应选用防爆型;

4 氨冷水机组排氨口排气管的出口应高于周围 **50m** 范围内最高建筑物屋脊 **5m**;

5 应设置紧急泄氨装置,当发生事故时应将机组氨液排入应急泄氨装置。

9.11.4 直燃吸收式机房应符合下列规定:

1 宜单独设置机房;

2 机房不应与人员密集场所和主要疏散口贴邻设置;

3 机房单层面积大于 200m² 时,应设直接对外的安全出口;

4 机房应设置泄压口,泄压口面积不应小于机房占地面积的 10%;泄压口应避开人员密集场所和主要安全出口;

5 机房不应设置吊顶；

6 应合理布置烟道；

7 机房通风要求应符合本规范第 9.11.1 条第 2 款的要求，且送风系统风量宜可调节；

8 应符合现行国家标准《建筑设计防火规范》GB 50016 及《城镇燃气设计规范》GB 50028 的相关规定。

10 矿井空气调节

10.1 井 筒 保 温

10.1.1 供暖室外计算干球温度等于或低于－4℃地区的进风竖井、等于或低于－5℃地区的进风斜井,以及等于或低于－6℃地区的进风平硐,符合下列情况之一时,宜设井筒保温设施:

1 井筒壁有淋帮水时;

2 根据当地或气候类似地区的矿山生产实践证明不采取空气预热会使井口、巷道路面或水管结冰影响安全生产时;

3 不采取空气预热会使开采面环境温度过低时。

10.1.2 计算井筒保温耗热量时,室外空气计算温度应符合下列规定:

1 提升井、斜井进风时,应采用历年极端最低温度的平均值;

2 从平硐或专用进风井进风时,应采用历年极端最低气温平均值与供暖室外计算温度二者的平均值。

10.1.3 井下通风量应由采矿专业提供,并应确定通风量对应的空气计算参数。

10.1.4 井筒保温空气加热可采用空气-蒸汽、空气-热水、空气-烟气等表面式热交换方式或天然气直燃式空气直接加热方式。当采用空气-烟气表面式热交换方式或天然气直燃式空气直接加热方式时,应监测热风出口处的一氧化碳浓度。

10.1.5 空气加热器前或后宜设置风机。当利用矿井通风机提供热风流通动力时,可不另设风机,但空气加热器的风流阻力不宜大于50Pa。

10.1.6 风机和空气加热器的安装位置应符合下列规定:

1 轴流风机宜布置在空气加热器前,离心风机宜布置在空气加热器后；

  2 采用轴流风机时,风机与电机宜直联传动。

10.1.7 通过空气加热器后的热风温度应符合下列规定：

  1 热风送往竖井时温度宜为 60℃～70℃；

  2 热风送往斜井、平硐时温度宜为 40℃～50℃；

  3 热风送往井口房时,送风机压入式温度宜为 20℃～30℃,矿井风机吸入式温度宜为 10℃～20℃。

10.1.8 有风机方式的热风口位置应符合下列规定：

  1 竖井的热风口,宜设置在井口地面下 2m～3m 处；

  2 斜井、平硐的热风口,宜设置在距井口 3m～4m 处,并宜设置在人行道侧,热风口底缘宜靠近井筒底板。

10.1.9 通过表面式空气加热器的空气质量流速应符合下列规定：

  1 采用离心风机时,宜为 6kg/(m² · s)～10kg/(m² · s)；

  2 采用轴流风机时,宜为 4kg/(m² · s)～8kg/(m² · s)；

  3 利用矿井通风机提供动力时,宜为 2kg/(m² · s)～4kg/(m² · s)。

10.1.10 表面式空气加热器采用热水作为热媒时,供水温度宜为 90℃～130℃；采用蒸汽作为热媒时,进加热器的蒸汽压力宜为 0.2MPa～0.3MPa。

10.1.11 选用表面式空气加热器时,应符合下列规定：

  1 绕片式空气加热器散热面积附加系数应取 1.15～1.25；

  2 串片式空气加热器散热面积附加系数应取 1.25～1.35。

10.1.12 井筒保温用热水或蒸汽型空气加热器应设防冻设施,防冻设施应符合本规范第 8.5.9 条的规定。

10.1.13 远离主工业场地、供暖负荷较小或缺水地区、供水困难的井下送风系统,可采用燃煤型热风炉供暖。采用燃煤型热风炉时,应符合下列规定：

  1 热风炉机房距进风井口不得小于 20m；

2 热风炉应选用矿用型定型产品,不宜少于 2 台,当其中一台出现故障时,其余热风炉应能满足井筒保温的需要;

3 靠近热风炉的热风道内,应设一氧化碳检测装置;

4 热风道应采取保温、防结露、防火措施;

5 热风炉燃料、灰渣的贮存及运输应按现行国家标准《锅炉房设计规范》GB 50041 的相关规定执行。

10.2 深热矿井空气调节

10.2.1 深、热矿井采掘作业地点干球温度较高,且采用加大通风量及其他非机械制冷降温措施不能使作业面温度降至小于或等于 28℃ 时,应设置空调制冷设施。

10.2.2 矿井制冷及空气调节方式应根据矿井条件、采矿作业制度、室外气象条件、生产规模等因素,经技术经济比较确定。

10.2.3 采掘工作面或机电设备硐室送风参数应由离开工作面的空气参数,并根据空气在井下得热、得湿的状态变化过程,按式 (10.2.3) 计算。离开工作面的空气参数应符合现行国家标准《金属非金属矿山安全规程》GB 16423 的有关规定:

$$i_1 = i_2 - \frac{Q}{G} \qquad (10.2.3)$$

式中:Q——采掘工作面或机电设备硐室的冷负荷(kW);

G——采掘工作面或机电设备硐室的风量(kg/s);

i_1——进入采掘工作面或机电设备硐室的空气焓值(kJ/kg);

i_2——离开采掘工作面或机电设备硐室的空气焓值(kJ/kg)。

10.2.4 制冷设备制冷量应为井下作业面及机电设备硐室等得热量形成的冷负荷、新风冷负荷、风机水泵温升引起的冷负荷以及输配损失的总和。新风状态点应按当地空气调节室外计算参数确定。

10.2.5 地面集中制备冷冻水或冷却水送入井下时,应符合下列规定:

1 冷冻水供回水温差不宜小于 15℃。

2 冷却水供回水温差不宜小于 10℃。

3 应设置高压水减压装置。高低压换热器或高低压转换器前的供回水管应按工业压力管道 GC1 级设计及施工安装。

4 井筒内的水管管径不宜大于 $DN500$,有足够的安装空间且确保安全时可放大管径,管内水流速不宜大于 2.5m/s。单独钻孔敷设水管时,水管管径可不受限制。

10.2.6 开采面在 3000m 以下时,宜采用地面制冰的供冷方式。

10.2.7 地面制冰时,冰片或颗粒冰宜采用自溜方式输送至井下,输冰系统应采取防冲击和防堵措施。

10.2.8 采用氨压缩制冷时,氨制冷机房距井口的位置不应小于200m,并应符合现行国家标准《建筑设计防火规范》GB 50016 的有关规定。

10.2.9 产生冷凝热的设备设在井下时,应设在回风巷道附近,所需风量应小于巷道排风量。

10.2.10 采区作业用水需要用冷冻水时,宜采用梯级用冷方式。

10.2.11 空气处理机组应符合下列规定:

1 采用冷冻水制备冷风时,空气处理设备宜采用喷水室或表面冷却器;

2 设在井下的表面式空气冷却器,翅片间距应大于 4.2mm;

3 采用直接膨胀式空气冷却器时,不得采用氨作为制冷剂。

10.2.12 井下爆炸危险区域使用的空调制冷设备应采用防爆型。

11 监测与控制

11.1 一 般 规 定

11.1.1 供暖、通风与空气调节系统监测与控制的功能宜包括参数检测、参数与设备状态显示、自动调节与控制、工况自动转换、设备连锁、自动保护与报警、能量计量以及中央监控与管理等。供暖、通风与空气调节系统监测与控制的设计应根据建筑物的功能与标准、系统类型、设备运行时间以及生产工艺要求等因素,通过技术经济比较确定。

11.1.2 当生产工艺需要对供暖、通风与空气调节设备进行监测与控制时,应满足生产工艺要求以及节能要求。

11.1.3 符合下列条件之一时,供暖、通风和空气调节设备宜设集中监控系统:

    1 系统规模大,供暖通风空调设备台数多时;

    2 系统各部分相距较远且相关联,并存在工况转换和运行调节时;

    3 采用集中监控系统可合理利用能量实现节能运行时;

    4 采用集中监控系统方能防止事故、保证设备和系统运行安全可靠时。

11.1.4 集中监控系统应具备下列功能:

    1 应满足工艺要求的时间间隔与测量精度连续记录、显示各系统运行参数和设备状态。系统存储介质或数据库应保存连续两年以上的运行参数记录。

    2 可计算和定期统计系统的能量消耗、各台受控设备连续和累计运行时间。

    3 可改变各控制器的设定值,并可对设置为"远程"状态的设备直接进行启动、停止和调节。

    4 可根据预定的时间表,或依据节能控制程序,自动进行系统或设备的启停。

    5 应设置操作者权限、访问控制等安全机制。

    6 应有参数越限报警、事故报警及报警记录功能,并宜设有系统或设备故障诊断功能。

    7 可与制冷机、锅炉等自带控制装置的设备通过通信接口进行数据交互。

    8 设置可与其他弱电系统通信的数据接口。

11.1.5 不具备采用集中监控系统的供暖、通风和空气调节系统,当符合下列条件之一时,宜采用就地的自动控制系统:

    1 工艺或使用条件有一定要求时;

    2 可防止事故保证安全时;

    3 采用就地的自动控制系统可实现节能运行时。

11.1.6 就地系统宜具备下列功能:

    1 可按满足工艺要求的时间间隔和精度对需要测量的参数进行检测;

    2 可对代表性参数的数值进行显示;

    3 可根据设定值自动调节相关装置动作;

    4 可进行手动、自动工作模式切换;

    5 可根据预定的时间表或依据节能控制程序,自动进行系统或设备的启停;

    6 应设置操作者权限、访问控制等安全机制;

    7 应有参数越限报警、事故报警,并宜设有系统或设备故障诊断功能;

    8 设置可与其他弱电系统通信的接口。

11.1.7 供暖通风与空气调节设备设置联动、连锁等安全保护措施时应符合下列规定:

    1 采用集中监控系统时,联动、连锁等安全保护状态宜在集中监控系统的人机界面上显示；

    2 采用就地自动控制系统时,联动、连锁等安全保护状态宜在就地自控系统的人机界面上显示；

    3 未设置自动控制系统时,应采取专门联动、连锁等安全保护措施。

11.1.8 供暖、通风与空气调节系统有代表性的参数,应在便于观察的地点设置就地显示仪表。

11.1.9 采用集中监控系统控制的动力设备,应设就地手动控制装置,并应通过就地/远程转换开关实现就地与远程控制的转换；就地/远程转换开关的状态宜在集中监控系统的人机界面上显示。

11.1.10 控制器宜安装在被控系统或设备附近；当采用集中监控系统时,应设置控制室；当就地控制系统环节及仪表较多时,宜设置控制室。

11.1.11 冬季存在冻结可能的新风机组、空调机组、冷却塔等,在设有防冻设施时,应设防冻保护控制。

11.1.12 防火与排烟系统的监测与控制应符合现行国家标准《火灾自动报警系统设计规范》GB 50116 的有关规定；兼作防排烟用的通风空气调节设备应受消防系统的控制,并应在火灾时能切换到消防控制状态；风管上的防火阀宜设置位置信号反馈。

11.2 传感器和执行器

11.2.1 传感器、执行器应根据环境条件选择防尘型、防潮型、耐腐蚀型、防爆型等,并应根据使用环境状况规定传感器、执行器的维护点检周期。

11.2.2 传感器敏感元件的测量精度与二次仪表的转换精度应相互匹配,经过传感、转换和传输过程后的测量精度和测量范围应满足工艺要求的控制和测量精度的要求；传感器的安装位置应能反映被测参数的整体情况。

11.2.3 温度传感器的设置应符合下列规定：

1 温度传感器测量范围应为测点温度范围的 1.2 倍～1.5 倍。

2 壁挂式空气温度传感器应安装在空气流通,且能反映被测房间空气状态的位置;风道内温度传感器应保证插入深度,不得在探测头与风道外侧形成热桥;插入式水管温度传感器,应保证测头插入深度在水流的主流区范围内。

3 机器露点温度传感器应安装在挡水板后有代表性的位置,应避免辐射热、振动、水滴及二次回风的影响。

11.2.4 湿度传感器应安装在空气流通,且能反映被测房间或风管内空气状态的位置,安装位置附近不应有热源及湿源。

11.2.5 压力(压差)传感器的设置应符合下列规定:

1 压力(压差)传感器的工作压力(压差)应大于该点可能出现的最大压力(压差)的 1.5 倍,量程应为该点压力(压差)正常变化范围的 1.2 倍～1.3 倍;

2 同一对压力(压差)传感器宜处于同一标高。

11.2.6 流量传感器的设置应符合下列规定:

1 流量传感器量程应为系统最大工作流量的 1.2 倍～1.3 倍;

2 流量传感器安装位置前、后应有合理的直管段长度;

3 应选用具有瞬态值输出的流量传感器;

4 宜选用水流阻力低的产品。

11.2.7 仅用于控制开关操作时,宜选择温度开关、压力开关、风流开关、水流开关、压差开关、水位开关等以开关量形式输出的传感器,不宜使用连续量输出的传感器。

11.2.8 自动调节阀的选择应与被控对象的特性相适合,应使系统具有好的控制性能,并应符合下列规定:

1 水两通阀,宜采用等百分比特性。

2 水三通阀,宜采用抛物线特性或线性特性。

3 蒸汽两通阀,当压力损失比大于或等于 0.6 时,宜采用线

性特性;当压力损失比小于 0.6 时,宜采用等百分比特性。压力损失比应按下式计算:

$$P_v = \Delta p_{min} / \Delta p \qquad (11.2.8)$$

式中:P_v——压力损失比(阀权度);

　　Δp_{min}——调节阀全开时的压力损失(Pa);

　　Δp——调节阀所在串联支路的总压力损失(Pa)。

　　4 调节阀的口径应根据使用对象要求的流通能力,通过计算选择确定。

11.2.9 蒸汽两通阀应采用单座阀,三通分流阀不应用作三通混合阀,三通混合阀不宜用作三通分流阀使用。

11.2.10 当仅需要开关形式进行设备或系统水路的切换时,应采用通断阀,不应采用调节阀。当使用通断阀达不到温度或湿度调节要求时,应采用调节阀,调节阀的特性应符合本规范第 11.2.8 条的要求。

11.2.11 在易燃易爆环境中使用的传感器及执行器,应采用本质安全型。

11.3 供 暖 系 统

11.3.1 供暖系统宜监测下列参数,技术可行时应根据监测数据调节供暖量:

　　1 活动区干球温度;

　　2 热力入口处热媒温度、压力及过滤器前、后压差;

　　3 热风供暖系统空气加热器进风温度、出风温度,空气过滤器前、后压差。

11.3.2 供暖热计量及供暖调节应符合本规范第 5.9 节的规定。

11.4 通 风 系 统

11.4.1 生产工艺有要求且技术可行时,通风系统宜监测下列参数:

1 工作区有毒物质的浓度；

2 工作区有爆炸危险物质的浓度。

11.4.2 排除有毒或爆炸危险物质的局部排风系统,以及甲、乙类工业建筑的全面排风系统,宜与污染物浓度报警装置连锁,并应在工作地点设置通风机启停状态显示。

11.5 除尘与净化系统

11.5.1 除尘系统监测应包括下列参数或状态：

1 除尘设备运行状态,必要时与相关工艺设备连锁启停；

2 过滤式除尘装置进、出口压差；

3 脉冲喷吹除尘器清灰用气体压力；

4 净化有爆炸危险粉尘的除尘器,输灰系统故障时应报警；

5 高温烟气进入袋式除尘器前需降温时,宜监测烟气温度并控制降温设施；

6 环保要求监测的重点废气排放口各项参数。

11.5.2 有害气体净化系统监测应包括下列参数或状态：

1 有毒物质排放浓度,并应超限报警；

2 净化系统需控制的温度、压力、液位、酸碱度等工艺参数；

3 净化设备运行状态,必要时与相关工艺设备连锁启停；

4 环保要求监测的重点废气排放口各项参数。

11.6 空气调节系统

11.6.1 空气调节系统宜监测与控制下列参数：

1 室内外空气的参数；

2 喷水室用的水泵出口压力；

3 空气冷却器出口的冷水温度；

4 加热器进、出口的热媒温度和压力；

5 空气过滤器进、出口静压差并应超限报警；

6 风机、水泵、转轮热交换器、加湿器等设备启停状态。

11.6.2 全年运行的空气调节系统,其自动控制系统宜按多工况运行方式设计,应具有供冷和供热模式切换功能。

11.6.3 当受调节对象纯滞后、时间常数及热湿扰量变化的影响,采用单回路调节不能满足调节参数要求时,空气调节系统宜采用串级调节。

11.6.4 全空气空调系统的控制应符合下列规定:

   1 室内温度控制应采用调节送风温度以及送风量的方式;

   2 采用调节送风温度的方式时,送风温度设定值的修改周期应远大于盘管水路控制阀、电加热器等执行机构的动作周期;

   3 采用调节送风量的方式时,风机应变频调速,并宜采用系统静压或风量作为控制参数;

   4 需要控制室内湿度时,应按室内湿度要求和热湿负荷情况进行控制,并应采取避免与温度控制相互影响的措施;

   5 过渡期宜采用加大新风比的方式运行。

11.6.5 新风机组的控制应符合下列规定:

   1 送风温度应根据新风负担室内负荷确定,并应在水系统设调节阀;

   2 当新风系统需要加湿时,加湿量应满足室内湿度要求;

   3 对于湿热地区的全新风系统,水路阀宜采用模拟量调节阀。

11.6.6 风机盘管水路控制阀宜为常闭式通断阀,控制阀开启与关闭应分别与风机启动与停止连锁。

11.6.7 空调系统的电加热器应与送风机连锁,并应设置无风断电、超温断电保护装置;电加热器必须采取接地及剩余电流保护措施。

11.7 冷热源及其水系统

11.7.1 空气调节冷、热源及其水系统应监测与控制下列参数:

   1 冷水机组蒸发器进、出口水温、压力;

2 冷水机组冷凝器进、出口水温、压力；

3 热交换器一、二次侧进、出口温度、压力；

4 分集水器温度、压力（或压差），集水器各支管温度；

5 水泵进、出口压力；

6 水过滤器前、后压差；

7 冷水机组、水阀、水泵、冷却塔风机等设备的启停状态。

11.7.2 蓄冷、蓄热系统应检测与监控下列参数：

1 蓄热水槽的进、出口水温；

2 冰槽进、出口溶液温度；

3 蓄冰量；

4 蓄水罐的液位；

5 蓄水罐内的水温；

6 调节阀的阀位；

7 流量计量；

8 冷热量计量。

11.7.3 当冷水机组采用自动方式运行时，各相关设备与冷水机组应进行电气连锁。

11.7.4 当具有多台冷水机组时，宜根据冷负荷大小及冷水机组能耗随负荷率的变化特性确定冷水机组最优的运行组合。冷水机组的启停频率应满足机组安全运行的要求。

11.7.5 冰蓄冷系统的冷冻水侧换热器应设防冻保护控制。

11.7.6 冷源侧定流量运行时，空调水系统总供、回水管之间的旁通调节阀应采用压差控制；冷源侧变流量运行时，空调水系统总供、回水管之间的旁通调节阀可采用流量、温差或压差控制。

11.7.7 水泵的控制应符合下列规定：

1 冷源侧定流量运行时，冷水泵、冷却水泵运行台数应与冷水机组相对应；

2 变流量运行的水系统，水泵运行宜采用流量控制方式；水泵变速宜根据系统压差变化控制。

11.7.8 冷水机组冬季或过渡季运行时,冷水机组的冷却水入口温度应通过调整冷却塔风机转速或关停冷却塔风机,调节冷却塔供、回水总管间设置的旁通调节阀控制。

11.7.9 集中监控系统宜对冷水机组的运行状态进行监测与控制。

12 消声与隔振

12.1 一般规定

12.1.1 供暖、通风与空气调节系统的消声与隔振设计计算,应根据工艺和使用的要求、噪声和振动的大小、频率特性、传播方式及噪声和振动允许标准等确定。

12.1.2 供暖、通风与空气调节系统的噪声传播至使用房间和周围环境的噪声级,应符合国家现行有关室内、室外声环境质量标准以及噪声控制标准的规定。

12.1.3 供暖、通风与空气调节系统的振动传播至使用房间和周围环境的振动级,应符合国家现行有关室内、室外环境振动控制标准的规定。

12.1.4 设置风系统管道时,消声处理后的风管不宜穿过高噪声的房间;噪声高的风管不宜穿过噪声控制严的房间,当确需穿过时,应采取隔声处理。

12.1.5 有消声要求的通风与空气调节系统,消声装置后的风管内的空气流速宜按表 12.1.5 选用。通风机与消声装置之间的风管,其空气流速可采用 8m/s～10m/s。

表 12.1.5 风管内的空气流速(m/s)

室内允许噪声级 dB(A)	主 管 风 速	支 管 风 速
25～35	3～4	≤2
35～50	4～7	2～3
50～65	6～9	3～5
65～85	8～12	5～8

12.1.6 通风、空气调节与制冷机房等的位置不宜靠近声环境以及控制振动要求较高的房间;当确需靠近时,应采取隔声和隔振

措施。

12.1.7 暴露在室外的设备,当其噪声达不到环境噪声标准要求时,应采取降噪措施。

12.1.8 进、排风口宜采取消声措施。

12.2 消声与隔声

12.2.1 供暖、通风和空气调节设备噪声源的声功率级应依据产品的实测数值。

12.2.2 气流通过直风管、弯头、三通、变径管、阀门和送、回风口等部件产生的再生噪声声功率级与噪声自然衰减量,应分别按各倍频带中心频率计算确定。对于直风管,当风速小于 5m/s 时,可不计算气流再生噪声;风速大于 8m/s 时,可不计算噪声自然衰减量。

12.2.3 通风与空气调节系统产生的噪声,当自然衰减不能达到允许噪声标准时,应设置消声设备或采取其他消声措施。系统所需的消声量应通过计算确定。

12.2.4 选择消声设备时,应根据系统所需要的消声量、噪声源频率特性和消声设备的声学性能及空气动力特性等因素,经技术经济比较确定。

12.2.5 消声设备应布置在靠近机房且气流稳定的管段上。消声设备与机房隔墙间的风管应采取隔声措施。

12.2.6 管道穿过机房围护结构时,管道与围护结构之间的缝隙应使用具有防火隔声能力的弹性材料填充密实。

12.3 隔 振

12.3.1 当通风、空气调节、制冷装置以及水泵等设备的振动靠自然衰减不能达标时,应设置隔振器或采取其他隔振措施。

12.3.2 对本身不带有隔振装置的设备,当其转速小于或等于1500r/min 时,宜选用弹簧隔振器;转速大于 1500r/min 时,可选用橡胶等弹性材料的隔振垫块或橡胶隔振器。

12.3.3 选择弹簧隔振器时应符合下列规定：

1 设备的运转频率与弹簧隔振器垂直方向的固有频率之比应大于或等于 2.5，宜为 4～5；

2 弹簧隔振器承受的荷载不应超过运行工作荷载；

3 当共振振幅较大时，宜与阻尼大的材料联合使用；

4 弹簧隔振器与基础之间宜设置弹性隔振垫。

12.3.4 橡胶隔振器应避免太阳直接辐射或与油类接触。选择橡胶隔振器时应符合下列规定：

1 应计入环境温度对隔振器压缩变形量的影响；

2 计算压缩变形量宜按生产厂家提供的极限压缩量的 1/3～1/2 采用；

3 设备的运转频率与橡胶隔振器垂直方向的固有频率之比应大于或等于 2.5，宜为 4～5；

4 橡胶隔振器承受的荷载不应超过运行工作荷载；

5 橡胶隔振器与基础之间应设置弹性隔振垫。

12.3.5 符合下列情况之一时，宜加大隔振台座质量及尺寸：

1 设备重心偏高时；

2 设备重心偏离中心较大，且不易调整时；

3 不符合严格隔振要求时。

12.3.6 冷(热)水机组、空气调节机组、通风机以及水泵等设备的进口、出口管道应采用柔性接头。水泵出口设止回阀时，宜选用具有消除水锤功能的止回阀。

12.3.7 受设备振动影响的管道应采用弹性支、吊架。

12.3.8 设置在楼板上的供暖、通风与空气调节设备，当设备振动影响范围内有防振要求严格的房间存在，且又不能通过调整相对位置而降低影响时，宜采用浮筑双隔振台座。

13 绝热与防腐

13.1 绝　　热

13.1.1 具有下列情况之一的设备、管道及附件应进行保温：

1 设备与管道的外表面温度高于 50℃时（不包括室内供暖管道）；

2 热介质必须保持一定状态或参数时；

3 不保温时热损耗量大，且不经济时；

4 安装或敷设在有冻结危险场所时；

5 不保温时散发的热量会对厂房温、湿度参数产生不利影响时。

13.1.2 具有下列情况之一的设备、管道及附件应进行保冷：

1 冷介质低于常温，需要减少设备与管道的冷损失时；

2 冷介质低于常温，需要防止设备与管道表面凝露时；

3 需要减少冷介质在生产和运输过程中的温升或汽化时；

4 不保冷时散发的冷量会对厂房温、湿度参数产生不利影响时。

13.1.3 设备与管道的绝热设计应符合下列规定：

1 保冷层的外表面不得产生冷凝水。

2 管道和支架之间，管道穿墙、穿楼板处应采取防止"冷桥"、"热桥"的措施。

3 采用非闭孔材料保冷时，外表面应设隔气层和保护层；采用非闭孔材料保温时，外表面应设保护层。

4 室外架空管道绝热层外应设保护层，保护层宜采用金属、玻璃钢或铝箔玻璃钢薄板。

13.1.4 设备和管道的绝热材料的选择应符合下列规定：

1 绝热材料及其制品的主要性能应符合现行国家标准《设备及管道绝热设计导则》GB/T 8175 的有关规定;

2 设备与管道的绝热材料燃烧性能应符合现行国家标准《建筑设计防火规范》GB 50016 的有关规定;

3 保温材料的允许使用温度应高于正常操作时的介质最高温度;

4 保冷材料的允许使用温度应低于正常操作时介质的最低温度;

5 保温材料应选择导热率小、密度小、造价低、易于施工的材料和制品;

6 保冷材料应选择导热率小、吸湿率低、吸水率小、密度小、耐低温性能好、易于施工、综合经济效益高的材料和制品;

7 用于冰蓄冷系统的保冷材料除应符合本条第 1 款～第 6 款的要求外,应采用闭孔型材料和便于异形部位保冷施工的材料。

13.1.5 设备和管道的保冷及保温层厚度应按现行国家标准《设备及管道绝热设计导则》GB/T 8175 的有关规定经计算确定,并应符合下列规定:

1 供冷或冷热共用时,应按经济厚度和防止表面凝露保冷层厚度分别计算,并应取大值;

2 设备和管道的保温层厚度应按经济厚度计算确定,必要时也可按允许表面热损失法或允许介质温降法计算确定;

3 凝结水管保冷厚度应按防止表面结露的计算方法确定。

13.2 防　腐

13.2.1 设备、管道及其配套的部件、配件的材料应根据所接触介质的性质、浓度、温度及使用环境等条件,结合材料的耐腐蚀特性、使用部位的重要性、经济性及安全性等因素确定。

13.2.2 除有色金属制品、不锈钢管、不锈钢板、镀锌钢管、镀锌钢板、非金属制品和铝板保护层外,金属设备与管道的外表面应采用

涂漆防腐,并应符合下列规定:

    1 涂层类别应根据被涂物所处的大气腐蚀环境以及被涂物表面材质选择;

    2 涂层的底漆与面漆应正确配套使用;

    3 涂层施工方法宜根据被涂物施工条件选用,同时应保证涂层的安全可靠性。

13.2.3 外有绝热层的设备及管道应涂底漆。埋地管道应进行涂料防腐,防腐等级应根据土壤腐蚀性等级确定。

13.2.4 涂漆前设备及管道外表面的处理应符合涂层产品的相应要求,当有特殊要求时,应在设计文件中规定。

13.2.5 用于与奥氏体不锈钢表面接触的绝热材料应符合现行国家标准《工业设备及管道绝热工程施工规范》GB 50126 中有关氯离子含量的规定。

附录 A 室外空气

A.0.1 室外空气计算参数应按表 A.0.1-1、表 A.0.1-2 采用。

表 A.0.1-1 室外空气

	省/直辖市/自治区	北京(1)	天津
	市/区/自治州	北京	天津
	台站名称及编号	北京	天津
		54511	54527
台站信息	北纬	39°48′	39°05′
	东经	116°28′	117°04′
	海拔(m)	31.3	2.5
	统计年份	1971—2000	1971—2000
	年平均温度(℃)	12.3	12.7
室外计算温、湿度	供暖室外计算温度(℃)	−7.6	−7.0
	冬季通风室外计算温度(℃)	−3.6	−3.5
	冬季空气调节室外计算温度(℃)	−9.9	−9.6
	冬季空气调节室外计算相对湿度(%)	44	56
	夏季空气调节室外计算干球温度(℃)	33.5	33.9
	夏季空气调节室外计算湿球温度(℃)	26.4	26.8
	夏季通风室外计算温度(℃)	29.7	29.8
	夏季通风室外计算相对湿度(%)	61	63
	夏季空气调节室外计算日平均温度(℃)	29.6	29.4
风向、风速及频率	夏季室外平均风速(m/s)	2.1	2.2
	夏季最多风向	C SW	C S
	夏季最多风向的频率(%)	18 10	15 9
	夏季室外最多风向的平均风速(m/s)	3.0	2.4
	冬季室外平均风速(m/s)	2.6	2.4
	冬季最多风向	C N	C N
	冬季最多风向的频率(%)	19 12	20 11
	冬季室外最多风向的平均风速(m/s)	4.7	4.8
	年最多风向	C SW	C SW
	年最多风向的频率(%)	17 10	16 9
	冬季日照百分率(%)	64	58
	最大冻土深度(cm)	66	58
大气压力	冬季室外大气压力(hPa)	1021.7	1027.1
	夏季室外大气压力(hPa)	1000.2	1005.2
设计计算用供暖期天数及其平均温度	日平均温度≤+5℃的天数	123	121
	日平均温度≤+5℃的起止日期	11.12—03.14	11.13—03.13
	平均温度≤+5℃期间内的平均温度(℃)	−0.7	−0.6
	日平均温度≤+8℃的天数	144	142
	日平均温度≤+8℃的起止日期	11.04—03.27	11.06—03.27
	平均温度≤+8℃期间内的平均温度(℃)	0.3	0.4
	极端最高气温(℃)	41.9	40.5
	极端最低气温(℃)	−18.3	−17.8

计算参数

计算参数（一）

(2)			河北（10）		
塘沽	石家庄	唐山	邢台	保定	张家口
塘沽	石家庄	唐山	邢台	保定	张家口
54623	53698	54534	53798	54602	54401
39°00′	38°02′	39°40′	37°04′	38°51′	40°47′
117°43′	114°25′	118°09′	114°30′	115°31′	114°53′
2.8	81	27.8	76.8	17.2	724.2
1971—2000	1971—2000	1971—2000	1971—2000	1971—2000	1971—2000
12.6	13.4	11.5	13.9	12.9	8.8
−6.8	−6.2	−9.2	−5.5	−7.0	−13.6
−3.3	−2.3	−5.1	−1.6	−3.2	−8.3
−9.2	−8.8	−11.6	−8.0	−9.5	−16.2
59	55	55	57	55	41.0
32.5	35.1	32.9	35.1	34.8	32.1
26.9	26.8	26.3	26.9	26.6	22.6
28.8	30.8	29.2	31.0	30.4	27.8
68	60	63	61	61	50.0
29.6	30.0	28.5	30.2	29.8	27.0
4.2	1.7	2.3		2.0	2.1
SSE	C S	C ESE	C SSW	C SW	C SE
12	26 13	14 11	23 13	18 14	19 15
4.3	2.6	2.8	2.3	2.5	2.9
3.9	1.8	2.2	1.4	1.8	2.8
NNW	C NNE	C WNW	C NNE	C SW	N
13	25 12	22 11	27 10	23 12	35.0
5.8	2	2.9	2.0	2.3	3.5
NNW	C S	C ESE	C SSW	C SW	N
8	25 12	17 8	24 13	19 14	26
63	56	60	56	56	65.0
59	56	72	46	58	136.0
1026.3	1017.2	1023.6	1017.7	1025.1	939.5
1004.6	995.8	1002.4	996.2	1002.9	925.0
122	111	130	105	119	146
11.15—03.16	11.15—03.05	11.10—03.19	11.19—03.03	11.13—03.11	11.03—03.28
−0.4	0.1	−1.6	0.5	−0.5	−3.9
143	140	146	129	142	168.0
11.07—03.29	11.07—03.26	11.04—03.29	11.08—03.16	11.05—03.27	10.20—04.05
0.6	1.5	−0.7	1.8	0.7	−2.6
40.9	41.5	39.6	41.1	41.6	39.2
−15.4	−19.3	−22.7	−20.2	−19.6	−24.6

省/直辖市/自治区			河北	
市/区/自治州			承德	秦皇岛
台站名称及编号			承德	秦皇岛
			54423	54449
台站信息		北纬	40°58′	39°56′
		东经	117°56′	119°36′
		海拔(m)	377.2	2.6
		统计年份	1971—2000	1971—2000
		年平均温度(℃)	9.1	11.0
室外计算温、湿度		供暖室外计算温度(℃)	−13.3	−9.6
		冬季通风室外计算温度(℃)	−9.1	−4.8
		冬季空气调节室外计算温度(℃)	−15.7	−12.0
		冬季空气调节室外计算相对湿度(%)	51	51
		夏季空气调节室外计算干球温度(℃)	32.7	30.6
		夏季空气调节室外计算湿球温度(℃)	24.1	25.9
		夏季通风室外计算温度(℃)	28.7	27.5
		夏季通风室外计算相对湿度(%)	55	55
		夏季空气调节室外计算日平均温度(℃)	27.4	27.7
风向、风速及频率		夏季室外平均风速(m/s)	0.9	2.3
		夏季最多风向	C　SSW	C　WSW
		夏季最多风向的频率(%)	61　6	19　10
		夏季室外最多风向的平均风速(m/s)	2.5	2.7
		冬季室外平均风速(m/s)	1.0	2.5
		冬季最多风向	C　NW	C　WNW
		冬季最多风向的频率(%)	66　10	19　13
		冬季室外最多风向的平均风速(m/s)	3.3	3.0
		年最多风向	C　NW	C　WNW
		年最多风向的频率(%)	61　6	18　10
		冬季日照百分率(%)	65	64
		最大冻土深度(cm)	126	85
大气压力		冬季室外大气压力(hPa)	980.5	1026.4
		夏季室外大气压力(hPa)	963.3	1005.6
设计计算用供暖期天数及其平均温度		日平均温度≤+5℃的天数	145	135
		日平均温度≤+5℃的起止日期	11.03—03.27	11.12—03.26
		平均温度≤+5℃期间内的平均温度(℃)	−4.1	−1.2
		日平均温度≤+8℃的天数	166	153
		日平均温度≤+8℃的起止日期	10.21—04.04	11.04—04.05
		平均温度≤+8℃期间内的平均温度(℃)	−2.9	−0.3
		极端最高气温(℃)	43.3	39.2
		极端最低气温(℃)	−24.2	−20.8

A. 0. 1-1

(10)			山西（10）		
沧州	廊坊	衡水	太原	大同	阳泉
沧州	霸州	饶阳	太原	大同	阳泉
54616	54518	54606	53772	53487	53782
38°20′	39°07′	38°14′	37°47′	40°06′	37°51′
116°50′	116°23′	115°44′	112°33′	113°20′	113°33′
9.6	9.0	18.9	778.3	1067.2	741.9
1971—1995	1971—2000	1971—2000	1971—2000	1971—2000	1971—2000
12.9	12.2	12.5	10.0	7.0	11.3
−7.1	−8.3	−7.9	−10.1	−16.3	−8.3
−3.0	−4.4	−3.9	−5.5	−10.6	−3.4
−9.6	−11.0	−10.4	−12.8	−18.9	−10.4
57	54	59	50	50	43
34.3	34.4	34.8	31.5	30.9	32.8
26.7	26.6	26.9	23.8	21.2	23.6
30.1	30.1	30.5	27.8	26.4	28.2
63	61	61	58	49	55
29.7	29.6	29.6	26.1	25.3	27.4
2.9	2.2	2.2	1.8	2.5	1.6
SW	C SW	C SW	C N	C NNE	C ENE
12	12 9	15 11	30 10	17 12	33 9
2.7	2.5	3.0	2.4	3.1	2.3
2.6	2.1	2.0	2.0	2.8	2.2
SW	C NE	C SW	C N	N	C NNW
12	19 11	19 9	30 13	19	30 19
2.8	3.3	2.6	2.6	3.3	3.7
SW	C SW	C SW	C N	C NNE	C NNW
14	14 10	15 11	29 11	16 15	31 13
64	57	63	57	61	62
43	67	77	72	186	62
1027.0	1026.4	1024.9	933.5	899.9	937.1
1004.0	1004.4	1002.8	919.8	889.1	923.8
118	124	122	141	163	126
11.15—03.12	11.11—03.14	11.12—03.13	11.06—03.26	10.24—04.04	11.12—03.17
−0.5	−1.3	−0.9	−1.7	−4.8	−0.5
141	143	143	160	183	146
11.07—03.27	11.05—03.27	11.05—03.27	10.23—03.31	10.14—04.14	11.04—03.29
0.7	−0.3	0.2	−0.7	−3.5	0.3
40.5	41.3	41.2	37.4	37.2	40.2
−19.5	−21.5	−22.6	−22.7	−27.2	−16.2

省/直辖市/自治区		山西	
市/区/自治州		运城	晋城
台站名称及编号		运城	阳城
		53959	53975
台站信息	北纬	35°02′	35°29′
	东经	111°01′	112°24′
	海拔(m)	376.0	659.5
	统计年份	1971—2000	1971—2000
	年平均温度(℃)	14.0	11.8
室外计算温、湿度	供暖室外计算温度(℃)	−4.5	−6.6
	冬季通风室外计算温度(℃)	−0.9	−2.6
	冬季空气调节室外计算温度(℃)	−7.4	−9.1
	冬季空气调节室外计算相对湿度(%)	57	53
	夏季空气调节室外计算干球温度(℃)	35.8	32.7
	夏季空气调节室外计算湿球温度(℃)	26.0	24.6
	夏季通风室外计算温度(℃)	31.3	28.8
	夏季通风室外计算相对湿度(%)	55	59
	夏季空气调节室外计算日平均温度(℃)	31.5	27.3
风向、风速及频率	夏季室外平均风速(m/s)	3.1	1.7
	夏季最多风向	SSE	C SSE
	夏季最多风向的频率(%)	16	35 11
	夏季室外最多风向的平均风速(m/s)	5.0	2.9
	冬季室外平均风速(m/s)	2.4	1.9
	冬季最多风向	C W	C NW
	冬季最多风向的频率(%)	24 9	42 12
	冬季室外最多风向的平均风速(m/s)	2.8	4.9
	年最多风向	C SSE	C NW
	年最多风向的频率(%)	18 11	37 9
	冬季日照百分率(%)	49	58
	最大冻土深度(cm)	39	39
大气压力	冬季室外大气压力(hPa)	982.0	947.4
	夏季室外大气压力(hPa)	962.7	932.4
设计计算用供暖期天数及其平均温度	日平均温度≤+5℃的天数	101	120
	日平均温度≤+5℃的起止日期	11.22—03.02	11.14—03.13
	平均温度≤+5℃期间内的平均温度(℃)	0.9	0.0
	日平均温度≤+8℃的天数	127	143
	日平均温度≤+8℃的起止日期	11.08—03.14	11.06—03.28
	平均温度≤+8℃期间内的平均温度(℃)	2.0	1.0
	极端最高气温(℃)	41.2	38.5
	极端最低气温(℃)	−18.9	−17.2

A. 0. 1-1

(10)				
朔州	晋中	忻州	临汾	吕梁
右玉	榆社	原平	临汾	离石
53478	53787	53673	53868	53764
40°00′	37°04′	38°44′	36°04′	37°30′
112°27′	112°59′	112°43′	111°30′	111°06′
1345.8	1041.4	828.2	449.5	950.8
1971—2000	1971—2000	1971—2000	1971—2000	1971—2000
3.9	8.8	9	12.6	9.1
−20.8	−11.1	−12.3	−6.6	−12.6
−14.4	−6.6	−7.7	−2.7	−7.6
−25.4	−13.6	−14.7	−10.0	−16.0
61	49	47	58	55
29.0	30.8	31.8	34.6	32.4
19.8	22.3	22.9	25.7	22.9
24.5	26.8	27.6	30.6	28.1
50	55	53	56	52
22.5	24.8	26.2	29.3	26.3
2.1	1.5	1.9	1.8	2.6
C ESE	C SSW	C NNE	C SW	C NE
30 11	39 9	20 11	24 9	22 17
2.8	2.8	2.4	3.0	2.5
2.3	1.3	2.3	1.6	2.1
C NW	C E	C NNE	C SW	NE
41 11	42 14	26 14	35 7	26
5.0	1.9	3.8	2.6	2.5
C WNW	C E	C NNE	C SW	NE
32 8	38 9	22 12	31 9	20
71	62	60	47	58
169	76	121	57	104
868.6	902.6	926.9	972.5	914.5
860.7	892.0	913.8	954.2	901.3
182	144	145	114	143
10.14—04.13	11.05—03.28	11.03—03.27	11.13—03.06	11.05—03.27
−6.9	−2.6	−3.2	−0.2	−3
208	168	168	142	166
10.01—04.26	10.20—04.05	10.20—04.05	11.06—03.27	10.20—04.03
−5.2	−1.3	−1.9	1.1	−1.7
34.4	36.7	38.1	40.5	38.4
−40.4	−25.1	−25.8	−23.1	−26.0

省/直辖市/自治区		内蒙古	
市/区/自治州		呼和浩特	包头
台站名称及编号		呼和浩特	包头
		53463	53446
台站信息	北纬	40°49′	40°40′
	东经	111°41′	109°51′
	海拔(m)	1063.0	1067.2
	统计年份	1971—2000	1971—2000
年平均温度(℃)		6.7	7.2
室外计算温、湿度	供暖室外计算温度(℃)	−17.0	−16.6
	冬季通风室外计算温度(℃)	−11.6	−11.1
	冬季空气调节室外计算温度(℃)	−20.3	−19.7
	冬季空气调节室外计算相对湿度(%)	58	55
	夏季空气调节室外计算干球温度(℃)	30.6	31.7
	夏季空气调节室外计算湿球温度(℃)	21.0	20.9
	夏季通风室外计算温度(℃)	26.5	27.4
	夏季通风室外计算相对湿度(%)	48	43
	夏季空气调节室外计算日平均温度(℃)	25.9	26.5
风向、风速及频率	夏季室外平均风速(m/s)	1.8	2.6
	夏季最多风向	C SW	C SE
	夏季最多风向的频率(%)	36 8	14 11
	夏季室外最多风向的平均风速(m/s)	3.4	2.9
	冬季室外平均风速(m/s)	1.5	2.4
	冬季最多风向	C NNW	N
	冬季最多风向的频率(%)	50 9	21
	冬季室外最多风向的平均风速(m/s)	4.2	3.4
	年最多风向	C NNW	N
	年最多风向的频率(%)	40 7	16
冬季日照百分率(%)		63	68
最大冻土深度(cm)		156	157
大气压力	冬季室外大气压力(hPa)	901.2	901.2
	夏季室外大气压力(hPa)	889.6	889.1
设计计算用供暖期天数及其平均温度	日平均温度≤+5℃的天数	167	164
	日平均温度≤+5℃的起止日期	10.20—04.04	10.21—04.02
	平均温度≤+5℃期间内的平均温度(℃)	−5.3	−5.1
	日平均温度≤+8℃的天数	184	182
	日平均温度≤+8℃的起止日期	10.12—04.13	10.13—04.12
	平均温度≤+8℃期间内的平均温度(℃)	−4.1	−3.9
极端最高气温(℃)		38.5	39.2
极端最低气温(℃)		−30.5	−31.4

(12)

赤峰	通辽	鄂尔多斯	呼伦贝尔		巴彦淖尔
赤峰	通辽	东胜	满洲里	海拉尔	临河
54218	54135	53543	50514	50527	53513
42°16′	43°36′	39°50′	49°34′	49°13′	40°45′
118°56′	122°16′	109°59′	117°26′	119°45′	107°25′
568.0	178.5	1460.4	661.7	610.2	1039.3
1971—2000	1971—2000	1971—2000	1971—2000	1971—2000	1971—2000
7.5	6.6	6.2	−0.7	−1.0	8.1
−16.2	−19.0	−16.8	−28.6	−31.6	−15.3
−10.7	−13.5	−10.5	−23.3	−25.1	−9.9
−18.8	−21.8	−19.6	−31.6	−34.5	−19.1
43	54	52	75	79	51
32.7	32.3	29.1	29.0	29.0	32.7
22.6	24.5	19.0	19.9	20.5	20.9
28.0	28.2	24.8	24.1	24.3	28.4
50	57	43	52	54	39
27.4	27.3	24.6	23.6	23.5	27.5
2.2	3.5	3.1	3.8	3.0	2.1
C WSW	SSW	SSW	C E	C SSW	C E
20 13	17	19	13 10	13 8	20 10
2.5	4.6	3.7	4.4	3.1	2.5
2.3	3.7	2.9	3.7	2.3	2.0
C W	NW	SSW	WSW	C SSW	C W
26 14	16	14	23	22 19	30 13
3.1	4.4	3.1	3.9	2.5	3.4
C W	SSW	SSW	WSW	C SSW	C W
21 13	11	17	13	15 12	24 10
70	76	73	70	62	72
201	179	150	389	242	138
955.1	1002.6	856.7	941.9	947.9	903.9
941.1	984.4	849.5	930.3	935.7	891.1
161	166	168	210	208	157
10.26—04.04	10.21—04.04	10.20—04.05	09.30—04.27	10.01—04.26	10.24—03.29
−5.0	−6.7	−4.9	−12.4	−12.7	−4.4
179	184	189	229	227	175
10.16—04.12	10.13—04.14	10.11—04.17	09.21—05.07	09.22—05.06	10.16—04.08
−3.8	−5.4	−3.6	−10.8	−11.0	−3.3
40.4	38.9	35.3	37.9.	36.6	39.4
−28.8	−31.6	−28.4	−40.5	−42.3	−35.3

省/直辖市/自治区		内蒙古	
市/区/自治州		乌兰察布	兴安盟
台站名称及编号		集宁	乌兰浩特
		53480	50838
台站信息	北纬	41°02′	46°05′
	东经	113°04′	122°03′
	海拔(m)	1419.3	274.7
	统计年份	1971—2000	1971—2000
	年平均温度(℃)	4.3	5.0
室外计算温、湿度	供暖室外计算温度(℃)	−18.9	−20.5
	冬季通风室外计算温度(℃)	−13.0	−15.0
	冬季空气调节室外计算温度(℃)	−21.9	−23.5
	冬季空气调节室外计算相对湿度(%)	55	54
	夏季空气调节室外计算干球温度(℃)	28.2	31.8
	夏季空气调节室外计算湿球温度(℃)	18.9	23
	夏季通风室外计算温度(℃)	23.8	27.1
	夏季通风室外计算相对湿度(%)	49	55
	夏季空气调节室外计算日平均温度(℃)	22.9	26.6
风向、风速及频率	夏季室外平均风速(m/s)	2.4	2.6
	夏季最多风向	C WNW	C NE
	夏季最多风向的频率(%)	29 9	23 7
	夏季室外最多风向的平均风速(m/s)	3.6	3.9
	冬季室外平均风速(m/s)	3.0	2.6
	冬季最多风向	C WNW	C NW
	冬季最多风向的频率(%)	33 13	27 17
	冬季室外最多风向的平均风速(m/s)	4.9	4.0
	年最多风向	C WNW	C NW
	年最多风向的频率(%)	29 12	22 11
	冬季日照百分率(%)	72	69
	最大冻土深度(cm)	184	249
大气压力	冬季室外大气压力(hPa)	860.2	989.1
	夏季室外大气压力(hPa)	853.7	973.3
设计计算用供暖期天数及其平均温度	日平均温度≤+5℃的天数	181	176
	日平均温度≤+5℃的起止日期	10.16—04.14	10.17—04.10
	平均温度≤+5℃期间内的平均温度(℃)	−6.4	−7.8
	日平均温度≤+8℃的天数	206	193
	日平均温度≤+8℃的起止日期	10.03—04.26	10.09—04.19
	平均温度≤+8℃期间内的平均温度(℃)	−4.7	−6.5
	极端最高气温(℃)	33.6	40.3
	极端最低气温(℃)	−32.4	−33.7

A. 0. 1-1

（12）		辽宁（12）			
锡林郭勒盟		沈阳	大连	鞍山	抚顺
二连浩特	锡林浩特	沈阳	大连	鞍山	抚顺
53068	54102	54342	54662	54339	54351
43°39′	43°57′	41°44′	38°54′	41°05′	41°55′
111°58′	116°04′	123°27′	121°38′	123°00′	124°05′
964.7	989.5	44.7	91.5	77.3	118.5
1971—2000	1971—2000	1971—2000	1971—2000	1971—2000	1971—2000
4.0	2.6	8.4	10.9	9.6	6.8
−24.3	−25.2	−16.9	−9.8	−15.1	−20.0
−18.1	−18.8	−11.0	−3.9	−8.6	−13.5
−27.8	−27.8	−20.7	−13.0	−18.0	−23.8
69	72	60	56	54	68
33.2	31.1	31.5	29.0	31.6	31.5
19.3	19.9	25.3	24.9	25.1	24.8
27.9	26.0	28.2	26.3	28.2	27.8
33	44	65	71	63	65
27.5	25.4	27.5	26.5	28.1	26.6
4.0	3.3	2.6	4.1	2.7	2.2
NW	C SW	SW	SSW	SW	C NE
8	13 9	16	19	13	15 12
5.2	3.4	3.5	4.6	3.6	2.2
3.6	3.2	2.6	5.2	2.9	2.3
NW	WSW	C NNE	NNE	NE	ENE
16	19	13 10	24.0	14	20
5.3	4.3	3.6	7.0	3.5	2.1
NW	C WSW	SW	NNE	SW	NE
13	15 13	13	15	12	16
76	71	56	65	60	61
310	265	148	90	118	143
910.5	906.4	1020.8	1013.9	1018.5	1011.0
898.3	895.9	1000.9	997.8	998.8	992.4
181	189	152	132	143	161
10.14—04.12	10.11—04.17	10.30—03.30	11.16—03.27	11.06—03.28	10.26—04.04
−9.3	−9.7	−5.1	−0.7	−3.8	−6.3
196	209	172	152	163	182
10.07—04.20	10.01—04.27	10.20—04.09	11.06—04.06	10.26—04.06	10.14—04.13
−8.1	−8.1	−3.6	0.3	−2.5	−4.8
41.1	39.2	36.1	35.3	36.5	37.7
−37.1	−38.0	−29.4	−18.8	−26.9	−35.9

省/直辖市/自治区		辽宁	
市/区/自治州		本溪	丹东
台站名称及编号		本溪	丹东
		54346	54497
台站 信息	北纬	41°19′	40°03′
	东经	123°47′	124°20′
	海拔(m)	185.2	13.8
	统计年份	1971—2000	1971—2000
年平均温度(℃)		7.8	8.9
室外计算 温、湿度	供暖室外计算温度(℃)	−18.1	−12.9
	冬季通风室外计算温度(℃)	−11.5	−7.4
	冬季空气调节室外计算温度(℃)	−21.5	−15.9
	冬季空气调节室外计算相对湿度(%)	64	55
	夏季空气调节室外计算干球温度(℃)	31.0	29.6
	夏季空气调节室外计算湿球温度(℃)	24.3	25.3
	夏季通风室外计算温度(℃)	27.4	26.8
	夏季通风室外计算相对湿度(%)	63	71
	夏季空气调节室外计算日平均温度(℃)	27.1	25.9
风向、 风速 及频率	夏季室外平均风速(m/s)	2.2	2.3
	夏季最多风向	C ESE	C SSW
	夏季最多风向的频率(%)	19 15	17 13
	夏季室外最多风向的平均风速(m/s)	2.0	3.2
	冬季室外平均风速(m/s)	2.4	3.4
	冬季最多风向	ESE	N
	冬季最多风向的频率(%)	25	21
	冬季室外最多风向的平均风速(m/s)	2.3	5.2
	年最多风向	ESE	C ENE
	年最多风向的频率(%)	18	14 13
冬季日照百分率(%)		57	64
最大冻土深度(cm)		149	88
大气压力	冬季室外大气压力(hPa)	1003.3	1023.7
	夏季室外大气压力(hPa)	985.7	1005.5
设计计算 用供暖期 天数及其 平均温度	日平均温度≤+5℃的天数	157	145
	日平均温度≤+5℃的起止日期	10.28—04.03	11.07—03.31
	平均温度≤+5℃期间内的平均温度(℃)	−5.1	−2.8
	日平均温度≤+8℃的天数	175	167
	日平均温度≤+8℃的起止日期	10.18—04.10	10.27—04.11
	平均温度≤+8℃期间内的平均温度(℃)	−3.8	−1.7
极端最高气温(℃)		37.5	35.3
极端最低气温(℃)		−33.6	−25.8

(12)

锦州	营口	阜新	铁岭	朝阳	葫芦岛
锦州	营口	阜新	开原	朝阳	兴城
54337	54471	54237	54254	54324	54455
41°08′	40°40′	42°05′	42°32′	41°33′	40°35′
121°07′	122°16′	121°43′	124°03′	120°27′	120°42′
65.9	3.3	166.8	98.2	169.9	8.5
1971—2000	1971—2000	1971—2000	1971—2000	1971—2000	1971—2000
9.5	9.5	8.1	7.0	9.0	9.2
−13.1	−14.1	−15.7	−20.0	−15.3	−12.6
−7.9	−8.5	−10.6	−13.4	−9.7	−7.7
−15.5	−17.1	−18.5	−23.5	−18.3	−15.0
52	62	49	49	43	52
31.4	30.4	32.5	31.1	33.5	29.5
25.2	25.5	24.7	25	25	25.5
27.9	27.7	28.4	27.5	28.9	26.8
67	68	60	60	58	76
27.1	27.5	27.3	26.8	28.3	26.4
3.3	3.7	2.1	2.7	2.5	2.4
SW	SW	C SW	SSW	C SSW	C SSW
18	17.0	29 21	17.0	32 22	26 16
4.3	4.8	3.4	3.1	3.6	3.9
3.2	3.6	2.1	2.7	2.4	2.2
C NNE	NE	C N	C SW	C SSW	C NNE
21 15	16	36 9	16 15	40 12	34 13
5.1	4.3	4.1	3.8	3.5	3.4
C SW	SW	C SW	SW	C SSW	C SW
17 12	15	31 14	16	33 16	28 10
67	67	68	62	69	72
108	101	139	137	135	99
1017.8	1026.1	1007.0	1013.4	1004.5	1025.5
997.8	1005.5	988.1	994.6	985.5	1004.7
144	144	159	160	145	145
11.05—03.28	11.06—03.29	10.27—04.03	10.27—04.04	11.04—03.28	11.06—03.30
−3.4	−3.6	−4.8	−6.4	−4.7	−3.2
164	164	176	180	167	167
10.26—04.06	10.26—04.07	10.18—04.11	10.16—04.13	10.21—04.05	10.26—04.10
−2.2	−2.4	3.7	−4.9	−3.2	−1.9
41.8	34.7	40.9	36.6	43.3	40.8
−22.8	−28.4	−27.1	−36.3	−34.4	−27.5

省/直辖市/自治区		吉林	
市/区/自治州		长春	吉林
台站名称及编号		长春	吉林
		54161	54172
台站信息	北纬	43°54′	43°57′
	东经	125°13′	126°28′
	海拔(m)	236.8	183.4
	统计年份	1971—2000	1971—1995
	年平均温度(℃)	5.7	4.8
室外计算温、湿度	供暖室外计算温度(℃)	−21.1	−24.0
	冬季通风室外计算温度(℃)	−15.1	−17.2
	冬季空气调节室外计算温度(℃)	−24.3	−27.5
	冬季空气调节室外计算相对湿度(%)	66	72
	夏季空气调节室外计算干球温度(℃)	30.5	30.4
	夏季空气调节室外计算湿球温度(℃)	24.1	24.1
	夏季通风室外计算温度(℃)	26.6	26.6
	夏季通风室外计算相对湿度(%)	65	65
	夏季空气调节室外计算日平均温度(℃)	26.3	26.1
风向、风速及频率	夏季室外平均风速(m/s)	3.2	2.6
	夏季最多风向	WSW	C SSE
	夏季最多风向的频率(%)	15	20 11
	夏季室外最多风向的平均风速(m/s)	4.6	2.3
	冬季室外平均风速(m/s)	3.7	2.6
	冬季最多风向	WSW	C WSW
	冬季最多风向的频率(%)	20	31 18
	冬季室外最多风向的平均风速(m/s)	4.7	4.0
	年最多风向	WSW	C WSW
	年最多风向的频率(%)	17	22 13
	冬季日照百分率(%)	64	52
	最大冻土深度(cm)	169	182
大气压力	冬季室外大气压力(hPa)	994.4	1001.9
	夏季室外大气压力(hPa)	978.4	984.8
设计计算用供暖期天数及其平均温度	日平均温度≤+5℃的天数	169	172
	日平均温度≤+5℃的起止日期	10.20—04.06	10.18—04.07
	平均温度≤+5℃期间内的平均温度(℃)	−7.6	−8.5
	日平均温度≤+8℃的天数	188	191
	日平均温度≤+8℃的起止日期	10.12—04.17	10.11—04.19
	平均温度≤+8℃期间内的平均温度(℃)	−6.1	−7.1
	极端最高气温(℃)	35.7	35.7
	极端最低气温(℃)	−33.0	−40.3

(8)

四平	通化	白山	松原	白城	延边
四平	通化	临江	乾安	白城	延吉
54157	54363	54374	50948	50936	54292
43°11′	41°41′	41°48′	45°00′	45°38′	42°53′
124°20′	125°54′	126°55′	124°01′	122°50′	129°28′
164. 2	402. 9	332. 7	146. 3	155. 2	176. 8
1971—2000	1971—2000	1971—2000	1971—2000	1971—2000	1971—2000
6. 7	5. 6	5. 3	5. 4	5. 0	5. 4
−19. 7	−21. 0	−21. 5	−21. 6	−21. 7	−18. 4
−13. 5	−14. 2	−15. 6	−16. 1	−16. 4	−13. 6
−22. 8	−24. 2	−24. 4	−24. 5	−25. 3	−21. 3
66	68	71	64	57	59
30. 7	29. 9	30. 8	31. 8	31. 8	31. 3
24. 5	23. 2	23. 6	24. 2	23. 9	23. 7
27. 2	26. 3	27. 3	27. 6	27. 5	26. 7
65	64	61	59	58	63
26. 7	25. 3	25. 4	27. 3	26. 9	25. 6
2. 5	1. 6	1. 2	3. 0	2. 9	2. 1
SW	C SW	C NNE	SSW	C SSW	C E
17	41 12	42 14	14	13 10	31 19
3. 8	3. 5	1. 6	3. 8	3. 8	3. 7
2. 6	1. 3	0. 8	2. 9	3. 0	2. 6
C SW	C SW	C NNE	WNW	C WNW	C WNW
15 15	53 7	61 11	12	11 10	42 19
3. 9	3. 6	1. 6	3. 2	3. 4	5. 0
SW	C SW	C NNE	SSW	C NNE	C WNW
16	43 11	46 14	11	10 9	37 13
69	50	55	67	73	57
148	139	136	220	750	198
1004. 3	974. 7	983. 9	1005. 5	1004. 6	1000. 7
986. 7	961. 0	969. 1	987. 9	986. 9	986. 8
163	170	170	170	172	171
10. 25—04. 05	10. 20—04. 07	10. 20—04. 07	10. 19—04. 06	10. 18—04. 07	10. 20—04. 08
−6. 6	−6. 6	−7. 2	−8. 4	−8. 6	−6. 6
184	189	191	190	191	192
10. 13—04. 14	10. 12—04. 18	10. 11—04. 19	10. 11—04. 18	10. 10—04. 18	10. 11—04. 20
−5. 0	−5. 3	−5. 7	−6. 9	−7. 1	−5. 1
37. 3	35. 6	37. 9	38. 5	38. 6	37. 7
−32. 3	−33. 1	−33. 8	−34. 8	−38. 1	−32. 7

省/直辖市/自治区		黑龙江	
市/区/自治州		哈尔滨	齐齐哈尔
台站名称及编号		哈尔滨	齐齐哈尔
		50953	50745
台站 信息	北纬	45°45′	47°23′
	东经	126°46′	123°55′
	海拔(m)	142.3	145.9
	统计年份	1971—2000	1971—2000
	年平均温度(℃)	4.2	3.9
室外计算 温、湿度	供暖室外计算温度(℃)	−24.2	−23.8
	冬季通风室外计算温度(℃)	−18.4	−18.6
	冬季空气调节室外计算温度(℃)	−27.1	−27.2
	冬季空气调节室外计算相对湿度(%)	73	67
	夏季空气调节室外计算干球温度(℃)	30.7	31.1
	夏季空气调节室外计算湿球温度(℃)	23.9	23.5
	夏季通风室外计算温度(℃)	26.8	26.7
	夏季通风室外计算相对湿度(%)	62	58
	夏季空气调节室外计算日平均温度(℃)	26.3	26.7
风向、 风速 及频率	夏季室外平均风速(m/s)	3.2	3.0
	夏季最多风向	SSW	SSW
	夏季最多风向的频率(%)	12.0	10
	夏季室外最多风向的平均风速(m/s)	3.9	3.8
	冬季室外平均风速(m/s)	3.2	2.6
	冬季最多风向	SW	NNW
	冬季最多风向的频率(%)	14	13
	冬季室外最多风向的平均风速(m/s)	3.7	3.1
	年最多风向	SSW	NNW
	年最多风向的频率(%)	12	10
	冬季日照百分率(%)	56	68
	最大冻土深度(cm)	205	209
大气压力	冬季室外大气压力(hPa)	1004.2	1005.0
	夏季室外大气压力(hPa)	987.7	987.9
设计计算 用供暖期 天数及其 平均温度	日平均温度≤+5℃的天数	176	181
	日平均温度≤+5℃的起止日期	10.17—04.10	10.15—04.13
	平均温度≤+5℃期间内的平均温度(℃)	−9.4	−9.5
	日平均温度≤+8℃的天数	195	198
	日平均温度≤+8℃的起止日期	10.08—04.20	10.06—04.21
	平均温度≤+8℃期间内的平均温度(℃)	−7.8	−8.1
	极端最高气温(℃)	36.7	40.1
	极端最低气温(℃)	−37.7	−36.4

A. 0. 1-1

(12)

鸡西	鹤岗	伊春	佳木斯	牡丹江	双鸭山
鸡西	鹤岗	伊春	佳木斯	牡丹江	宝清
50978	50775	50774	50873	54094	50888
45°17′	47°22′	47°44′	46°49′	44°34′	46°19′
130°57′	130°20′	128°55′	130°17′	129°36′	132°11′
238. 3	227. 9	240. 9	81. 2	241. 4	83. 0
1971—2000	1971—2000	1971—2000	1971—2000	1971—2000	1971—2000
4. 2	3. 5	1. 2	3. 6	4. 3	4. 1
−21. 5	−22. 7	−28. 3	−24. 0	−22. 4	−23. 2
−16. 4	−17. 2	−22. 5	−18. 5	−17. 3	−17. 5
−24. 4	−25. 3	−31. 3	−27. 4	−25. 8	−26. 4
64	63	73	70	69	65
30. 5	29. 9	29. 8	30. 8	31. 0	30. 8
23. 2	22. 7	22. 5	23. 6	23. 5	23. 4
26. 3	25. 5	25. 7	26. 6	26. 9	26. 4
61	62	60	61	59	61
25. 7	25. 6	24. 0	26. 0	25. 9	26. 1
2. 3	2. 9	2. 0	2. 8	2. 1	3. 1
C WNW	C ESE	C ENE	C WSW	C WSW	SSW
22 11	11 11	20 11	20 12	18 14	18
3. 0	3. 2	2. 0	3. 7	2. 6	3. 5
3. 5	3. 1	1. 8	3. 1	2. 2	3. 7
WNW	NW	C WNW	C W	C WSW	C NNW
31	21	30 16	21 19	27 13	18 14
4. 7	4. 3	3. 2	4. 1	2. 3	6. 4
WNW	NW	C WNW	C WSW	C WSW	SSW
20	13	22 13	18 15	20 14	14
63	63	58	57	56	61
238	221	278	220	191	260
991. 9	991. 3	991. 8	1011. 3	992. 2	1010. 5
979. 7	979. 5	978. 5	996. 4	978. 9	996. 7
179	184	190	180	177	179
10. 17—04. 13	10. 14—04. 15	10. 10—04. 17	10. 16—04. 13	10. 17—04. 11	10. 17—04. 13
−8. 3	−9. 0	−11. 8	−9. 6	−8. 6	−8. 9
195	206	212	198	194	194
10. 09—04. 21	10. 04—04. 27	09. 30—04. 29	10. 06—04. 21	10. 09—04. 20	10. 10—04. 21
−7. 0	−7. 3	−9. 9	−8. 1	−7. 3	−7. 7
37. 6	37. 7	36. 3	38. 1	38. 4	37. 2
−32. 5	−34. 5	−41. 2	−39. 5	−35. 1	−37. 0

	省/直辖市/自治区	黑龙江	
	市/区/自治州	黑河	绥化
	台站名称及编号	黑河	绥化
		50468	50853
台站信息	北纬	50°15′	46°37′
	东经	127°27′	126°58′
	海拔(m)	166.4	179.6
	统计年份	1971—2000	1971—2000
	年平均温度(℃)	0.4	2.8
室外计算温、湿度	供暖室外计算温度(℃)	−29.5	−26.7
	冬季通风室外计算温度(℃)	−23.2	−20.9
	冬季空气调节室外计算温度(℃)	−33.2	−30.3
	冬季空气调节室外计算相对湿度(%)	70	76
	夏季空气调节室外计算干球温度(℃)	29.4	30.1
	夏季空气调节室外计算湿球温度(℃)	22.3	23.4
	夏季通风室外计算温度(℃)	25.1	26.2
	夏季通风室外计算相对湿度(%)	62	63
	夏季空气调节室外计算日平均温度(℃)	24.2	25.6
风向、风速及频率	夏季室外平均风速(m/s)	2.6	3.5
	夏季最多风向	C NNW	SSE
	夏季最多风向的频率(%)	17 16	11
	夏季室外最多风向的平均风速(m/s)	2.8	3.6
	冬季室外平均风速(m/s)	2.8	3.2
	冬季最多风向	NNW	NNW
	冬季最多风向的频率(%)	41	9
	冬季室外最多风向的平均风速(m/s)	3.4	3.3
	年最多风向	NNW	SSW
	年最多风向的频率(%)	27	10
	冬季日照百分率(%)	69	66
	最大冻土深度(cm)	263	715
大气压力	冬季室外大气压力(hPa)	1000.6	1000.4
	夏季室外大气压力(hPa)	986.2	984.9
设计计算用供暖期天数及其平均温度	日平均温度≤+5℃的天数	197	184
	日平均温度≤+5℃的起止日期	10.06—04.20	10.13—04.14
	平均温度≤+5℃期间内的平均温度(℃)	−12.5	−10.8
	日平均温度≤+8℃的天数	219	206
	日平均温度≤+8℃的起止日期	09.29—05.05	10.03—04.26
	平均温度≤+8℃期间内的平均温度(℃)	−10.6	−8.9
	极端最高气温(℃)	37.2	38.3
	极端最低气温(℃)	−44.5	−41.8

A. 0. 1-1

(12)		上海(1)	江苏(9)		
大兴安岭地区		徐汇	南京	徐州	南通
漠河	加格达奇	上海徐家汇	南京	徐州	南通
50136	50442	58367	58238	58027	58259
52°58′	50°24′	31°10′	32°00′	34°17′	31°59′
122°31′	124°07′	121°26′	118°48′	117°09′	120°53′
433	371.7	2.6	8.9	41	6.1
1971—2000	1971—2000	1971—1998	1971—2000	1971—2000	1971—2000
−4.3	−0.8	16.1	15.5	14.5	15.3
−37.5	−29.7	−0.3	−1.8	−3.6	−1.0
−29.6	−23.3	4.2	2.4	0.4	3.1
−41.0	−32.9	−2.2	−4.1	−5.9	−3.0
73	72	75	76	66	75
29.1	28.9	34.4	34.8	34.3	33.5
20.8	21.2	27.9	28.1	27.6	28.1
24.4	24.2	31.2	31.2	30.5	30.5
57	61	69	69	67	72
21.6	22.2	30.8	31.2	30.5	30.3
1.9	2.2	3.1	2.6	2.6	3.0
C NW	C NW	SE	C SSE	C ESE	SE
24 8	23 12	14	18 11	15 11	13
2.9	2.6	3.0	3	3.5	2.9
1.3	1.6	2.6	2.4	2.3	3.0
C N	C NW	NW	C ENE	C E	N
55 10	47 19	14	28 10	23 12	12
3.0	3.4	3.0	3.5	3.0	3.5
C NW	C NW	SE	C E	C E	ESE
34 9	31 16	10	23 9	20 12	10
60	65	40	43	48	45
—	288	8	9	21	12
984.1	974.9	1025.4	1025.5	1022.1	1025.9
969.4	962.7	1005.4	1004.3	1000.8	1005.5
224	208	42	77	97	57
09.23—05.04	10.02—04.27	01.01—02.11	12.08—02.13	11.27—03.03	12.19—02.13
−16.1	−12.4	4.1	3.2	2.0	3.6
244	227	93	109	124	110
09.13—05.14	09.22—05.06	12.05—03.07	11.24—03.12	11.14—03.17	11.27—03.16
−14.2	−10.8	5.2	4.2	3.0	4.7
38	37.2	39.4	39.7	40.6	38.5
−49.6	−45.4	−10.1	−13.1	−15.8	−9.6

省/直辖市/自治区		江苏	
市/区/自治州		连云港	常州
台站名称及编号		赣榆	常州
		58040	58343
台站信息	北纬	34°50′	31°46′
	东经	119°07′	119°56′
	海拔(m)	3.3	4.9
	统计年份	1971—2000	1971—2000
	年平均温度(℃)	13.6	15.8
室外计算温、湿度	供暖室外计算温度(℃)	−4.2	−1.2
	冬季通风室外计算温度(℃)	−0.3	3.1
	冬季空气调节室外计算温度(℃)	−6.4	−3.5
	冬季空气调节室外计算相对湿度(%)	67	75
	夏季空气调节室外计算干球温度(℃)	32.7	34.6
	夏季空气调节室外计算湿球温度(℃)	27.8	28.1
	夏季通风室外计算温度(℃)	29.1	31.3
	夏季通风室外计算相对湿度(%)	75	68
	夏季空气调节室外计算日平均温度(℃)	29.5	31.5
风向、风速及频率	夏季室外平均风速(m/s)	2.9	2.8
	夏季最多风向	E	SE
	夏季最多风向的频率(%)	12	17
	夏季室外最多风向的平均风速(m/s)	3.8	3.1
	冬季室外平均风速(m/s)	2.6	2.4
	冬季最多风向	NNE	C NE
	冬季最多风向的频率(%)	11.0	9
	冬季室外最多风向的平均风速(m/s)	2.9	3.0
	年最多风向	E	SE
	年最多风向的频率(%)	9	13
	冬季日照百分率(%)	57	42
	最大冻土深度(cm)	20	12
大气压力	冬季室外大气压力(hPa)	1026.3	1026.1
	夏季室外大气压力(hPa)	1005.1	1005.3
设计计算用供暖期天数及其平均温度	日平均温度≤+5℃的天数	102	56
	日平均温度≤+5℃的起止日期	11.26—03.07	12.19—02.12
	平均温度≤+5℃期间内的平均温度(℃)	1.4	3.6
	日平均温度≤+8℃的天数	134	102
	日平均温度≤+8℃的起止日期	11.14—03.27	11.27—03.08
	平均温度≤+8℃期间内的平均温度(℃)	2.6	4.7
	极端最高气温(℃)	38.7	39.4
	极端最低气温(℃)	−13.8	−12.8

(9)				浙江(10)	
淮安	盐城	扬州	苏州	杭州	温州
淮阴	射阳	高邮	吴县东山	杭州	温州
58144	58150	58241	58358	58457	58659
33°36′	33°46′	32°48′	31°04′	30°14′	28°02′
119°02′	120°15′	119°27′	120°26′	120°10′	120°39′
17. 5	2	5. 4	17. 5	41. 7	28. 3
1971—2000	1971—2000	1971—2000	1971—2000	1971—2000	1971—2000
14. 4	14. 0	14. 8	16. 1	16. 5	18. 1
—3. 3	—3. 1	—2. 3	—0. 4	0. 0	3. 4
1	1. 1	1. 8	3. 7	4. 3	8
—5. 6	—5. 0	—4. 3	—2. 5	—2. 4	1. 4
72	74	75	77	76	76
33. 4	33. 2	34. 0	34. 4	35. 6	33. 8
28. 1	28. 0	28. 3	28. 3	27. 9	28. 3
29. 9	29. 8	30. 5	31. 3	32. 3	31. 5
72	73	72	70	64	72
30. 2	29. 7	30. 6	31. 3	31. 6	29. 9
2. 6	3. 2	2. 6	3. 5	2. 4	2. 0
ESE	SSE	SE	SE	SW	C ESE
12	17	14	15	17	29 18
2. 9	3. 4	2. 8	3. 9	2. 9	3. 4
2. 5	3. 2	2. 6	3. 5	2. 3	1. 8
C ENE	N	NE	N	C N	C NW
14 9	11	9	16	20 15	30 16
3. 2	4. 2	2. 9	4. 8	3. 3	2. 9
C ESE	SSE	SE	SE	C N	C SE
11 9	11	10	10	18 11	31 13
48	50	47	41	36	36
20	21	14	8	—	—
1025. 0	1026. 3	1026. 2	1024. 1	1021. 1	1023. 7
1003. 9	1005. 6	1005. 2	1003. 7	1000. 9	1007. 0
93	94	87	50	40	0
12. 02—03. 04	12. 02—03. 05	12. 07—03. 03	12. 24—02. 11	01. 02—02. 10	—
2. 3	2. 2	2. 8	3. 8	4. 2	—
130	130	119	96	90	33
11. 17—03. 26	11. 19—03. 28	11. 23—03. 21	12. 02—03. 07	12. 06—03. 05	1. 10—02. 11
3. 7	3. 4	4. 0	5. 0	5. 4	7. 5
38. 2	37. 7	38. 2	38. 8	39. 9	39. 6
—14. 2	—12. 3	—11. 5	—8. 3	—8. 6	—3. 9

	省/直辖市/自治区	浙江	
	市/区/自治州	金华	衢州
	台站名称及编号	金华	衢州
		58549	58633
台站 信息	北纬	29°07′	28°58′
	东经	119°39′	118°52′
	海拔(m)	62.6	66.9
	统计年份	1971—2000	1971—2000
	年平均温度(℃)	17.3	17.3
室外计算 温、湿度	供暖室外计算温度(℃)	0.4	0.8
	冬季通风室外计算温度(℃)	5.2	5.4
	冬季空气调节室外计算温度(℃)	−1.7	−1.1
	冬季空气调节室外计算相对湿度(%)	78	80
	夏季空气调节室外计算干球温度(℃)	36.2	35.8
	夏季空气调节室外计算湿球温度(℃)	27.6	27.7
	夏季通风室外计算温度(℃)	33.1	32.9
	夏季通风室外计算相对湿度(%)	60	62
	夏季空气调节室外计算日平均温度(℃)	32.1	31.5
风向、 风速 及频率	夏季室外平均风速(m/s)	2.4	2.3
	夏季最多风向	ESE	C E
	夏季最多风向的频率(%)	20	18 18
	夏季室外最多风向的平均风速(m/s)	2.7	3.1
	冬季室外平均风速(m/s)	2.7	2.5
	冬季最多风向	ESE	E
	冬季最多风向的频率(%)	28	27
	冬季室外最多风向的平均风速(m/s)	3.4	3.9
	年最多风向	ESE	S
	年最多风向的频率(%)	25	25
	冬季日照百分率(%)	37	35
	最大冻土深度(cm)	—	—
大气压力	冬季室外大气压力(hPa)	1017.9	1017.1
	夏季室外大气压力(hPa)	998.6	997.8
设计计算 用供暖 天数及其 平均温度	日平均温度≤+5℃的天数	27	9
	日平均温度≤+5℃的起止日期	01.11—02.06	01.12—01.20
	平均温度≤+5℃期间内的平均温度(℃)	4.8	4.8
	日平均温度≤+8℃的天数	68	68
	日平均温度≤+8℃的起止日期	12.09—02.14	12.09—02.14
	平均温度≤+8℃期间内的平均温度(℃)	6.0	6.2
	极端最高气温(℃)	40.5	40.0
	极端最低气温(℃)	−9.6	−10.0

A. 0. 1-1

(10)

宁波 鄞州	嘉兴 平湖	绍兴 嵊州	舟山 定海	台州 玉环	丽水 丽水
58562	58464	58556	58477	58667	58646
29°52′	30°37′	29°36′	30°02′	28°05′	28°27′
121°34′	121°05′	120°49′	122°06′	121°16′	119°55′
4. 8	5. 4	104. 3	35. 7	95. 9	60. 8
1971—2000	1971—2000	1971—2000	1971—2000	1972—2000	1971—2000
16. 5	15. 8	16. 5	16. 4	17. 1	18. 1
0. 5	−0. 7	−0. 3	1. 4	2. 1	1. 5
4. 9	3. 9	4. 5	5. 8	7. 2	6. 6
−1. 5	−2. 6	−2. 6	−0. 5	0. 1	−0. 7
79	81	76	74	72	77
35. 1	33. 5	35. 8	32. 2	30. 3	36. 8
28. 0	28. 3	27. 7	27. 5	27. 3	27. 7
31. 9	30. 7	32. 5	30. 0	28. 9	34. 0
68	74	63	74	80	57
30. 6	30. 7	31. 1	28. 9	28. 4	31. 5
2. 6	3. 6	2. 1	3. 1	5. 2	1. 3
S	SSE	C NE	C SSE	WSW	C ESE
17	17	29 9	16 15	11	41 10
2. 7	4. 4	3. 9	3. 7	4. 6	2. 3
2. 3	3. 1	2. 7	3. 1	5. 3	1. 4
C N	NNW	C NNE	C N	NNE	C E
18 17	14	28 23	19 18	25	45 14
3. 4	4. 1	4. 3	4. 1	5. 8	3. 1
C S	ESE	C NE	C N	NNE	C E
15 10	10	28 16	18 11	16	43 11
37	42	37	41	39	33
—	—	—	—	—	—
1025. 7	1025. 4	1012. 9	1021. 2	1012. 9	1017. 9
1005. 9	1005. 3	994. 0	1004. 3	997. 3	999. 2
32	44	40	8	0	0
01. 09—02. 09	12. 31—02. 12	01. 02—02. 10	01. 29—02. 05	—	—
4. 6	3. 9	4. 4	4. 8	—	—
88	99	91	77	43	57
12. 08—03. 05	11. 29—03. 07	12. 05—03. 05	12. 19—03. 05	01. 02—02. 13	12. 18—02. 12
5. 8	5. 2	5. 6	6. 3	6. 9	6. 8
39. 5	38. 4	40. 3	38. 6	34. 7	41. 3
−8. 5	−10. 6	−9. 6	−5. 5	−4. 6	−7. 5

· 141 ·

省/直辖市/自治区		安徽	
市/区/自治州		合肥	芜湖
台站名称及编号		合肥	芜湖
		58321	58334
台站 信息	北纬	31°52′	31°20′
	东经	117°14′	118°23′
	海拔(m)	27.9	14.8
	统计年份	1971—2000	1971—1985
	年平均温度(℃)	15.8	16.0
室外计算 温、湿度	供暖室外计算温度(℃)	−1.7	−1.3
	冬季通风室外计算温度(℃)	2.6	3
	冬季空气调节室外计算温度(℃)	−4.2	−3.5
	冬季空气调节室外计算相对湿度(%)	76	77
	夏季空气调节室外计算干球温度(℃)	35.0	35.3
	夏季空气调节室外计算湿球温度(℃)	28.1	27.7
	夏季通风室外计算温度(℃)	31.4	31.7
	夏季通风室外计算相对湿度(%)	69	68
	夏季空气调节室外计算日平均温度(℃)	31.7	31.9
风向、 风速 及频率	夏季室外平均风速(m/s)	2.9	2.3
	夏季最多风向	C SSW	C ESE
	夏季最多风向的频率(%)	11 10	16 15
	夏季室外最多风向的平均风速(m/s)	3.4	1.3
	冬季室外平均风速(m/s)	2.7	2.2
	冬季最多风向	C E	C E
	冬季最多风向的频率(%)	17 10	20 11
	冬季室外最多风向的平均风速(m/s)	3.0	2.8
	年最多风向	C E	C ESE
	年最多风向的频率(%)	14 9	18 14
	冬季日照百分率(%)	40	38
	最大冻土深度(cm)	8	9
大气压力	冬季室外大气压力(hPa)	1022.3	1024.3
	夏季室外大气压力(hPa)	1001.2	1003.1
设计计算 用供暖期 天数及其 平均温度	日平均温度≤+5℃的天数	64	62
	日平均温度≤+5℃的起止日期	12.11—02.12	12.15—02.14
	平均温度≤+5℃期间内的平均温度(℃)	3.4	3.4
	日平均温度≤+8℃的天数	103	104
	日平均温度≤+8℃的起止日期	11.24—03.06	12.02—03.15
	平均温度≤+8℃期间内的平均温度(℃)	4.3	4.5
	极端最高气温(℃)	39.1	39.5
	极端最低气温(℃)	−13.5	−10.1

A. 0. 1-1

(12)

蚌埠	安庆	六安	亳州	黄山	滁州
蚌埠	安庆	六安	亳州	黄山	滁州
58221	58424	58311	58102	58437	58236
32°57′	30°32′	31°45′	33°52′	30°08′	32°18′
117°23′	117°03′	116°30′	115°46′	118°09′	118°18′
18. 7	19. 8	60. 5	37. 7	1840. 4	27. 5
1971—2000	1971—2000	1971—2000	1971—2000	1971—2000	1971—2000
15. 4	16. 8	15. 7	14. 7	8. 0	15. 4
−2. 6	−0. 2	−1. 8	−3. 5	−9. 9	−1. 8
1. 8	4	2. 6	0. 6	−2. 4	2. 3
−5. 0	2. 9	−4. 6	−5. 7	−13. 0	−4. 2
71	75	76	68	63	73
35. 4	35. 3	35. 5	35. 0	22. 0	34. 5
28. 0	28. 1	28	27. 8	19. 2	28. 2
31. 3	31. 8	31. 4	31. 1	19. 0	31. 0
66	66	68	66	90	70
31. 6	32. 1	31. 4	30. 7	19. 9	31. 2
2. 5	2. 9	2. 1	2. 3	6. 1	2. 4
C E	ENE	C SSE	C SSW	WSW	C SSW
14 10	24	16 12	13 10	12	17 10
2. 8	3. 4	2. 7	2. 9	7. 7	2. 5
2. 3	3. 2	2. 0	2. 5	6. 3	2. 2
C E	ENE	C SE	C NNE	NNW	C N
18 11	33	21 9	11 9	17	22 9
3. 1	4. 1	2. 8	3. 3	7. 0	2. 8
C E	ENE	C SSE	C SSW	NNW	C ESE
16 11	30	19 10	12 8	10	20 8
44	36	45	48	48	42
11	13	10	18	—	11
1024. 0	1023. 3	1019. 3	1021. 9	817. 4	1022. 9
1002. 6	1002. 3	998. 2	1000. 4	814. 3	1001. 8
83	48	64	93	148	67
12.07—02.27	12.25—02.10	12.11—02.12	11.30—03.02	11.09—04.15	12.10—02.14
2. 9	4. 1	3. 3	2. 1	0. 3	3. 2
111	92	103	121	177	110
11.23—03.13	12.03—03.04	11.24—03.06	11.15—03.15	10.24—04.18	11.24—03.13
3. 8	5. 3	4. 3	3. 2	1. 4	4. 2
40. 3	39. 5	40. 6	41. 3	27. 6	38. 7
−13. 0	−9. 0	−13. 6	−17. 5	−22. 7	−13. 0

省/直辖市/自治区		安徽	
市/区/自治州		阜阳	宿州
台站名称及编号		阜阳	宿州
		58203	58122
台站信息	北纬	32°55′	33°38′
	东经	115°49′	116°59′
	海拔(m)	30.6	25.9
	统计年份	1971—2000	1971—2000
	年平均温度(℃)	15.3	14.7
室外计算温、湿度	供暖室外计算温度(℃)	−2.5	−3.5
	冬季通风室外计算温度(℃)	1.8	0.8
	冬季空气调节室外计算温度(℃)	−5.2	−5.6
	冬季空气调节室外计算相对湿度(%)	71	68
	夏季空气调节室外计算干球温度(℃)	35.2	35.0
	夏季空气调节室外计算湿球温度(℃)	28.1	27.8
	夏季通风室外计算温度(℃)	31.3	31.0
	夏季通风室外计算相对湿度(%)	67	66
	夏季空气调节室外计算日平均温度(℃)	31.4	30.7
风向、风速及频率	夏季室外平均风速(m/s)	2.3	2.4
	夏季最多风向	C SSE	ESE
	夏季最多风向的频率(%)	11 10	11
	夏季室外最多风向的平均风速(m/s)	2.4	2.4
	冬季室外平均风速(m/s)	2.5	2.2
	冬季最多风向	C ESE	ENE
	冬季最多风向的频率(%)	10 9	14
	冬季室外最多风向的平均风速(m/s)	2.5	2.9
	年最多风向	C ESE	ENE
	年最多风向的频率(%)	10 9	12
	冬季日照百分率(%)	43	50
	最大冻土深度(cm)	13	14
大气压力	冬季室外大气压力(hPa)	1022.5	1023.9
	夏季室外大气压力(hPa)	1000.8	1002.3
设计计算用供暖期天数及其平均温度	日平均温度≤+5℃的天数	71	93
	日平均温度≤+5℃的起止日期	12.06—02.14	12.01—03.03
	平均温度≤+5℃期间内的平均温度(℃)	2.8	2.2
	日平均温度≤+8℃的天数	111	121
	日平均温度≤+8℃的起止日期	11.22—03.12	11.16—03.16
	平均温度≤+8℃期间内的平均温度(℃)	3.8	3.3
	极端最高气温(℃)	40.8	40.9
	极端最低气温(℃)	−14.9	−18.7

A. 0. 1-1

(12)		福建(7)			
巢湖	宣城	福州	厦门	漳州	三明
巢湖	宁国	福州	厦门	漳州	泰宁
58326	58436	58847	59134	59126	58820
31°37′	30°37′	26°05′	24°29′	24°30′	26°54′
117°52′	118°59′	119°17′	118°04′	117°39′	117°10′
22.4	89.4	84	139.4	28.9	342.9
1971—2000	1971—2000	1971—2000	1971—2000	1971—2000	1971—2000
16.0	15.5	19.8	20.6	21.3	17.1
−1.2	−1.5	6.3	8.3	8.9	1.3
2.9	2.9	10.9	12.5	13.2	6.4
−3.8	−4.1	4.4	6.6	7.1	−1.0
75	79	74	79	76	86
35.3	36.1	35.9	33.5	35.2	34.6
28.4	27.4	28.0	27.5	27.6	26.5
31.1	32.0	33.1	31.3	32.6	31.9
68	63	61	71	63	60
32.1	30.8	30.8	29.7	30.8	28.6
2.4	1.9	3.0	3.1	1.7	1.0
C E	C SSW	SSE	SSE	C SE	C WSW
21 13	28 10	24	10	31 10	59 6
2.5	2.2	4.2	3.4	2.8	2.7
2.5	1.7	2.4	3.3	1.6	0.9
C E	C N	C NNW	ESE	C SE	C WSW
22 16	35 13	17 23	23	34 18	59 14
3.0	3.5	3.1	4.0	2.8	2.5
C E	C N	C SSE	ESE	C SE	C WSW
21 15	32 9	18 14	18	32 15	59 9
41	38	32	33	40	30
9	11	—	—	—	7
1023.8	1015.7	1012.9	1006.5	1018.1 ·	982.4
1002.5	995.8	996.6	994.5	1003.0	967.3
59	65	0	0	0	0
12.16—02.12	12.10—02.12	—	—	—	—
3.5	3.4	—	—	—	—
101	104	0	0	0	66
11.26—03.06	11.24—03.07	—	—	—	12.09—02.12
4.5	4.5	—	—	—	6.8
39.3	41.1	39.9	38.5	38.6	38.9
−13.2	−15.9	−1.7	1.5	−0.1	−10.6

145

省/直辖市/自治区		福建	
市/区/自治州		南平	龙岩
台站名称及编号		南平 58834	龙岩 58927
台站 信息	北纬	26°39′	25°06′
	东经	118°10′	117°02′
	海拔(m)	125.6	342.3
	统计年份	1971—2000	1971—1992
	年平均温度(℃)	19.5	20
室外计算 温、湿度	供暖室外计算温度(℃)	4.5	6.2
	冬季通风室外计算温度(℃)	9.7	11.6
	冬季空气调节室外计算温度(℃)	2.1	3.7
	冬季空气调节室外计算相对湿度(%)	78	73
	夏季空气调节室外计算干球温度(℃)	36.1	34.6
	夏季空气调节室外计算湿球温度(℃)	27.1	25.5
	夏季通风室外计算温度(℃)	33.7	32.1
	夏季通风室外计算相对湿度(%)	55	55
	夏季空气调节室外计算日平均温度(℃)	30.7	29.4
风向、 风速 及频率	夏季室外平均风速(m/s)	1.1	1.6
	夏季最多风向	C SSE	C SSW
	夏季最多风向的频率(%)	39 7	32 12
	夏季室外最多风向的平均风速(m/s)	1.8	2.5
	冬季室外平均风速(m/s)	1.0	1.5
	冬季最多风向	C ENE	C NE
	冬季最多风向的频率(%)	42 10	41 15
	冬季室外最多风向的平均风速(m/s)	2.1	2.2
	年最多风向	C ENE	C NE
	年最多风向的频率(%)	41 8	38 11
	冬季日照百分率(%)	31	41
	最大冻土深度(cm)	—	—
大气压力	冬季室外大气压力(hPa)	1008.0	981.1
	夏季室外大气压力(hPa)	991.5	968.1
设计计算 用供暖期 天数及其 平均温度	日平均温度≤+5℃的天数	0	0
	日平均温度≤+5℃的起止日期	—	—
	平均温度≤+5℃期间内的平均温度(℃)	—	—
	日平均温度≤+8℃的天数	0	0
	日平均温度≤+8℃的起止日期	—	—
	平均温度≤+8℃期间内的平均温度(℃)	—	—
	极端最高气温(℃)	39.4	39.0
	极端最低气温(℃)	−5.1	−3.0

A. 0. 1-1

（7）	江西（9）				
宁德	南昌	景德镇	九江	上饶	赣州
屏南	南昌	景德镇	九江	玉山	赣州
58933	58606	58527	58502	58634	57993
26°55′	28°36′	29°18′	29°44′	28°41′	25°51′
118°59′	115°55′	117°12′	116°00′	118°15′	114°57′
869.5	46.7	61.5	36.1	116.3	123.8
1972—2000	1971—2000	1971—2000	1971—1991	1971—2000	1971—2000
15.1	17.6	17.4	17.0	17.5	19.4
0.7	0.7	1.0	0.4	1.1	2.7
5.8	5.3	5.3	4.5	5.5	8.2
−1.7	−1.5	−1.4	−2.3	−1.2	0.5
82	77	78	77	80	77
30.9	35.5	36.0	35.8	36.1	35.4
23.8	28.2	27.7	27.8	27.4	27.0
28.1	32.7	33.0	32.7	33.1	33.2
63	63	62	64	60	57
25.9	32.1	31.5	32.5	31.6	31.7
1.9	2.2	2.1	2.3	2	1.8
C WSW	C WSW	C NE	C ENE	ENE	C SW
36 10	21 11	18 13	17 12	22	23 15
3.1	3.1	2.3	2.3	2.5	2.5
1.4	2.6	1.9	2.7	2.4	1.6
C NE	NE	C NE	ENE	ENE	C NNE
42 10	26	20 17	20	29	29 28
2.5	3.6	2.8	4.1	3.2	2.4
C ENE	NE	C NE	ENE	ENE	C NNE
39 9	20	18 16	17	28	27 19
36	33	35	30	33	31
8	—	—	—	—	—
921.7	1019.5	1017.9	1021.7	1011.4	1008.7
911.6	999.5	998.5	1000.7	992.9	991.2
0	26	25	46	8	0
—	01.11—02.05	01.11—02.04	12.24—02.10	01.12—01.19	—
—	4.7	4.8	4.6	4.9	—
87	66	68	89	67	12
12.08—03.04	12.10—02.13	12.08—02.13	12.07—03.05	12.10—02.14	01.11—01.22
6.5	6.2	6.1	5.5	6.3	7.7
35.0	40.1	40.4	40.3	40.7	40.0
−9.7	−9.7	−9.6	−7.0	−9.5	−3.8

省/直辖市/自治区			江西
市/区/自治州		吉安	宜春
台站名称及编号		吉安	宜春
		57799	57793
台站信息	北纬	27°07′	27°48′
	东经	114°58′	114°23′
	海拔(m)	76.4	131.3
	统计年份	1971—2000	1971—2000
	年平均温度(℃)	18.4	17.2
室外计算温、湿度	供暖室外计算温度(℃)	1.7	1.0
	冬季通风室外计算温度(℃)	6.5	5.4
	冬季空气调节室外计算温度(℃)	−0.5	−0.8
	冬季空气调节室外计算相对湿度(%)	81	81
	夏季空气调节室外计算干球温度(℃)	35.9	35.4
	夏季空气调节室外计算湿球温度(℃)	27.6	27.4
	夏季通风室外计算温度(℃)	33.4	32.3
	夏季通风室外计算相对湿度(%)	58	63
	夏季空气调节室外计算日平均温度(℃)	32	30.8
风向、风速及频率	夏季室外平均风速(m/s)	2.4	1.8
	夏季最多风向	SSW	C WNW
	夏季最多风向的频率(%)	21	19 11
	夏季室外最多风向的平均风速(m/s)	3.2	3.0
	冬季室外平均风速(m/s)	2.0	1.9
	冬季最多风向	NNE	C WNW
	冬季最多风向的频率(%)	28	18 16
	冬季室外最多风向的平均风速(m/s)	2.5	3.5
	年最多风向	NNE	C WNW
	年最多风向的频率(%)	21	18 14
	冬季日照百分率(%)	28	27
	最大冻土深度(cm)	—	—
大气压力	冬季室外大气压力(hPa)	1015.4	1009.4
	夏季室外大气压力(hPa)	996.3	990.4
设计计算用供暖期天数及其平均温度	日平均温度≤+5℃的天数	0	9
	日平均温度≤+5℃的起止日期	—	01.12—01.20
	平均温度≤+5℃期间内的平均温度(℃)	—	4.8
	日平均温度≤+8℃的天数	53	66
	日平均温度≤+8℃的起止日期	12.21—02.11	12.10—02.13
	平均温度≤+8℃期间内的平均温度(℃)	6.7	6.2
	极端最高气温(℃)	40.3	39.6
	极端最低气温(℃)	−8.0	−8.5

A. 0. 1-1

(9)		山东(14)			
抚州	鹰潭	济南	青岛	淄博	烟台
广昌	贵溪	济南	青岛	淄博	烟台
58813	58626	54823	54857	54830	54765
26°51′	28°18′	36°41′	36°04′	36°50′	37°32′
116°20′	117°13′	116°59′	120°20′	118°00′	121°24′
143.8	51.2	51.6	76	34	46.7
1971—2000	1971—2000	1971—2000	1971—2000	1971—1994	1971—1991
18.2	18.3	14.7	12.7	13.2	12.7
1.6	1.8	−5.3	−5	−7.4	−5.8
6.6	6.2	−0.4	−0.5	−2.3	−1.1
−0.6	−0.6	−7.7	−7.2	−10.3	−8.1
81	78	53	63	61	59
35.7	36.4	34.7	29.4	34.6	31.1
27.1	27.6	26.8	26.0	26.7	25.4
33.2	33.6	30.9	27.3	30.9	26.9
56	58	61	73	62	75
30.9	32.7	31.3	27.3	30.0	28
1.6	1.9	2.8	4.6	2.4	3.1
C SW	C ESE	SW	S	SW	C SW
27 17	21 16	14	17	17	18 12
2.1	2.4	3.6	4.6	2.7	3.5
1.6	1.8	2.9	5.4	2.7	4.4
C NE	C ESE	E	N	SW	N
29 25	25 17	16	23	15	20
2.6	3.1	3.7	6.6	3.3	5.9
C NE	C ESE	SW	S	SW	C SW
29 18	22 18	17	14	18	13 11
30	32	56	59	51	49
—	—	35	—	46	46
1006.7	1018.7	1019.1	1017.4	1023.7	1021.1
989.2	999.3	997.9	1000.4	1001.4	1001.2
0	0	99	108	113	112
—	—	11.22—03.03	11.28—03.15	11.18—03.10	11.26—03.17
—	—	1.4	1.3	0.0	0.7
54	56	122	141	140	140
12.20—02.11	12.19—02.12	11.13—03.14	11.15—04.04	11.08—03.27	11.15—04.03
6.8	6.6	2.1	2.6	1.3	1.9
40	40.4	40.5	37.4	40.7	38.0
−9.3	−9.3	−14.9	−14.3	−23.0	−12.8

省/直辖市/自治区			山东	
市/区/自治州			潍坊	临沂
台站名称及编号			潍坊	临沂
			54843	54938
台站 信息	北纬		36°45′	35°03′
	东经		119°11′	118°21′
	海拔(m)		22.2	87.9
	统计年份		1971—2000	1971—1997
	年平均温度(℃)		12.5	13.5
室外计算 温、湿度	供暖室外计算温度(℃)		−7.0	−4.7
	冬季通风室外计算温度(℃)		−2.9	−0.7
	冬季空气调节室外计算温度(℃)		−9.3	−6.8
	冬季空气调节室外计算相对湿度(%)		63	62
	夏季空气调节室外计算干球温度(℃)		34.2	33.3
	夏季空气调节室外计算湿球温度(℃)		26.9	27.2
	夏季通风室外计算温度(℃)		30.2	29.7
	夏季通风室外计算相对湿度(%)		63	68
	夏季空气调节室外计算日平均温度(℃)		29.0	29.2
风向、 风速 及频率	夏季室外平均风速(m/s)		3.4	2.7
	夏季最多风向		S	ESE
	夏季最多风向的频率(%)		19	12
	夏季室外最多风向的平均风速(m/s)		4.1	2.7
	冬季室外平均风速(m/s)		3.5	2.8
	冬季最多风向		SSW	NE
	冬季最多风向的频率(%)		13	14.0
	冬季室外最多风向的平均风速(m/s)		3.2	4.0
	年最多风向		SSW	NE
	年最多风向的频率(%)		14	12
	冬季日照百分率(%)		58	55
	最大冻土深度(cm)		50	40
大气压力	冬季室外大气压力(hPa)		1022.1	1017.0
	夏季室外大气压力(hPa)		1000.9	996.4
设计计算 用供暖期 天数及其 平均温度	日平均温度≤+5℃的天数		118	103
	日平均温度≤+5℃的起止日期		11.16—03.13	11.24—03.06
	平均温度≤+5℃期间内的平均温度(℃)		−0.3	1
	日平均温度≤+8℃的天数		141	135
	日平均温度≤+8℃的起止日期		11.08—03.28	11.13—03.27
	平均温度≤+8℃期间内的平均温度(℃)		0.8	2.3
	极端最高气温(℃)		40.7	38.4
	极端最低气温(℃)		−17.9	−14.3

A. 0. 1-1

(14)

德州	菏泽	日照	威海	济宁	泰安
德州	菏泽	日照	威海	兖州	泰安
54714	54906	54945	54774	54916	54827
37°26′	35°15′	35°23′	37°28′	35°34′	36°10′
116°19′	115°26′	119°32′	122°08′	116°51′	117°09′
21. 2	49. 7	16. 1	65. 4	51. 7	128. 8
1971—1994	1971—1994	1971—2000	1971—2000	1971—2000	1971—1991
13. 2	13. 8	13. 0	12. 5	13. 6	12. 8
−6. 5	−4. 9	−4. 4	−5. 4	−5. 5	−6. 7
−2. 4	−0. 9	−0. 3	−0. 9	−1. 3	−2. 1
−9. 1	−7. 2	−6. 5	−7. 7	−7. 6	−9. 4
60	68	61	61	66	60
34. 2	34. 4	30. 0	30. 2	34. 1	33. 1
26. 9	27. 4	26. 8	25. 7	27. 4	26. 5
30. 6	30. 6	27. 7	26. 8	30. 6	29. 7
63	66	75	75	65	66
29. 7	29. 9	28. 1	27. 5	29. 7	28. 6
2. 2	1. 8	3. 1	4. 2	2. 4	2. 0
C SSW	C SSW	S	SSW	SSW	C ENE
19 12	26 10	9	15	13	25 12
2. 4	1. 7	3. 6	5. 4	3. 0	1. 9
2. 1	2. 2	3. 4	5. 4	2. 5	2. 7
C ENE	C NNE	N	N	C S	C E
20 10	20 12	14	21	10 9	21 18
2. 9	3. 3	4. 0	7. 3	2. 8	3. 8
C SSW	C S	NNE	N	S	C E
19 12	24 10	9	11	11	25 13
49	46	59	54	54	52
46	21	25	47	48	31
1025. 5	1021. 5	1024. 8	1020. 9	1020. 8	1011. 2
1002. 8	999. 4	1006. 6	1001. 8	999. 4	990. 5
114	105	108	116	104	113
11. 17—03. 10	11. 2—03. 06	11. 27—03. 14	11. 26—03. 21	11. 22—03. 05	11. 19—03. 11
0	0. 9	1. 4	1. 2	0. 6	0
141	130	136	141	137	140
11. 07—03. 27	11. 09—03. 18	11. 15—03. 30	11. 14—04. 03	11. 10—03. 26	11. 08—03. 27
1. 3	2. 2	2. 4	2. 1	2. 1	1. 3
39. 4	40. 5	38. 3	38. 4	39. 9	38. 1
−20. 1	−16. 5	−13. 8	−13. 2	−19. 3	−20. 7

省/直辖市/自治区		山东(14)	
市/区/自治州		滨州	东营
台站名称及编号		惠民	东营
		54725	54736
台站信息	北纬	37°30′	37°26′
	东经	117°31′	118°40′
	海拔(m)	11.7	6
	统计年份	1971—2000	1971—2000
	年平均温度(℃)	12.6	13.1
室外计算温、湿度	供暖室外计算温度(℃)	−7.6	−6.6
	冬季通风室外计算温度(℃)	−3.3	−2.6
	冬季空气调节室外计算温度(℃)	−10.2	−9.2
	冬季空气调节室外计算相对湿度(%)	62	62
	夏季空气调节室外计算干球温度(℃)	34	34.2
	夏季空气调节室外计算湿球温度(℃)	27.2	26.8
	夏季通风室外计算温度(℃)	30.4	30.2
	夏季通风室外计算相对湿度(%)	64	64
	夏季空气调节室外计算日平均温度(℃)	29.4	29.8
风向、风速及频率	夏季室外平均风速(m/s)	2.7	3.6
	夏季最多风向	ESE	S
	夏季最多风向的频率(%)	10	18
	夏季室外最多风向的平均风速(m/s)	2.8	4.4
	冬季室外平均风速(m/s)	3.0	3.4
	冬季最多风向	WSW	NW
	冬季最多风向的频率(%)	10	10
	冬季室外最多风向的平均风速(m/s)	3.4	3.7
	年最多风向	WSW	S
	年最多风向的频率(%)	11	13
	冬季日照百分率(%)	58	61
	最大冻土深度(cm)	50	47
大气压力	冬季室外大气压力(hPa)	1026.0	1026.6
	夏季室外大气压力(hPa)	1003.9	1004.9
设计计算用供暖期天数及其平均温度	日平均温度≤+5℃的天数	120	115
	日平均温度≤+5℃的起止日期	11.14—03.13	11.19—03.13
	平均温度≤+5℃期间内的平均温度(℃)	−0.5	0.0
	日平均温度≤+8℃的天数	142	140
	日平均温度≤+8℃的起止日期	11.06—03.27	11.09—03.28
	平均温度≤+8℃期间内的平均温度(℃)	0.6	1.1
	极端最高气温(℃)	39.8	40.7
	极端最低气温(℃)	−21.4	−20.2

A. 0. 1-1

河南(12)					
郑州	开封	洛阳	新乡	安阳	三门峡
郑州	开封	洛阳	新乡	安阳	三门峡
57083	57091	57073	53986	53898	57051
34°43′	34°46′	34°38′	35°19′	36°07′	34°48′
113°39′	114°23′	112°28′	113°53′	114°22′	111°12′
110.4	72.5	137.1	72.7	75.5	409.9
1971—2000	1971—2000	1971—1990	1971—2000	1971—2000	1971—2000
14.3	14.2	14.7	14.2	14.1	13.9
−3.8	−3.9	−3.0	−3.9	−4.7	−3.8
0.1	0.0	0.8	−0.2	−0.9	−0.3
−6	−6.0	−5.1	−5.8	−7	−6.2
61	63	59	61	60	55
34.9	34.4	35.4	34.4	34.7	34.8
27.4	27.6	26.9	27.6	27.3	25.7
30.9	30.7	31.3	30.5	31.0	30.3
64	66	63	65	63	59
30.2	30.0	30.5	29.8	30.2	30.1
2.2	2.6	1.6	1.9	2	2.5
C S	C SSW	C E	C E	C SSW	ESE
21 11	12 11	31 9	25 13	28 17	23
2.8	3.2	3.1	2.8	3.3	3.4
2.7	2.9	2.1	2.1	1.9	2.4
C NW	NE	C WNW	C E	C SSW	C ESE
22 12	16	30 11	29 17	32 11	25 14
4.9	3.9	2.4	3.6	3.1	3.7
C ENE	C NE	C WNW	C E	C SSW	C ESE
21 10	13 12	30 9	28 14	28 16	21 18
47	46	49	49	47	48
27	26	20	21	35	32
1013.3	1018.2	1009.0	1017.9	1017.9	977.6
992.3	996.8	988.2	996.6	996.6	959.3
97	99	92	99	101	99
11.26—03.02	11.25—03.03	12.01—03.02	11.24—03.02	11.23—03.03	11.24—03.02
1.7	1.7	2.1	1.5	1	1.4
125	125	118	124	126	128
11.12—03.16	11.12—03.16	11.17—03.14	11.12—03.15	11.10—03.15	11.09—03.16
3.0	2.8	3.0	2.6	2.2	2.6
42.3	42.5	41.7	42.0	41.5	40.2
−17.9	−16.0	−15.0	−19.2	−17.3	−12.8

省/直辖市/自治区			河南	
市/区/自治州			南阳	商丘
台站名称及编号			南阳	商丘
			57178	58005
台站信息	北纬		33°02′	34°27′
	东经		112°35′	115°40′
	海拔(m)		129.2	50.1
	统计年份		1971—2000	1971—2000
年平均温度(℃)			14.9	14.1
室外计算温、湿度	供暖室外计算温度(℃)		−2.1	−4
	冬季通风室外计算温度(℃)		1.4	−0.1
	冬季空气调节室外计算温度(℃)		−4.5	−6.3
	冬季空气调节室外计算相对湿度(%)		70	69
	夏季空气调节室外计算干球温度(℃)		34.3	34.6
	夏季空气调节室外计算湿球温度(℃)		27.8	27.9
	夏季通风室外计算温度(℃)		30.5	30.8
	夏季通风室外计算相对湿度(%)		69	67
	夏季空气调节室外计算日平均温度(℃)		30.1	30.2
风向、风速及频率	夏季室外平均风速(m/s)		2	2.4
	夏季最多风向		C ENE	C S
	夏季最多风向的频率(%)		21 14	14 10
	夏季室外最多风向的平均风速(m/s)		2.7	2.7
	冬季室外平均风速(m/s)		2.1	2.4
	冬季最多风向		C ENE	C N
	冬季最多风向的频率(%)		26 18	13 10
	冬季室外最多风向的平均风速(m/s)		3.4	3.1
	年最多风向		C ENE	C S
	年最多风向的频率(%)		25 16	14 8
冬季日照百分率(%)			39	46
最大冻土深度(cm)			10	18
大气压力	冬季室外大气压力(hPa)		1011.2	1020.8
	夏季室外大气压力(hPa)		990.4	999.4
设计计算用供暖期天数及其平均温度	日平均温度≤+5℃的天数		86	99
	日平均温度≤+5℃的起止日期		12.04—02.27	11.25—03.03
	平均温度≤+5℃期间内的平均温度(℃)		2.6	1.6
	日平均温度≤+8℃的天数		116	125
	日平均温度≤+8℃的起止日期		11.19—03.14	11.13—03.17
	平均温度≤+8℃期间内的平均温度(℃)		3.8	2.8
极端最高气温(℃)			41.4	41.3
极端最低气温(℃)			−17.5	−15.4

A. 0. 1-1

(12)				湖北(11)	
信阳	许昌	驻马店	周口	武汉	黄石
信阳	许昌	驻马店	西华	武汉	黄石
57297	57089	57290	57193	57494	58407
32°08′	34°01′	33°00′	33°47′	30°37′	30°15′
114°03′	113°51′	114°01′	114°31′	114°08′	115°03′
114. 5	66. 8	82. 7	52. 6	23. 1	19. 6
1971—2000	1971—2000	1971—2000	1971—2000	1971—2000	1971—2000
15. 3	14. 5	14. 9	14. 4	16. 6	17. 1
−2. 1	−3. 2	−2. 9	−3. 2	−0. 3	0. 7
2. 2	0. 7	1. 3	0. 6	3. 7	4. 5
−4. 6	−5. 5	−5. 5	−5. 7	−2. 6	−1. 4
72	64	69	68	77	79
34. 5	35. 1	35	35. 0	35. 2	35. 8
27. 6	27. 9	27. 8	28. 1	28. 4	28. 3
30. 7	30. 9	30. 9	30. 9	32. 0	32. 5
68	66	67	67	67	65
30. 9	30. 3	30. 7	30. 2	32. 0	32. 5
2. 4	2. 2	2. 2	2. 0	2. 0	2. 2
C SSW	C NE	C SSW	C SSW	C ENE	C ESE
19 10	21 9	15 10	20 8	23 8	19 16
3. 2	3. 1	2. 8	2. 6	2. 3	2. 8
2. 4	2. 4	2. 4	2. 4	1. 8	2. 0
C NNE	C NE	C N	C NNE	C NE	C NW
25 14	22 13	15 11	17 11	28 13	28 11
3. 8	3. 9	3. 2	3. 3	3. 0	3. 1
C NNE	C NE	C N	C NE	C ENE	C SE
22 11	22 11	16 9	19 8	26 10	24 12
42	43	42	45	37	34
—	15	14	12	9	7
1014. 3	1018. 6	1016. 7	1020. 6	1023. 5	1023. 4
993. 4	997. 2	995. 4	999. 0	1002. 1	1002. 5
64	95	87	91	50	38
12. 11—02. 12	11. 28—03. 02	12. 04—02. 28	11. 27—03. 02	12. 22—02. 09	01. 01—02. 07
3. 1	2. 2	2. 5	2. 1	3. 9	4. 5
105	122	115	123	98	88
11. 23—03. 07	11. 14—03. 15	11. 21—03. 15	11. 13—03. 15	11. 27—03. 04	12. 06—03. 03
4. 2	3. 3	3. 5	3. 3	5. 2	5. 7
40. 0	41. 9	40. 6	41. 9	39. 3	40. 2
−16. 6	−19. 6	−18. 1	−17. 4	−18. 1	−10. 5

省/直辖市/自治区		湖北	
市/区/自治州		宜昌	恩施州
台站名称及编号		宜昌	恩施
		57461	57447
台站 信息	北纬	30°42′	30°17′
	东经	111°18′	109°28′
	海拔(m)	133.1	457.1
	统计年份	1971—2000	1971—2000
年平均温度(℃)		16.8	16.2
室外计算 温、湿度	供暖室外计算温度(℃)	0.9	2.0
	冬季通风室外计算温度(℃)	4.9	5.0
	冬季空气调节室外计算温度(℃)	−1.1	0.4
	冬季空气调节室外计算相对湿度(%)	74	84
	夏季空气调节室外计算干球温度(℃)	35.6	34.3
	夏季空气调节室外计算湿球温度(℃)	27.8	26.0
	夏季通风室外计算温度(℃)	31.8	31.0
	夏季通风室外计算相对湿度(%)	66	57
	夏季空气调节室外计算日平均温度(℃)	31.1	29.6
风向、 风速 及频率	夏季室外平均风速(m/s)	1.5	0.7
	夏季最多风向	C SSE	C SSW
	夏季最多风向的频率(%)	31 11	63 5
	夏季室外最多风向的平均风速(m/s)	2.6	1.9
	冬季室外平均风速(m/s)	1.3	0.5
	冬季最多风向	C SSE	C SSW
	冬季最多风向的频率(%)	36 14	72 3
	冬季室外最多风向的平均风速(m/s)	2.2	1.5
	年最多风向	C SSE	C SSW
	年最多风向的频率(%)	33 12	67 4
冬季日照百分率(%)		27	14
最大冻土深度(cm)		—	—
大气压力	冬季室外大气压力(hPa)	1010.4	970.3
	夏季室外大气压力(hPa)	990.0	954.6
设计计算 用供暖期 天数及其 平均温度	日平均温度≤+5℃的天数	28	13
	日平均温度≤+5℃的起止日期	01.09—02.05	01.11—01.23
	平均温度≤+5℃期间内的平均温度(℃)	4.7	4.8
	日平均温度≤+8℃的天数	85	90
	日平均温度≤+8℃的起止日期	12.08—03.02	12.04—03.03
	平均温度≤+8℃期间内的平均温度(℃)	5.9	6.0
极端最高气温(℃)		40.4	40.3
极端最低气温(℃)		−9.8	−12.3

A. 0. 1-1

(11)

荆州	襄樊	荆门	十堰	黄冈	咸宁
荆州	枣阳	钟祥	房县	麻城	嘉鱼
57476	57279	57378	57259	57399	57583
30°20′	30°09′	30°10′	30°02′	31°11′	29°59′
112°11′	112°45′	112°34′	110°46′	115°01′	113°55′
32.6	125.5	65.8	426.9	59.3	36
1971—2000	1971—2000	1971—2000	1971—2000	1971—2000	1971—2000
16.5	15.6	16.1	14.3	16.3	17.1
0.3	−1.6	−0.5	−1.5	−0.4	0.3
4.1	2.4	3.5	1.9	3.5	4.4
−1.9	−3.7	−2.4	−3.4	−2.5	−2
77	71	74	71	74	79
34.7	34.7	34.5	34.4	35.5	35.7
28.5	27.6	28.2	26.3	28.0	28.5
31.4	31.2	31.0	30.3	32.1	32.3
70	66	70	63	65	65
31.1	31.0	31.0	28.9	31.6	32.4
2.3	2.4	3.0	1.0	2.0	2.1
SSW	SSE	N	C　ESE	C　NNE	C　NNE
15	15	19	55　15	25　15	14　9
3.0	2.6	3.6	2.5	2.6	2.6
2.1	2.3	3.1	1.1	2.1	2.0
C　NE	C　SSE	N	C　ESE	C　NNE	C　NE
22　17	17　11	26	60　18	29　28	18　14
3.2	2.6	4.4	3.0	3.5	2.9
C　NNE	C　SSE	N	C　ESE	C　NNE	C　NE
19　14	16　13	23	57　17	27　22	16　11
31	40	37	35	42	34
5	—	6	—	5	—
1022.4	1011.4	1018.7	974.1	1019.5	1022.1
1000.9	990.8	997.5	956.8	998.8	1000.9
44	64	54	72	54	37
12.27—02.08	12.11—02.12	12.18—02.09	12.05—2.14	12.19—02.10	01.02—02.07
4.2	3.1	3.8	2.9	3.7	4.4
91	102	95	121	100	87
12.04—03.04	11.25—03.06	12.01—03.05	11.15—03.15	11.26—03.05	12.07—03.03
5.4	4.2	4.9	4.1	5	5.6
38.6	40.7	38.6	41.4	39.8	39.4
−14.9	−15.1	−15.3	−17.6	−15.3	−12.0

省/直辖市/自治区		湖北(11)	湖南
市/区/自治州		随州	长沙
台站名称及编号		广水	马坡岭
		57385	57679
台站信息	北纬	31°37′	28°12′
	东经	113°49′	113°05′
	海拔(m)	93.3	44.9
	统计年份	1971—2000	1972—1986
年平均温度(℃)		15.8	17.0
室外计算温、湿度	供暖室外计算温度(℃)	−1.1	0.3
	冬季通风室外计算温度(℃)	2.7	4.6
	冬季空气调节室外计算温度(℃)	−3.5	−1.9
	冬季空气调节室外计算相对湿度(%)	71	83
	夏季空气调节室外计算干球温度(℃)	34.9	35.8
	夏季空气调节室外计算湿球温度(℃)	28.0	27.7
	夏季通风室外计算温度(℃)	31.4	32.9
	夏季通风室外计算相对湿度(%)	67	61
	夏季空气调节室外计算日平均温度(℃)	31.1	31.6
风向、风速及频率	夏季室外平均风速(m/s)	2.2	2.6
	夏季最多风向	C SSE	C NNW
	夏季最多风向的频率(%)	21 11	16 13
	夏季室外最多风向的平均风速(m/s)	2.6	1.7
	冬季室外平均风速(m/s)	2.2	2.3
	冬季最多风向	C NNE	NNW
	冬季最多风向的频率(%)	26 15	32
	冬季室外最多风向的平均风速(m/s)	3.6	3.0
	年最多风向	C NNE	NNW
	年最多风向的频率(%)	24 12	22
冬季日照百分率(%)		41	26
最大冻土深度(cm)		—	—
大气压力	冬季室外大气压力(hPa)	1015.0	1019.6
	夏季室外大气压力(hPa)	994.1	999.2
设计计算用供暖期天数及其平均温度	日平均温度≤+5℃的天数	63	48
	日平均温度≤+5℃的起止日期	12.11—02.11	12.26—02.11
	平均温度≤+5℃期间内的平均温度(℃)	3.3	4.3
	日平均温度≤+8℃的天数	102	88
	日平均温度≤+8℃的起止日期	11.25—03.06	12.06—03.03
	平均温度≤+8℃期间内的平均温度(℃)	4.3	5.5
极端最高气温(℃)		39.8	39.7
极端最低气温(℃)		−16.0	−11.3

A. 0. 1-1

(12)

常德	衡阳	邵阳	岳阳	郴州	张家界
常德	衡阳	邵阳	岳阳	郴州	桑植
57662	57872	57766	57584	57972	57554
29°03′	26°54′	27°14′	29°23′	25°48′	29°24′
111°41′	112°36′	111°28′	113°05′	113°02′	110°10′
35	104.7	248.6	53	184.9	322.2
1971—2000	1971—2000	1971—2000	1971—2000	1971—2000	1971—2000
16.9	18.0	17.1	17.2	18.0	16.2
0.6	1.2	0.8	0.4	1.0	1.0
4.7	5.9	5.2	4.8	6.2	4.7
−1.6	−0.9	−1.2	−2.0	−1.1	0.9
80	81	80	78	84	78
35.4	36.0	34.8	34.1	35.6	34.7
28.6	27.7	26.8	28.3	26.7	26.9
31.9	33.2	31.9	31.0	32.9	31.3
66	58	62	72	55	66
32.0	32.4	30.9	32.2	31.7	30.0
1.9	2.1	1.7	2.8	1.6	1.2
C NE	C SSW	C S	S	C SSW	C ENE
23 8	16 13	27 8	11	39 14	47 12
3.0	2.5	2.4	3.2	3.2	2.7
1.6	1.6	1.5	2.6	1.2	1.2
C NE	C ENE	C ESE	ENE	C NNE	C ENE
33 15	28 20	32 13	20	45 19	52 15
3.0	2.7	2.0	3.3	2.0	3.0
C NE	C ENE	C ESE	ENE	C NNE	C ENE
28 12	23 16	30 10	16	44 13	50 14
27	23	23	29	21	17
—		5	2	—	—
1022.3	1012.6	995.1	1019.5	1002.2	987.3
1000.8	993.0	976.9	998.7	984.3	969.2
30	0	11	27	0	30
01.08—02.06	—	01.12—01.22	01.10—02.05	—	01.08—02.06
4.5	—	4.7	4.5	—	4.5
86	56	67	68	55	88
12.08—03.03	12.19—02.12	12.10—02.14	12.09—02.14	12.19—02.11	12.07—03.04
5.8	6.4	6.1	5.9	6.5	5.8
40.1	40.0	39.5	39.3	40.5	40.7
−13.2	−7.9	−10.5	−11.4	−6.8	−10.2

省/直辖市/自治区			湖南	
市/区/自治州			益阳	永州
台站名称及编号			沅江	零陵
			57671	57866
台站信息		北纬	28°51′	26°14′
		东经	112°22′	111°37′
		海拔(m)	36.0	172.6
		统计年份	1971—2000	1971—2000
	年平均温度(℃)		17.0	17.8
室外计算温、湿度		供暖室外计算温度(℃)	0.6	1.0
		冬季通风室外计算温度(℃)	4.7	6.0
		冬季空气调节室外计算温度(℃)	−1.6	−1.0
		冬季空气调节室外计算相对湿度(%)	81.0	81
		夏季空气调节室外计算干球温度(℃)	35.1	34.9
		夏季空气调节室外计算湿球温度(℃)	28.4	26.9
		夏季通风室外计算温度(℃)	31.7	32.1
		夏季通风室外计算相对湿度(%)	67.0	60
		夏季空气调节室外计算日平均温度(℃)	32.0	31.3
风向、风速及频率		夏季室外平均风速(m/s)	2.7	3.0
		夏季最多风向	S	SSW
		夏季最多风向的频率(%)	14	19
		夏季室外最多风向的平均风速(m/s)	3.3	3.2
		冬季室外平均风速(m/s)	2.4	3.1
		冬季最多风向	NNE	NE
		冬季最多风向的频率(%)	22.0	26
		冬季室外最多风向的平均风速(m/s)	3.8	4.0
		年最多风向	NNE	NE
		年最多风向的频率(%)	18	18
	冬季日照百分率(%)		27.0	23
	最大冻土深度(cm)		—	—
大气压力		冬季室外大气压力(hPa)	1021.5	1012.6
		夏季室外大气压力(hPa)	1000.4	993.0
设计计算用供暖期天数及其平均温度		日平均温度≤+5℃的天数	29.0	0
		日平均温度≤+5℃的起止日期	01.09—02.06	—
		平均温度≤+5℃期间内的平均温度(℃)	4.5	—
		日平均温度≤+8℃的天数	85.0	56
		日平均温度≤+8℃的起止日期	12.09—03.03	12.19—02.12
		平均温度≤+8℃期间内的平均温度(℃)	5.8	6.6
	极端最高气温(℃)		38.9	39.7
	极端最低气温(℃)		−11.2	−7

A. 0. 1-1

(12)			广东(15)		
怀化	娄底	湘西州	广州	湛江	汕头
芷江	双峰	吉首	广州	湛江	汕头
57745	57774	57649	59287	59658	59316
27°27′	27°27′	28°19′	23°10′	21°13′	23°24′
109°41′	112°10′	109°44′	113°20′	110°24′	116°41′
272.2	100	208.4	41.7	25.3	1.1
1971—2000	1971—2000	1971—2000	1971—2000	1971—2000	1971—2000
16.5	17.0	16.6	22.0	23.3	21.5
0.8	0.6	1.3	8.0	10.0	9.4
4.9	4.8	5.1	13.6	15.9	13.8
−1.1	−1.6	−0.6	5.2	7.5	7.1
80	82	79	72	81	78
34.0	35.6	34.8	34.2	33.9	33.2
26.8	27.5	27	27.8	28.1	27.7
31.2	32.7	31.7	31.8	31.5	30.9
66	60	64	68	70	72
29.7	31.5	30.0	30.7	30.8	30.0
1.3	2.0	1.0	1.7	2.6	2.6
C ENE	C NE	C NE	C SSE	SSE	C WSW
44 10	31 11	44 10	28 12	15	18 10
2.6	2.7	1.6	2.3	3.1	3.3
1.6	1.7	0.9	1.7	2.6	2.7
C ENE	C ENE	C ENE	C NNE	ESE	E
40 24	39 21	49 10	34 19	17	24
3.1	3.0	2.0	2.7	3.1	3.7
C ENE	C ENE	C NE	C NNE	SE	E
42 18	37 16	46 10	31 11	13	18
19	24	18	36	34	42
991.9	1013.2	1000.5	1019.0	1015.5	1020.2
974.0	993.4	981.3	1004.0	1001.3	1005.7
29	30	11	0	0	0
01.08—02.05	01.08—02.06	01.10—01.20	—	—	—
4.7	4.6	4.8	—	—	—
69	87	68	0	0	0
12.08—02.14	12.07—03.03	12.09—02.14	—	—	—
5.9	5.9	6.1	—	—	—
39.1	39.7	40.2	38.1	38.1	38.6
−11.5	−11.7	−7.5	0.0	2.8	0.3

省/直辖市/自治区		广东	
市/区/自治州		韶关	阳江
台站名称及编号		韶关	阳江
		59082	59663
台站信息	北纬	24°41′	21°52′
	东经	113°36′	111°58′
	海拔(m)	60.7	23.3
	统计年份	1971—2000	1971—2000
年平均温度(℃)		20.4	22.5
室外计算温、湿度	供暖室外计算温度(℃)	5.0	9.4
	冬季通风室外计算温度(℃)	10.2	15.1
	冬季空气调节室外计算温度(℃)	2.6	6.8
	冬季空气调节室外计算相对湿度(%)	75	74
	夏季空气调节室外计算干球温度(℃)	35.4	33.0
	夏季空气调节室外计算湿球温度(℃)	27.3	27.8
	夏季通风室外计算温度(℃)	33.0	30.7
	夏季通风室外计算相对湿度(%)	60	74
	夏季空气调节室外计算日平均温度(℃)	31.2	29.9
风向、风速及频率	夏季室外平均风速(m/s)	1.6	2.6
	夏季最多风向	C　SSW	SSW
	夏季最多风向的频率(%)	41　17	13
	夏季室外最多风向的平均风速(m/s)	2.8	2.8
	冬季室外平均风速(m/s)	1.5	2.9
	冬季最多风向	C　NNW	ENE
	冬季最多风向的频率(%)	46　11	31
	冬季室外最多风向的平均风速(m/s)	2.9	3.7
	年最多风向	C　SSW	ENE
	年最多风向的频率(%)	44　8	20
冬季日照百分率(%)		30	37
最大冻土深度(cm)		—	—
大气压力	冬季室外大气压力(hPa)	1014.5	1016.9
	夏季室外大气压力(hPa)	997.6	1002.6
设计计算用供暖期天数及其平均温度	日平均温度≤+5℃的天数	0	0
	日平均温度≤+5℃的起止日期	—	—
	平均温度≤+5℃期间内的平均温度(℃)	—	—
	日平均温度≤+8℃的天数	0	0
	日平均温度≤+8℃的起止日期	—	—
	平均温度≤+8℃期间内的平均温度(℃)	—	—
极端最高气温(℃)		40.3	37.5
极端最低气温(℃)		−4.3	2.2

A. 0. 1-1

(15)

深圳	江门	茂名	肇庆	惠州	梅州
深圳	台山	信宜	高要	惠阳	梅州
59493	59478	59456	59278	59298	59117
22°33′	22°15′	22°21′	23°02′	23°05′	24°16′
114°06′	112°47′	110°56′	112°27′	114°25′	116°06′
18.2	32.7	84.6	41	22.4	87.8
1971—2000	1971—2000	1971—2000	1971—2000	1971—2000	1971—2000
22.6	22.0	22.5	22.3	21.9	21.3
9.2	8.0	8.5	8.4	8.0	6.7
14.9	13.9	14.7	13.9	13.7	12.4
6.0	5.2	6.0	6.0	4.8	4.3
72	75	74	68	71	77
33.7	33.6	34.3	34.6	34.1	35.1
27.5	27.6	27.6	27.8	27.6	27.2
31.2	31.0	32.0	32.1	31.5	32.7
70	71	66	74	69	60
30.5	29.9	30.1	31.1	30.4	30.6
2.2	2.0	1.5	1.6	1.6	1.2
C ESE	SSW	C SW	C SE	C SSE	C SW
21 11	23	41 12	27 12	26 14	36 8
2.7	2.7	2.5	2.0	2.0	2.1
2.8	2.6	2.9	1.7	2.7	1.0
ENE	NE	NE	C ENE	NE	C NNE
20	30	26	28 27	29	46 9
2.9	3.9	4.1	2.6	4.6	2.4
ESE	C NE	C NE	C ENE	C NE	C NNE
14	19 18	31 16	28 20	23 18	41 6
43	38	36	35	42	39
—	—	—	—	—	—
1016.6	1016.3	1009.3	1019.0	1017.9	1011.3
1002.4	1001.8	995.2	1003.7	1003.2	996.3
0	0	0	0	0	0
0	0	0	0	0	0
38.7	37.3	37.8	38.7	38.2	39.5
1.7	1.6	1.0	1	0.5	−3.3

省/直辖市/自治区			广东	
市/区/自治州			汕尾	河源
台站名称及编号			汕尾	河源
			59501	59293
台站信息		北纬	22°48′	23°44′
		东经	115°22′	114°41′
		海拔(m)	17.3	40.6
		统计年份	1971—2000	1971—2000
	年平均温度(℃)		22.2	21.5
室外计算温、湿度	供暖室外计算温度(℃)		10.3	6.9
	冬季通风室外计算温度(℃)		14.8	12.7
	冬季空气调节室外计算温度(℃)		7.3	3.9
	冬季空气调节室外计算相对湿度(%)		73	70
	夏季空气调节室外计算干球温度(℃)		32.2	34.5
	夏季空气调节室外计算湿球温度(℃)		27.8	27.5
	夏季通风室外计算温度(℃)		30.2	32.1
	夏季通风室外计算相对湿度(%)		77	65
	夏季空气调节室外计算日平均温度(℃)		29.6	30.4
风向、风速及频率	夏季室外平均风速(m/s)		3.2	1.3
	夏季最多风向		WSW	C SSW
	夏季最多风向的频率(%)		19	37 17
	夏季室外最多风向的平均风速(m/s)		4.1	2.2
	冬季室外平均风速(m/s)		3.0	1.5
	冬季最多风向		ENE	C NNE
	冬季最多风向的频率(%)		19.0	32 24
	冬季室外最多风向的平均风速(m/s)		3.0	2.4
	年最多风向		ENE	C NNE
	年最多风向的频率(%)		15	35 14
	冬季日照百分率(%)		42	41
	最大冻土深度(cm)		—	—
大气压力	冬季室外大气压力(hPa)		1019.3	1016.3
	夏季室外大气压力(hPa)		1005.3	1000.9
设计计算用供暖期天数及其平均温度	日平均温度≤+5℃的天数		0	0
	日平均温度≤+5℃的起止日期		—	—
	平均温度≤+5℃期间内的平均温度(℃)		—	—
	日平均温度≤+8℃的天数		0	0
	日平均温度≤+8℃的起止日期		—	—
	平均温度≤+8℃期间内的平均温度(℃)		—	—
	极端最高气温(℃)		38.5	39.0
	极端最低气温(℃)		2.1	−0.7

A. 0. 1-1

(15)		广西(13)			
清远	揭阳	南宁	柳州	桂林	梧州
连州	惠来	南宁	柳州	桂林	梧州
59072	59317	59431	59046	57957	59265
24°47′	23°02′	22°49′	24°21′	25°19′	23°29′
112°23′	116°18′	108°21′	109°24′	110°18′	111°18′
98.3	12.9	73.1	96.8	164.4	114.8
1971—2000	1971—2000	1971—2000	1971—2000	1971—2000	1971—2000
19.6	21.9	21.8	20.7	18.9	21.1
4.0	10.3	7.6	5.1	3.0	6.0
9.1	14.5	12.9	10.4	7.9	11.9
1.8	8.0	5.7	3.0	1.1	3.6
77	74	78	75	74	76
35.1	32.8	34.5	34.8	34.2	34.8
27.4	27.6	27.9	27.5	27.3	27.9
32.7	30.7	31.8	32.4	31.7	32.5
61	74	68	65	65	65
30.6	29.61	30.7	31.4	30.4	30.5
1.2	2.3	1.5	1.6	1.6	1.2
C SSW	C SSW	C S	C SSW	C NE	C ESE
46 8	22 10	31 10	34 15	32 16	32 10
2.5	3.4	2.6	2.8	2.6	1.5
1.3	2.9	1.2	1.5	3.2	1.4
C NNE	ENE	C E	C N	NE	C NE
47 16	28	43 12	37 19	48	24 16
2.3	3.4	1.9	2.7	4.4	2.1
C NNE	ENE	C E	C N	NE	C ENE
46 13	20	38 10	36 12	35	27 13
25	43	25	24	24	31
—	—	—	—	—	—
1011.1	1018.7	1011.0	1009.9	1003.0	1006.9
993.8	1004.6	995.5	993.2	986.1	991.6
0	0	0	0	0	0
—	—	—	—	—	—
0	0	0	0	28	0
—	—	—	—	01.10—02.06	—
				7.5	
39.6	38.4	39.0	39.1	38.5	39.7
−3.4	1.5	−1.9	−1.3	−3.6	−1.5

省/直辖市/自治区		广西	
市/区/自治州		北海	百色
台站名称及编号		北海	百色
		59644	59211
台站信息	北纬	21°27′	23°54′
	东经	109°08′	106°36′
	海拔(m)	12.8	173.5
	统计年份	1971—2000	1971—2000
室外计算温、湿度	年平均温度(℃)	22.8	22.0
	供暖室外计算温度(℃)	8.2	8.8
	冬季通风室外计算温度(℃)	14.5	13.4
	冬季空气调节室外计算温度(℃)	6.2	7.1
	冬季空气调节室外计算相对湿度(%)	79	76
	夏季空气调节室外计算干球温度(℃)	33.1	36.1
	夏季空气调节室外计算湿球温度(℃)	28.2	27.9
	夏季通风室外计算温度(℃)	30.9	32.7
	夏季通风室外计算相对湿度(%)	74	65
	夏季空气调节室外计算日平均温度(℃)	30.6	31.3
风向、风速及频率	夏季室外平均风速(m/s)	3	1.3
	夏季最多风向	SSW	C SSE
	夏季最多风向的频率(%)	14	36 8
	夏季室外最多风向的平均风速(m/s)	3.1	2.5
	冬季室外平均风速(m/s)	3.8	1.2
	冬季最多风向	NNE	C S
	冬季最多风向的频率(%)	37	43 9
	冬季室外最多风向的平均风速(m/s)	5.0	2.2
	年最多风向	NNE	C SSE
	年最多风向的频率(%)	21	39 8
	冬季日照百分率(%)	34	29
	最大冻土深度(cm)	—	—
大气压力	冬季室外大气压力(hPa)	1017.3	998.8
	夏季室外大气压力(hPa)	1002.5	983.6
设计计算用供暖期天数及其平均温度	日平均温度≤+5℃的天数	0	0
	日平均温度≤+5℃的起止日期	—	—
	平均温度≤+5℃期间内的平均温度(℃)		
	日平均温度≤+8℃的天数	0	0
	日平均温度≤+8℃的起止日期	—	—
	平均温度≤+8℃期间内的平均温度(℃)		
	极端最高气温(℃)	37.1	42.2
	极端最低气温(℃)	2	0.1

A. 0. 1-1

(13)

钦州	玉林	防城港	河池	来宾	贺州
钦州	玉林	东兴	河池	来宾	贺州
59632	59453	59626	59023	59242	59065
21°57′	22°39′	21°32′	24°42′	23°45′	24°25′
108°37′	110°10′	107°58′	108°03′	109°14′	111°32′
4. 5	81. 8	22. 1	211	84. 9	108. 8
1971—2000	1971—2000	1972—2000	1971—2000	1971—2000	1971—2000
22. 2	21. 8	22. 6	20. 5	20. 8	19. 9
7. 9	7. 1	10. 5	6. 3	5. 5	4. 0
13. 6	13. 1	15. 1	10. 9	10. 8	9. 3
5. 8	5. 1	8. 6	4. 3	3. 6	1. 9
77	79	81	75	75	78
33. 6	34. 0	33. 5	34. 6	34. 6	35. 0
28. 3	27. 8	28. 5	27. 1	27. 7	27. 5
31. 1	31. 7	30. 9	31. 7	32. 2	32. 6
75	68	77	66	66	62
30. 3	30. 3	29. 9	30. 7	30. 8	30. 8
2. 4	1. 4	2. 1	1. 2	1. 8	1. 7
SSW	C SSE	C SSW	C ESE	C SSW	C ESE
20	30 11	24 11	39 26	30 13	22 19
3. 1	1. 7	3. 3	2. 0	2. 8	2. 3
2. 7	1. 7	1. 7	1. 1	2. 4	1. 5
NNE	C N	C ENE	C ESE	NE	C NW
33	30 21	24 15	43 16	25	31 21
3. 5	3. 2	2. 0	1. 9	3. 3	2. 3
NNE	C N	C ENE	C ESE	C NE	C NW
20	31 12	24 10	43 20	27 17	28 12
27	29	24	21	25	26
—	—	—	—	—	—
1019. 0	1009. 9	1016. 2	995. 9	1010. 8	1009. 0
1003. 5	995. 0	1001. 4	980. 1	994. 4	992. 4
0	0	0	0	0	0
—	—	—	—	—	—
—	—	—	—	—	—
0	0	0	0	0	0
—	—	—	—	—	—
—	—	—	—	—	—
37. 5	38. 4	38. 1	39. 4	39. 6	39. 5
2. 0	0. 8	3. 3	0. 0	−1. 6	−3. 5

省/直辖市/自治区		广西(13)	海南
市/区/自治州		崇左	海口
台站名称及编号		龙州	海口
		59417	59758
台站信息	北纬	22°20′	20°02′
	东经	106°51′	110°21′
	海拔(m)	128.8	13.9
	统计年份	1971—2000	1971—2000
	年平均温度(℃)	22.2	24.1
室外计算温、湿度	供暖室外计算温度(℃)	9.0	12.6
	冬季通风室外计算温度(℃)	14.0	17.7
	冬季空气调节室外计算温度(℃)	7.3	10.3
	冬季空气调节室外计算相对湿度(%)	79	86
	夏季空气调节室外计算干球温度(℃)	35.0	35.1
	夏季空气调节室外计算湿球温度(℃)	28.1	28.1
	夏季通风室外计算温度(℃)	32.1	32.2
	夏季通风室外计算相对湿度(%)	68	68
	夏季空气调节室外计算日平均温度(℃)	30.9	30.5
风向、风速及频率	夏季室外平均风速(m/s)	1.0	2.3
	夏季最多风向	C ESE	S
	夏季最多风向的频率(%)	48 6	19
	夏季室外最多风向的平均风速(m/s)	2.0	2.7
	冬季室外平均风速(m/s)	1.2	2.5
	冬季最多风向	C ESE	ENE
	冬季最多风向的频率(%)	41 16	24
	冬季室外最多风向的平均风速(m/s)	2.2	3.1
	年最多风向	C ESE	ENE
	年最多风向的频率(%)	46 10	14
	冬季日照百分率(%)	24	34
	最大冻土深度(cm)	—	—
大气压力	冬季室外大气压力(hPa)	1004.0	1016.4
	夏季室外大气压力(hPa)	989	1002.8
设计计算用供暖期天数及其平均温度	日平均温度≤+5℃的天数	0	0
	日平均温度≤+5℃的起止日期	—	—
	平均温度≤+5℃期间内的平均温度(℃)	—	—
	日平均温度≤+8℃的天数	0	0
	日平均温度≤+8℃的起止日期	—	—
	平均温度≤+8℃期间内的平均温度(℃)	—	—
	极端最高气温(℃)	39.9	38.7
	极端最低气温(℃)	—0.2	4.9

A. 0. 1-1

(2)		重庆(3)			四川(16)	
三亚	重庆	万州	奉节	成都	广元
三亚	重庆	万州	奉节	成都	广元
59948	57515	57432	57348	56294	57206
18°14′	29°31′	30°46′	31°03′	30°40′	32°26′
109°31′	106°29′	108°24′	109°30′	104°01′	105°51′
5.9	351.1	186.7	607.3	506.1	492.4
1971—2000	1971—1986	1971—2000	1971—2000	1971—2000	1971—2000
25.8	17.7	18.0	16.3	16.1	16.1
17.9	4.1	4.3	1.8	2.7	2.2
21.6	7.2	7.0	5.2	5.6	5.2
15.8	2.2	2.9	0.0	1.0	0.5
73	83	85	71	83	64
32.8	35.5	36.5	34.3	31.8	33.3
28.1	26.5	27.9	25.4	26.4	25.8
31.3	31.7	33.0	30.6	28.5	29.5
73	59	56	57	73	64
30.2	32.3	31.4	30.9	27.9	28.8
2.2	1.5	0.5	3.0	1.2	1.2
C SSE	C ENE	C N	C NNE	C NNE	C SE
15 9	33 8	74 5	22 17	41 8	42 8
2.4	1.1	2.3	2.6	2.0	1.6
2.7	1.1	0.4	3.1	0.9	1.3
ENE	C NNE	C NNE	C NNE	C NE	C N
19	46 13	79 5	29 13	50 13	44 10
3.0	1.6	1.9	2.6	1.9	2.8
C ESE	C NNE	C NNE	C NNE	C NE	C N
14 13	44 13	76 5	24 16	43 11	41 8
54	7.5	12	22	17	24
—	—	—	—	—	—
1016.2	980.6	1001.1	1018.7	963.7	965.4
1005.6	963.8	982.3	997.5	948	949.4
0	0	0	12	0	7
—	—	—	01.12—01.23	—	01.13—01.19
—	—	—	4.8	—	4.9
0	53	54	85	69	75
—	12.22—02.12	12.20—02.11	12.07—03.01	12.08—02.14	12.03—02.15
—	7.2	7.2	6.0	6.2	6.1
35.9	40.2	42.1	39.6	36.7	37.9
5.1	−1.8	−3.7	−9.2	−5.9	−8.2

	省/直辖市/自治区	四川	
	市/区/自治州	甘孜州	宜宾
	台站名称及编号	康定	宜宾
		56374	56492
台站信息	北纬	30°03′	28°48′
	东经	101°58′	104°36′
	海拔(m)	2615.7	340.8
	统计年份	1971—2000	1971—2000
	年平均温度(℃)	7.1	17.8
室外计算温、湿度	供暖室外计算温度(℃)	−6.5	4.5
	冬季通风室外计算温度(℃)	−2.2	7.8
	冬季空气调节室外计算温度(℃)	−8.3	2.8
	冬季空气调节室外计算相对湿度(%)	65	85
	夏季空气调节室外计算干球温度(℃)	22.8	33.8
	夏季空气调节室外计算湿球温度(℃)	16.3	27.3
	夏季通风室外计算温度(℃)	19.5	30.2
	夏季通风室外计算相对湿度(%)	64	67
	夏季空气调节室外计算日平均温度(℃)	18.1	30.0
风向、风速及频率	夏季室外平均风速(m/s)	2.9	0.9
	夏季最多风向	C SE	C NW
	夏季最多风向的频率(%)	30 21	55 6
	夏季室外最多风向的平均风速(m/s)	5.5	2.4
	冬季室外平均风速(m/s)	3.1	0.6
	冬季最多风向	C ESE	C ENE
	冬季最多风向的频率(%)	31 26	68 6
	冬季室外最多风向的平均风速(m/s)	5.6	1.6
	年最多风向	C ESE	C NW
	年最多风向的频率(%)	28 22	59 5
	冬季日照百分率(%)	45	11
	最大冻土深度(cm)	—	—
大气压力	冬季室外大气压力(hPa)	741.6	982.4
	夏季室外大气压力(hPa)	742.4	965.4
设计计算用供暖期天数及其平均温度	日平均温度≤+5℃的天数	145	0
	日平均温度≤+5℃的起止日期	11.06—03.30	—
	平均温度≤+5℃期间内的平均温度(℃)	0.3	—
	日平均温度≤+8℃的天数	187	32
	日平均温度≤+8℃的起止日期	10.14—04.18	12.26—01.26
	平均温度≤+8℃期间内的平均温度(℃)	1.7	7.7
	极端最高气温(℃)	29.4	39.5
	极端最低气温(℃)	−14.1	−1.7

A. 0. 1-1

(16)

南充	凉山州	遂宁	内江	乐山	泸州
南坪区	西昌	遂宁	内江	乐山	泸州
57411	56571	57405	57504	56386	57602
30°47′	27°54′	30°30′	29°35′	29°34′	28°53′
106°06′	102°16′	105°35′	105°03′	103°45′	105°26′
309. 3	1590. 9	278. 2	347. 1	424. 2	334. 8
1971—2000	1971—2000	1971—2000	1971—2000	1971—2000	1971—2000
17. 3	16. 9	17. 4	17. 6	17. 2	17. 7
3. 6	4. 7	3. 9	4. 1	3. 9	4. 5
6. 4	9. 6	6. 5	7. 2	7. 1	7. 7
1. 9	2. 0	2. 0	2. 1	2. 2	2. 6
85	52	86	83	82	67
35. 3	30. 7	34. 7	34. 3	32. 8	34. 6
27. 1	21. 8	27. 5	27. 1	26. 6	27. 1
31. 3	26. 3	31. 1	30. 4	29. 2	30. 5
61	63	63	66	71	86
31. 4	26. 6	30. 7	30. 8	29. 0	31. 0
1. 1	1. 2	0. 8	1. 8	1. 4	1. 7
C NNE	C NNE	C NNE	C N	C NNE	C WSW
43 9	41 9	58 7	25 11	34 9	20 10
2. 1	2. 2	2. 0	2. 7	2. 2	1. 9
0. 8	1. 7	0. 4	1. 4	1. 0	1. 2
C NNE	C NNE	C NNE	C NNE	C NNE	C NNW
56 10	35 10	75 5	30 13	45 11	30 9
1. 7	2. 5	1. 9	2. 1	1. 9	2. 0
C NNE	C NNE	C NNE	C N	C NNE	C NNW
48 10	37 10	65 7	25 12	38 10	24 9
11	69	13	13	13	11
—	—	—	—	—	—
986. 7	838. 5	990. 0	980. 9	972. 7	983. 0
969. 1	834. 9	972. 0	963. 9	956. 4	965. 8
0	0	0	0	0	0
—	—	—	—	—	—
—	—	—	—	—	—
62	0	62	50	53	33
12. 12—02. 11	—	12. 12—02. 11	12. 22—02. 09	12. 20—02. 10	12. 25—01. 26
6. 8	—	6. 9	7. 3	7. 2	7. 7
41. 2	36. 6	39. 5	40. 1	36. 8	39. 8
−3. 4	−3. 8	−3. 8	−2. 7	−2. 9	−1. 9

	省/直辖市/自治区	四川	
	市/区/自治州	绵阳	达州
	台站名称及编号	绵阳	达州
		56196	57328
台站信息	北纬	31°28′	31°12′
	东经	104°41′	107°30′
	海拔(m)	470.8	344.9
	统计年份	1971—2000	1971—2000
	年平均温度(℃)	16.2	17.1
室外计算温、湿度	供暖室外计算温度(℃)	2.4	3.5
	冬季通风室外计算温度(℃)	5.3	6.2
	冬季空气调节室外计算温度(℃)	0.7	2.1
	冬季空气调节室外计算相对湿度(%)	79	82
	夏季空气调节室外计算干球温度(℃)	32.6	35.4
	夏季空气调节室外计算湿球温度(℃)	26.4	27.1
	夏季通风室外计算温度(℃)	29.2	31.8
	夏季通风室外计算相对湿度(%)	70	59
	夏季空气调节室外计算日平均温度(℃)	28.5	31.0
风向、风速及频率	夏季室外平均风速(m/s)	1.1	1.4
	夏季最多风向	C ENE	C ENE
	夏季最多风向的频率(%)	46 5	31 27
	夏季室外最多风向的平均风速(m/s)	2.5	2.4
	冬季室外平均风速(m/s)	0.9	1.0
	冬季最多风向	C E	C ENE
	冬季最多风向的频率(%)	57 7	45 25
	冬季室外最多风向的平均风速(m/s)	2.7	1.9
	年最多风向	C E	C ENE
	年最多风向的频率(%)	49 6	37 27
	冬季日照百分率(%)	19	13
	最大冻土深度(cm)	—	—
大气压力	冬季室外大气压力(hPa)	967.3	985
	夏季室外大气压力(hPa)	951.2	967.5
设计计算用供暖期天数及其平均温度	日平均温度≤+5℃的天数	0	0
	日平均温度≤+5℃的起止日期	—	—
	平均温度≤+5℃期间内的平均温度(℃)	—	—
	日平均温度≤+8℃的天数	73	65
	日平均温度≤+8℃的起止日期	12.05—02.15	12.10—02.12
	平均温度≤+8℃期间内的平均温度(℃)	6.1	6.6
	极端最高气温(℃)	37.2	41.2
	极端最低气温(℃)	—7.3	—4.5

A. 0. 1-1

(16)				贵州(9)	
雅安	巴中	资阳	阿坝州	贵阳	遵义
雅安	巴中	资阳	马尔康	贵阳	遵义
56287	57313	56298	56172	57816	57713
29°59′	31°52′	30°07′	31°54′	26°35′	27°42′
103°00′	106°46′	104°39′	102°14′	106°43′	106°53′
627.6	417.7	357	2664.4	1074.3	843.9
1971—2000	1971—2000	1971—1990	1971—2000	1971—2000	1971—2000
16.2	16.9	17.2	8.6	15.3	15.3
2.9	3.2	3.6	—4.1	—0.3	0.3
6.3	5.8	6.6	—0.6	5.0	4.5
1.1	1.5	1.3	—6.1	—2.5	—1.7
80	82	84	48	80	83
32.1	34.5	33.7	27.3	30.1	31.8
25.8	26.9	26.7	17.3	23	24.3
28.6	31.2	30.2	22.4	27.1	28.8
70	59	65	53	64	63
27.9	30.3	29.5	19.3	26.5	27.9
1.8	0.9	1.3	1.1	2.1	1.1
C WSW	C SW	C S	C NW	C SSW	C SSW
29 15	52 5	41 7	61 9	24 17	48 7
2.9	1.9	2.1	3.1	3.0	2.3
1.1	0.6	0.8	1.0	2.1	1.0
C E	C E	C ENE	C NW	ENE	C ESE
50 13	68 4	58 7	62 10	23	50 7
2.1	1.7	1.3	3.3	2.5	1.9
C E	C SW	C ENE	C NW	C ENE	C SSE
40 11	60 4	50 6	60 10	23 15	49 6
16	17	16	62	15	11
—	—	—	25	—	—
949.7	979.9	980.3	733.3	897.4	924.0
935.4	962.7	962.9	734.7	887.8	911.8
0	0	0	122	27	35
—	—	—	11.06—03.07	01.11—02.06	01.05—02.08
—	—	—	1.2	4.6	4.4
64	67	62	162	69	91
12.11—02.12	12.09—02.13	12.14—02.13	10.20—03.30	12.08—02.14	12.04—03.04
6.6	6.2	6.9	2.5	6.0	5.6
35.4	40.3	39.2	34.5	35.1	37.4
—3.9	—5.3	—4.0	—16	—7.3	—7.1

	省/直辖市/自治区		贵州
	市/区/自治州	毕节地区	安顺
	台站名称及编号	毕节	安顺
		57707	57806
台站 信息	北纬	27°18′	26°15′
	东经	105°17′	105°55′
	海拔(m)	1510.6	1392.9
	统计年份	1971—2000	1971—2000
	年平均温度(℃)	12.8	14.1
室外计算 温、湿度	供暖室外计算温度(℃)	−1.7	−1.1
	冬季通风室外计算温度(℃)	2.7	4.3
	冬季空气调节室外计算温度(℃)	−3.5	−3.0
	冬季空气调节室外计算相对湿度(%)	87	84
	夏季空气调节室外计算干球温度(℃)	29.2	27.7
	夏季空气调节室外计算湿球温度(℃)	21.8	21.8
	夏季通风室外计算温度(℃)	25.7	24.8
	夏季通风室外计算相对湿度(%)	64	70
	夏季空气调节室外计算日平均温度(℃)	24.5	24.5
风向、 风速 及频率	夏季室外平均风速(m/s)	0.9	2.3
	夏季最多风向	C SSE	SSW
	夏季最多风向的频率(%)	60 12	25
	夏季室外最多风向的平均风速(m/s)	2.3	3.4
	冬季室外平均风速(m/s)	0.6	2.4
	冬季最多风向	C SSE	ENE
	冬季最多风向的频率(%)	69 7	31
	冬季室外最多风向的平均风速(m/s)	1.9	2.8
	年最多风向	C SSE	ENE
	年最多风向的频率(%)	62 9	22
	冬季日照百分率(%)	17	18
	最大冻土深度(cm)	—	—
大气压力	冬季室外大气压力(hPa)	850.9	863.1
	夏季室外大气压力(hPa)	844.2	856.0
设计计算 用供暖期 天数及其 平均温度	日平均温度≤+5℃的天数	67	41
	日平均温度≤+5℃的起止日期	12.10—02.14	01.01—02.10
	平均温度≤+5℃期间内的平均温度(℃)	3.4	4.2
	日平均温度≤+8℃的天数	112	99
	日平均温度≤+8℃的起止日期	11.19—03.10	11.27—03.05
	平均温度≤+8℃期间内的平均温度(℃)	4.4	5.7
	极端最高气温(℃)	39.7	33.4
	极端最低气温(℃)	−11.3	−7.6

A. 0. 1-1

<table>
<tr><td>(9)</td><td></td><td></td><td></td><td></td><td>云南(16)</td></tr>
<tr><td>铜仁地区</td><td>黔西南州</td><td>黔南州</td><td>黔东南州</td><td>六盘水</td><td>昆明</td></tr>
<tr><td>铜仁</td><td>兴仁</td><td>罗甸</td><td>凯里</td><td>盘县</td><td>昆明</td></tr>
<tr><td>57741</td><td>57902</td><td>57916</td><td>57825</td><td>56793</td><td>56778</td></tr>
<tr><td>27°43′</td><td>25°26′</td><td>25°26′</td><td>26°36′</td><td>25°47′</td><td>25°01′</td></tr>
<tr><td>109°11′</td><td>105°11′</td><td>106°46′</td><td>107°59′</td><td>104°37′</td><td>102°41′</td></tr>
<tr><td>279.7</td><td>1378.5</td><td>440.3</td><td>720.3</td><td>1515.2</td><td>1892.4</td></tr>
<tr><td>1971—2000</td><td>1971—2000</td><td>1971—2000</td><td>1971—2000</td><td>1971—2000</td><td>1971—2000</td></tr>
<tr><td>17.0</td><td>15.3</td><td>19.6</td><td>15.7</td><td>15.2</td><td>14.9</td></tr>
<tr><td>1.4</td><td>0.6</td><td>5.5</td><td>−0.4</td><td>0.6</td><td>3.6</td></tr>
<tr><td>5.5</td><td>6.3</td><td>10.2</td><td>4.7</td><td>6.5</td><td>8.1</td></tr>
<tr><td>−0.5</td><td>−1.3</td><td>3.7</td><td>−2.3</td><td>−1.4</td><td>0.9</td></tr>
<tr><td>76</td><td>84</td><td>73</td><td>80</td><td>79</td><td>68</td></tr>
<tr><td>35.3</td><td>28.7</td><td>34.5</td><td>32.1</td><td>29.3</td><td>26.2</td></tr>
<tr><td>26.7</td><td>22.2</td><td>*</td><td>24.5</td><td>21.6</td><td>20</td></tr>
<tr><td>32.2</td><td>25.3</td><td>31.2</td><td>29.0</td><td>25.5</td><td>23.0</td></tr>
<tr><td>60</td><td>69</td><td>66</td><td>64</td><td>65</td><td>68</td></tr>
<tr><td>30.7</td><td>24.8</td><td>29.3</td><td>28.3</td><td>24.7</td><td>22.4</td></tr>
<tr><td>0.8</td><td>1.8</td><td>0.6</td><td>1.6</td><td>1.3</td><td>1.8</td></tr>
<tr><td>C SSW</td><td>C ESE</td><td>C ESE</td><td>C SSW</td><td>C WSW</td><td>C WSW</td></tr>
<tr><td>62 7</td><td>29 13</td><td>69 4</td><td>33 9</td><td>48 9</td><td>31 13</td></tr>
<tr><td>2.3</td><td>2.3</td><td>1.7</td><td>3.1</td><td>2.5</td><td>2.6</td></tr>
<tr><td>0.9</td><td>2.2</td><td>0.7</td><td>1.6</td><td>2.0</td><td>2.2</td></tr>
<tr><td>C ENE</td><td>C ENE</td><td>C ESE</td><td>C NNE</td><td>C ENE</td><td>C WSW</td></tr>
<tr><td>58 15</td><td>19 18</td><td>62 8</td><td>26 22</td><td>31 19</td><td>35 19</td></tr>
<tr><td>2.2</td><td>2.3</td><td>1.8</td><td>2.3</td><td>2.5</td><td>3.7</td></tr>
<tr><td>C ENE</td><td>C ESE</td><td>C ESE</td><td>C NNE</td><td>C ENE</td><td>C WSW</td></tr>
<tr><td>61 11</td><td>24 15</td><td>64 6</td><td>29 15</td><td>39 14</td><td>31 16</td></tr>
<tr><td>15</td><td>29</td><td>21</td><td>16</td><td>33</td><td>66</td></tr>
<tr><td>—</td><td></td><td>—</td><td></td><td></td><td></td></tr>
<tr><td>991.3</td><td>864.4</td><td>968.6</td><td>938.3</td><td>849.6</td><td>811.9</td></tr>
<tr><td>973.1</td><td>857.5</td><td>954.7</td><td>925.2</td><td>843.8</td><td>808.2</td></tr>
<tr><td>5</td><td>0</td><td>0</td><td>30</td><td>0</td><td>0</td></tr>
<tr><td>01.29—02.02</td><td>—</td><td>—</td><td>01.09—02.07</td><td>—</td><td>—</td></tr>
<tr><td>4.9</td><td>—</td><td>—</td><td>4.4</td><td>—</td><td>—</td></tr>
<tr><td>64</td><td>65</td><td>0</td><td>87</td><td>66</td><td>27</td></tr>
<tr><td>12.12—02.13</td><td>12.10—02.12</td><td>—</td><td>12.08—03.04</td><td>12.09—02.12</td><td>12.17—01.12</td></tr>
<tr><td>6.3</td><td>6.7</td><td>—</td><td>5.8</td><td>6.9</td><td>7.7</td></tr>
<tr><td>40.1</td><td>35.5</td><td>39.2</td><td>37.5</td><td>35.1</td><td>30.4</td></tr>
<tr><td>−9.2</td><td>−6.2</td><td>−2.7</td><td>−9.7</td><td>−7.9</td><td>−7.8</td></tr>
</table>

省/直辖市/自治区			云南	
市/区/自治州			保山	昭通
台站名称及编号			保山	昭通
			56748	56586
台站信息		北纬	25°07′	27°21′
		东经	99°10′	103°43′
		海拔(m)	1653.5	1949.5
		统计年份	1971—2000	1971—2000
室外计算温、湿度		年平均温度(℃)	15.9	11.6
		供暖室外计算温度(℃)	6.6	−3.1
		冬季通风室外计算温度(℃)	8.5	2.2
		冬季空气调节室外计算温度(℃)	5.6	−5.2
		冬季空气调节室外计算相对湿度(%)	69	74
		夏季空气调节室外计算干球温度(℃)	27.1	27.3
		夏季空气调节室外计算湿球温度(℃)	20.9	19.5
		夏季通风室外计算温度(℃)	24.2	23.5
		夏季通风室外计算相对湿度(%)	67	63
		夏季空气调节室外计算日平均温度(℃)	23.1	22.5
风向、风速及频率		夏季室外平均风速(m/s)	1.3	1.6
		夏季最多风向	C SSW	C NE
		夏季最多风向的频率(%)	50 10	43 12
		夏季室外最多风向的平均风速(m/s)	2.5	3
		冬季室外平均风速(m/s)	1.5	2.4
		冬季最多风向	C WSW	C NE
		冬季最多风向的频率(%)	54 10	32 20
		冬季室外最多风向的平均风速(m/s)	3.4	3.6
		年最多风向	C WSW	C NE
		年最多风向的频率(%)	52 8	36 17
		冬季日照百分率(%)	74	43
		最大冻土深度(cm)	—	—
大气压力		冬季室外大气压力(hPa)	835.7	805.3
		夏季室外大气压力(hPa)	830.3	802.0
设计计算用供暖期天数及其平均温度		日平均温度≤+5℃的天数	0	73
		日平均温度≤+5℃的起止日期	—	12.04—02.14
		平均温度≤+5℃期间内的平均温度(℃)	—	3.1
		日平均温度≤+8℃的天数	6	122
		日平均温度≤+8℃的起止日期	01.01—01.06	11.10—03.11
		平均温度≤+8℃期间内的平均温度(℃)	7.9	4.1
		极端最高气温(℃)	32.3	33.4
		极端最低气温(℃)	−3.8	−10.6

A. 0. 1-1

(16)

丽江	普洱	红河州	西双版纳州	文山州	曲靖
丽江	思茅	蒙自	景洪	文山州	沾益
56651	56964	56985	56959	56994	56786
26°52′	22°47′	23°23′	22°00′	23°23′	25°35′
100°13′	100°58′	103°23′	100°47′	104°15′	103°50′
2392. 4	1302. 1	1300. 7	582	1271. 6	1898. 7
1971—2000	1971—2000	1971—2000	1971—2000	1971—2000	1971—2000
12. 7	18. 4	18. 7	22. 4	18	14. 4
3. 1	9. 7	6. 8	13. 3	5. 6	1. 1
6. 0	12. 5	12. 3	16. 5	11. 1	7. 4
1. 3	7. 0	4. 5	10. 5	3. 4	−1. 6
46	78	72	85	77	67
25. 6	29. 7	30. 7	34. 7	30. 4	27. 0
18. 1	22. 1	22	25. 7	22. 1	19. 8
22. 3	25. 8	26. 7	30. 4	26. 7	23. 3
59	69	62	67	63	68
21. 3	24. 0	25. 9	28. 5	25. 5	22. 4
2. 5	1. 0	3. 2	0. 8	2. 2	2. 3
C ESE	C SW	S	C ESE	SSE	C SSW
18 11	51 10	26	58 8	25	19 19
2. 5	1. 9	3. 9	1. 7	2. 9	2. 7
4. 2	0. 9	3. 8	0. 4	2. 9	3. 1
WNW	C WSW	SSW	C ESE	S	SW
21	59 7	24	72 3	26	19
5. 5	2. 7	5. 5	1. 4	3. 4	3. 8
WNW	C WSW	S	C ESE	SSE	SSW
15	55 7	23	68 5	25	18
77	64	62	57	50	56
—	—	—	—	—	—
762. 6	871. 8	865. 0	951. 3	875. 4	810. 9
761. 0	865. 3	871. 4	942. 7	868. 2	807. 6
0	0	0	0	0	0
—	—	—	—	—	—
—	—	—	—	—	—
82	0	0	0	0	60
11. 27—02. 16	—	—	—	—	12. 08—02. 05
6. 3	—	—	—	—	7. 4
32. 3	35. 7	35. 9	41. 1	35. 9	33. 2
−10. 3	−2. 5	−3. 9	−1. 9	−3. 0	−9. 2

省/直辖市/自治区		云南	
市/区/自治州		玉溪	临沧
台站名称及编号		玉溪	临沧
		56875	56951
台站信息	北纬	24°21′	23°53′
	东经	102°33′	100°05′
	海拔(m)	1636.7	1502.4
	统计年份	1971—2000	1971—2000
	年平均温度(℃)	15.9	17.5
室外计算温、湿度	供暖室外计算温度(℃)	5.5	9.2
	冬季通风室外计算温度(℃)	8.9	11.2
	冬季空气调节室外计算温度(℃)	3.4	7.7
	冬季空气调节室外计算相对湿度(%)	73	65
	夏季空气调节室外计算干球温度(℃)	28.2	28.6
	夏季空气调节室外计算湿球温度(℃)	20.8	21.3
	夏季通风室外计算温度(℃)	24.5	25.2
	夏季通风室外计算相对湿度(%)	66	69
	夏季空气调节室外计算日平均温度(℃)	23.2	23.6
风向、风速及频率	夏季室外平均风速(m/s)	1.4	1.0
	夏季最多风向	C WSW	C NE
	夏季最多风向的频率(%)	46 10	54 8
	夏季室外最多风向的平均风速(m/s)	2.5	2.4
	冬季室外平均风速(m/s)	1.7	1.0
	冬季最多风向	C WSW	C W
	冬季最多风向的频率(%)	61 6	60 4
	冬季室外最多风向的平均风速(m/s)	1.8	2.9
	年最多风向	C WSW	C NNE
	年最多风向的频率(%)	45 16	55 4
	冬季日照百分率(%)	61	71
	最大冻土深度(cm)	—	—
大气压力	冬季室外大气压力(hPa)	837.2	851.2
	夏季室外大气压力(hPa)	832.1	845.4
设计计算用供暖期天数及其平均温度	日平均温度≤+5℃的天数	0	0
	日平均温度≤+5℃的起止日期	—	—
	平均温度≤+5℃期间内的平均温度(℃)	—	—
	日平均温度≤+8℃的天数	0	0
	日平均温度≤+8℃的起止日期	—	—
	平均温度≤+8℃期间内的平均温度(℃)	—	—
	极端最高气温(℃)	32.6	34.1
	极端最低气温(℃)	−5.5	−1.3

A. 0. 1-1

（16）

楚雄州	大理州	德宏州	怒江州	迪庆州
楚雄	大理	瑞丽	泸水	香格里拉
56768	56751	56838	56741	56543
25°01′	25°42′	24°01′	25°59′	27°50′
101°32′	100°11′	97°51′	98°49′	99°42′
1772	1990.5	776.6	1804.9	3276.1
1971—2000	1971—2000	1971—2000	1971—2000	1971—2000
16.0	14.9	20.3	15.2	5.9
5.6	5.2	10.9	6.7	−6.1
8.7	8.2	13	9.2	−3.2
3.2	3.5	9.9	5.6	−8.6
75	66	78	56	60
28.0	26.2	31.4	26.7	20.8
20.1	20.2	24.5	20	13.8
24.6	23.3	27.5	22.4	17.9
61	64	72	78	63
23.9	22.3	26.4	22.4	15.6
1.5	1.9	1.1	2.1	2.1
C WSW	C NW	C WSW	WSW	C SSW
32 14	27 10	46 10	30	37 14
2.6	2.4	2.5	2.3	3.6
1.5	3.4	0.7	2.1	2.4
C WSW	C ESE	C WSW	C NNE	C SSW
45 14	15 8	61 6	18 17	38 10
2.8	3.9	1.8	2.4	3.9
C WSW	C ESE	C WSW	WSW	C SSW
40 13	20 8	51 8	18	36 13
66	68	66	68	72
—	—	—	—	25
823.3	802	927.6	820.9	684.5
818.8	798.7	918.6	816.2	685.8
0	0	0	0	176
—	—	—	—	10.23—04.16
—	—	—	—	0.1
8	29	0	0	208
01.01—01.08	12.15—01.12	—	—	10.10—05.05
7.9	7.5	—	—	1.1
33.0	31.6	36.4	32.5	25.6
−4.8	−4.2	1.4	−0.5	−27.4

省/直辖市/自治区		西藏	
市/区/自治州		拉萨	昌都地区
台站名称及编号		拉萨	昌都
		55591	56137
台站信息	北纬	29°40′	31°09′
	东经	91°08′	97°10′
	海拔(m)	3648.7	3306
	统计年份	1971—2000	1971—2000
	年平均温度(℃)	8.0	7.6
室外计算温、湿度	供暖室外计算温度(℃)	—5.2	—5.9
	冬季通风室外计算温度(℃)	—1.6	—2.3
	冬季空气调节室外计算温度(℃)	—7.6	—7.6
	冬季空气调节室外计算相对湿度(%)	28	37
	夏季空气调节室外计算干球温度(℃)	24.1	26.2
	夏季空气调节室外计算湿球温度(℃)	13.5	15.1
	夏季通风室外计算温度(℃)	19.2	21.6
	夏季通风室外计算相对湿度(%)	38	46
	夏季空气调节室外计算日平均温度(℃)	19.2	19.6
风向、风速及频率	夏季室外平均风速(m/s)	1.8	1.2
	夏季最多风向	C SE	C NW
	夏季最多风向的频率(%)	30 12	48 6
	夏季室外最多风向的平均风速(m/s)	2.7	2.1
	冬季室外平均风速(m/s)	2.0	0.9
	冬季最多风向	C ESE	C NW
	冬季最多风向的频率(%)	27 15	61 5
	冬季室外最多风向的平均风速(m/s)	2.3	2.0
	年最多风向	C SE	C NW
	年最多风向的频率(%)	28 12	51 6
	冬季日照百分率(%)	77	63
	最大冻土深度(cm)	19	81
大气压力	冬季室外大气压力(hPa)	650.6	679.9
	夏季室外大气压力(hPa)	652.9	681.7
设计计算用供暖期天数及其平均温度	日平均温度≤+5℃的天数	132	148
	日平均温度≤+5℃的起止日期	11.01—03.12	10.28—03.24
	平均温度≤+5℃期间内的平均温度(℃)	0.61	0.3
	日平均温度≤+8℃的天数	179	185
	日平均温度≤+8℃的起止日期	10.19—04.15	10.17—04.19
	平均温度≤+8℃期间内的平均温度(℃)	2.17	1.6
	极端最高气温(℃)	29.9	33.4
	极端最低气温(℃)	—16.5	—20.7

A. 0. 1-1

(7)

那曲地区	日喀则地区	林芝地区	阿里地区	山南地区
那曲	日喀则	林芝	狮泉河	错那
55299	55578	56312	55228	55690
31°29′	29°15′	29°40′	32°30′	27°59′
92°04′	88°53′	94°20′	80°05′	91°57′
4507	3936	2991.8	4278	9280
1971—2000	1971—2000	1971—2000	1972—2000	1971—2000
−1.2	6.5	8.7	0.4	−0.3
−17.8	−7.3	−2	−19.8	−14.4
−12.6	−3.2	0.5	−12.4	−9.9
−21.9	−9.1	−3.7	−24.5	−18.2
40	28	49	37	64
17.2	22.6	22.9	22.0	13.2
9.1	13.4	15.6	9.5	8.7
13.3	18.9	19.9	17.0	11.2
52	40	61	31	68
11.5	17.1	17.9	16.4	9.0
2.5	1.3	1.6	3.2	4.1
C SE	C SSE	C E	C W	WSW
30 7	51 9	38 11	24 14	31
3.5	2.5	2.1	5.0	5.7
3.0	1.8	2.0	2.6	3.6
C WNW	C W	C E	C W	C WSW
39 11	50 11	27 17	41 17	32 17
7.5	4.5	2.3	5.7	5.6
C WNW	C W	C E	C W	WSW
34 8	48 7	32 14	33 16	25
71	81	57	80	77
281	58	13	—	86
583.9	636.1	706.5	602.0	598.3
589.1	638.5	706.2	604.8	602.7
254	159	116	238	251
09.17—05.28	10.22—03.29	11.13—03.08	09.28—05.23	09.23—05.31
−5.3	−0.3	2.0	−5.5	−3.7
300	194	172	263	365
08.23—06.18	10.11—04.22	10.24—04.13	09.19—06.08	01.01—12.31
−3.4	1.0	3.4	−4.3	−0.1
24.2	28.5	30.3	27.6	18.4
−37.6	−21.3	−13.7	−36.6	−37

181

省/直辖市/自治区		陕西	
市/区/自治州		西安	延安
台站名称及编号		西安	延安
		57036	53845
台站信息	北纬	34°18′	36°36′
	东经	108°56′	109°30′
	海拔(m)	397.5	958.5
	统计年份	1971—2000	1971—2000
	年平均温度(℃)	13.7	9.9
室外计算温、湿度	供暖室外计算温度(℃)	−3.4	−10.3
	冬季通风室外计算温度(℃)	−0.1	−5.5
	冬季空气调节室外计算温度(℃)	−5.7	−13.3
	冬季空气调节室外计算相对湿度(%)	66	53
	夏季空气调节室外计算干球温度(℃)	35.0	32.4
	夏季空气调节室外计算湿球温度(℃)	25.8	22.8
	夏季通风室外计算温度(℃)	30.6	28.1
	夏季通风室外计算相对湿度(%)	58	52
	夏季空气调节室外计算日平均温度(℃)	30.7	26.1
风向、风速及频率	夏季室外平均风速(m/s)	1.9	1.6
	夏季最多风向	C ENE	C WSW
	夏季最多风向的频率(%)	28 13	28 16
	夏季室外最多风向的平均风速(m/s)	2.5	2.2
	冬季室外平均风速(m/s)	1.4	1.8
	冬季最多风向	C ENE	C WSW
	冬季最多风向的频率(%)	41 10	25 20
	冬季室外最多风向的平均风速(m/s)	2.5	2.4
	年最多风向	C ENE	C WSW
	年最多风向的频率(%)	35 11	26 17
	冬季日照百分率(%)	32	61
	最大冻土深度(cm)	37	77
大气压力	冬季室外大气压力(hPa)	979.1	913.8
	夏季室外大气压力(hPa)	959.8	900.7
设计计算用供暖期天数及其平均温度	日平均温度≤+5℃的天数	100	133
	日平均温度≤+5℃的起止日期	11.23—03.02	11.06—03.18
	平均温度≤+5℃期间内的平均温度(℃)	1.5	−1.9
	日平均温度≤+8℃的天数	127	159
	日平均温度≤+8℃的起止日期	11.09—03.15	10.23—03.30
	平均温度≤+8℃期间内的平均温度(℃)	2.6	−0.5
	极端最高气温(℃)	41.8	38.3
	极端最低气温(℃)	−12.8	−23.0

A. 0. 1-1

(9)

宝鸡	汉中	榆林	安康	铜川	咸阳
宝鸡	汉中	榆林	安康	铜川	武功
57016	57127	53646	57245	53947	57034
34°21′	33°04′	38°14′	32°43′	35°05′	34°15′
107°08′	107°02′	109°42′	109°02′	109°04′	108°13′
612.4	509.5	1507.5	290.8	978.9	447.8
1971—2000	1971—2000	1971—2000	1971—2000	1971—1999	1971—2000
13.2	14.4	8.3	15.6	10.6	13.2
−3.4	−0.1	−15.1	0.9	−7.2	−3.6
0.1	2.4	−9.4	3.5	−3.0	−0.4
−5.8	−1.8	−19.3	−0.9	−9.8	−5.9
62	80	55	71	55	67
34.1	32.3	32.2	35.0	31.5	34.3
24.6	26	21.5	26.8	23	*
29.5	28.5	28.0	30.5	27.4	29.9
58	69	45	64	60	61
29.2	28.5	26.5	30.7	26.5	29.8
1.5	1.1	2.3	1.3	2.2	1.7
C ESW	C ESE	C S	C E	ENE	C WNW
37 12	43 9	27 17	41 7	20	28
2.9	1.9	3.5	2.3	2.2	2.9
1.1	0.9	1.7	1.2	2.2	1.4
C ESE	C E	C N	C E	ENE	C NW
54 13	55 8	43 14	49 13	31	34 7
2.8	2.4	2.9	2.9	2.3	2.3
C ESE	C ESE	C S	C E	ENE	C WNW
47 13	49 8	35 11	45 10	24	31 9
40	27	64	30	58	42
29	8	148	8	53	24
953.7	964.3	902.2	990.6	911.1	971.7
936.9	947.8	889.9	971.7	898.4	953.1
101	72	153	60	128	101
11.23—03.03	12.04—02.13	10.27—03.28	12.12—02.09	11.10—03.17	11.23—03.03
1.6	3.0	−3.9	3.8	−0.2	1.2
135	115	171	100	148	133
11.08—03.22	11.15—03.09	10.17—04.05	11.26—03.05	11.03—03.30	11.08—03.20
3	4.3	−2.8	4.9	0.6	2.7
41.6	38.3	38.6	41.3	37.7	40.4
−16.1	−10.0	−30.0	−9.7	−21.8	−19.4

省/直辖市/自治区		陕西(9)	甘肃
市/区/自治州		商洛	兰州
台站名称及编号		商州	兰州
		57143	52889
台站 信息	北纬	33°52′	36°03′
	东经	109°58′	103°53′
	海拔(m)	742.2	1517.2
	统计年份	1971—2000	1971—2000
年平均温度(℃)		12.8	9.8
室外计算 温、湿度	供暖室外计算温度(℃)	−3.3	−9.0
	冬季通风室外计算温度(℃)	−0.5	−5.3
	冬季空气调节室外计算温度(℃)	−5	−11.5
	冬季空气调节室外计算相对湿度(%)	59	54
	夏季空气调节室外计算干球温度(℃)	32.9	31.2
	夏季空气调节室外计算湿球温度(℃)	24.3	20.1
	夏季通风室外计算温度(℃)	28.6	26.5
	夏季通风室外计算相对湿度(%)	56	45
	夏季空气调节室外计算日平均温度(℃)	27.6	26.0
风向、 风速 及频率	夏季室外平均风速(m/s)	2.2	1.2
	夏季最多风向	C SE	C ESE
	夏季最多风向的频率(%)	27 18	48 9
	夏季室外最多风向的平均风速(m/s)	3.9	2.1
	冬季室外平均风速(m/s)	2.6	0.5
	冬季最多风向	C NW	C E
	冬季最多风向的频率(%)	22 16	74 5
	冬季室外最多风向的平均风速(m/s)	4.1	1.7
	年最多风向	C SE	C ESE
	年最多风向的频率(%)	26 15	59 7
冬季日照百分率(%)		47	53
最大冻土深度(cm)		18	98
大气压力	冬季室外大气压力(hPa)	937.7	851.5
	夏季室外大气压力(hPa)	923.3	843.2
设计计算 用供暖期 天数及其 平均温度	日平均温度≤+5℃的天数	100	130
	日平均温度≤+5℃的起止日期	11.25—03.04	11.05—03.14
	平均温度≤+5℃期间内的平均温度(℃)	1.9	−1.9
	日平均温度≤+8℃的天数	139	160
	日平均温度≤+8℃的起止日期	11.09—03.27	10.20—03.28
	平均温度≤+8℃期间内的平均温度(℃)	3.3	−0.3
极端最高气温(℃)		39.9	39.8
极端最低气温(℃)		−13.9	−19.7

A. 0. 1-1

(13)

酒泉	平凉	天水	陇南	张掖
酒泉	平凉	天水	武都	张掖
52533	53915	57006	56096	52652
39°46′	35°33′	34°35′	33°24′	38°56′
98°29′	106°40′	105°45′	104°55′	100°26′
1477. 2	1346. 6	1141. 7	1079. 1	1482. 7
1971—2000	1971—2000	1971—2000	1971—2000	1971—2000
7. 5	8. 8	11. 0	14. 6	7. 3
−14. 5	−8. 8	−5. 7	0. 0	−13. 7
−9. 0	−4. 6	−2. 0	3. 3	−9. 3
−18. 5	−12. 3	−8. 4	−2. 3	−17. 1
53	55	62	51	52
30. 5	29. 8	30. 8	32. 6	31. 7
19. 6	21. 3	21. 8	22. 3	19. 5
26. 3	25. 6	26. 9	28. 3	26. 9
39	56	55	52	37
24. 8	24. 0	25. 9	28. 5	25. 1
2. 2	1. 9	1. 2	1. 7	2. 0
C ESE	C SE	C ESE	C SSE	C S
24 8	24 14	43 15	39 10	25 12
2. 8	2. 8	2. 0	3. 1	2. 1
2. 0	2. 1	1. 0	1. 2	1. 8
C W	C NW	C ESE	C ENE	C S
21 12	22 20	51 15	47 6	27 13
2. 4	2. 2	2. 2	2. 3	2. 1
C WSW	C NW	C ESE	C SSE	C S
21 10	24 16	47 15	43 8	25 12
72	60	46	47	74
117	48	90	13	113
856. 3	870. 0	892. 4	898. 0	855. 5
847. 2	860. 8	881. 2	887. 3	846. 5
157	143	119	64	159
10. 23—03. 28	11. 05—03. 27	11. 11—03. 09	12. 09—02. 10	10. 21—03. 28
−4	−1. 3	0. 3	3. 7	−4. 0
183	170	145	102	178
10. 12—04. 12	10. 18—04. 05	11. 04—03. 28	11. 23—03. 04	10. 12—04. 07
−2. 4	0. 0	1. 4	4. 8	−2. 9
36. 6	36. 0	38. 2	38. 6	38. 6
−29. 8	−24. 3	−17. 4	−8. 6	−28. 2

省/直辖市/自治区		甘肃	
市/区/自治州		白银	金昌
台站名称及编号		靖远	永昌
		52895	52674
台站 信息	北纬	36°34′	38°14′
	东经	104°41′	101°58′
	海拔(m)	1398.2	1976.1
	统计年份	1971—2000	1971—2000
年平均温度(℃)		9	5
室外计算 温、湿度	供暖室外计算温度(℃)	−10.7	−14.8
	冬季通风室外计算温度(℃)	−6.9	−9.6
	冬季空气调节室外计算温度(℃)	−13.9	−18.2
	冬季空气调节室外计算相对湿度(%)	58	45
	夏季空气调节室外计算干球温度(℃)	30.9	27.3
	夏季空气调节室外计算湿球温度(℃)	21	17.2
	夏季通风室外计算温度(℃)	26.7	23
	夏季通风室外计算相对湿度(%)	48	45
	夏季空气调节室外计算日平均温度(℃)	25.9	20.6
风向、 风速 及频率	夏季室外平均风速(m/s)	1.3	3.1
	夏季最多风向	C S	WNW
	夏季最多风向的频率(%)	49 10	21
	夏季室外最多风向的平均风速(m/s)	3.3	3.6
	冬季室外平均风速(m/s)	0.7	2.6
	冬季最多风向	C ENE	C WNW
	冬季最多风向的频率(%)	69 6	27 16
	冬季室外最多风向的平均风速(m/s)	2.1	3.5
	年最多风向	C S	C WNW
	年最多风向的频率(%)	56 6	19 18
冬季日照百分率(%)		66	78
最大冻土深度(cm)		86	159
大气压力	冬季室外大气压力(hPa)	864.5	802.8
	夏季室外大气压力(hPa)	855	798.9
设计计算 用供暖期 天数及其 平均温度	日平均温度≤+5℃的天数	138	175
	日平均温度≤+5℃的起止日期	11.03—03.20	10.15—04.04
	平均温度≤+5℃期间内的平均温度(℃)	−2.7	−4.3
	日平均温度≤+8℃的天数	167	199
	日平均温度≤+8℃的起止日期	10.19—04.03	10.05—04.21
	平均温度≤+8℃期间内的平均温度(℃)	−1.1	−3.0
极端最高气温(℃)		39.5	35.1
极端最低气温(℃)		−24.3	−28.3

A. 0. 1-1

(13)

庆阳	定西	武威	临夏州	甘南州
西峰镇	临洮	武威	临夏	合作
53923	52679	52679	52984	56080
35°44′	35°22′	37°55′	35°35′	35°00′
107°38′	103°52′	102°40′	103°11′	102°54′
1421	1886.6	1530.9	1917	2910.0
1971—2000	1971—2000	1971—2000	1971—2000	1971—2000
8.7	7.2	7.9	7.0	2.4
—9.6	—11.3	—12.7	—10.6	—13.8
—4.8	—7.0	—7.8	—6.7	—9.9
—12.9	—15.2	—16.3	—13.4	—16.6
53	62	49	59	49
28.7	27.7	30.9	26.9	22.3
20.6	19.2	19.6	19.4	14.5
24.6	23.3	26.4	22.8	17.9
57	55	41	57	54
24.3	22.1	24.8	21.2	15.9
2.4	1.2	1.8	1.0	1.5
SSW	C SSW	C NNW	C WSW	C N
16	43 7	35 9	54 9	46 13
2.9	1.7	3.3	2.0	3.3
2.2	1.0	1.6	1.2	1.0
C NNW	C NE	C SW	C N	C N
13 10	52 7	35 11	47 10	63 8
2.8	1.9	2.4	1.9	3.0
SSW	C ESE	C SW	C NNE	C N
13	45 6	34 9	49 9	50 11
61	64	75	63	66
79	114	141	85	142
861.8	812.6	850.3	809.4	713.2
853.5	808.1	841.8	805.1	716.0
144	155	155	156	202
11.05—03.28	10.25—03.28	10.24—03.27	10.24—03.28	10.08—04.27
—1.5	—2.2	—3.1	—2.2	—3.9
171	183	174	185	250
10.18—04.06	10.14—04.14	10.14—04.05	10.13—04.15	09.15—05.22
—0.2	—0.8	—2.0	—0.8	—1.8
36.4	36.1	35.1	36.4	30.4
—22.6	—27.9	—28.3	—24.7	—27.9

	省/直辖市/自治区	青海	
	市/区/自治州	西宁	玉树州
	台站名称及编号	西宁 52866	玉树 56029
台站 信息	北纬	36°43′	33°01′
	东经	101°45′	97°01′
	海拔(m)	2295.2	3681.2
	统计年份	1971—2000	1971—2000
	年平均温度(℃)	6.1	3.2
室外计算 温、湿度	供暖室外计算温度(℃)	−11.4	−11.9
	冬季通风室外计算温度(℃)	−7.4	−7.6
	冬季空气调节室外计算温度(℃)	−13.6	−15.8
	冬季空气调节室外计算相对湿度(%)	45	44
	夏季空气调节室外计算干球温度(℃)	26.5	21.8
	夏季空气调节室外计算湿球温度(℃)	16.6	13.1
	夏季通风室外计算温度(℃)	21.9	17.3
	夏季通风室外计算相对湿度(%)	48	50
	夏季空气调节室外计算日平均温度(℃)	20.8	15.5
风向、 风速 及频率	夏季室外平均风速(m/s)	1.5	0.8
	夏季最多风向	C　SSE	C　E
	夏季最多风向的频率(%)	37　17	63　7
	夏季室外最多风向的平均风速(m/s)	2.9	2.3
	冬季室外平均风速(m/s)	1.3	1.1
	冬季最多风向	C　SSE	C　WNW
	冬季最多风向的频率(%)	49　18	62　7
	冬季室外最多风向的平均风速(m/s)	3.2	3.5
	年最多风向	C　SSE	C　WNW
	年最多风向的频率(%)	41　20	60　6
	冬季日照百分率(%)	68	60
	最大冻土深度(cm)	123	104
大气压力	冬季室外大气压力(hPa)	774.4	647.5
	夏季室外大气压力(hPa)	772.9	651.5
设计计算 用供暖期 天数及其 平均温度	日平均温度≤+5℃的天数	165	199
	日平均温度≤+5℃的起止日期	10.20—04.02	10.09—04.25
	平均温度≤+5℃期间内的平均温度(℃)	−2.6	−2.7
	日平均温度≤+8℃的天数	190	248
	日平均温度≤+8℃的起止日期	10.10—04.17	09.17—05.22
	平均温度≤+8℃期间内的平均温度(℃)	−1.4	−0.8
	极端最高气温(℃)	36.5	28.5
	极端最低气温(℃)	−24.9	−27.6

A. 0. 1-1

(8)

海西州	黄南州	海南州	果洛州	海北州
格尔木	河南	共和	达日	祁连
52818	56065	52856	56046	52657
36°25′	34°44′	36°16′	33°45′	38°11′
94°54′	101°36′	100°37′	99°39′	100°15′
2807. 3	8500	2835	3967. 5	2787. 4
1971—2000	1972—2000	1971—2000	1972—2000	1971—2000
5. 3	0. 0	4. 0	−0. 9	1. 0
−12. 9	−18. 0	−14	−18. 0	−17. 2
−9. 1	−12. 3	−9. 8	−12. 6	−13. 2
−15. 7	−22. 0	−16. 6	−21. 1	−19. 7
39	55	43	53	44
26. 9	19. 0	24. 6	17. 3	23. 0
13. 3	12. 4	14. 8	10. 9	13. 8
21. 6	14. 9	19. 8	13. 4	18. 3
30	58	48	57	48
21. 4	13. 2	19. 3	12. 1	15. 9
3. 3	2. 4	2. 0	2. 2	2. 2
WNW	C　SE	C　SSE	C　ENE	C　SSE
20	29　13	30　8	32　12	23　19
4. 3	3. 4	2. 9	3. 4	2. 9
2. 2	1. 9	1. 4	2. 0	1. 5
C　WSW	C　NW	C　NNE	C　WNW	C　SSE
23　12	47　6	45　12	48　7	36　13
2. 3	4. 4	1. 6	4. 9	2. 3
WNW	C　ESE	C　NNE	C　ENE	C　SSE
15	35　9	36　10	38　7	27　17
72	69	75	62	73
84	177	150	238	250
723. 5	663. 1	720. 1	624. 0	725. 1
724. 0	668. 4	721. 8	630. 1	727. 3
176	243	183	255	213
10. 15—04. 08	09. 17—05. 17	10. 14—04. 14	09. 14—05. 26	09. 29—04. 29
−3. 8	−4. 5	−4. 1	−4. 9	−5. 8
203	285	210	302	252
10. 02—04. 22	09. 01—06. 12	09. 30—04. 27	08. 23—06. 20	09. 12—05. 21
−2. 4	−2. 8	−2. 7	−2. 9	−3. 8
35. 5	26. 2	33. 7	23. 3	33. 3
−26. 9	−37. 2	−27. 7	−34	−32. 0

省/直辖市/自治区		青海（8）	宁夏
市/区/自治州		海东地区	银川
台站名称及编号		民和	银川
		52876	53614
台站信息	北纬	36°19′	38°29′
	东经	102°51′	106°13′
	海拔(m)	1813.9	1111.4
	统计年份	1971—2000	1971—2000
年平均温度(℃)		7.9	9.0
室外计算温、湿度	供暖室外计算温度(℃)	−10.5	−13.1
	冬季通风室外计算温度(℃)	−6.2	−7.9
	冬季空气调节室外计算温度(℃)	−13.4	−17.3
	冬季空气调节室外计算相对湿度(%)	51	55
	夏季空气调节室外计算干球温度(℃)	28.8	31.2
	夏季空气调节室外计算湿球温度(℃)	19.4	22.1
	夏季通风室外计算温度(℃)	24.5	27.6
	夏季通风室外计算相对湿度(%)	50	48
	夏季空气调节室外计算日平均温度(℃)	23.3	26.2
风向、风速及频率	夏季室外平均风速(m/s)	1.4	2.1
	夏季最多风向	C SE	C SSW
	夏季最多风向的频率(%)	38 8	21 11
	夏季室外最多风向的平均风速(m/s)	2.2	2.9
	冬季室外平均风速(m/s)	1.4	1.8
	冬季最多风向	C SE	C NNE
	冬季最多风向的频率(%)	40 10	26 11
	冬季室外最多风向的平均风速(m/s)	2.6	2.2
	年最多风向	C SE	C NNE
	年最多风向的频率(%)	38 11	23 9
冬季日照百分率(%)		61	68
最大冻土深度(cm)		108	88
大气压力	冬季室外大气压力(hPa)	820.3	896.1
	夏季室外大气压力(hPa)	815.0	883.9
设计计算用供暖期天数及其平均温度	日平均温度≤+5℃的天数	146	145
	日平均温度≤+5℃的起止日期	11.02—03.27	11.03—03.27
	平均温度≤+5℃期间内的平均温度(℃)	−2.1	−3.2
	日平均温度≤+8℃的天数	173	169
	日平均温度≤+8℃的起止日期	10.15—04.05	10.19—04.05
	平均温度≤+8℃期间内的平均温度(℃)	−0.8	−1.8
极端最高气温(℃)		37.2	38.7
极端最低气温(℃)		−24.9	−27.7

A. 0. 1-1

(5)

石嘴山	吴忠	固原	中卫
惠农	同心	固原	中卫
53519	53810	53817	53704
39°13′	36°59′	36°00′	37°32′
106°46′	105°54′	106°16′	105°11′
1091. 0	1343. 9	1753. 0	1225. 7
1971—2000	1971—2000	1971—2000	1971—1990
8. 8	9. 1	6. 4	8. 7
−13. 6	−12. 0	−13. 2	−12. 6
−8. 4	−7. 1	−8. 1	−7. 5
−17. 4	−16. 0	−17. 3	−16. 4
50	50	56	51
31. 8	32. 4	27. 7	31. 0
21. 5	20. 7	19	21. 1
28. 0	27. 7	23. 2	27. 2
42	40	54	47
26. 8	26. 6	22. 2	25. 7
3. 1	3. 2	2. 7	1. 9
C SSW	SSE	C SSE	C ESE
15 12	23	19 14	37 20
3. 1	3. 4	3. 7	1. 9
2. 7	2. 3	2. 7	1. 8
C NNE	C SSE	C NNW	C WNW
26 11	22 19	18 9	46 11
4. 7	2. 8	3. 8	2. 6
C SSW	SSE	C SE	C ESE
19 8	21	18 11	40 13
73	72	67	72
91	130	121	66
898. 2	870. 6	826. 8	883. 0
885. 7	860. 6	821. 1	871. 7
146	143	166	145
11. 02—03. 27	11. 04—03. 26	10. 21—04. 04	11. 02—03. 26
−3. 7	−2. 8	−3. 1	−3. 1
169	168	189	170
10. 19—04. 05	10. 19—04. 04	10. 10—04. 16	10. 18—04. 05
−2. 3	−1. 4	−1. 9	−1. 6
38	39	34. 6	37. 6
−28. 4	−27. 1	−30. 9	−29. 2

省/直辖市/自治区		新疆	
市/区/自治州		乌鲁木齐	克拉玛依
台站名称及编号		乌鲁木齐	克拉玛依
		51463	51243
台站信息	北纬	43°47′	45°37′
	东经	87°37′	84°51′
	海拔(m)	917.9	449.5
	统计年份	1971—2000	1971—2000
	年平均温度(℃)	7.0	8.6
室外计算温、湿度	供暖室外计算温度(℃)	−19.7	−22.2
	冬季通风室外计算温度(℃)	−12.7	−15.4
	冬季空气调节室外计算温度(℃)	−23.7	−26.5
	冬季空气调节室外计算相对湿度(%)	78	78
	夏季空气调节室外计算干球温度(℃)	33.5	36.4
	夏季空气调节室外计算湿球温度(℃)	18.2	19.8
	夏季通风室外计算温度(℃)	27.5	30.6
	夏季通风室外计算相对湿度(%)	34	26
	夏季空气调节室外计算日平均温度(℃)	28.3	32.3
风向、风速及频率	夏季室外平均风速(m/s)	3.0	4.4
	夏季最多风向	NNW	NNW
	夏季最多风向的频率(%)	15	29
	夏季室外最多风向的平均风速(m/s)	3.7	6.6
	冬季室外平均风速(m/s)	1.6	1.1
	冬季最多风向	C SSW	C E
	冬季最多风向的频率(%)	29 10	49 7
	冬季室外最多风向的平均风速(m/s)	2.0	2.1
	年最多风向	C NNW	C NNW
	年最多风向的频率(%)	15 12	21 19
	冬季日照百分率(%)	39	47
	最大冻土深度(cm)	139	192
大气压力	冬季室外大气压力(hPa)	924.6	979.0
	夏季室外大气压力(hPa)	911.2	957.6
设计计算用供暖期天数及其平均温度	日平均温度≤+5℃的天数	158	147
	日平均温度≤+5℃的起止日期	10.24—03.30	10.31—03.26
	平均温度≤+5℃期间内的平均温度(℃)	−7.1	−8.6
	日平均温度≤+8℃的天数	180	165
	日平均温度≤+8℃的起止日期	10.14—04.11	10.19—04.01
	平均温度≤+8℃期间内的平均温度(℃)	−5.4	−7.0
	极端最高气温(℃)	42.1	42.7
	极端最低气温(℃)	−32.8	−34.3

A. 0. 1-1

(14)

吐鲁番	哈密	和田	阿勒泰	喀什地区
吐鲁番	哈密	和田	阿勒泰	喀什
51573	52203	51828	51076	51709
42°56′	42°49′	37°08′	47°44′	39°28′
89°12′	93°31′	79°56′	88°05′	75°59′
34.5	737.2	1374.5	735.3	1288.7
1971—2000	1971—2000	1971—2000	1971—2000	1971—2000
14.4	10.0	12.5	4.5	11.8
−12.6	−15.6	−8.7	−24.5	−10.9
−7.6	−10.4	−4.4	−15.5	−5.3
−17.1	−18.9	−12.8	−29.5	−14.6
60	60	54	74	67
40.3	35.8	34.5	30.8	33.8
24.2	22.3	21.6	19.9	21.2
36.2	31.5	28.8	25.5	28.8
26	28	36	43	34
35.3	30.0	28.9	26.3	28.7
1.5	1.8	2.0	2.6	2.1
C ESE	C ENE	C WSW	C WNW	C NNW
34 8	36 13	19 10	23 15	22 8
2.4	2.8	2.2	4.2	3.0
0.5	1.5	1.4	1.2	1.1
C SSE	C ENE	C WSW	C ENE	C NNW
67 4	37 16	31 8	52 9	44 9
1.3	2.1	1.8	2.4	1.7
C ESE	C ENE	C SW	C NE	C NNW
48 7	35 13	23 10	31 9	33 9
56	72	56	58	53
83	127	64	139	66
1027.9	939.6	866.9	941.1	876.9
997.6	921.0	856.5	925.0	866.0
118	141	114	176	121
11.07—03.04	10.31—03.20	11.12—03.05	10.17—04.10	11.09—03.09
−3.4	−4.7	−1.4	−8.6	−1.9
136	162	132	190	139
10.30—03.14	10.18—03.28	11.03—03.14	10.08—04.15	10.30—03.17
−2.0	−3.2	−0.3	−7.5	−0.7
47.7	43.2	41.1	37.5	39.9
−25.2	−28.6	−20.1	−41.6	−23.6

省/直辖市/自治区			新疆	
市/区/自治州			伊犁哈萨克自治州	巴音郭楞蒙古自治州
台站名称及编号			伊宁	库尔勒
			51431	51656
台站信息	北纬		43°57′	41°45′
	东经		81°20′	86°08′
	海拔(m)		662.5	931.5
	统计年份		1971—2000	1971—2000
	年平均温度(℃)		9	11.7
室外计算温、湿度	供暖室外计算温度(℃)		−16.9	−11.1
	冬季通风室外计算温度(℃)		−8.8	−7
	冬季空气调节室外计算温度(℃)		−21.5	−15.3
	冬季空气调节室外计算相对湿度(%)		78	63
	夏季空气调节室外计算干球温度(℃)		32.9	34.5
	夏季空气调节室外计算湿球温度(℃)		21.3	22.1
	夏季通风室外计算温度(℃)		27.2	30.0
	夏季通风室外计算相对湿度(%)		45	33
	夏季空气调节室外计算日平均温度(℃)		26.3	30.6
风向、风速及频率	夏季室外平均风速(m/s)		2	2.6
	夏季最多风向		C ESE	C ENE
	夏季最多风向的频率(%)		20 16	28 19
	夏季室外最多风向的平均风速(m/s)		2.3	4.6
	冬季室外平均风速(m/s)		1.3	1.8
	冬季最多风向		C E	C E
	冬季最多风向的频率(%)		38 14	38 19
	冬季室外最多风向的平均风速(m/s)		2	3.2
	年最多风向		C ESE	C E
	年最多风向的频率(%)		28 14	32 16
	冬季日照百分率(%)		56	62
	最大冻土深度(cm)		60	58
大气压力	冬季室外大气压力(hPa)		947.4	917.6
	夏季室外大气压力(hPa)		934	902.3
设计计算用供暖期天数及其平均温度	日平均温度≤+5℃的天数		141	127
	日平均温度≤+5℃的起止日期		11.03—03.23	11.06—03.12
	平均温度≤+5℃期间内的平均温度(℃)		−3.9	−2.9
	日平均温度≤+8℃的天数		161	150
	日平均温度≤+8℃的起止日期		10.20—03.29	10.24—03.22
	平均温度≤+8℃期间内的平均温度(℃)		−2.6	−1.4
	极端最高气温(℃)		39.2	40
	极端最低气温(℃)		−36	−25.3

注：* 该台站该项数据缺失。

A. 0. 1-1

(14)

昌吉回族自治州	博尔塔拉蒙古自治州	阿克苏地区	塔城地区	克孜勒苏柯尔克孜自治州
奇台	精河	阿克苏	塔城	乌恰
51379	51334	51628	51133	51705
44°01′	44°37′	41°10′	46°44′	39°43′
89°34′	82°54′	80°14′	83°00′	75°15′
793.5	320.1	1103.8	534.9	2175.7
1971—2000	1971—2000	1971—2000	1971—2000	1971—2000
5.2	7.8	10.3	7.1	7.3
−24.0	−22.2	−12.5	−19.2	−14.1
−17.0	−15.2	−7.8	−10.5	−8.2
−28.2	−25.8	−16.2	−24.7	−17.9
79	81	69	72	59
33.5	34.8	32.7	33.6	28.8
19.5	*	*	*	*
27.9	30.0	28.4	27.5	23.6
34	39	39	39	27
28.2	28.7	27.1	26.9	24.3
3.5	1.7	1.7	2.2	3.1
SSW	C SSW	C NNW	N	C WNW
18	28 14	28 8	16	21 15
3.5	2	2.3	2.2	5.0
2.5	1.0	1.2	2.0	1.4
SSW	C SSW	C NNE	C NNE	C WNW
19	49 12	32 15	22 22	59 7
2.9	1.6	1.6	2.1	5.9
SSW	C SSW	C NNE	NNE	C WNW
17	37 13	31 10	17	36 12
60	43	61	57	62
136	141	80	160	650
934.1	994.1	897.3	963.2	786.2
919.4	971.2	884.3	947.5	784.3
164	152	124	162	153
10.19—03.31	10.27—03.27	11.04—03.07	10.23—04.02	10.27—03.28
−9.5	−7.7	−3.5	−5.4	−3.6
187	170	137	182	182
10.09—04.13	10.16—04.03	10.22—03.07	10.13—04.12	10.13—04.12
−7.4	−6.2	−1.8	−4.1	−1.9
40.5	41.6	39.6	41.3	35.7
−40.1	−33.8	−25.2	−37.1	−29.9

表 A.0.1-2　室外空气计算参数（二）

| 序号 | 省/直辖市/自治区 | 市/区/自治州 | 台站编号 | 台站信息 | | | | 室外空气计算参数 | | | |
				北纬	东经	海拔(m)	统计年份	历年极端最高气温平均值(℃)	历年极端最低气温平均值(℃)	累年最低日平均温度(℃)	累年最热月平均相对湿度(%)
1	北京	密云	54416	40°23′	116°52′	71.8	1989—2000	36.6	−17.1	−13.9	61
2	北京	北京	54511	39°48′	116°28′	31.3	1971—2000	36.9	−14.0	−12.8	61
3	天津	天津	54527	39°05′	117°04′	2.5	1971—2000	37.1	−13.9	−11.8	68
4	河北	张北	53399	41°09′	114°42′	1393.3	1971—2000	30.5	−30.2	−27.7	65
5	河北	石家庄	53698	38°02′	114°25′	81	1971—2000	38.9	−13.1	−12.9	63
6	河北	邢台	53798	37°04′	114°30′	77.3	1971—2000	39.0	−12.0	−13	63
7	河北	丰宁	54308	41°13′	116°38′	661.2	1971—2000	35.0	−24.3	−20.6	57
8	河北	怀来	54405	40°24′	115°30′	536.8	1971—2000	36.5	−18.6	−17.6	58
9	河北	承德	54423	40°59′	117°57′	385.9	1971—2000	36.1	−20.6	−17.4	56
10	河北	乐亭	54539	39°26′	118°53′	10.5	1971—2000	34.6	−17.8	−15.5	74
11	河北	饶阳	54606	38°14′	115°44′	19	1971—2000	38.6	−16.0	−17.2	63

续表 A.0.1-2

| 序号 | 省/直辖市/自治区 | 市/区/自治州 | 台站编号 | 台站信息 | | | 统计年份 | 室外空气计算参数 | | | |
				北纬	东经	海拔(m)		历年极端最高气温平均值(℃)	历年极端最低气温平均值(℃)	累年最低日平均温度(℃)	累年最热月平均相对湿度(%)
12	山西	大同	53487	40°06′	113°20′	1067.2	1971—2000	34.5	−24.3	−22.2	61
13	山西	原平	53673	38°44′	112°43′	828.2	1971—2000	35.6	−20.9	−19	63
14	山西	太原	53772	37°47′	112°33′	778.3	1971—2000	35.0	−19.0	−15.7	67
15	山西	榆社	53787	37°04′	112°59′	1041.4	1971—2000	34.4	−19.8	−18.1	63
16	山西	介休	53863	37°02′	111°55′	743.9	1971—2000	36.1	−17.9	−16.4	64
17	山西	运城	53959	35°03′	111°03′	365	1971—2000	39.1	−12.6	−11.7	58
18	山西	侯马	53963	35°39′	111°22′	433.8	1991—2000	39.1	−15.6	−14.9	60
19	内蒙古	图里河	50434	50°29′	121°41′	732.6	1971—2000	31.2	−44.2	−40.9	81
20	内蒙古	满洲里	50514	49°34′	117°26′	661.7	1971—2000	33.8	−36.2	−35.1	64
21	内蒙古	海拉尔	50527	49°13′	119°45′	610.2	1971—2000	33.5	−38.1	−38	70
22	内蒙古	博克图	50632	48°46′	121°55′	739.7	1971—2000	31.6	−31.9	−32	74

续表 A.0.1-2

| 序号 | 省/直辖市/自治区 | 市/区/自治州 | 台站编号 | 台站信息 | | | | | 室外空气计算参数 | | | |
				北纬	东经	海拔(m)	统计年份	历年极端最高气温平均值(℃)	历年极端最低气温平均值(℃)	累年最低日平均温度(℃)	累年最热月平均相对湿度(%)
23	内蒙古	阿尔山	50727	47°10′	119°5′6′	997.2	1971—2000	30.3	−39.8	−40.3	74
24	内蒙古	索伦	50834	46°36′	121°13′	499.7	1971—2000	34.8	−31.3	−30.4	58
25	内蒙古	东乌珠穆沁旗	50915	45°31′	116°58′	838.9	1971—2000	35.8	−34.4	−33.4	49
26	内蒙古	额济纳旗	52267	41°57′	101°04′	940.5	1971—2000	39.9	−25.0	−24.9	27
27	内蒙古	巴音毛道	52495	40°10′	104°48′	1323.9	1971—2000	36.8	−25.0	−25	33
28	内蒙古	二连浩特	53068	43°39′	111°58′	964.7	1971—2000	37.2	−31.9	−31.8	35
29	内蒙古	阿巴嘎旗	53192	44°01′	114°57′	1126.1	1971—2000	34.8	−34.6	−33.8	45
30	内蒙古	海力素	53231	41°24′	106°24′	1509.6	1971—2000	34.4	−27.9	−28.9	35
31	内蒙古	朱日和	53276	42°24′	112°54′	1150.8	1971—2000	35.6	−28.1	−28	34
32	内蒙古	乌拉特后旗	53336	41°34′	108°31′	1288	1971—2000	34.4	−26.7	−27.2	46

续表 A. 0. 1-2

序号	省/直辖市/自治区	市/区/自治州	台站编号	台站信息				室外空气计算参数			
				北纬	东经	海拔(m)	统计年份	历年极端最高气温平均值(℃)	历年极端最低气温平均值(℃)	累年最低日平均温度(℃)	累年最热月平均相对湿度(%)
33	内蒙古	达尔罕联合旗	53352	41°42′	110°26′	1376.6	1971—2000	33.9	−30.9	−32.6	52
34	内蒙古	化德	53391	41°54′	114°00′	1482.7	1971—2000	31.4	−28.5	−29.5	61
35	内蒙古	呼和浩特	53463	40°49′	111°41′	1063	1971—2000	34.2	−23.7	−25.1	53
36	内蒙古	吉兰太	53502	39°47′	105°45′	1031.8	1971—2000	38.9	−24.5	−24.7	36
37	内蒙古	鄂托克旗	53529	39°06′	107°59′	1380.3	1971—2000	34.8	−25.3	−24.2	46
38	内蒙古	东胜	53543	39°50′	109°59′	1461.9	1971—2000	32.8	−23.0	−24.9	52
39	内蒙古	西乌珠穆沁旗	54012	44°35′	117°36′	995.9	1971—2000	34.0	−33.4	−31.5	52
40	内蒙古	扎鲁特旗	54026	44°34′	120°54′	265	1971—2000	37.2	−24.1	−24.5	51
41	内蒙古	巴林左旗	54027	43°59′	119°24′	486.2	1971—2000	36.3	−27.0	−24.1	54
42	内蒙古	锡林浩特	54102	43°57′	116°07′	1003	1971—2000	35.2	−31.9	−30.5	45

续表 A.0.1-2

序号	省/直辖市/自治区	市/区/自治州	台站编号	北纬	东经	海拔(m)	统计年份	历年极端最高气温平均值(℃)	历年极端最低气温平均值(℃)	累年最低日平均温度(℃)	累年最热月平均相对湿度(%)
43	内蒙古	林西	54115	43°36′	118°04′	799.5	1971—2000	35.0	−26.8	−25.2	49
44	内蒙古	开鲁	54134	43°36′	121°17′	241	1971—2000	36.6	−25.7	−24.4	58
45	内蒙古	通辽	54135	43°36′	122°16′	178.7	1971—2000	35.6	−26.4	−26.7	61
46	内蒙古	多伦	54208	42°11′	116°28′	1245.4	1971—2000	31.7	−31.3	−30	57
47	内蒙古	赤峰	54218	42°16′	118°56′	568	1971—2000	36.6	−23.8	−22.4	49
48	辽宁	彰武	54236	42°25′	122°32′	79.4	1971—2000	34.3	−24.9	−23.7	69
49	辽宁	朝阳	54324	41°33′	120°27′	169.9	1971—2000	37.1	−24.6	−22.8	57
50	辽宁	新民	54333	41°59′	122°50′	30.7	1987—2000	33.7	−22.6	−23.3	83
51	辽宁	锦州	54337	41°08′	121°07′	65.9	1971—2000	35.0	−19.1	−18.7	70
52	辽宁	沈阳	54342	41°44′	123°27′	44.7	1971—2000	33.6	−25.0	−23.8	83
53	辽宁	本溪	54346	41°19′	123°47′	185.4	1971—2000	33.7	−26.6	−26.5	79

续表 A.0.1-2

序号	省/直辖市/自治区	市/区/自治州	台站编号	台站信息				室外空气计算参数			
				北纬	东经	海拔(m)	统计年份	历年极端最高气温平均值(℃)	历年极端最低气温平均值(℃)	累年最低日平均温度(℃)	累年最热月平均相对湿度(%)
54	辽宁	兴城	54455	40°35′	120°42′	10.5	1971—2000	33.9	−19.9	−18.7	81
55	辽宁	营口	54471	40°40′	122°16′	3.3	1971—2000	32.4	−21.2	−22.3	72
56	辽宁	宽甸	54493	40°43′	124°47′	260.1	1971—2000	32.7	−27.9	−25.5	87
57	辽宁	丹东	54497	40°03′	124°20′	13.8	1971—2000	32.4	−19.7	−20.4	86
58	辽宁	大连	54662	38°54′	121°38′	91.5	1971—2000	31.9	−14.4	−15.8	76
59	吉林	白城	50936	45°38′	122°50′	155.3	1971—2000	35.7	−29.7	−29.8	66
60	吉林	前郭尔罗斯	50949	45°05′	124°52′	136.2	1971—2000	34.3	−28.5	−29.4	66
61	吉林	四平	54157	43°10′	124°20′	165.7	1971—2000	33.3	−26.4	−27.3	68
62	吉林	长春	54161	43°54′	125°13′	236.8	1971—2000	33.2	−27.8	−27.7	74
63	吉林	敦化	54186	43°22′	128°12′	524.9	1971—2000	31.8	−31.3	−30.1	71
64	吉林	东岗	54284	42°06′	127°34′	774.2	1971—2000	30.5	−32.7	−31	80

续表 A.0.1-2

序号	省/直辖市/自治区	市/区/自治州	台站编号	台站信息 北纬	台站信息 东经	台站信息 海拔(m)	台站信息 统计年份	室外空气计算参数 历年极端最高气温平均值(℃)	室外空气计算参数 历年极端最低气温平均值(℃)	室外空气计算参数 累年最低日平均温度(℃)	室外空气计算参数 累年最热月平均相对湿度(%)
65	吉林	延吉	54292	42°53′	129°28′	176.8	1971—2000	34.6	−26.7	−24.4	69
66	吉林	临江	54374	41°48′	126°55′	332.7	1971—2000	33.5	−29.4	−27.4	79
67	黑龙江	漠河	50136	52°58′	122°31′	433	1971—2000	34.0	−45.3	−45.4	78
68	黑龙江	呼玛	50353	51°43′	126°39′	177.4	1971—2000	34.4	−40.8	−44.5	70
69	黑龙江	嫩江	50557	49°10′	125°14′	242.2	1971—2000	34.0	−38.9	−40.3	76
70	黑龙江	孙吴	50564	49°26′	127°21′	234.5	1971—2000	32.6	−39.6	−41.4	81
71	黑龙江	克山	50658	48°03′	125°53′	234.6	1971—2000	33.6	−34.3	−34.2	77
72	黑龙江	富裕	50742	47°48′	124°29′	162.7	1971—2000	34.3	−33.6	−33.8	75
73	黑龙江	齐齐哈尔	50745	47°23′	123°55′	147.1	1971—2000	34.9	−30.6	−33.1	73
74	黑龙江	海伦	50756	47°26′	126°58′	239.2	1971—2000	33.1	−33.8	−35.1	79
75	黑龙江	富锦	50788	47°14′	131°59′	66.4	1971—2000	34.2	−31.1	−32.4	74

续表 A.0.1-2

序号	省/直辖市/自治区	市/区/自治州	台站编号	台站信息				室外空气计算参数			
				北纬	东经	海拔(m)	统计年份	历年极端最高气温平均值(℃)	历年极端最低气温平均值(℃)	累年最低日平均温度(℃)	累年最热月平均相对湿度(%)
76	黑龙江	安达	50854	46°23′	125°19′	149.3	1971—2000	35.0	−31.7	−32.4	76
77	黑龙江	佳木斯	50873	46°49′	130°17′	81.2	1971—2000	33.9	−32.3	−33.7	76
78	黑龙江	肇州	50950	45°42′	125°15′	148.7	1988—2000	34.6	−30.0	−30.3	65
79	黑龙江	哈尔滨	50953	45°45′	126°46′	142.3	1971—2000	34.1	−32.2	−32	75
80	黑龙江	通河	50963	45°58′	128°44′	108.6	1971—2000	33.1	−35.0	−33	79
81	黑龙江	尚志	50968	45°13′	127°58′	189.7	1971—2000	32.9	−36.0	−33.2	79
82	黑龙江	鸡西	50978	45°17′	130°57′	238.3	1971—2000	34.3	−28.0	−27.8	72
83	黑龙江	牡丹江	54094	44°34′	129°36′	241.4	1971—2000	34.3	−29.8	−28.8	67
84	黑龙江	绥芬河	54096	44°23′	131°10′	567.8	1971—2000	32.2	−29.9	−29.4	74
85	上海	上海	58362	31°24′	121°27′	5.5	1991—2000	36.8	−4.3	−4.9	77
86	江苏	徐州	58027	34°17′	117°09′	41.2	1971—2000	37.2	−10.2	−9.8	77

续表 A.0.1-2

序号	省/直辖市/自治区	市/区/自治州	台站编号	台站信息				室外空气计算参数			
				北纬	东经	海拔(m)	统计年份	历年极端最高气温平均值(℃)	历年极端最低气温平均值(℃)	累年最低日平均温度(℃)	累年最热月平均相对湿度(%)
87	江苏	赣榆	58040	34°50′	119°07′	3.3	1971—2000	35.9	-10.6	-10.2	82
88	江苏	淮阴(清江)	58144	33°38′	119°01′	14.4	1971—2000	35.7	-9.6	-10.3	76
89	江苏	南京	58238	32°00′	118°48′	7.1	1971—2000	36.9	-8.5	-7.8	74
90	江苏	东台	58251	32°52′	120°19′	4.3	1971—2000	35.9	-7.6	-7.5	77
91	江苏	吕泗	58265	32°04′	121°36′	5.5	1971—2000	35.9	-6.1	-5.9	81
92	浙江	杭州	58457	30°14′	120°10′	41.7	1971—2000	37.7	-5.2	-5	70
93	浙江	定海	58477	30°02′	122°06′	35.7	1971—2000	35.5	-3.1	-3.6	82
94	浙江	衢州	58633	29°00′	118°54′	82.4	1971—2000	38.0	-4.7	-5.2	68
95	浙江	温州	58659	28°02′	120°39′	28.3	1971—2000	36.5	-1.9	-0.9	79
96	浙江	洪家	58665	28°37′	121°25′	4.6	1971—2000	35.7	-4.2	-2.4	83
97	安徽	亳州	58102	33°52′	115°46′	37.7	1971—2000	38.1	-10.8	-11.2	75

续表 A.0.1-2

序号	省/直辖市/自治区	市/区/自治州	台站编号	台站信息				室外空气计算参数			
				北纬	东经	海拔(m)	统计年份	历年极端最高气温平均值(℃)	历年极端最低气温平均值(℃)	累年最低日平均温度(℃)	累年最热月平均相对湿度(%)
98	安徽	寿县	58215	32°33′	116°47′	22.7	1971—2000	36.5	-10.6	-12.6	80
99	安徽	蚌埠	58221	32°57′	117°23′	18.7	1971—2000	37.7	-8.8	-9	72
100	安徽	霍山	58314	31°24′	116°19′	68.1	1971—2000	37.9	-8.9	-9.4	77
101	安徽	桐城	58319	31°04′	116°57′	85.4	1991—2000	36.6	-6.8	-6.7	79
102	安徽	合肥	58321	31°52′	117°14′	26.8	1971—2000	37.2	-7.7	-8	74
103	安徽	安庆	58424	30°32′	117°03′	19.8	1971—2000	37.4	-5.1	-5.9	70
104	安徽	屯溪	58531	29°43′	118°17′	142.7	1971—2000	37.7	-6.9	-9.3	72
105	福建	建瓯	58737	27°03′	118°19′	154.9	1971—2000	38.4	-3.8	-2.4	66
106	福建	南平	58834	26°39′	118°10′	125.6	1971—2000	38.1	-1.6	-0.6	67
107	福建	福州	58847	26°05′	119°17′	84	1971—2000	38.1	1.5	1.6	71
108	福建	上杭	58918	25°03′	116°25′	198	1971—2000	37.5	-1.4	-1.1	73

续表 A.0.1-2

序号	省/直辖市/自治区	市/区/自治州	台站编号	台站信息				室外空气计算参数			
				北纬	东经	海拔（m）	统计年份	历年极端最高气温平均值（℃）	历年极端最低气温平均值（℃）	累年最低日平均温度（℃）	累年最热月平均相对湿度（%）
109	福建	永安	58921	25°58′	117°21′	206	1971—2000	38.3	-2.5	-1	66
110	福建	崇武	59133	24°54′	118°55′	21.8	1971—2000	33.6	4.1	3.1	77
111	福建	厦门	59134	24°29′	118°04′	139.4	1971—2000	36.1	4.0	4.3	79
112	江西	宜春	57793	27°48′	114°23′	131.3	1971—2000	37.6	-4.0	-4.8	67
113	江西	吉安	57799	27°03′	114°55′	71.2	1971—2000	38.4	-2.9	-3.8	65
114	江西	遂川	57896	26°20′	114°30′	126.1	1971—2000	38.2	-2.8	-3	64
115	江西	赣州	57993	25°52′	115°00′	137.5	1971—2000	38.0	-1.5	-2.6	66
116	江西	景德镇	58527	29°18′	117°12′	61.5	1971—2000	38.1	-5.3	-5.3	69
117	江西	南昌	58606	28°36′	115°55′	46.9	1971—2000	37.9	-3.8	-5.5	67
118	江西	玉山	58634	28°41′	118°15′	116.3	1971—2000	38.1	-4.6	-4.9	63
119	江西	南城	58715	27°35′	116°39′	80.8	1971—2000	37.7	-4.3	-6.2	65

续表 A.0.1-2

序号	省/直辖市/自治区	市/区/自治州	台站编号	北纬	东经	海拔(m)	统计年份	历年极端最高气温平均值(℃)	历年极端最低气温平均值(℃)	累年最低日平均温度(℃)	累年最热月平均相对湿度(%)
				台站信息				室外空气计算参数			
120	山东	惠民县	54725	37°29′	117°32′	11.7	1971—2000	37.0	−14.9	−15.7	64
121	山东	龙口	54753	37°37′	120°19′	4.8	1971—2000	35.2	−13.3	−11.2	66
122	山东	成山头	54776	37°24′	122°41′	47.7	1971—2000	29.4	−9.0	−10.8	90
123	山东	朝阳	54808	36°14′	115°40′	37.8	1971—2000	38.3	−14.2	−13.2	72
124	山东	济南	54823	36°36′	117°03′	170.3	1971—2000	37.8	−11.2	−11	60
125	山东	潍坊	54843	36°45′	119°11′	22.2	1971—2000	37.5	−14.6	−13	69
126	山东	兖州	54916	35°34′	116°51′	51.7	1971—2000	37.3	−13.4	−10.5	77
127	山东	莒县	54936	35°35′	118°50′	107.4	1971—2000	35.5	−15.1	−12.6	88
128	河南	安阳	53898	36°03′	114°24′	62.9	1971—2000	38.7	−11.4	−10.3	72
129	河南	卢氏	57067	34°03′	111°02′	568.8	1971—2000	37.4	−12.6	−13	73
130	河南	郑州	57083	34°43′	113°39′	110.4	1971—2000	38.6	−11.0	−9.6	77

续表 A.0.1-2

序号	省/直辖市/自治区	市/区/自治州	台站编号	台站信息				室外空气计算参数			
				北纬	东经	海拔(m)	统计年份	历年极端最高气温平均值(℃)	历年极端最低气温平均值(℃)	累年最低日平均温度(℃)	累年最热月平均相对湿度(%)
131	河南	南阳	57178	33°02′	112°35′	129.2	1971—2000	37.4	−9.3	−10.3	79
132	河南	驻马店	57290	33°00′	114°01′	82.7	1971—2000	38.0	−10.8	−9.4	75
133	河南	信阳	57297	32°08′	114°03′	114.5	1971—2000	37.0	−8.6	−8.7	72
134	河南	商丘	58005	34°27′	115°40′	50.1	1971—2000	37.9	−10.8	−9.7	79
135	湖北	陨西	57251	33°00′	110°25′	249.1	1989—2000	38.7	−7.4	−8.8	68
136	湖北	老河口	57265	32°23′	111°40′	90	1971—2000	38.1	−7.2	−11.5	78
137	湖北	钟祥	57378	31°10′	112°34′	65.8	1971—2000	36.9	−5.3	−8.3	76
138	湖北	麻城	57399	31°11′	115°01′	59.3	1971—2000	37.7	−6.9	−8.9	69
139	湖北	鄂西	57447	30°17′	109°28′	457.1	1971—2000	37.4	−2.9	−6.9	68
140	湖北	宜昌	57461	30°42′	111°18′	133.1	1971—2000	38.4	−3.0	−6.7	71
141	湖北	武汉	57494	30°37′	114°08′	23.1	1971—2000	37.4	−6.9	−10	69

续表 A.0.1-2

序号	省/直辖市/自治区	市/区/自治州	台站编号	台站信息				室外空气计算参数			
				北纬	东经	海拔(m)	统计年份	历年极端最高气温平均值(℃)	历年极端最低气温平均值(℃)	累年最低日平均温度(℃)	累年最热月平均相对湿度(%)
142	湖南	石门	57562	29°35'	111°22'	116.9	1971—2000	38.4	-3.7	-7.3	65
143	湖南	南县	57574	29°22'	112°24'	36	1971—2000	36.7	-4.9	-8.2	76
144	湖南	吉首	57649	28°19'	109°44'	208.4	1971—2000	37.6	-2.8	-4.4	71
145	湖南	常德	57662	29°03'	111°41'	35	1971—2000	38.0	-3.9	-6.9	71
146	湖南	长沙(望城)	57687	28°13'	112°55'	68	1987—2000	37.8	-3.9	-4.2	72
147	湖南	芷江	57745	27°27'	109°41'	272.2	1971—2000	36.9	-4.0	-6	75
148	湖南	株洲	57780	27°52'	113°10'	74.6	1987—2000	38.0	-3.9	-4.3	68
149	湖南	武冈	57853	26°44'	110°38'	341	1971—2000	36.7	-4.1	-5.4	70
150	湖南	零陵	57866	26°14'	111°37'	172.6	1971—2000	37.7	-2.5	-5.4	65
151	湖南	常宁	57874	26°25'	112°24'	116.6	1987—2000	38.6	-2.8	-3.5	63
152	广东	南雄	57996	25°08'	114°19'	133.8	1971—2000	37.6	-1.3	-1.5	71

续表 A.0.1-2

序号	省/直辖市/自治区	市/区/自治州	台站编号	台站信息		海拔(m)	统计年份	室外空气计算参数				
				北纬	东经			历年极端最高气温平均值(℃)	历年极端最低气温平均值(℃)	累年最低日平均温度(℃)	累年最热月平均相对湿度(%)	
153	广东	韶关	59082	24°41′	113°36′	61	1971—2000	38.1	−0.3	−0.2	71	
154	广东	广州	59287	23°10′	113°20′	41	1971—2000	36.5	2.8	2.9	71	
155	广东	河源	59293	23°44′	114°41′	40.6	1971—2000	37.0	1.8	1.8	75	
156	广东	增城	59294	23°20′	113°50′	38.9	1971—2000	36.4	2.3	3.4	79	
157	广东	汕头	59316	23°24′	116°41′	2.9	1971—2000	35.6	3.6	4.2	79	
158	广东	汕尾	59501	22°48′	115°22′	17.3	1971—2000	34.9	4.8	5	82	
159	广东	阳江	59663	21°52′	111°58′	23.3	1971—2000	35.6	4.4	4.5	81	
160	广东	电白	59664	21°30′	111°00′	11.8	1971—2000	35.5	5.0	5	81	
161	广西	桂林	57957	25°19′	110°18′	164.4	1971—2000	36.8	−0.8	−2.3	67	
162	广西	河池	59023	24°42′	108°03′	211	1971—2000	37.2	2.2	2.1	72	
163	广西	都安	59037	23°56′	108°06′	170.8	1971—2000	37.4	3.3	2.8	66	

续表 A.0.1-2

序号	省/直辖市/自治区	市/区/自治州	台站信息					室外空气计算参数			
			台站编号	北纬	东经	海拔(m)	统计年份	历年极端最高气温平均值(℃)	历年极端最低气温平均值(℃)	累年最低日平均温度(℃)	累年最热月平均相对湿度(%)
164	广西	百色	59211	23°54′	106°36′	173.5	1971—2000	39.2	3.1	3.9	73
165	广西	桂平	59254	23°24′	110°05′	42.5	1971—2000	36.7	3.2	2	68
166	广西	梧州	59265	23°29′	111°18′	114.8	1971—2000	37.5	1.0	0.4	75
167	广西	龙州	59417	22°20′	106°51′	128.8	1971—2000	38.1	3.3	4.6	75
168	广西	南宁	59431	22°38′	108°13′	121.6	1971—2000	37.0	2.7	2.4	71
169	广西	灵山	59446	22°25′	109°18′	66.6	1971—2000	36.3	1.8	1.2	80
170	广西	钦州	59632	21°57′	108°37′	4.5	1971—2000	36.2	3.8	2.2	79
171	海南	海口	59758	20°02′	110°21′	13.9	1971—2000	37.1	8.1	6.9	78
172	海南	东方	59838	19°06′	108°37′	8.4	1971—2000	34.8	9.5	8.8	72
173	海南	琼海	59855	19°14′	110°28′	24	1971—2000	36.8	8.6	7.3	83
174	四川	甘孜	56146	31°37′	100°00′	3393.5	1971—2000	27.4	−19.8	−19.2	68

续表 A.0.1-2

序号	省/直辖市/自治区	市/区/自治州	台站编号	台站信息				室外空气计算参数			
				北纬	东经	海拔(m)	统计年份	历年极端最高气温平均值(℃)	历年极端最低气温平均值(℃)	累年最低日平均温度(℃)	累年最热月平均相对湿度(%)
175	四川	马尔康	56172	31°54′	102°14′	2664.4	1971—2000	32.3	-13.7	-10	77
176	四川	红原	56173	32°48′	102°33′	3491.6	1971—2000	23.9	-28.7	-25.7	81
177	四川	松潘	56182	32°39′	103°34′	2850.7	1971—2000	28.2	-17.3	-13.1	75
178	四川	绵阳	56196	31°27′	104°44′	522.7	1971—2000	35.4	-3.6	-2	73
179	四川	理塘	56257	30°00′	100°16′	3948.9	1971—2000	22.6	-21.8	-22.6	66
180	四川	成都	56294	30°40′	104°01′	506.1	1971—2000	34.6	-2.5	-1.1	81
181	四川	乐山	56386	29°34′	103°45′	424.2	1971—2000	35.5	-0.1	0.3	75
182	四川	九龙	56462	29°00′	101°30′	2987.3	1971—2000	28.6	-11.7	-7	76
183	四川	宜宾	56492	28°48′	104°36′	340.8	1971—2000	36.7	0.9	0.3	69
184	四川	西昌	56571	27°54′	102°16′	1590.9	1971—2000	34.2	-1.1	-1.4	61
185	四川	会理	56671	26°39′	102°15′	1787.3	1971—2000	31.4	-3.6	-1.9	68

续表 A.0.1-2

序号	省/直辖市/自治区	市/区/自治州	台站编号	台站信息				室外空气计算参数			
				北纬	东经	海拔(m)	统计年份	历年极端最高气温平均值(℃)	历年极端最低气温平均值(℃)	累年最低日平均温度(℃)	累年最热月平均相对湿度(%)
186	四川	万源	57237	32°04'	108°02'	674	1971—2000	35.8	-5.3	-4.4	65
187	四川	南充	57411	30°47'	106°06'	309.7	1971—2000	37.7	-0.8	-0.3	63
188	四川	泸州	57602	28°53'	105°26'	334.8	1971—2000	37.5	1.2	0.1	63
189	重庆	重庆沙坪坝	57516	29°35'	106°28'	259.1	1971—2000	39.1	1.0	0.9	61
190	重庆	西阳	57633	28°50'	108°46'	664.1	1971—2000	35.2	-3.8	-6.4	76
191	贵州	威宁	56691	26°52'	104°17'	2237.5	1971—2000	28.2	-9.0	-11	72
192	贵州	桐梓	57606	28°08'	106°50'	972	1971—2000	34.2	-3.8	-5.4	69
193	贵州	毕节	57707	27°18'	105°17'	1510.6	1971—2000	32.6	-5.2	-6.2	75
194	贵州	遵义	57713	27°42'	106°53'	843.9	1971—2000	35.0	-3.3	-5.3	62
195	贵州	贵阳	57816	26°35'	106°44'	1223.8	1971—2000	33.0	-3.7	-5.8	70
196	贵州	三穗	57832	26°58'	108°40'	626.9	1971—2000	34.7	-5.3	-7.8	78

续表 A.0.1-2

序号	省/直辖市/自治区	市/区/自治州	台站编号	台站信息			统计年份	室外空气计算参数			
				北纬	东经	海拔(m)		历年极端最高气温平均值(℃)	历年极端最低气温平均值(℃)	累年最低日平均温度(℃)	累年最热月平均相对湿度(%)
197	贵州	兴义	57902	25°26′	105°11′	1378.5	1971—2000	31.9	-2.9	-3.4	78
198	云南	德钦	56444	28°29′	98°55′	3319	1971—2000	23.0	-10.6	-8.7	82
199	云南	丽江	56651	26°52′	100°13′	2392.4	1971—2000	29.0	-5.4	-2.8	60
200	云南	腾冲	56739	25°01′	98°30′	1654.6	1971—2000	28.9	-1.8	3.7	85
201	云南	楚雄	56768	25°02′	101°33′	1824.1	1971—2000	30.9	-2.3	-1.1	65
202	云南	昆明	56778	25°01′	102°41′	1892.4	1971—2000	29.1	-2.5	-3.5	74
203	云南	临沧	56951	23°53′	100°05′	1502.4	1971—2000	31.7	1.4	3.9	57
204	云南	澜沧	56954	22°34′	99°56′	1054.8	1971—2000	35.0	2.2	6.4	65
205	云南	思茅	56964	22°47′	100°58′	1302.1	1971—2000	32.7	2.1	4.6	80
206	云南	元江	56966	23°36′	101°59′	400.9	1971—2000	40.3	6.0	3.2	61
207	云南	勐腊	56969	21°29′	101°34′	631.9	1971—2000	36.0	5.9	7.2	85

续表 A.0.1-2

序号	省/直辖市/自治区	市/区/自治州	台站编号	台站信息				室外空气计算参数			
				北纬	东经	海拔(m)	统计年份	历年极端最高气温平均值(℃)	历年极端最低气温平均值(℃)	累年最低日平均温度(℃)	累年最热月平均相对湿度(%)
208	云南	蒙自	56985	23°23′	103°23′	1300.7	1971—2000	33.8	−0.1	0.1	59
209	西藏	拉萨	55591	29°40′	91°08′	3648.9	1971—2000	27.4	−13.8	−10.5	45
210	西藏	昌都	56137	31°09′	97°10′	3306	1971—2000	30.2	−16.5	−13.3	—
211	西藏	林芝	56312	29°40′	94°20′	2991.8	1971—2000	27.6	−10.6	−5.7	—
212	陕西	榆林	53646	38°14′	109°42′	1057.5	1971—2000	35.5	−24.2	−23	54
213	陕西	定边	53725	37°35′	107°35′	1360.3	1989—2000	35.2	−23.1	−21.3	51
214	陕西	绥德	53754	37°30′	110°13′	929.7	1971—2000	36.2	−19.4	−18	58
215	陕西	延安	53845	36°36′	109°30′	958.5	1971—2000	35.8	−18.5	−17.2	63
216	陕西	洛川	53942	35°49′	109°30′	1159.8	1971—2000	33.3	−17.9	−16	71
217	陕西	西安	57036	34°18′	108°56′	397.5	1971—2000	38.8	−9.9	−10.9	63
218	陕西	汉中	57127	33°04′	107°02′	509.5	1971—2000	35.4	−5.5	−6	70

续表 A.0.1-2

序号	省/直辖市/自治区	市/区/自治州	台站编号	北纬	东经	海拔(m)	统计年份	历年极端最高气温平均值(℃)	历年极端最低气温平均值(℃)	累年最低日平均温度(℃)	累年最热月平均相对湿度(%)
219	陕西	安康	57245	32°43′	109°02′	290.8	1971—2000	38.8	-4.9	-5.3	62
220	甘肃	敦煌	52418	40°09′	94°41′	1139	1971—2000	38.3	-21.6	-24.2	39
221	甘肃	玉门镇	52436	40°16′	97°02′	1526	1971—2000	33.8	-24.7	-28.6	42
222	甘肃	酒泉	52533	39°46′	98°29′	1477.2	1971—2000	34.5	-23.2	-23.9	48
223	甘肃	民勤	52681	38°38′	103°05′	1367.5	1971—2000	37.3	-22.7	-21	41
224	甘肃	乌鞘岭	52787	37°12′	102°52′	3045.1	1971—2000	22.9	-25.0	-25.6	58
225	甘肃	兰州	52889	36°03′	103°53′	1517.2	1971—2000	35.4	-15.4	-15.1	45
226	甘肃	榆中	52983	35°52′	104°09′	1874.4	1971—2000	31.9	-20.4	-21.1	55
227	甘肃	平凉	53915	35°33′	106°40′	1346.6	1971—2000	33.2	-16.9	-16.6	62
228	甘肃	西峰镇	53923	35°44′	107°38′	1421	1971—2000	32.2	-16.6	-18	66
229	甘肃	合作	56080	35°00′	102°54′	2910	1971—2000	26.7	-24.8	-20.5	67
230	甘肃	岷县	56093	34°26′	104°01′	2315	1971—2000	28.5	-20.3	-17.6	73
231	甘肃	武都	56096	33°24′	104°55′	1079.1	1971—2000	35.8	-5.5	-5.2	56

续表 A.0.1-2

序号	省/直辖市/自治区	市/区/自治州	台站编号	台站信息				室外空气计算参数			
				北纬	东经	海拔(m)	统计年份	历年极端最高气温平均值(℃)	历年极端最低气温平均值(℃)	累年最低日平均温度(℃)	累年最热月平均相对湿度(%)
232	甘肃	天水	57006	34°35′	105°45′	1141.7	1971—2000	34.4	−12.4	−13	55
233	青海	冷湖	52602	38°45′	93°20′	2770	1971—2000	31.6	−28.7	−24	29
234	青海	大柴旦	52713	37°51′	95°22′	3173.2	1971—2000	29.0	−28.6	−26.6	35
235	青海	刚察	52754	37°20′	100°08′	3301.5	1971—2000	22.5	−26.7	−23.2	63
236	青海	格尔木	52818	36°25′	94°54′	2807.6	1971—2000	31.3	−22.0	−19.4	37
237	青海	都兰	52836	36°18′	98°06′	3191.1	1971—2000	29.2	−22.2	−20.4	43
238	青海	西宁	52866	36°43′	101°45′	2295.2	1971—2000	31.1	−19.7	−19.4	61
239	青海	民和	52876	36°19′	102°51′	1813.9	1971—2000	33.1	−18.5	−16.8	54
240	青海	兴海	52943	35°35′	99°59′	3323.2	1971—2000	25.5	−27.0	−24.5	68
241	青海	托托河	56004	34°13′	92°26′	4533.1	1971—2000	21.0	−33.2	−36.3	65
242	青海	曲麻莱	56021	34°08′	95°47′	4175	1971—2000	21.5	−30.6	−28.8	61
243	青海	玉树	56029	33°01′	97°01′	3681.2	1971—2000	26.3	−22.8	−20.8	64
244	青海	玛多	56033	34°55′	98°13′	4272.3	1971—2000	19.9	−33.4	−37.8	71

续表 A.0.1-2

| 序号 | 省/直辖市/自治区 | 市/区/自治州 | 台站编号 | 台 站 信 息 | | | | 室外空气计算参数 | | | |
				北纬	东经	海拔(m)	统计年份	历年极端最高气温平均值(℃)	历年极端最低气温平均值(℃)	累年最低日平均温度(℃)	累年最热月平均相对湿度(%)
245	青海	达日	56046	33°45′	99°39′	3967.5	1971—2000	21.2	−29.5	−25.8	75
246	青海	囊谦	56125	32°12′	96°29′	3643.7	1971—2000	26.3	−21.4	−17.7	67
247	宁夏	银川	53614	38°29′	106°13′	1111.4	1971—2000	35.0	−20.7	−21.8	56
248	宁夏	盐池	53723	37°48′	107°23′	1349.3	1971—2000	35.3	−23.3	−21.8	53
249	宁夏	固原	53817	36°00′	106°16′	1753	1971—2000	31.3	−22.9	−22.8	64
250	新疆	阿勒泰	51076	47°44′	88°05′	735.3	1971—2000	34.7	−34.0	−36.9	36
251	新疆	富蕴	51087	46°59′	89°31′	807.5	1971—2000	36.3	−37.7	−41.4	45
252	新疆	塔城	51133	46°44′	83°00′	534.9	1971—2000	38.2	−28.5	−30.4	39
253	新疆	和布克赛尔	51156	46°47′	85°43′	1291.6	1971—2000	32.5	−25.5	−27.4	35
254	新疆	克拉玛依	51243	45°37′	84°51′	449.5	1971—2000	40.5	−27.1	−31.2	23
255	新疆	精河	51334	44°37′	82°54′	320.1	1971—2000	39.5	−28.1	−29.2	42
256	新疆	乌苏	51346	44°26′	84°40′	478.7	1971—2000	39.3	−27.3	−29.4	28
257	新疆	伊宁	51431	43°57′	81°20′	662.5	1971—2000	37.0	−27.4	−30.2	49

续表 A. 0. 1-2

序号	省/直辖市/自治区	市/区/自治州	台站编号	台站信息				室外空气计算参数			
				北纬	东经	海拔（m）	统计年份	历年极端最高气温平均值（℃）	历年极端最低气温平均值（℃）	累年最低日平均温度（℃）	累年最热月平均相对湿度（%）
258	新疆	乌鲁木齐	51463	43°47′	87°39′	935	1971—2000	37.6	-25.3	-29.3	34
259	新疆	焉耆	51567	42°05′	86°34′	1055.3	1971—2000	36.0	-22.3	-24.6	47
260	新疆	吐鲁番	51573	42°56′	89°12′	34.5	1971—2000	45.0	-16.7	-21.7	28
261	新疆	阿克苏	51628	41°10′	80°14′	1103.8	1971—2000	36.8	-18.2	-19.8	54
262	新疆	库车	51644	41°43′	83°04′	1081.9	1971—2000	37.8	-17.0	-18.6	34
263	新疆	喀什	51709	39°28′	75°59′	1289.4	1971—2000	36.6	-16.6	-18.2	41
264	新疆	巴楚	51716	39°48′	78°34′	1116.5	1971—2000	39.3	-17.1	-17.1	41
265	新疆	铁干里克	51765	40°38′	87°42′	846	1971—2000	40.2	-20.5	-17.8	36
266	新疆	若羌	51777	39°02′	88°10′	887.7	1971—2000	41.3	-18.2	-17.9	29
267	新疆	莎车	51811	38°26′	77°16′	1231.2	1971—2000	37.6	-15.8	-17.1	39
268	新疆	和田	51828	37°08′	79°56′	1375	1971—2000	38.7	-14.1	-17	42
269	新疆	民丰	51839	37°04′	82°43′	1409.5	1971—2000	39.3	-17.9	-18.4	40
270	新疆	哈密	52203	42°49′	93°31′	737.2	1971—2000	40.4	-22.2	-24.4	33

A.0.2 夏季空气调节室外逐时计算焓值应按表 A.0.2 采用。

表 A.0.2 夏季空气调节室外

序号	台站信息			时									
	省/直辖市/自治区	市/区/自治州	台站编号	1:00	2:00	3:00	4:00	5:00	6:00	7:00	8:00	9:00	10:00
1	北京	密云	54416	73.85	73.34	73.06	72.81	72.60	72.63	73.39	74.19	74.91	75.92
2	北京	北京	54511	75.09	74.50	73.88	73.72	73.48	73.57	73.96	74.63	75.39	76.36
3	天津	天津	54527	78.14	77.81	77.46	77.13	77.08	77.22	77.68	78.14	78.74	79.58
4	河北	张北	53399	53.72	53.61	53.22	53.11	52.99	53.24	53.86	54.48	55.49	56.50
5	河北	石家庄	53698	77.46	76.85	76.24	75.79	75.36	75.43	75.81	76.47	77.17	78.36
6	河北	邢台	53798	78.43	77.75	77.41	77.05	76.86	76.77	76.97	77.68	78.50	79.52
7	河北	丰宁	54308	62.49	62.12	61.72	61.37	61.34	61.55	61.96	62.41	63.28	64.54
8	河北	怀来	54405	66.17	65.87	65.54	65.24	65.12	65.39	65.91	66.40	67.09	68.08
9	河北	承德	54423	67.29	66.75	66.42	66.19	66.06	66.29	66.66	67.40	68.30	69.36
10	河北	乐亭	54539	74.43	74.34	74.47	74.98	75.24	75.99	76.80	77.63	78.17	78.70
11	河北	饶阳	54606	77.05	76.50	76.20	75.98	75.89	76.21	76.82	77.77	78.79	79.63
12	山西	大同	53487	58.50	57.84	57.60	57.44	57.36	57.66	58.04	58.74	59.65	60.83
13	山西	原平	53673	64.18	63.58	62.99	62.55	62.48	62.66	63.31	63.87	64.67	66.11
14	山西	太原	53772	66.07	65.68	65.10	65.04	65.10	65.42	65.92	66.73	67.87	69.34
15	山西	榆社	53787	63.09	62.95	62.78	62.76	62.75	62.97	63.44	64.04	64.99	65.90
16	山西	介休	53863	66.25	65.56	65.12	64.95	65.00	65.36	65.80	66.80	67.90	69.32
17	山西	运城	53959	75.57	75.19	75.09	74.97	74.87	75.20	75.37	76.07	76.83	77.64
18	山西	侯马	53963	73.46	72.75	72.48	72.24	71.93	71.74	72.13	72.96	74.07	75.23
19	内蒙古	图里河	50434	45.37	44.73	44.72	45.23	46.29	48.01	49.82	51.55	53.35	54.68
20	内蒙古	满洲里	50514	50.96	50.63	50.40	50.51	50.96	51.65	52.76	53.79	54.84	55.72
21	内蒙古	海拉尔	50527	52.17	51.51	51.31	51.55	52.02	52.75	53.88	54.84	56.01	57.03
22	内蒙古	博克图	50632	49.24	48.94	48.83	49.14	49.80	50.72	51.70	53.11	54.55	55.89

逐时计算焓值(kJ/kg 干空气)

<table>
<tr><td colspan="14">刻</td></tr>
<tr><th>11:00</th><th>12:00</th><th>13:00</th><th>14:00</th><th>15:00</th><th>16:00</th><th>17:00</th><th>18:00</th><th>19:00</th><th>20:00</th><th>21:00</th><th>22:00</th><th>23:00</th><th>0:00</th></tr>
<tr><td>76.97</td><td>78.58</td><td>79.51</td><td>80.19</td><td>80.08</td><td>80.37</td><td>79.99</td><td>79.84</td><td>79.50</td><td>78.58</td><td>77.64</td><td>76.47</td><td>75.53</td><td>74.68</td></tr>
<tr><td>77.16</td><td>78.44</td><td>79.62</td><td>80.17</td><td>80.48</td><td>80.63</td><td>80.53</td><td>80.33</td><td>79.84</td><td>79.08</td><td>78.42</td><td>77.51</td><td>76.73</td><td>75.89</td></tr>
<tr><td>80.27</td><td>81.14</td><td>82.19</td><td>82.96</td><td>83.17</td><td>82.95</td><td>82.59</td><td>82.27</td><td>81.82</td><td>81.27</td><td>80.62</td><td>79.78</td><td>79.08</td><td>78.52</td></tr>
<tr><td>57.60</td><td>58.43</td><td>59.15</td><td>59.62</td><td>59.56</td><td>59.18</td><td>58.65</td><td>57.77</td><td>57.15</td><td>56.43</td><td>55.61</td><td>54.86</td><td>54.51</td><td>53.97</td></tr>
<tr><td>79.79</td><td>81.24</td><td>82.47</td><td>83.55</td><td>83.76</td><td>83.78</td><td>83.64</td><td>83.15</td><td>82.67</td><td>82.09</td><td>81.31</td><td>80.26</td><td>79.25</td><td>78.29</td></tr>
<tr><td>80.72</td><td>82.15</td><td>83.33</td><td>84.20</td><td>84.65</td><td>84.46</td><td>84.31</td><td>84.00</td><td>83.49</td><td>82.79</td><td>81.97</td><td>81.03</td><td>79.86</td><td>79.12</td></tr>
<tr><td>66.07</td><td>67.97</td><td>69.29</td><td>70.41</td><td>70.74</td><td>70.42</td><td>69.56</td><td>68.82</td><td>67.89</td><td>66.74</td><td>65.78</td><td>64.82</td><td>63.89</td><td>63.11</td></tr>
<tr><td>69.06</td><td>70.17</td><td>71.17</td><td>71.98</td><td>72.04</td><td>71.84</td><td>71.59</td><td>71.35</td><td>70.90</td><td>70.30</td><td>69.38</td><td>68.46</td><td>67.63</td><td>66.93</td></tr>
<tr><td>70.43</td><td>71.84</td><td>73.05</td><td>73.87</td><td>74.13</td><td>73.67</td><td>73.20</td><td>72.47</td><td>71.77</td><td>71.07</td><td>70.21</td><td>69.37</td><td>68.68</td><td>68.04</td></tr>
<tr><td>79.86</td><td>80.72</td><td>81.29</td><td>81.51</td><td>81.10</td><td>80.89</td><td>80.15</td><td>79.47</td><td>78.52</td><td>77.71</td><td>76.84</td><td>75.82</td><td>74.92</td><td>74.57</td></tr>
<tr><td>80.67</td><td>81.99</td><td>83.02</td><td>84.00</td><td>84.54</td><td>84.79</td><td>84.82</td><td>84.74</td><td>84.42</td><td>83.60</td><td>82.60</td><td>81.18</td><td>79.76</td><td>78.26</td></tr>
<tr><td>61.98</td><td>63.26</td><td>64.40</td><td>65.31</td><td>65.47</td><td>65.17</td><td>64.81</td><td>64.24</td><td>63.41</td><td>62.54</td><td>61.73</td><td>60.81</td><td>59.85</td><td>59.09</td></tr>
<tr><td>67.25</td><td>68.53</td><td>69.60</td><td>70.59</td><td>71.01</td><td>71.26</td><td>71.16</td><td>70.83</td><td>70.30</td><td>69.51</td><td>68.30</td><td>66.69</td><td>65.66</td><td>64.86</td></tr>
<tr><td>70.94</td><td>72.67</td><td>74.17</td><td>75.17</td><td>75.40</td><td>75.18</td><td>74.54</td><td>73.88</td><td>72.95</td><td>71.99</td><td>70.65</td><td>69.16</td><td>67.91</td><td>66.86</td></tr>
<tr><td>67.29</td><td>68.55</td><td>69.70</td><td>70.43</td><td>70.31</td><td>69.75</td><td>68.82</td><td>68.20</td><td>67.34</td><td>66.54</td><td>65.63</td><td>64.79</td><td>64.00</td><td>63.48</td></tr>
<tr><td>71.09</td><td>72.66</td><td>74.14</td><td>75.20</td><td>75.62</td><td>75.46</td><td>75.09</td><td>74.75</td><td>73.90</td><td>72.94</td><td>71.54</td><td>70.08</td><td>68.59</td><td>67.17</td></tr>
<tr><td>78.60</td><td>79.50</td><td>80.32</td><td>81.15</td><td>81.14</td><td>81.09</td><td>80.80</td><td>80.32</td><td>79.88</td><td>79.19</td><td>78.48</td><td>77.50</td><td>76.58</td><td>76.01</td></tr>
<tr><td>76.88</td><td>78.27</td><td>79.53</td><td>80.59</td><td>80.58</td><td>80.61</td><td>80.02</td><td>79.16</td><td>77.99</td><td>77.12</td><td>76.11</td><td>75.15</td><td>74.46</td><td>74.06</td></tr>
<tr><td>55.58</td><td>56.47</td><td>57.46</td><td>57.99</td><td>58.36</td><td>58.12</td><td>57.72</td><td>56.82</td><td>55.46</td><td>53.60</td><td>51.60</td><td>49.68</td><td>47.74</td><td>46.59</td></tr>
<tr><td>56.73</td><td>57.86</td><td>58.59</td><td>59.19</td><td>59.23</td><td>59.05</td><td>58.83</td><td>58.42</td><td>57.76</td><td>56.70</td><td>55.54</td><td>53.95</td><td>52.84</td><td>51.91</td></tr>
<tr><td>58.18</td><td>59.08</td><td>60.11</td><td>60.66</td><td>60.92</td><td>60.92</td><td>60.70</td><td>60.33</td><td>59.65</td><td>58.55</td><td>57.25</td><td>55.94</td><td>54.42</td><td>53.16</td></tr>
<tr><td>57.27</td><td>58.33</td><td>59.23</td><td>59.79</td><td>59.91</td><td>59.75</td><td>58.93</td><td>58.10</td><td>57.03</td><td>55.90</td><td>54.25</td><td>52.68</td><td>51.15</td><td>49.99</td></tr>
</table>

序号	台站信息			时									
	省/直辖市/自治区	市/区/自治州	台站编号	1:00	2:00	3:00	4:00	5:00	6:00	7:00	8:00	9:00	10:00
23	内蒙古	阿尔山	50727	47.51	47.19	47.42	47.75	48.45	49.50	50.82	52.30	53.74	54.94
24	内蒙古	索伦	50834	54.80	54.31	54.18	53.94	53.87	54.36	55.26	56.60	57.82	59.17
25	内蒙古	东乌珠穆沁旗	50915	52.54	52.06	51.84	52.04	52.20	52.81	53.50	54.21	54.90	55.68
26	内蒙古	额济纳旗	52267	51.06	50.67	49.88	49.47	49.12	49.12	49.47	50.08	51.01	52.08
27	内蒙古	巴音毛道	52495	51.32	50.99	50.65	50.55	50.49	50.66	50.87	51.32	51.83	52.40
28	内蒙古	二连浩特	53068	52.42	52.30	52.17	51.94	52.14	52.33	52.82	53.37	53.89	54.14
29	内蒙古	阿巴嘎旗	53192	51.20	51.12	50.90	50.96	51.29	51.80	52.57	53.12	53.91	54.68
30	内蒙古	海力素	53231	47.63	47.59	47.60	47.59	47.82	48.27	48.73	49.23	49.85	50.32
31	内蒙古	朱日和	53276	52.44	52.11	51.98	52.09	52.32	52.65	53.50	54.35	54.75	55.44
32	内蒙古	乌拉特后旗	53336	54.43	53.75	53.83	53.25	53.42	53.49	53.98	54.43	55.14	56.02
33	内蒙古	达尔罕联合旗	53352	51.21	51.02	50.74	50.53	50.64	50.83	51.10	51.54	52.28	53.12
34	内蒙古	化德	53391	51.19	50.95	50.78	50.67	50.70	51.13	51.68	52.37	53.24	54.07
35	内蒙古	呼和浩特	53463	57.90	57.38	56.98	56.76	56.91	56.92	57.33	58.09	58.91	60.08
36	内蒙古	吉兰太	53502	56.06	56.15	55.93	55.74	55.77	55.89	56.03	56.50	57.02	57.64
37	内蒙古	鄂托克旗	53529	55.54	55.10	54.88	54.82	54.93	55.31	55.76	56.24	56.79	57.33

刻

11：00	12：00	13：00	14：00	15：00	16：00	17：00	18：00	19：00	20：00	21：00	22：00	23：00	0：00
56.10	56.85	57.52	58.01	57.77	57.49	56.85	55.65	54.49	53.22	51.60	50.13	49.09	48.11
60.72	62.24	63.64	64.19	64.23	64.20	63.13	62.26	61.40	60.35	58.96	57.79	56.37	55.64
56.78	58.07	59.13	59.58	59.68	59.42	59.06	58.72	57.88	57.14	56.13	54.98	54.05	53.16
53.16	54.20	55.31	56.16	56.72	57.23	57.30	57.19	56.63	56.13	54.94	53.70	52.53	51.57
53.04	53.73	54.62	55.18	55.30	55.12	54.64	54.30	53.71	53.16	52.57	52.17	51.79	51.52
54.79	55.62	56.17	56.63	56.75	56.70	56.44	56.08	55.79	55.27	54.59	53.90	53.42	52.94
55.22	56.00	56.51	56.74	56.89	56.73	56.31	55.86	55.39	54.92	54.13	53.06	52.17	51.66
50.72	51.08	51.41	51.64	51.79	51.73	51.47	51.15	50.91	50.43	49.83	49.23	48.70	47.96
55.84	56.44	56.96	57.31	57.39	57.31	57.13	56.84	56.47	56.00	55.38	54.41	53.63	52.99
56.98	58.36	59.11	59.65	59.98	59.62	59.30	58.65	58.49	57.79	56.94	56.09	55.37	55.12
53.96	55.04	55.73	56.14	56.21	56.07	55.74	55.34	54.88	54.33	53.64	52.94	52.20	51.62
54.98	55.91	56.61	57.06	57.16	56.78	56.22	55.74	55.12	54.42	53.54	52.92	52.23	51.50
61.38	62.62	63.82	64.64	65.06	64.96	64.81	64.25	63.82	63.02	62.10	60.96	59.76	58.67
58.54	59.70	60.50	61.05	61.20	60.82	60.28	59.95	59.53	59.00	58.23	57.49	56.82	56.44
58.01	58.80	59.50	59.96	59.93	59.86	59.28	58.87	58.41	57.88	57.42	56.96	56.56	55.82

序号	台站信息			时									
	省/直辖市/自治区	市/区/自治州	台站编号	1:00	2:00	3:00	4:00	5:00	6:00	7:00	8:00	9:00	10:00
38	内蒙古	东胜	53543	54.60	54.28	54.11	53.88	53.66	53.95	54.27	54.84	55.81	56.32
39	内蒙古	西乌珠穆沁旗	54012	51.26	50.82	50.69	50.80	51.39	52.21	53.16	54.18	55.19	56.13
40	内蒙古	扎鲁特旗	54026	62.41	61.93	61.89	61.79	61.93	62.38	63.08	64.04	64.85	66.04
41	内蒙古	巴林左旗	54027	58.62	58.21	58.08	58.24	58.51	59.27	60.52	61.82	62.80	64.07
42	内蒙古	锡林浩特	54102	53.67	53.36	53.21	53.32	53.67	54.13	54.85	55.52	56.38	57.40
43	内蒙古	林西	54115	55.22	54.68	54.49	54.44	54.88	55.47	56.17	57.31	58.33	59.40
44	内蒙古	开鲁	54134	64.85	64.65	64.48	64.47	64.93	65.41	66.37	67.16	68.03	68.97
45	内蒙古	通辽	54135	66.04	65.65	65.58	65.63	65.93	66.83	67.84	68.96	70.03	70.74
46	内蒙古	多伦	54208	52.13	51.73	51.57	51.66	52.11	52.86	53.64	54.70	55.75	56.92
47	内蒙古	赤峰	54218	61.24	60.93	60.83	60.88	61.34	61.89	62.60	63.17	63.92	64.62
48	辽宁	彰武	54236	68.63	68.42	68.20	67.93	68.26	68.66	69.54	70.51	71.46	72.65
49	辽宁	朝阳	54324	68.82	68.61	68.53	68.29	68.52	69.09	69.53	70.27	70.96	71.96
50	辽宁	新民	54333	70.51	70.22	69.61	69.34	69.48	69.89	70.44	71.30	72.02	73.09
51	辽宁	锦州	54337	70.76	70.67	70.52	70.37	70.45	70.81	71.22	71.95	72.83	73.72
52	辽宁	沈阳	54342	69.81	69.36	69.15	69.15	69.47	70.09	70.85	71.79	72.67	73.64
53	辽宁	本溪	54346	67.34	66.81	66.73	66.79	67.18	67.78	68.28	68.76	69.52	70.32
54	辽宁	兴城	54455	71.56	71.60	71.48	71.76	72.11	72.51	73.44	74.32	75.32	76.29
55	辽宁	营口	54471	72.45	72.34	72.18	72.08	72.38	72.68	73.22	73.68	74.48	75.28
56	辽宁	宽甸	54493	67.25	67.03	66.87	66.89	67.15	67.59	68.37	69.21	70.16	71.00

A. 0. 2

刻

11:00	12:00	13:00	14:00	15:00	16:00	17:00	18:00	19:00	20:00	21:00	22:00	23:00	0:00
57.00	57.99	58.91	59.51	59.53	59.22	58.91	58.37	58.13	57.49	56.69	56.03	55.47	54.81
56.98	57.81	58.54	59.21	59.12	59.06	58.51	57.80	56.98	56.22	55.21	54.07	52.69	51.81
67.10	68.24	68.96	69.63	70.00	69.62	69.45	68.86	68.42	67.67	66.62	65.36	64.07	63.10
65.23	66.29	67.23	67.82	68.09	68.04	67.47	66.88	65.89	65.02	63.71	62.01	60.65	59.34
58.24	59.22	59.78	60.11	59.95	59.79	59.33	58.62	57.90	57.32	56.56	55.81	54.81	54.19
60.54	61.75	62.93	63.64	63.93	63.54	63.34	62.79	62.07	61.00	59.73	58.43	57.33	56.11
69.87	70.55	71.50	71.99	71.97	72.01	71.48	70.96	70.21	69.43	68.54	67.44	66.41	65.50
71.74	72.50	73.22	73.75	73.85	73.36	72.63	72.05	71.31	70.29	69.39	68.34	67.36	66.69
57.98	59.13	60.23	60.84	60.88	60.22	59.87	59.02	58.13	57.37	56.34	55.01	53.97	52.88
65.43	66.61	67.46	68.03	67.98	67.85	67.19	66.57	65.80	65.10	64.22	63.24	62.48	61.83
73.48	74.56	75.53	76.09	76.15	75.73	75.06	74.33	73.68	72.84	71.78	70.82	70.08	69.38
73.23	74.66	75.84	76.52	76.36	76.10	75.20	74.70	73.66	72.69	71.71	70.77	70.13	69.41
74.30	75.22	76.09	76.90	76.85	76.71	76.11	75.60	74.97	74.25	73.28	72.32	71.63	71.11
74.87	76.19	77.18	77.69	77.43	76.98	76.26	75.22	74.12	73.29	72.61	71.89	71.44	71.08
74.63	75.76	76.64	77.08	77.26	77.16	76.52	75.78	75.16	74.25	73.26	72.11	71.38	70.45
71.25	72.07	72.88	73.30	73.34	73.07	72.69	72.15	71.40	70.86	70.07	69.34	68.55	67.72
77.06	77.90	78.67	79.11	78.81	78.05	77.18	76.34	75.35	74.38	73.68	72.86	72.23	71.84
76.06	76.80	77.52	77.88	77.93	77.59	77.09	76.53	75.69	75.00	74.13	73.54	72.97	72.58
72.00	72.87	73.60	73.94	73.97	73.60	73.01	72.49	71.74	70.99	70.07	69.03	68.41	67.68

序号	台站信息			时									
	省/直辖市/自治区	市/区/自治州	台站编号	1:00	2:00	3:00	4:00	5:00	6:00	7:00	8:00	9:00	10:00
57	辽宁	丹东	54497	70.73	70.53	70.39	70.25	70.41	70.65	71.32	72.14	73.11	74.17
58	辽宁	大连	54662	72.30	72.17	72.10	72.00	72.05	72.28	72.74	73.22	73.71	74.36
59	吉林	白城	50936	62.80	62.41	62.40	62.91	63.46	64.46	65.56	66.53	67.64	68.37
60	吉林	前郭尔罗斯	50949	65.87	65.64	65.53	65.54	65.74	66.47	67.42	68.40	69.23	70.03
61	吉林	四平	54157	67.19	66.89	66.60	66.68	67.12	67.66	68.34	69.38	70.36	71.57
62	吉林	长春	54161	65.54	65.37	65.23	65.33	65.82	66.65	67.50	68.31	69.16	70.13
63	吉林	敦化	54186	58.05	57.64	57.86	58.28	59.03	60.02	61.19	62.73	63.86	65.26
64	吉林	东岗	54284	57.33	57.20	57.34	57.67	58.45	59.44	60.58	61.95	63.06	64.20
65	吉林	延吉	54292	61.88	61.15	60.85	60.87	61.48	62.26	63.43	64.67	65.79	67.34
66	吉林	临江	54374	62.95	62.57	62.34	62.47	62.83	63.46	64.36	65.44	66.47	67.63
67	黑龙江	漠河	50136	47.42	46.83	46.76	47.06	48.07	49.56	51.42	53.93	55.32	57.11
68	黑龙江	呼玛	50353	54.47	53.74	53.41	53.50	54.02	54.88	56.25	57.66	59.01	60.44
69	黑龙江	嫩江	50557	56.07	55.44	55.34	55.88	56.76	58.04	59.45	60.87	62.24	63.28
70	黑龙江	孙吴	50564	53.81	53.32	53.29	53.64	54.73	56.36	58.13	60.32	61.97	63.63
71	黑龙江	克山	50656	58.60	58.06	58.04	58.38	59.18	60.11	61.17	62.45	63.37	64.07
72	黑龙江	富裕	50742	60.76	60.22	60.47	60.60	61.55	62.35	63.37	64.37	65.46	66.11
73	黑龙江	齐齐哈尔	50745	62.45	62.08	62.25	62.15	62.44	63.16	63.89	64.54	65.60	66.36
74	黑龙江	海伦	50756	59.18	58.56	58.68	59.25	59.97	61.05	62.30	63.66	64.78	65.58
75	黑龙江	富锦	50788	59.88	59.39	59.38	59.88	60.73	61.77	63.44	64.74	65.85	66.55
76	黑龙江	安达	50854	62.13	61.94	62.01	62.34	63.03	63.90	65.29	66.47	67.26	67.68
77	黑龙江	佳木斯	50873	60.47	59.97	60.22	60.64	61.63	62.52	64.02	65.01	66.05	67.10

A. 0. 2

刻

11:00	12:00	13:00	14:00	15:00	16:00	17:00	18:00	19:00	20:00	21:00	22:00	23:00	0:00
75.25	76.39	77.03	77.60	77.56	76.83	76.01	74.99	73.84	73.16	72.44	71.67	71.10	70.88
74.85	75.54	75.91	76.15	76.12	75.52	75.02	74.25	73.64	73.17	72.79	72.63	72.42	72.33
69.36	70.17	70.61	70.89	70.96	70.59	69.86	69.46	68.88	68.08	67.17	65.78	64.76	63.65
70.73	71.45	72.18	72.50	72.67	72.65	71.98	71.57	70.96	70.38	69.48	68.31	67.40	66.55
72.34	73.26	74.03	74.45	74.44	74.46	74.17	73.57	72.85	71.93	70.80	69.68	68.64	67.71
71.16	72.09	73.02	73.26	73.21	72.64	71.83	71.16	70.46	69.53	68.71	67.60	66.66	66.04
66.47	67.53	68.25	68.73	68.43	67.90	66.94	66.17	65.29	64.02	62.79	61.17	59.70	58.83
65.21	65.96	66.54	66.69	66.51	65.71	64.83	64.00	62.90	61.70	60.64	59.50	58.59	57.90
69.13	70.48	71.73	72.29	72.54	71.84	71.09	70.07	68.56	67.48	66.19	64.62	63.54	62.50
69.09	70.66	71.86	72.53	72.57	72.05	71.46	70.65	69.59	68.34	67.18	66.12	65.02	63.80
59.32	60.53	61.64	62.53	63.08	63.10	62.65	61.92	60.45	58.56	56.13	53.02	50.82	48.89
61.80	62.80	63.69	64.43	64.59	64.42	64.08	63.50	62.70	61.51	59.97	58.33	56.65	55.38
64.45	65.35	65.98	66.25	66.06	65.60	64.92	64.41	63.42	62.26	60.86	59.30	58.09	56.99
64.82	65.60	66.25	66.54	66.25	65.72	64.90	63.78	62.62	60.88	59.04	57.31	55.91	54.65
65.00	65.71	66.42	66.75	66.95	66.65	66.40	65.78	65.04	64.35	63.20	61.92	60.67	59.58
66.80	67.23	67.94	68.02	68.15	67.87	67.42	67.40	67.11	66.13	64.84	63.64	62.39	61.55
66.94	67.80	68.55	68.97	69.17	68.76	68.34	67.81	67.17	66.24	65.53	64.65	63.78	62.93
66.23	67.07	67.75	67.91	68.06	67.67	67.14	66.67	65.86	64.84	63.64	62.37	61.07	59.86
67.35	68.00	68.47	68.83	68.77	68.33	67.94	67.31	66.25	65.51	64.39	63.11	61.74	60.69
68.19	68.68	68.94	69.39	69.48	69.11	68.83	68.22	67.42	66.58	65.52	64.30	63.28	62.59
68.13	68.86	69.60	69.82	69.72	69.28	68.73	67.82	67.13	65.97	64.61	63.46	62.29	61.22

序号	台站信息			时									
	省/直辖市/自治区	市/区/自治州	台站编号	1:00	2:00	3:00	4:00	5:00	6:00	7:00	8:00	9:00	10:00
78	黑龙江	肇州	50950	64.22	63.90	63.98	64.17	64.78	65.70	66.72	67.77	68.59	69.35
79	黑龙江	哈尔滨	50953	63.24	62.71	62.84	63.17	63.90	64.80	65.99	67.27	68.32	69.21
80	黑龙江	通河	50963	61.20	60.63	60.64	61.05	61.65	62.87	64.26	65.65	66.95	68.38
81	黑龙江	尚志	50968	61.52	60.97	60.83	61.16	62.12	63.27	64.43	65.99	67.31	68.57
82	黑龙江	鸡西	50978	59.96	59.39	59.48	59.94	60.23	61.12	62.50	63.83	65.14	66.20
83	黑龙江	牡丹江	54094	61.44	60.77	60.73	60.63	61.17	62.03	62.93	64.04	65.21	66.28
84	黑龙江	绥芬河	54096	56.08	55.74	55.79	56.10	56.82	58.13	59.69	61.11	62.46	63.87
85	上海	上海	58362	83.84	83.54	83.76	83.90	84.11	84.74	85.08	85.84	86.46	86.99
86	江苏	徐州	58027	82.10	81.91	81.82	81.87	81.94	82.32	82.88	83.28	84.03	85.00
87	江苏	赣榆	58040	82.61	82.35	82.16	82.17	82.07	82.43	82.93	83.53	84.35	85.52
88	江苏	淮阴（清江）	58144	84.76	84.51	84.17	83.66	83.96	84.12	84.37	84.91	85.92	86.73
89	江苏	南京	58238	85.05	84.77	84.75	84.68	85.03	85.57	86.14	86.62	87.04	87.38
90	江苏	东台	58251	83.68	83.22	83.17	83.35	83.61	84.12	84.74	85.63	86.55	87.53
91	江苏	吕泗	58265	82.90	82.86	82.83	83.14	83.61	84.31	85.17	85.89	87.00	87.86
92	浙江	杭州	58457	82.89	82.38	82.08	81.83	81.86	82.22	82.63	83.18	84.03	84.83
93	浙江	定海	58477	80.39	80.57	80.90	81.15	81.63	82.31	83.25	84.22	85.29	86.26
94	浙江	衢州	58633	81.99	81.51	81.26	81.16	81.37	81.85	82.37	82.96	83.72	84.67
95	浙江	温州	58659	82.33	82.26	82.30	82.44	82.72	83.15	83.79	84.62	85.90	87.45
96	浙江	洪家	58665	81.90	82.09	82.39	82.62	83.04	83.68	84.36	85.32	86.71	88.59
97	安徽	亳州	58102	82.46	81.96	81.80	81.69	81.99	82.30	83.08	83.92	84.92	86.16
98	安徽	寿县	58215	85.46	84.80	84.64	84.87	85.29	86.03	86.82	87.85	88.75	89.93
99	安徽	蚌埠	58221	84.75	84.21	84.05	84.08	84.31	84.82	85.28	85.81	86.18	86.86

刻

11:00	12:00	13:00	14:00	15:00	16:00	17:00	18:00	19:00	20:00	21:00	22:00	23:00	0:00
70.06	70.73	70.97	71.34	71.39	71.25	70.80	70.24	69.37	68.58	67.72	66.30	65.50	64.71
70.10	70.76	71.23	71.65	71.57	71.28	70.60	70.02	69.25	68.46	67.25	66.07	64.80	63.91
69.73	71.21	72.30	72.86	72.70	72.39	71.58	70.76	69.85	68.46	66.99	65.32	63.50	62.34
69.75	70.94	71.77	72.27	72.35	72.01	71.42	70.88	69.74	68.51	67.08	65.46	63.96	62.57
67.18	68.05	68.67	69.24	69.32	69.04	68.43	67.65	66.71	65.65	64.53	63.23	61.77	60.67
67.57	68.82	69.70	70.19	70.30	70.03	69.55	68.84	67.95	66.79	65.50	64.03	63.00	62.09
64.82	65.61	66.31	66.85	66.74	66.17	65.74	64.67	63.59	62.19	60.80	59.13	57.84	56.87
87.89	88.74	89.40	89.38	89.21	88.77	88.31	87.37	86.58	85.94	85.29	84.77	84.35	83.97
86.20	87.34	88.02	88.62	88.62	88.41	87.71	87.04	86.58	85.94	85.05	84.27	83.38	82.65
86.85	87.88	88.73	89.40	89.57	89.16	88.56	88.12	87.50	86.57	85.85	85.06	84.00	83.21
87.91	88.86	89.97	90.41	90.33	90.20	89.59	89.02	88.33	87.94	87.17	86.28	85.51	84.82
87.90	88.53	89.23	89.52	89.59	89.35	89.16	88.98	88.83	88.40	88.02	87.10	86.26	85.67
88.72	89.64	90.40	90.81	90.89	90.29	89.99	89.84	89.09	88.44	87.54	86.33	85.40	84.44
88.98	89.77	90.17	90.38	90.08	89.43	88.67	87.83	86.94	85.97	85.03	84.27	83.72	83.24
86.08	87.14	88.12	88.62	88.59	88.42	88.35	88.37	88.04	87.62	86.77	85.64	84.47	83.51
87.62	88.74	89.38	89.48	88.76	87.47	85.87	84.39	83.32	82.38	81.59	80.94	80.57	80.38
85.95	87.14	88.18	88.73	88.74	88.40	88.12	87.92	87.62	86.93	86.04	85.03	83.80	82.78
89.25	91.01	92.36	92.77	92.15	90.86	89.31	87.65	86.18	85.02	84.02	83.32	82.81	82.41
90.42	92.43	93.73	94.33	93.08	91.40	89.28	87.11	85.77	84.31	83.50	82.76	82.30	82.01
87.25	88.31	89.28	89.77	89.95	89.75	89.42	89.02	88.43	87.77	86.62	85.41	84.22	83.23
90.84	91.97	92.79	93.11	93.30	93.27	93.15	92.75	92.15	91.32	90.16	88.83	87.43	86.36
87.61	88.41	89.13	89.69	89.82	89.64	89.39	89.24	89.23	88.87	88.17	87.11	86.19	85.37

序号	台站信息			时									
	省/直辖市/自治区	市/区/自治州	台站编号	1:00	2:00	3:00	4:00	5:00	6:00	7:00	8:00	9:00	10:00
100	安徽	霍山	58314	82.03	81.38	81.11	81.03	81.32	81.93	82.66	83.71	84.78	86.07
101	安徽	桐城	58319	82.40	82.00	81.87	82.11	82.60	83.46	84.38	85.27	86.29	87.56
102	安徽	合肥	58321	85.18	85.20	84.94	85.08	85.22	85.49	86.03	86.75	87.45	88.20
103	安徽	安庆	58424	86.42	86.24	86.04	86.16	86.17	86.29	86.45	86.79	87.18	87.62
104	安徽	屯溪	58531	80.10	79.77	79.62	79.66	79.94	80.59	81.42	81.99	82.66	83.73
105	福建	建瓯	58737	80.33	79.80	79.36	79.26	79.62	80.15	80.56	81.22	82.01	83.27
106	福建	南平	58834	79.51	79.00	78.75	78.69	78.97	79.31	79.83	80.42	80.95	81.79
107	福建	福州	58847	81.27	81.18	81.21	81.29	81.56	82.02	82.61	83.51	84.67	86.15
108	福建	上杭	58918	78.41	77.94	77.56	77.39	77.49	77.64	78.10	78.65	79.45	80.49
109	福建	永安	58921	76.94	76.35	76.08	75.87	75.88	76.16	76.66	77.23	78.12	79.43
110	福建	崇武	59133	82.34	82.37	82.35	82.40	82.61	82.92	83.32	83.71	84.31	85.00
111	福建	厦门	59134	81.06	81.39	81.62	81.93	82.42	83.08	83.84	84.77	85.96	87.23
112	江西	宜春	57793	80.78	80.35	80.05	79.98	80.16	80.55	81.19	81.87	82.60	83.49
113	江西	吉安	57799	83.68	83.21	82.92	82.79	82.67	82.86	83.09	83.44	83.99	84.62
114	江西	遂川	57896	80.35	79.99	79.72	79.59	79.62	79.88	80.43	81.19	82.13	83.35
115	江西	赣州	57993	81.02	80.81	80.46	80.33	80.26	80.24	80.47	80.83	81.44	82.27
116	江西	景德镇	58527	82.81	82.30	81.92	81.71	81.85	82.30	82.84	83.39	84.08	84.87
117	江西	南昌	58606	87.91	87.60	87.33	87.11	86.95	86.98	87.24	87.37	87.49	87.83
118	江西	玉山	58634	81.83	81.46	81.43	81.68	82.01	82.36	82.97	83.50	83.91	84.44
119	江西	南城	58715	82.95	82.06	81.57	81.12	80.84	80.78	81.10	81.61	82.35	83.37
120	山东	惠民县	54725	77.81	77.12	76.83	76.91	77.09	77.68	78.55	79.61	80.76	81.92
121	山东	龙口	54753	75.31	75.21	75.23	75.49	75.90	76.38	77.27	78.10	79.07	80.12
122	山东	成山头	54776	70.84	70.91	70.76	70.77	70.76	70.99	71.42	71.96	72.30	72.84

A. 0. 2

刻

11:00	12:00	13:00	14:00	15:00	16:00	17:00	18:00	19:00	20:00	21:00	22:00	23:00	0:00
87.48	89.12	90.24	91.06	91.08	90.67	90.33	90.03	89.35	88.49	87.13	85.77	84.23	82.93
88.41	89.40	90.23	90.77	90.70	90.44	89.80	89.06	88.30	87.43	86.32	85.31	84.29	82.94
89.23	90.06	90.99	91.16	90.98	90.47	90.09	89.50	89.03	88.68	87.79	86.93	86.25	85.59
88.09	88.58	89.27	89.56	89.54	89.43	89.25	89.09	88.96	88.61	88.22	87.68	87.16	86.84
84.71	85.95	87.19	87.76	87.79	87.59	86.91	86.26	85.57	84.98	84.12	82.86	81.81	80.81
84.45	85.95	87.12	87.82	87.71	87.32	87.04	86.49	85.96	85.21	84.33	83.14	81.90	81.02
82.98	84.22	85.25	85.83	85.78	85.25	84.90	84.73	84.36	83.81	83.06	82.12	81.09	80.14
87.92	89.58	90.79	91.22	90.58	89.41	87.84	86.48	85.21	84.02	83.02	82.31	81.81	81.48
81.59	82.74	83.76	84.33	84.40	84.11	83.87	83.66	83.39	82.86	82.12	81.14	80.05	79.17
80.85	82.43	83.71	84.42	84.54	84.28	83.94	83.57	83.01	82.39	81.27	80.03	78.85	77.84
85.70	86.35	86.81	86.97	86.73	86.17	85.55	84.84	84.21	83.70	83.21	82.88	82.56	82.38
88.85	90.30	91.32	91.34	90.41	88.76	86.73	84.82	83.19	82.11	81.40	80.98	80.85	80.92
84.56	85.60	86.50	87.17	87.32	87.21	87.12	87.02	86.70	86.31	85.37	84.12	82.69	81.55
85.55	86.43	87.38	87.86	87.83	87.56	87.30	87.18	87.19	86.75	86.20	85.40	84.70	84.25
85.05	86.71	88.00	88.57	88.39	87.61	86.65	85.89	85.30	84.37	83.54	82.51	81.58	80.80
83.38	84.39	85.23	85.59	85.59	85.03	84.46	84.11	83.83	83.54	82.87	82.29	81.79	81.37
85.76	86.82	87.60	88.28	88.62	88.54	88.45	88.37	88.09	87.60	86.78	85.78	84.65	83.62
88.36	89.00	89.73	90.01	89.91	89.68	89.36	89.57	89.43	89.30	88.99	88.51	88.16	88.07
85.15	85.91	86.65	87.07	86.97	86.71	86.42	86.32	86.13	85.74	84.93	83.96	83.09	82.41
84.56	86.00	87.08	87.92	88.38	88.53	88.59	88.80	88.78	88.38	87.41	86.30	85.21	84.03
82.99	83.98	85.11	85.63	85.96	85.75	85.47	84.94	84.48	83.82	82.56	81.13	80.14	78.73
81.13	82.06	82.66	82.90	82.68	82.15	81.20	80.31	79.24	78.33	77.30	76.40	75.89	75.53
73.51	74.26	74.87	75.00	74.73	74.28	73.60	73.07	72.43	71.79	71.28	70.94	70.74	70.77

| 序号 | 台站信息 | | | 时 | | | | | | | | | |
	省/直辖市/自治区	市/区/自治州	台站编号	1:00	2:00	3:00	4:00	5:00	6:00	7:00	8:00	9:00	10:00
123	山东	朝阳	5480	79.61	78.99	78.93	78.78	79.05	79.60	80.57	81.45	82.27	83.49
124	山东	济南	5482	78.53	78.51	78.26	77.98	78.19	78.40	78.87	79.39	80.16	81.01
125	山东	潍坊	5484	77.32	77.03	76.92	77.18	77.44	78.10	79.03	79.94	80.97	82.03
126	山东	兖州	5491	79.48	78.97	78.85	78.88	79.39	80.12	81.06	82.10	83.29	84.07
127	山东	莒县	5493	79.23	78.61	78.50	78.34	78.57	79.16	80.01	80.88	82.21	83.53
128	河南	安阳	5389	80.11	79.55	79.05	78.74	78.75	78.91	79.32	80.05	80.90	82.06
129	河南	卢氏	5706	73.94	73.46	73.01	72.62	72.53	72.45	73.07	73.80	74.91	76.28
130	河南	郑州	5708	80.13	79.65	79.20	79.34	79.57	79.85	80.67	81.38	82.42	83.49
131	河南	南阳	5717	82.93	82.50	82.14	81.82	81.62	81.77	82.35	83.29	84.08	85.31
132	河南	驻马店	5729	82.22	81.59	81.32	81.26	81.38	81.73	82.30	83.18	84.02	85.52
133	河南	信阳	5729	82.21	81.89	81.53	81.47	81.46	81.68	82.22	82.97	83.84	84.96
134	河南	尚丘	5800	81.84	81.06	80.63	80.34	80.61	81.07	81.90	82.90	83.99	85.39
135	湖北	陨西	5725	80.54	79.97	79.29	78.81	78.49	78.53	78.79	79.24	80.20	81.28
136	湖北	老河口	5726	83.64	82.85	82.24	81.81	81.61	81.51	81.89	82.75	84.16	85.83
137	湖北	钟祥	5737	85.34	84.60	84.06	83.62	83.58	83.69	84.20	84.84	85.67	86.64
138	湖北	麻城	5739	84.17	83.67	83.27	83.38	83.50	83.99	84.48	85.23	85.91	86.54
139	湖北	鄂西	5744	79.51	79.27	78.80	78.34	78.03	78.05	78.29	78.70	79.24	80.04
140	湖北	宜昌	5746	83.70	83.40	83.13	82.83	82.61	82.64	83.00	83.54	84.38	85.47
141	湖北	武汉	5749	87.46	87.30	87.14	87.10	87.08	87.36	87.60	87.96	88.20	88.72
142	湖南	石门	5756	83.31	82.65	82.15	81.86	81.67	81.73	82.12	82.75	83.57	84.56
143	湖南	南县	5757	88.20	87.36	86.94	86.45	86.36	86.43	86.73	87.09	87.59	88.28
144	湖南	吉首	5764	81.41	80.10	79.21	78.63	78.41	78.45	78.59	79.31	80.02	81.06
145	湖南	常德	5766	88.47	87.53	86.82	86.07	85.52	85.23	85.29	85.72	86.16	86.82

A. 0. 2

刻

11:00	12:00	13:00	14:00	15:00	16:00	17:00	18:00	19:00	20:00	21:00	22:00	23:00	0:00
84.74	86.43	87.45	88.32	88.31	88.18	87.72	87.04	86.34	85.47	84.37	82.99	81.65	80.46
82.11	83.23	84.02	84.42	84.29	84.00	83.49	82.91	82.45	81.71	81.11	80.23	79.58	78.98
83.07	83.93	84.53	85.26	84.86	84.29	83.59	82.87	82.08	81.22	80.34	79.42	78.60	77.86
85.01	86.04	86.86	87.32	87.50	87.09	86.85	86.43	85.82	85.03	84.05	82.93	81.59	80.44
84.85	86.23	87.36	87.75	87.58	86.49	85.71	84.86	83.55	82.86	81.82	80.90	80.49	79.84
83.35	84.81	85.82	86.72	86.90	86.61	85.99	85.53	84.77	84.01	83.27	82.45	81.63	80.94
77.88	79.48	80.67	81.52	81.63	81.28	80.50	79.57	78.81	77.93	77.00	76.09	75.37	74.53
84.67	85.71	86.60	87.17	87.37	87.21	87.17	86.72	86.17	85.33	84.57	83.38	82.19	80.99
86.98	88.29	89.42	90.20	90.35	89.92	89.71	89.38	88.56	87.89	87.03	85.77	84.44	83.58
86.78	88.12	89.15	89.88	89.90	89.57	89.30	88.87	88.25	87.54	86.44	85.33	84.03	83.02
86.18	87.48	88.53	89.22	89.20	88.86	88.34	87.69	87.10	86.40	85.44	84.49	83.58	82.85
86.81	88.25	89.55	90.36	90.58	90.35	89.78	89.24	88.64	87.66	86.44	85.27	83.93	82.89
82.88	84.30	85.83	86.84	87.04	86.87	86.42	85.87	85.39	84.55	83.65	82.96	82.03	81.22
87.43	89.09	90.43	91.18	91.51	91.40	90.83	90.43	89.86	88.97	88.00	86.86	85.60	84.55
87.70	89.03	90.16	90.87	91.32	91.27	91.22	91.19	90.78	89.96	89.06	88.07	87.01	86.00
87.19	88.10	88.81	89.46	89.60	89.55	89.39	89.44	89.24	88.85	88.14	87.20	86.11	85.07
81.03	82.22	83.05	83.55	83.69	83.72	83.69	83.43	83.29	82.83	82.37	81.62	80.84	80.16
86.71	88.16	89.34	90.03	90.03	89.59	89.02	88.59	88.11	87.47	86.74	85.79	84.78	84.17
89.21	89.64	90.24	90.61	90.70	90.65	90.62	90.59	90.52	90.34	89.59	89.04	88.43	87.86
85.65	87.11	88.20	88.90	88.96	88.65	88.15	87.67	87.29	86.74	85.87	85.08	84.42	83.74
89.19	90.34	91.38	92.16	92.44	92.68	92.87	93.17	93.08	92.62	91.90	90.82	89.74	88.89
82.41	83.90	85.01	86.08	86.85	87.41	87.69	87.98	87.68	87.17	86.33	85.30	83.84	82.50
87.81	88.98	90.12	91.12	91.50	91.85	92.26	92.78	92.91	92.85	92.20	91.29	90.22	89.21

序号	台站信息			时									
	省/直辖市/自治区	市/区/自治州	台站编号	1:00	2:00	3:00	4:00	5:00	6:00	7:00	8:00	9:00	10:00
146	湖南	长沙（望城）	57687	84.39	83.98	83.55	83.39	83.26	83.27	83.66	84.14	84.92	85.81
147	湖南	芷江	57745	79.08	78.44	77.94	77.68	77.64	77.85	78.22	78.91	79.81	81.02
148	湖南	株洲	57780	83.29	82.70	82.11	81.81	81.74	81.94	82.20	82.57	83.04	83.63
149	湖南	武冈	57853	78.79	78.07	77.42	77.08	76.94	77.04	77.40	77.88	78.73	79.58
150	湖南	零陵	57866	79.93	79.34	79.06	78.79	78.78	78.88	79.12	79.56	80.28	81.23
151	湖南	常宁	57874	81.92	81.50	81.21	80.98	81.02	81.21	81.71	82.45	83.06	83.90
152	广东	南雄	57996	81.11	80.53	80.18	79.86	79.80	79.95	80.28	80.68	81.20	82.09
153	广东	韶关	59082	81.90	81.49	81.24	81.02	80.98	81.13	81.35	81.67	82.27	83.06
154	广东	广州	59287	84.73	84.37	84.29	84.41	84.57	84.84	85.18	85.54	85.83	86.32
155	广东	河源	59293	82.04	81.70	81.49	81.36	81.36	81.50	81.82	82.26	82.97	83.83
156	广东	增城	59294	84.46	84.14	83.98	83.88	84.08	84.38	84.80	85.19	85.65	86.38
157	广东	汕头	59316	83.55	83.63	83.70	83.85	84.10	84.48	84.93	85.34	85.74	86.34
158	广东	汕尾	59501	85.28	85.24	85.14	85.17	85.29	85.46	85.75	86.06	86.49	86.96
159	广东	阳江	59663	86.38	86.30	85.96	85.92	85.87	86.03	86.20	86.41	86.72	87.05
160	广东	电白	59664	87.13	87.00	86.94	86.98	87.00	87.23	87.49	87.80	88.25	88.82
161	广西	桂林	57957	82.49	81.94	81.43	81.12	80.89	80.94	81.13	81.42	81.75	82.27
162	广西	河池	59023	82.77	82.47	82.07	81.55	81.13	81.05	81.09	81.29	81.81	82.50
163	广西	都安	59037	82.69	82.35	81.90	81.69	81.72	81.79	82.03	82.49	83.24	84.32
164	广西	百色	59211	83.42	82.82	82.30	81.84	81.58	81.54	81.83	82.31	83.20	84.59
165	广西	桂平	59254	83.09	82.73	82.35	82.05	82.04	82.27	82.63	83.16	83.91	84.84
166	广西	梧州	59265	82.27	82.12	81.89	81.65	81.55	81.71	82.09	82.75	83.53	84.82
167	广西	龙州	59417	85.15	84.51	83.82	83.31	83.00	82.90	83.08	83.52	84.35	85.52

A. 0. 2

刻

11:00	12:00	13:00	14:00	15:00	16:00	17:00	18:00	19:00	20:00	21:00	22:00	23:00	0:00
86.95	88.09	89.19	89.71	89.64	89.41	89.00	88.95	88.61	88.09	87.10	86.38	85.72	84.88
82.45	83.89	85.25	86.21	86.43	86.45	86.36	85.92	85.34	84.73	83.73	82.45	81.17	80.02
84.58	85.76	86.92	87.44	87.74	87.67	87.84	88.09	87.81	87.32	86.76	85.97	84.97	83.96
80.85	82.22	83.49	84.31	84.43	84.42	84.48	84.30	84.08	83.63	82.74	81.55	80.38	79.53
82.39	83.80	84.88	85.60	85.76	85.43	85.19	84.93	84.43	83.66	82.85	81.91	81.08	80.46
84.93	86.32	87.33	87.80	87.87	87.55	87.02	86.89	86.44	85.83	84.99	83.92	83.17	82.58
83.08	84.23	85.27	85.86	85.77	85.72	85.81	85.84	85.78	85.29	84.57	83.76	82.79	81.84
84.10	85.23	86.18	86.69	86.63	86.41	86.03	85.66	85.35	85.00	84.44	83.69	82.96	82.38
87.00	87.66	88.19	88.51	88.42	88.32	88.05	87.98	87.97	87.69	87.22	86.49	85.71	85.16
84.96	86.05	87.02	87.48	87.41	86.97	86.55	86.21	85.83	85.44	84.84	84.01	83.18	82.57
87.16	88.08	88.94	89.39	89.32	88.93	88.63	88.45	88.24	87.81	87.19	86.49	85.64	84.94
87.18	88.00	88.58	88.91	88.58	87.69	86.88	85.99	85.22	84.64	84.19	83.79	83.64	83.52
87.71	88.51	89.12	89.41	89.22	88.78	88.14	87.46	86.81	86.22	85.80	85.48	85.34	85.29
87.58	88.16	88.79	89.10	88.94	88.51	88.12	87.88	87.69	87.38	87.13	86.94	86.76	86.48
89.56	90.48	91.18	91.51	91.22	90.72	89.96	89.41	89.03	88.62	88.12	87.65	87.38	87.23
83.04	83.99	84.95	85.75	86.12	86.43	86.67	86.91	87.12	86.96	86.28	85.24	84.15	83.20
83.71	84.96	86.02	86.52	86.67	86.31	86.07	85.68	85.23	84.76	84.31	83.73	83.34	83.08
85.66	87.05	88.34	88.96	88.96	88.59	88.13	87.61	87.05	86.32	85.36	84.53	83.83	83.24
86.24	87.86	89.24	90.10	90.17	89.78	89.16	88.48	87.83	87.00	86.12	85.40	84.61	84.05
85.95	87.16	88.26	88.79	88.96	88.65	88.32	88.01	87.85	87.31	86.50	85.54	84.63	83.81
86.33	87.98	89.34	89.92	89.69	88.73	87.66	86.67	85.75	84.92	84.24	83.60	83.04	82.58
86.95	88.28	89.55	90.35	90.65	90.58	90.45	90.47	90.31	89.97	89.12	88.08	86.96	85.93

序号	台站信息			时									
	省/直辖市/自治区	市/区/自治州	台站编号	1:00	2:00	3:00	4:00	5:00	6:00	7:00	8:00	9:00	10:00
168	广西	南宁	59431	84.91	84.53	84.16	84.02	83.92	84.10	84.20	84.66	85.17	85.82
169	广西	灵山	59446	84.26	83.90	83.64	83.60	83.85	84.14	84.41	84.82	85.40	86.16
170	广西	钦州	59632	88.11	87.89	87.76	87.56	87.64	87.73	87.93	88.29	88.52	89.02
171	海南	海口	59758	85.05	84.93	84.81	84.67	84.75	84.89	85.27	85.71	86.26	87.05
172	海南	东方	59838	85.56	85.44	85.21	84.94	84.76	84.83	85.32	85.88	86.46	87.11
173	海南	琼海	59855	84.69	84.46	84.33	84.24	84.33	84.50	84.99	85.62	86.45	87.76
174	四川	甘孜	56146	44.46	43.63	43.04	42.59	42.23	42.29	42.47	43.14	44.13	45.67
175	四川	马尔康	56172	50.89	49.86	48.80	47.79	46.98	46.67	47.03	47.83	49.06	50.78
176	四川	红原	56173	40.05	39.03	38.20	37.48	37.13	36.94	37.28	38.07	39.28	41.16
177	四川	松潘	56182	46.39	45.94	45.15	44.50	44.08	43.58	43.64	44.17	45.21	46.75
178	四川	绵阳	56196	79.83	78.72	77.85	77.09	76.58	76.27	76.31	76.65	77.55	78.81
179	四川	理塘	56257	37.38	36.65	36.07	35.58	35.19	35.08	35.36	36.05	37.11	38.58
180	四川	成都	56294	79.79	78.71	77.70	76.94	76.53	76.46	76.71	77.23	78.11	79.20
181	四川	乐山	56386	80.36	79.57	78.63	77.84	77.18	76.83	76.92	77.40	78.34	79.51
182	四川	九龙	56462	49.87	49.31	48.56	47.81	47.17	46.91	47.27	47.90	48.58	49.42
183	四川	宜宾	56492	84.12	83.47	82.50	81.65	80.94	80.57	80.43	80.63	81.41	82.53
184	四川	西昌	56571	66.18	65.51	64.88	64.27	63.80	63.55	63.68	64.14	64.89	66.01
185	四川	会理	56671	65.72	64.88	64.29	63.67	63.12	62.99	63.01	63.31	63.69	64.43
186	四川	万源	57237	73.38	72.90	72.51	72.14	71.89	71.97	72.29	72.88	73.69	74.89
187	四川	南充	57411	83.18	82.70	82.12	81.56	81.32	81.21	81.36	81.70	82.05	82.61
188	四川	泸州	57602	82.86	82.61	81.90	81.09	80.35	79.84	79.92	80.26	81.21	82.28
189	重庆	沙坪坝	57516	83.87	83.42	83.00	82.59	82.29	82.08	82.23	82.52	82.87	83.64
190	重庆	酉阳	57633	75.36	74.79	74.34	73.86	73.78	73.99	74.41	74.97	75.51	76.20

刻

11:00	12:00	13:00	14:00	15:00	16:00	17:00	18:00	19:00	20:00	21:00	22:00	23:00	0:00
86.79	87.86	88.88	89.43	89.53	89.23	88.92	88.42	88.08	87.77	87.08	86.44	85.83	85.41
87.14	88.09	88.87	89.39	89.21	88.89	88.45	88.13	87.86	87.45	86.88	86.09	85.36	84.78
89.79	90.55	91.36	91.69	91.48	91.01	90.56	90.07	89.58	89.26	88.97	88.64	88.49	88.32
88.23	89.39	90.29	90.45	90.03	89.30	88.62	88.17	87.58	87.11	86.65	86.11	85.64	85.32
87.90	88.75	89.71	90.36	90.34	90.09	89.60	89.01	88.23	87.43	86.63	86.04	85.63	85.63
89.16	90.86	92.25	92.71	92.04	91.03	90.05	89.02	88.10	87.23	86.47	85.82	85.23	84.90
47.34	49.58	51.52	52.94	53.71	53.61	53.12	52.94	52.17	51.68	50.20	48.47	46.90	45.44
52.99	55.26	57.73	59.80	60.83	60.97	60.80	60.12	59.13	58.04	56.67	55.17	53.63	52.07
43.02	45.57	47.85	49.29	50.06	50.32	49.71	49.56	48.48	47.32	46.05	44.17	42.44	41.04
48.65	50.77	52.58	53.97	54.54	54.44	53.72	52.66	51.41	50.25	49.33	48.45	47.74	46.97
80.32	81.66	83.15	84.33	84.95	85.39	85.24	85.16	84.87	84.43	83.84	82.92	81.76	80.68
40.40	42.27	43.98	45.01	45.39	45.10	44.45	43.75	42.91	41.95	41.04	39.96	39.09	38.18
80.56	82.12	83.77	84.90	85.70	86.02	86.32	86.33	86.30	85.76	84.94	83.70	82.24	80.92
80.99	82.70	84.37	85.56	86.17	86.08	86.13	86.00	85.49	84.85	84.04	82.83	81.86	81.14
50.62	51.81	53.11	54.13	54.56	54.62	54.44	54.15	53.75	53.04	52.40	51.70	51.02	50.39
84.00	85.49	86.96	88.20	88.82	89.09	89.01	88.87	88.69	88.27	87.44	86.66	85.61	84.81
67.57	69.07	70.49	71.52	72.06	72.23	72.16	72.06	71.75	71.07	70.03	68.93	67.82	66.87
65.34	66.41	67.63	68.71	69.26	69.70	70.15	70.45	70.49	70.14	69.45	68.50	67.39	66.42
76.20	77.73	79.02	79.93	80.13	79.89	79.64	79.29	78.50	77.68	76.79	75.89	74.92	74.07
83.53	84.48	85.46	86.17	86.41	86.58	86.67	86.76	86.56	86.20	85.51	84.94	84.47	83.85
83.82	85.29	86.60	87.60	87.86	87.84	87.73	87.19	86.69	86.09	85.38	84.44	83.86	83.28
84.57	85.66	86.67	87.40	87.60	87.68	87.45	87.33	87.07	86.81	86.26	85.55	84.92	84.47
77.17	78.28	79.22	79.90	80.32	80.45	80.35	80.24	79.98	79.50	78.92	78.05	77.02	76.08

序号	台站信息			时									
	省/直辖市/自治区	市/区/自治州	台站编号	1:00	2:00	3:00	4:00	5:00	6:00	7:00	8:00	9:00	10:00
191	贵州	威宁	56691	56.71	56.18	55.49	54.87	54.40	54.13	54.25	54.68	55.55	56.83
192	贵州	桐梓	57606	70.75	70.29	69.81	69.35	69.01	68.92	69.18	69.72	70.67	72.11
193	贵州	毕节	57707	65.07	64.71	64.13	63.73	63.46	63.33	63.62	64.18	65.33	66.78
194	贵州	遵义	57713	73.15	72.55	71.86	71.37	71.05	70.99	71.14	71.56	72.32	73.40
195	贵州	贵阳	57816	70.10	69.76	69.29	68.91	68.62	68.59	68.61	68.98	69.54	70.39
196	贵州	三穗	57832	74.36	73.69	73.17	72.72	72.57	72.81	73.28	73.88	74.68	75.91
197	贵州	兴义	57902	68.35	67.87	67.17	66.42	65.94	65.61	65.74	66.11	66.88	67.96
198	云南	德钦	56444	43.81	43.38	42.91	42.39	41.83	41.59	41.83	42.42	43.33	44.61
199	云南	丽江	56651	56.49	55.96	55.45	54.68	54.15	53.88	54.05	54.56	55.41	56.65
200	云南	腾冲	56739	62.78	62.20	61.56	60.85	60.27	59.97	60.14	60.53	61.30	62.49
201	云南	楚雄	56768	62.77	62.28	61.71	61.19	60.76	60.55	60.69	60.98	61.50	62.36
202	云南	昆明	56778	61.42	60.88	60.29	59.77	59.41	59.34	59.50	59.92	60.69	61.81
203	云南	临沧	56951	65.52	64.96	64.49	64.02	63.65	63.44	63.55	63.82	64.43	65.47
204	云南	澜沧	56954	69.89	69.38	68.89	68.43	67.93	67.89	68.15	68.49	69.11	70.14
205	云南	思茅	56964	67.80	67.23	66.62	66.09	65.65	65.49	65.54	65.84	66.39	67.33
206	云南	元江	56966	80.78	80.29	79.75	79.21	78.81	78.62	78.79	79.20	79.91	81.06
207	云南	勐腊	56969	75.99	75.14	74.43	73.72	73.13	72.96	73.20	73.71	74.52	75.69
208	云南	蒙自	56985	66.24	65.92	65.47	65.14	64.98	64.98	65.16	65.69	66.40	67.52
209	西藏	拉萨	55591	45.63	44.71	43.94	43.23	42.47	42.08	42.13	42.36	43.06	44.13
210	西藏	昌都	56137	46.84	46.03	45.25	44.35	43.68	43.39	43.53	44.02	45.13	46.75
211	西藏	林芝	56312	49.33	48.63	47.96	47.26	46.65	46.39	46.54	47.07	48.02	49.45
212	陕西	榆林	53646	61.23	60.83	60.49	60.21	60.08	60.52	61.10	61.75	62.66	63.58
213	陕西	定边	53725	59.78	59.47	59.30	58.91	58.90	59.28	59.43	59.87	60.71	61.35

A. 0. 2

刻

11:00	12:00	13:00	14:00	15:00	16:00	17:00	18:00	19:00	20:00	21:00	22:00	23:00	0:00
58.37	59.93	61.39	62.29	62.61	62.38	61.88	61.21	60.52	59.85	59.08	58.39	57.78	57.18
73.87	75.66	77.19	78.18	78.49	78.12	77.28	76.22	75.42	74.49	73.61	72.68	72.07	71.36
68.59	70.55	72.14	73.06	73.18	72.56	71.60	70.45	69.33	68.26	67.48	66.73	66.02	65.47
74.72	76.16	77.40	78.12	78.38	78.47	78.21	77.76	77.31	76.81	76.16	75.32	74.53	73.83
71.37	72.39	73.35	73.92	74.06	73.91	73.66	73.29	72.90	72.43	71.97	71.40	70.90	70.45
77.55	79.25	80.65	81.65	82.18	82.18	82.05	81.50	80.93	80.11	78.94	77.78	76.51	75.36
69.42	70.98	72.16	72.95	73.23	72.98	72.70	72.41	71.86	71.37	70.70	70.02	69.35	68.87
46.14	47.84	49.23	50.12	50.27	49.84	49.00	48.07	47.29	46.47	45.83	45.13	44.63	44.21
58.20	59.99	61.51	62.53	62.81	62.60	62.05	61.47	60.78	60.08	59.13	58.31	57.59	56.94
64.10	65.82	67.38	68.41	68.69	68.44	67.85	67.16	66.52	65.86	65.17	64.55	63.91	63.37
63.45	64.65	65.65	66.45	66.69	66.64	66.57	66.34	66.00	65.55	65.04	64.45	63.83	63.23
63.19	64.64	65.93	66.83	67.06	66.98	66.51	66.10	65.63	64.98	64.32	63.53	62.69	62.03
66.63	68.06	69.31	70.20	70.50	70.35	70.02	69.55	69.20	68.55	67.89	67.24	66.61	66.03
71.47	72.88	74.16	75.08	75.31	75.10	74.80	74.47	74.04	73.60	72.85	71.97	71.19	70.47
68.58	70.02	71.26	72.09	72.43	72.44	72.32	72.33	72.14	71.73	71.10	70.28	69.43	68.57
82.42	83.96	85.22	86.02	86.10	86.02	85.89	85.97	85.95	85.56	84.68	83.59	82.44	81.50
77.39	79.16	80.68	81.92	82.51	82.70	82.91	82.84	82.62	82.06	81.11	79.82	78.32	77.12
68.83	70.21	71.43	72.18	72.34	71.95	71.32	70.59	69.89	69.19	68.49	67.78	67.10	66.62
45.49	46.78	48.10	49.17	49.90	50.23	50.58	50.69	50.68	50.34	49.59	48.58	47.51	46.42
48.73	50.76	52.74	54.06	54.73	54.82	54.47	53.89	53.19	52.27	51.13	49.97	48.70	47.67
51.24	53.06	54.61	55.64	56.02	55.74	55.18	54.42	53.55	52.83	52.10	51.34	50.62	49.90
64.73	65.77	66.58	67.27	67.20	66.99	66.40	65.62	64.98	64.27	63.63	62.86	62.12	61.60
62.24	62.99	64.06	65.03	65.23	64.99	64.79	63.95	63.56	63.14	62.38	61.66	60.69	60.22

序号	台站信息			时									
	省/直辖市/自治区	市/区/自治州	台站编号	1:00	2:00	3:00	4:00	5:00	6:00	7:00	8:00	9:00	10:00
214	陕西	绥德	53754	64.80	64.60	63.97	63.59	63.43	63.59	63.86	64.49	65.42	66.60
215	陕西	延安	53845	66.54	65.46	64.85	64.46	64.02	63.79	63.93	64.29	65.01	66.21
216	陕西	洛川	53942	64.09	63.61	63.00	62.70	62.51	62.47	62.86	63.45	64.21	65.45
217	陕西	西安	57036	74.76	74.09	73.33	72.79	72.50	72.60	73.14	74.00	75.15	76.57
218	陕西	汉中	57127	77.61	76.57	75.58	74.93	74.46	74.35	74.50	75.10	76.06	77.23
219	陕西	安康	57245	79.98	79.43	78.91	78.65	78.53	78.40	78.69	79.30	80.17	81.30
220	甘肃	敦煌	52418	51.81	49.58	48.49	47.73	47.51	47.53	48.02	48.76	49.68	50.98
221	甘肃	玉门镇	52436	46.35	45.50	45.04	44.59	44.38	44.49	45.20	45.98	46.98	47.99
222	甘肃	酒泉	52533	50.80	49.58	48.78	48.06	48.19	48.33	48.97	50.05	51.05	52.01
223	甘肃	民勤	52681	53.06	52.52	52.36	51.78	51.77	51.87	52.32	52.90	53.58	54.54
224	甘肃	乌鞘岭	52787	36.67	36.12	35.56	35.19	35.04	35.02	35.46	36.26	37.33	38.67
225	甘肃	兰州	52889	58.50	58.01	57.42	56.93	56.38	56.13	56.16	56.43	57.22	58.38
226	甘肃	榆中	52983	53.55	52.81	52.23	51.77	51.55	51.49	51.93	52.87	53.99	55.32
227	甘肃	平凉	53915	61.48	60.90	60.14	59.51	59.28	59.10	59.36	59.72	60.52	62.10
228	甘肃	西峰镇	53923	61.15	60.75	60.58	60.24	60.01	60.12	60.40	60.88	61.51	62.22
229	甘肃	合作	56080	43.65	42.90	42.25	41.61	41.00	40.78	41.01	41.66	42.69	44.23
230	甘肃	岷县	56093	51.66	51.24	50.60	50.04	49.69	49.58	49.89	50.55	51.59	52.91
231	甘肃	武都	56096	66.71	66.36	65.80	65.47	65.11	64.98	64.87	65.06	65.65	66.62
232	甘肃	天水	57006	63.89	63.45	63.08	62.96	62.77	62.51	62.63	63.14	63.99	64.97
233	青海	冷湖	52602	33.62	32.81	32.08	31.64	31.42	31.49	31.74	32.08	33.01	34.27
234	青海	大柴旦	52713	38.73	38.09	37.50	36.99	36.38	35.99	36.12	36.36	36.89	37.49
235	青海	刚察	52754	37.93	37.38	36.74	36.15	35.92	35.71	36.19	36.56	37.72	39.42
236	青海	格尔木	52818	39.36	38.44	37.12	36.26	35.41	34.89	34.78	35.03	35.73	36.99

刻

11:00	12:00	13:00	14:00	15:00	16:00	17:00	18:00	19:00	20:00	21:00	22:00	23:00	0:00
67.78	69.30	70.44	71.24	71.12	70.58	69.64	68.64	67.67	66.70	66.02	65.51	65.11	64.87
67.85	69.42	71.10	72.37	72.79	73.02	72.66	72.18	71.47	70.60	70.13	69.20	68.11	67.34
66.94	68.19	69.65	70.42	70.71	70.55	69.92	69.30	68.63	67.85	67.08	66.18	65.43	64.74
78.03	79.60	81.04	82.00	82.29	82.36	82.17	81.72	81.07	80.38	79.37	78.05	76.60	75.49
78.62	80.11	81.44	82.61	83.68	84.17	84.65	84.89	84.96	84.60	83.38	81.88	80.38	78.96
82.47	83.76	84.99	85.87	86.24	86.09	85.89	85.35	84.79	84.09	83.33	82.31	81.40	80.70
52.95	54.77	56.87	58.77	60.68	62.81	65.08	66.98	68.13	67.84	65.62	62.07	58.20	54.63
49.48	51.05	52.37	53.57	54.57	55.47	56.11	56.78	56.70	55.88	54.20	52.03	49.69	47.85
53.13	54.29	55.92	57.49	58.62	60.15	61.60	62.88	63.53	63.18	61.11	58.61	55.54	52.69
55.42	56.62	57.71	58.74	59.10	59.03	59.03	58.56	58.35	57.81	56.78	55.87	54.62	53.65
40.33	42.10	43.49	44.62	44.99	44.58	43.79	42.72	41.79	40.84	39.91	38.95	38.21	37.30
59.94	61.43	62.75	63.69	64.08	64.02	63.69	63.47	62.85	62.26	61.41	60.54	59.67	59.00
56.76	58.37	59.98	61.00	61.61	61.65	61.43	61.19	60.22	59.15	57.99	56.64	55.47	54.39
63.88	65.53	67.03	68.35	68.91	68.98	68.61	67.79	66.93	65.93	64.92	63.92	62.85	62.11
63.22	64.05	65.01	65.62	65.79	65.67	65.39	65.07	64.64	64.08	63.41	62.79	62.18	61.62
46.12	48.00	49.83	51.28	51.99	51.85	51.29	50.45	49.55	48.37	47.35	46.22	45.11	44.17
54.65	56.39	57.85	59.11	59.72	59.79	59.48	58.75	57.91	56.81	55.71	54.56	53.38	52.52
67.61	68.72	69.43	70.12	70.40	70.10	69.94	69.53	69.05	68.76	68.17	67.61	67.22	67.09
65.89	67.32	68.45	69.29	69.59	69.47	69.16	68.63	68.00	67.24	66.54	65.71	64.95	64.34
35.76	37.34	38.74	39.88	40.42	40.54	40.47	40.13	39.47	38.77	37.60	36.65	35.49	34.45
38.10	38.92	40.13	41.08	41.78	42.25	42.53	42.54	42.57	42.23	41.76	41.01	40.09	39.39
41.39	42.95	44.58	45.80	46.61	46.41	46.15	45.38	44.29	43.36	42.18	40.97	39.74	38.65
38.39	39.96	41.80	43.40	44.72	45.60	46.20	46.18	45.82	45.27	44.23	43.07	41.89	40.52

序号	台站信息			时									
	省/直辖市/自治区	市/区/自治州	台站编号	1:00	2:00	3:00	4:00	5:00	6:00	7:00	8:00	9:00	10:00
237	青海	都兰	52836	39.64	38.89	38.05	37.48	37.11	36.90	37.05	37.37	38.12	38.94
238	青海	西宁	52866	49.14	48.54	47.85	47.16	46.69	46.59	46.58	46.90	47.42	48.52
239	青海	民和	52876	54.80	53.94	53.02	52.45	52.22	52.14	52.39	52.84	53.75	54.76
240	青海	兴海	52943	41.96	41.14	40.48	39.92	39.51	39.39	39.66	40.14	41.00	42.52
241	青海	托托河	56004	31.30	30.54	29.73	28.77	28.06	27.77	27.87	28.27	29.33	30.72
242	青海	曲麻莱	56021	33.69	32.93	32.02	31.27	30.74	30.40	30.58	31.09	32.17	33.96
243	青海	玉树	56029	41.83	40.66	39.87	39.18	38.54	38.40	38.62	39.27	40.17	41.50
244	青海	玛多	56033	32.26	31.60	30.73	30.11	29.57	29.33	29.54	30.26	31.38	32.85
245	青海	达日	56046	36.01	35.27	34.50	33.90	33.46	33.32	33.57	34.24	35.23	36.90
246	青海	襄谦	56125	42.95	42.13	41.31	40.60	39.99	39.72	40.00	40.56	41.54	42.97
247	宁夏	银川	53614	61.33	60.17	59.71	59.43	59.40	59.84	60.58	61.37	62.25	63.29
248	宁夏	盐池	53723	57.78	57.55	57.38	57.41	57.37	57.47	57.70	58.07	58.67	59.33
249	宁夏	固原	53817	55.05	54.34	53.90	53.69	53.48	53.77	54.09	54.61	55.34	56.60
250	新疆	阿勒泰	51076	48.63	47.15	45.98	45.20	45.00	45.09	45.57	46.45	47.64	49.08
251	新疆	富蕴	51087	47.72	47.32	46.79	46.28	45.92	45.69	45.77	46.18	46.86	47.71
252	新疆	塔城	51133	52.26	51.11	49.91	48.62	47.69	47.49	47.61	47.98	48.77	50.54
253	新疆	和布克赛尔	51156	43.82	42.81	41.92	40.98	40.32	40.03	40.00	40.26	41.09	42.17
254	新疆	克拉玛依	51243	51.69	51.23	50.48	49.90	49.34	49.21	49.34	49.50	50.01	50.72
255	新疆	精河	51334	55.64	54.19	52.91	52.01	51.32	50.94	50.95	51.73	53.03	54.82
256	新疆	乌苏	51346	54.19	53.06	52.06	51.22	50.73	50.43	50.68	51.12	52.00	53.28
257	新疆	伊宁	51431	54.33	52.52	50.96	49.77	48.81	48.26	48.20	48.77	50.04	51.63

A. 0. 2

刻

11:00	12:00	13:00	14:00	15:00	16:00	17:00	18:00	19:00	20:00	21:00	22:00	23:00	0:00
39.98	41.18	42.39	43.49	44.29	44.51	44.68	44.61	44.29	43.80	43.14	42.10	41.04	40.26
49.81	51.58	53.09	54.22	54.97	55.21	55.22	54.74	53.94	53.23	52.48	51.63	50.65	49.80
56.58	58.29	60.01	61.25	62.06	62.57	63.14	63.52	63.58	62.78	61.44	59.84	57.74	56.12
43.94	45.54	47.25	48.25	48.69	48.62	48.35	47.78	46.80	45.98	45.05	44.23	43.51	42.72
32.52	34.48	36.05	37.32	37.87	37.92	37.61	37.12	36.44	35.71	34.77	33.91	32.94	32.14
35.69	37.89	39.85	41.20	41.74	41.69	41.20	40.38	39.50	38.41	37.44	36.50	35.48	34.63
43.27	45.28	47.47	48.96	49.78	50.02	49.70	49.28	48.61	47.63	46.54	45.23	43.92	42.77
34.52	36.13	37.74	38.80	39.27	39.25	38.78	38.19	37.46	36.50	35.56	34.72	33.84	32.96
38.76	40.89	42.92	44.36	45.04	44.70	44.13	43.22	42.11	40.89	39.82	38.71	37.83	36.85
44.72	46.60	48.40	49.82	50.70	50.94	50.78	50.34	49.56	48.64	47.55	46.24	45.02	43.90
64.44	65.67	67.00	68.36	68.90	69.40	69.74	69.91	70.06	69.37	68.17	66.64	64.59	62.62
59.97	60.55	61.39	61.86	61.98	61.82	61.70	61.27	61.06	60.53	59.94	59.25	58.69	58.30
58.02	59.41	60.70	61.44	62.16	61.94	61.43	61.09	60.46	59.46	58.48	57.44	56.51	55.72
50.85	52.65	54.44	56.23	57.52	58.40	59.07	59.27	59.14	58.39	56.96	54.90	52.69	50.63
48.84	50.21	51.55	52.81	53.39	53.23	52.90	52.41	51.84	51.14	50.52	49.68	48.92	48.27
52.97	55.38	57.55	59.37	60.47	61.14	61.25	61.20	60.82	59.94	58.18	56.78	55.22	53.68
43.39	44.85	46.45	47.62	48.49	48.99	48.89	48.75	48.52	48.12	47.35	46.40	45.53	44.83
51.65	52.72	53.81	54.53	55.09	55.21	55.25	55.17	55.02	54.53	53.99	53.36	52.76	52.19
57.25	59.78	62.41	64.50	65.75	66.53	66.73	66.90	66.68	65.77	64.12	61.96	59.55	57.39
54.87	56.61	58.46	59.88	61.13	61.84	62.36	62.50	62.29	61.67	60.31	58.76	57.02	55.48
53.65	56.10	58.68	60.92	62.60	63.90	64.80	65.29	65.24	64.38	62.76	60.85	58.35	56.21

序号	台站信息			时									
	省/直辖市/自治区	市/区/自治州	台站编号	1:00	2:00	3:00	4:00	5:00	6:00	7:00	8:00	9:00	10:00
258	新疆	乌鲁木齐	51463	50.44	49.69	48.95	48.35	47.93	47.54	47.52	47.86	48.42	49.20
259	新疆	焉耆	51567	56.37	54.07	52.17	50.74	49.68	49.17	49.18	49.71	50.81	52.93
260	新疆	吐鲁番	51573	60.43	58.65	57.60	56.90	56.59	56.53	56.96	57.95	58.88	60.17
261	新疆	阿克苏	51628	59.14	57.73	55.64	53.78	52.62	51.78	51.77	52.07	52.66	54.16
262	新疆	库车	51644	53.39	51.86	50.64	49.47	48.73	48.19	48.25	48.55	49.46	50.76
263	新疆	喀什	51709	59.80	58.19	56.61	55.09	53.79	52.86	52.20	52.35	53.04	53.81
264	新疆	巴楚	51716	57.47	55.73	54.16	52.61	51.59	50.94	50.80	51.12	52.02	53.33
265	新疆	铁干里克	51765	56.93	54.24	52.41	50.95	50.22	50.05	50.39	51.09	52.19	53.53
266	新疆	若羌	51777	54.23	52.25	50.84	49.87	49.38	49.17	49.34	49.96	51.03	52.42
267	新疆	莎车	51811	64.28	62.12	59.73	57.25	55.11	53.76	53.03	52.99	53.61	54.63
268	新疆	和田	51828	57.20	55.14	53.05	51.46	50.35	49.75	49.75	50.03	50.88	51.90
269	新疆	民丰	51839	54.46	52.84	51.60	50.52	49.70	49.49	49.44	49.66	50.37	51.29
270	新疆	哈密	52203	53.18	51.02	49.86	49.31	49.28	49.82	50.61	51.48	52.82	54.12

刻

11:00	12:00	13:00	14:00	15:00	16:00	17:00	18:00	19:00	20:00	21:00	22:00	23:00	0:00
50.16	51.26	52.58	53.65	54.45	54.63	54.50	54.33	54.09	53.54	52.88	52.28	51.65	50.91
55.22	57.27	59.68	62.03	64.12	66.03	67.64	68.75	69.66	69.17	67.35	64.88	61.83	59.19
61.98	63.76	65.61	67.44	69.04	70.64	72.32	73.64	74.39	74.27	72.11	69.33	65.72	62.67
56.23	58.10	60.54	62.36	64.08	65.46	66.91	67.91	68.32	68.00	67.07	65.04	62.88	60.96
52.27	54.13	56.19	57.86	59.32	60.13	61.31	61.95	62.25	61.85	60.73	59.09	57.26	55.03
55.16	56.82	58.42	60.07	61.72	62.94	64.42	65.82	66.53	66.50	65.55	63.97	62.32	61.03
55.16	57.28	59.49	61.56	63.28	64.96	66.40	67.44	67.89	67.31	66.29	64.25	61.84	59.55
55.36	57.46	59.52	62.21	65.08	68.67	71.95	75.15	77.16	77.05	74.76	70.83	65.86	60.88
54.44	56.55	58.98	61.30	63.13	64.95	66.85	68.24	68.83	68.27	66.26	63.36	60.05	56.83
56.08	58.12	60.36	63.00	65.42	68.25	70.70	72.86	74.22	74.26	73.23	71.52	69.11	66.55
53.76	55.88	58.53	61.37	63.76	65.90	67.98	69.48	70.32	69.92	68.06	65.62	62.52	59.51
52.67	54.57	56.51	58.48	59.93	61.54	63.36	64.99	65.81	65.72	64.25	61.81	59.06	56.44
55.61	57.52	59.17	61.05	62.95	64.89	67.40	69.18	69.92	69.45	67.29	63.92	59.83	55.99

附录 B 室外空气计算温度简化统计方法

B.0.1 供暖室外计算温度可按下式确定：

$$t_{wn} = 0.57t_{lp} + 0.43t_{p,min} \tag{B.0.1}$$

式中：t_{wn}——供暖室外计算温度（℃），应取整数；

t_{lp}——累年最冷月平均温度（℃）；

$t_{p,min}$——累年最低日平均温度（℃）。

B.0.2 冬季空气调节室外计算温度可按下式确定：

$$t_{wk} = 0.30t_{lp} + 0.70t_{p,min} \tag{B.0.2}$$

式中：t_{wk}——冬季空气调节室外计算温度（℃），应取整数。

B.0.3 夏季通风室外计算温度可按下式确定：

$$t_{wf} = 0.71t_{rp} + 0.29t_{max} \tag{B.0.3}$$

式中：t_{wf}——夏季通风室外计算温度（℃），应取整数；

t_{rp}——累年最热月平均温度（℃）；

t_{max}——累年极端最高温度（℃）。

B.0.4 夏季空气调节室外计算干球温度可按下式确定：

$$t_{wg} = 0.47t_{rp} + 0.53t_{max} \tag{B.0.4}$$

式中：t_{wg}——夏季空气调节室外计算干球温度（℃）。

B.0.5 夏季空气调节室外计算湿球温度可按下列公式确定：

$$北部地区：t_{ws} = 0.72t_{s,rp} + 0.28t_{s,max} \tag{B.0.5-1}$$

$$中部地区：t_{ws} = 0.75t_{s,rp} + 0.25t_{s,max} \tag{B.0.5-2}$$

$$南部地区：t_{ws} = 0.80t_{s,rp} + 0.20t_{s,max} \tag{B.0.5-3}$$

式中：t_{ws}——夏季空气调节室外计算湿球温度（℃）；

$t_{s,rp}$——与累年最热月平均温度和平均相对湿度相对应的湿球温度（℃），可在当地大气压力下的焓湿图上查得；

$t_{s,max}$——与累年极端最高温度和最热月平均相对湿度相对应的湿球温度(℃),可在当地大气压力下的焓湿图上查得。

B.0.6 夏季空气调节室外计算日平均温度可按下式确定:

$$t_{wp} = 0.80 t_{rp} + 0.20 t_{max} \qquad (B.0.6)$$

式中:t_{wp}——夏季空气调节室外计算日平均温度(℃)。

附录C 夏季太阳总辐射照度

C.0.1 计算夏季空调冷负荷时，建筑物各朝向垂直面与水平面的太阳总辐射照度应按表 C.0.1-1～表 C.0.1-7 采用。

表 C.0.1-1 北纬 20°太阳总辐射照度（W/m²）

透明度等级	1						2						3					
朝向 时刻（地方太阳时）	S	SE	E	NE	N	H	S	SE	E	NE	N	H	S	SE	E	NE	N	H
6	26	255	527	505	202	96	28	209	424	407	169	90	29	172	341	328	140	83
7	63	454	825	749	272	349	63	408	736	670	249	321	70	373	661	602	233	306
8	92	527	872	759	257	602	98	495	811	708	249	573	104	464	751	658	241	545
9	117	518	791	670	224	826	121	494	748	635	220	787	130	476	711	606	222	759
10	134	442	628	523	191	999	144	434	608	511	198	969	145	415	578	486	195	921
11	145	312	404	344	169	1105	150	307	394	338	173	1064	156	302	384	333	177	1022
12	149	149	149	157	161	1142	156	156	156	164	167	1107	162	162	162	170	172	1065
13	145	145	145	145	169	1105	150	150	150	150	173	1064	156	156	156	156	177	1022
14	134	134	134	134	191	999	144	144	144	144	198	969	145	145	145	145	195	921
15	117	117	117	117	224	826	121	121	121	121	220	787	130	130	130	130	222	759
16	92	92	92	92	257	602	98	98	68	98	249	573	104	104	104	104	241	545
17	63	63	63	63	272	349	63	63	63	63	249	321	70	70	70	70	233	306
18	26	26	26	26	202	96	28	28	28	28	169	90	29	29	29	29	140	83
日总计	1303	3232	4772	4284	2791	9096	1363	3108	4481	4037	2682	8716	1429	2998	4221	3817	2587	8339
日平均	55	135	199	179	116	379	57	129	187	168	112	363	60	125	176	159	108	347
朝向	S	SW	W	NW	N	H	S	SW	W	NW	N	H	S	SW	W	NW	N	H

续表 C.0.1-1

透明度等级 6

时刻（地方太阳时）	H	N	NE	E	SE	S
18	48	60	127	131	72	22
17	236	171	386	421	252	76
16	440	207	481	542	354	116
15	658	224	404	580	409	157
14	815	217	438	508	385	179
13	904	206	326	365	302	190
12	947	207	205	199	199	199
11	904	206	190	190	190	190
10	815	217	179	179	179	179
9	658	224	157	157	157	157
8	440	207	116	116	116	116
7	236	171	76	76	76	76
6	48	60	22	22	22	22
日总计	7148	2379	3206	3487	2713	1678
日平均	298	99	134	145	113	70
朝向	H	N	NW	W	SW	S

透明度等级 5

时刻（地方太阳时）	H	N	NE	E	SE	S
18	55	79	177	184	97	22
17	264	193	461	504	295	77
16	480	220	548	620	395	113
15	701	224	547	635	437	147
14	857	208	458	536	397	165
13	951	197	329	374	304	178
12	983	191	188	181	181	181
11	951	197	178	178	173	178
10	857	208	165	165	165	165
9	701	224	147	147	147	147
8	480	220	113	113	113	113
7	264	193	77	77	77	77
6	55	79	22	22	22	22
日总计	7600	2433	3409	3736	2807	1584
日平均	317	101	142	156	117	66
朝向	H	N	NW	W	SW	S

透明度等级 4

时刻（地方太阳时）	S	SE	E	NE	N	H
6	27	130	254	243	107	69
7	74	331	577	527	213	285
8	106	423	677	594	227	505
9	137	451	665	570	221	722
10	155	402	551	468	200	880
11	169	305	380	331	188	886
12	172	172	172	179	181	1023
13	169	169	169	169	188	986
14	155	155	155	155	200	880
15	137	137	137	137	221	722
16	106	106	106	106	227	505
17	74	74	74	74	213	285
18	27	27	27	27	107	69
日总计	1507	2883	3944	3580	2493	7918
日平均	63	120	164	149	104	330
朝向	S	SW	W	NW	N	H

表 C.0.1-2 北纬 25°太阳总辐射照度（W/m²）

透明度等级 1

时刻（地方太阳时）	S	SE	E	NE	N	H
6	33	287	579	551	220	127
7	66	483	842	747	252	373
8	93	564	877	730	212	618
9	119	566	793	625	159	834
10	158	500	628	466	134	1000
11	212	376	404	281	145	1104
12	226	202	144	144	144	1133
13	212	145	145	145	145	1104
14	158	134	134	134	134	1000
15	119	119	119	119	159	834
16	93	93	93	93	212	618
17	66	66	66	66	252	373
18	33	33	33	33	220	127
日总计	1586	3568	4857	4134	2389	9244
日平均	66	149	202	172	100	385
朝向	S	SW	W	NW	N	H

透明度等级 2

时刻（地方太阳时）	S	SE	E	NE	N	H
6	34	243	484	461	187	116
7	67	436	755	670	233	345
8	100	530	818	684	208	590
9	121	540	750	593	159	795
10	166	488	608	456	144	970
11	213	368	394	279	151	1062
12	228	206	151	151	151	1096
13	213	151	151	151	151	1062
14	166	144	144	144	144	970
15	121	121	121	121	159	795
16	100	100	100	100	208	590
17	67	67	67	67	233	345
18	34	34	34	34	187	116
日总计	1631	3429	4578	3911	2317	8853
日平均	68	143	191	163	97	369
朝向	S	SW	W	NW	N	H

透明度等级 3

时刻（地方太阳时）	S	SE	E	NE	N	H
6	36	206	401	383	162	109
7	73	398	678	604	219	327
8	106	498	758	637	204	562
9	131	518	713	568	166	768
10	166	466	578	436	145	922
11	215	359	384	276	156	1022
12	229	208	157	157	157	1054
13	215	156	156	156	156	1020
14	166	145	145	145	145	922
15	131	131	131	131	166	768
16	106	106	106	106	204	562
17	73	73	73	73	219	327
18	36	36	36	36	162	109
日总计	1685	3301	4317	3708	2260	8469
日平均	70	138	180	154	94	353
朝向	S	SW	W	NW	N	H

续表 C.0.1-2

透明度等级 4

时刻（地方太阳时）	S	SE	E	NE	N	H
6	35	164	312	298	129	95
7	77	355	594	530	201	305
8	108	454	684	577	194	520
9	138	491	669	536	171	730
10	173	449	551	421	155	882
11	223	357	380	280	169	985
12	235	215	169	169	169	1014
13	223	169	169	169	169	985
14	173	155	155	155	155	882
15	138	138	138	138	171	730
16	108	108	108	108	194	520
17	77	77	77	77	201	305
18	35	35	35	35	129	95
日总计	1745	3166	4040	3492	2206	8048
日平均	73	132	168	146	92	335
朝向	S	SW	W	NW	N	H

透明度等级 5

时刻（地方太阳时）	S	SE	E	NE	N	H
6	33	129	240	229	104	81
7	80	316	521	466	186	284
8	115	424	629	534	193	495
9	148	475	640	516	177	709
10	184	441	536	415	165	858
11	229	352	374	281	178	950
12	240	222	178	178	178	973
13	229	178	178	178	178	950
14	184	165	165	165	165	858
15	148	148	148	148	177	709
16	115	115	115	115	193	495
17	80	80	80	80	186	284
18	33	33	33	33	104	81
日总计	1817	3078	3837	3339	2183	7730
日平均	76	128	160	139	91	322
朝向	S	SW	W	NW	N	H

透明度等级 6

时刻（地方太阳时）	S	SE	E	NE	N	H
6	29	95	171	164	80	67
7	81	274	441	397	167	257
8	119	379	551	471	184	454
9	158	442	585	478	185	666
10	195	423	508	400	179	816
11	235	345	365	281	190	901
12	250	234	194	194	194	935
13	235	190	190	190	190	901
14	195	179	179	179	179	816
15	158	158	158	158	185	666
16	119	119	119	119	184	454
17	81	81	81	81	167	257
18	29	29	29	29	80	67
日总计	1885	2949	3572	3141	2160	7259
日平均	79	123	149	131	90	302
朝向	S	SW	W	NW	N	H

表 C.0.1-3　北纬30°太阳总辐射照度（W/m²）

透明度等级	1						2						3					
朝向 \ 时刻（地方太阳时）	S	SE	E	NE	N	H	S	SE	E	NE	N	H	S	SE	E	NE	N	H
6	38	320	629	593	231	156	38	277	538	507	201	142	42	239	457	431	178	135
7	69	512	856	740	229	395	71	464	770	666	214	368	76	423	693	601	201	345
8	94	600	879	699	164	627	101	566	822	656	164	599	107	530	764	613	165	571
9	144	614	794	578	119	835	145	584	750	549	121	795	154	558	713	527	131	768
10	240	557	628	408	134	996	243	542	608	402	144	966	237	516	577	386	145	918
11	300	436	401	215	143	1091	297	424	392	217	149	1050	292	413	381	217	154	1008
12	316	266	143	143	143	1119	313	265	149	149	149	1079	309	264	155	155	155	1037
13	300	143	143	143	143	1091	297	149	149	149	149	1050	292	154	154	154	154	1008
14	240	134	134	134	134	996	243	144	144	144	144	966	237	145	145	145	145	918
15	144	119	119	119	119	835	145	121	121	121	121	795	154	131	131	131	131	768
16	94	94	94	94	164	627	101	101	101	101	164	599	107	107	107	107	165	571
17	69	69	69	69	229	395	71	71	71	71	214	368	76	76	76	76	201	345
18	38	38	38	38	231	156	38	38	38	38	201	142	42	42	42	42	178	135
日总计	2086	3902	4928	3973	2183	9318	2104	3747	4654	3772	2135	8920	2124	3599	4395	3586	2104	8527
日平均	87	163	205	166	91	388	88	156	194	157	89	372	88	150	183	149	88	355
朝向	S	SW	W	NW	N	H	S	SW	W	NW	N	H	S	SW	W	NW	N	H

续表 C.0.1-3

透明度等级	4						5						6					
时刻(地方太阳时) \ 朝向	S	SE	E	NE	N	H	S	SE	E	NE	N	H	S	SE	E	NE	N	H
6	42	197	366	345	148	121	41	160	292	277	122	107	35	117	208	198	92	86
7	79	377	608	530	187	321	83	338	536	469	176	300	86	295	457	402	162	276
8	109	484	690	556	160	529	116	451	636	516	163	505	121	402	557	457	159	462
9	159	528	669	499	138	732	166	508	640	483	148	711	176	472	585	449	159	668
10	238	494	550	374	154	877	244	483	535	371	165	855	249	461	507	362	179	812
11	294	406	377	226	166	972	294	398	372	230	176	939	293	386	363	237	187	891
12	309	267	166	166	166	1000	308	270	177	177	177	962	309	274	191	191	191	919
13	294	166	166	166	166	972	294	176	176	176	176	939	293	187	187	187	187	891
14	238	154	154	154	154	877	244	165	165	165	165	855	249	179	179	179	179	812
15	159	138	138	138	138	732	166	148	148	148	148	711	176	159	159	159	159	668
16	109	109	109	109	160	529	116	116	116	116	163	505	121	121	121	121	159	462
17	79	79	79	79	187	321	83	83	83	83	176	300	86	86	86	86	162	276
18	42	42	42	42	148	121	41	41	41	41	122	107	35	35	35	35	92	86
日总计	2154	3441	4115	3385	2074	8104	2197	3337	3916	3251	2075	7793	2228	3176	3636	3063	2068	7306
日平均	90	143	171	141	86	338	92	139	163	135	86	325	93	132	151	128	86	304
朝向	S	SW	W	NW	N	H	S	SW	W	NW	N	H	S	SW	W	NW	N	H

· 253 ·

表 C.0.1-4　北纬35°太阳总辐射照度（W/m²）

透明度等级	1						2						3					
朝向＼时刻（地方太阳时）	S	SE	E	NE	N	H	S	SE	E	NE	N	H	H	N	NE	E	SE	S
6	43	348	670	622	236	184	43	304	576	536	207	167	160	187	465	498	267	48
7	71	541	869	728	204	413	73	492	783	658	192	385	361	181	594	705	448	77
8	94	636	880	665	114	632	101	600	825	626	120	605	577	124	585	766	562	108
9	209	659	792	529	117	828	207	626	749	504	121	790	762	130	485	721	598	209
10	320	614	627	351	134	984	319	595	608	349	144	956	907	145	336	577	565	307
11	383	493	397	149	138	1066	376	479	388	155	145	1029	985	150	158	377	462	365
12	409	333	145	145	145	1105	400	327	151	151	151	1063	1021	156	156	156	321	390
13	383	138	138	138	138	1066	376	145	145	145	145	1029	985	150	150	150	150	365
14	320	134	134	134	134	984	319	144	144	144	144	956	907	145	145	145	145	307
15	209	117	117	117	117	828	207	121	121	121	121	790	762	130	130	130	130	209
16	94	94	94	94	114	632	101	101	101	101	120	605	577	124	108	108	108	108
17	71	71	71	71	204	413	73	73	73	73	192	385	361	181	77	77	77	77
18	43	43	43	43	236	184	43	43	43	43	207	167	160	187	48	48	48	48
日总计	2649	4223	4978	3788	2032	9318	2638	4051	4708	3606	2010	8927	8525	1993	3438	4448	3881	2618
日平均	110	176	207	158	85	388	110	169	197	150	84	372	355	83	143	185	162	109
朝向	S	SW	W	NW	N	H	S	SW	W	NW	N	H	H	N	NW	W	SW	S

续表 C.0.1-4

下表（透明度等级 4、5）：

透明度等级	4						5					
时刻（地方太阳时）＼朝向	S	SE	E	NE	N	H	S	SE	E	NE	N	H
6	48	223	408	380	158	144	47	185	331	309	134	128
7	81	399	621	526	171	335	85	354	549	468	163	304
8	109	511	692	531	124	534	117	477	638	495	130	509
9	209	562	666	495	137	725	214	541	636	445	147	704
10	302	538	549	328	154	865	304	525	534	328	165	844
11	361	450	371	170	162	950	356	440	366	179	172	918
12	385	321	169	169	169	986	379	320	178	178	178	950
13	361	162	162	162	162	950	356	172	172	172	172	918
14	302	154	154	154	154	865	304	165	165	165	165	844
15	209	137	137	137	137	725	214	147	147	147	147	704
16	109	109	109	109	124	534	117	117	117	117	130	509
17	81	81	81	81	171	335	85	85	85	85	163	314
18	48	48	48	48	158	144	47	47	47	47	134	128
日总计	2606	3695	4166	3254	1981	8088	2624	3579	3966	3135	1999	7784
日平均	108	154	173	136	83	337	109	149	165	130	84	324
朝向	S	SW	W	NW	N	H	S	SW	W	NW	N	H

上表（透明度等级 5、6）：

透明度等级	6						5					
时刻（地方太阳时）＼朝向	H	N	NE	E	SE	S	H	N	NE	E	SE	S
18	107	105	230	245	141	42	128	134	309	331	185	47
17	291	154	405	472	315	90	304	163	468	549	354	85
16	466	133	440	561	423	121	509	130	495	638	477	117
15	661	157	416	582	499	215	704	147	445	636	541	214
14	802	179	323	506	497	302	844	165	328	534	525	304
13	871	185	191	358	423	349	918	172	179	366	440	356
12	902	190	190	190	316	370	950	178	178	178	320	379
11	871	185	185	185	185	349	918	172	172	172	172	356
10	802	179	179	179	179	302	844	165	165	165	165	304
9	661	157	157	157	157	215	704	147	147	147	147	214
8	466	133	121	121	121	121	509	130	117	117	117	117
7	291	154	90	90	90	90	314	163	85	85	85	85
6	107	105	42	42	42	42	128	134	47	47	47	47
日总计	7299	2013	2968	3687	3388	2607	7784	1999	3135	3966	3579	2624
日平均	305	84	123	154	141	108	324	84	130	165	149	109
朝向	H	N	NW	W	SW	S	H	N	NW	W	SW	S

表 C.0.1-5　北纬40°太阳总辐射照度（W/m²）

透明度等级 1

时刻（地方太阳时）	S	SE	E	NE	N	H
6	45	378	706	648	236	209
7	72	570	878	714	174	427
8	124	671	880	629	94	630
9	273	702	787	479	115	813
10	393	663	621	292	130	958
11	465	550	392	135	135	1037
12	492	388	140	140	140	1068
13	465	187	135	135	135	1037
14	393	130	130	130	130	958
15	273	115	115	115	115	813
16	124	94	94	94	94	630
17	72	72	72	174	174	427
18	45	45	45	45	236	209
日总计	2785	4567	4996	3629	1910	9218
日平均	110	191	208	151	79	384
朝向	S	SW	W	NW	N	H

透明度等级 2

时刻（地方太阳时）	S	SE	E	NE	N	H
6	47	330	612	562	209	192
7	76	519	793	648	166	399
8	129	632	825	593	101	604
9	266	665	475	458	120	777
10	386	640	600	291	140	927
11	454	534	385	144	144	1004
12	478	380	147	147	147	1030
13	454	192	144	144	144	1004
14	386	140	140	140	140	927
15	266	120	120	120	120	777
16	129	101	101	101	101	604
17	76	76	76	76	166	399
18	47	47	47	47	209	192
日总计	3192	4374	4733	3469	1907	8834
日平均	133	183	198	144	79	369
朝向	S	SW	W	NW	N	H

透明度等级 3

时刻（地方太阳时）	S	SE	E	NE	N	H
6	52	295	536	493	192	185
7	79	471	714	585	159	373
8	133	591	766	556	108	576
9	264	634	707	442	129	749
10	371	607	570	283	142	883
11	436	511	372	147	147	958
12	461	370	150	150	150	986
13	436	192	147	147	147	958
14	371	142	142	142	142	883
15	264	129	129	129	129	749
16	133	108	108	108	108	571
17	79	79	79	79	159	373
18	52	52	52	52	192	185
日总计	3131	4181	4473	3312	1904	8434
日平均	130	174	186	138	79	351
朝向	S	SW	W	NW	N	H

续表 C.0.1-5

透明度等级	4						5						6					
朝向\时刻（地方太阳时）	S	SE	E	NE	N	H	S	SE	E	NE	N	H	S	SE	E	NE	N	H
6	52	250	445	411	165	166	50	209	368	340	142	148	49	164	279	258	115	127
7	83	421	630	519	152	345	87	379	559	463	148	324	93	334	483	404	142	304
8	131	537	692	506	109	533	137	500	638	472	117	509	137	443	559	420	121	466
9	258	593	661	420	135	711	258	569	630	407	144	690	254	521	575	381	155	645
10	361	576	542	279	151	842	357	558	527	281	162	821	349	526	498	281	176	779
11	424	493	365	158	158	919	416	480	362	169	169	892	402	495	354	181	181	847
12	448	364	162	162	162	949	438	361	172	172	172	919	422	352	185	185	185	872
13	424	199	158	158	158	919	416	207	169	169	169	892	402	216	181	181	181	847
14	361	151	151	151	151	842	357	162	162	162	162	821	349	176	176	176	176	779
15	258	135	135	135	135	711	258	144	144	144	144	690	254	155	155	155	155	645
16	131	109	109	109	109	533	137	117	117	117	117	509	137	121	121	121	121	466
17	83	83	83	83	152	345	87	87	87	87	148	324	93	93	93	93	142	304
18	52	52	52	52	165	166	50	50	50	50	142	148	49	49	49	49	115	127
日总计	3067	3964	4186	3142	1904	7981	3051	3824	3986	3033	1935	7687	2990	3609	3706	2885	1964	7208
日平均	128	165	174	131	79	333	127	159	166	127	80	320	124	150	155	120	81	300
朝向	S	SW	W	NW	N	H	S	SW	W	NW	N	H	S	SW	W	NW	N	H

· 257 ·

表 C.0.1-6　北纬 45°太阳总辐射照度（W/m²）

透明度等级 1

时刻（地方太阳时）	S	SE	E	NE	N	H
6	48	407	740	668	233	234
7	73	598	885	698	143	437
8	173	705	879	593	94	625
9	333	742	782	429	112	791
10	464	709	614	234	127	926
11	545	606	390	134	134	1005
12	571	443	135	134	135	1028
13	545	244	134	134	134	1005
14	464	127	127	127	127	926
15	333	112	112	112	112	791
16	173	94	94	94	94	625
17	73	73	73	73	143	437
18	48	48	48	48	233	234
日总计	3844	4908	5011	3477	1819	9062
日平均	160	205	209	145	76	378
朝向	S	SW	W	NW	N	H

透明度等级 2

时刻（地方太阳时）	H	N	NE	E	SE	S
18	214	208	582	644	357	49
17	409	140	634	801	544	77
16	598	101	559	821	662	173
15	758	117	413	740	704	323
14	891	134	233	590	679	449
13	975	143	143	384	587	530
12	996	143	143	143	434	554
11	975	143	143	143	248	530
10	891	134	134	134	134	449
9	758	117	117	117	117	323
8	598	101	101	101	101	173
7	409	140	77	77	77	77
6	214	208	49	49	49	49
日总计	8685	1829	3327	4744	4693	3756
日平均	362	77	138	198	195	157
朝向	H	N	NW	W	SW	S

透明度等级 3

时刻（地方太阳时）	H	N	NE	E	SE	S
18	207	193	493	571	323	56
17	381	135	518	721	494	80
16	570	107	573	763	618	173
15	730	127	525	701	668	316
14	851	140	399	562	657	431
13	927	145	231	370	558	506
12	949	147	145	147	418	529
11	927	145	145	145	242	506
10	851	140	140	140	140	421
9	730	127	127	127	127	316
8	570	107	107	107	107	173
7	381	135	80	80	80	80
6	207	193	56	56	56	56
日总计	8283	1840	3192	4489	4475	3655
日平均	345	77	133	187	186	152
朝向	H	N	NW	W	SW	S

续表 C.0.1-6

透明度等级 6 和 5

透明度等级	6						5					
时刻(地方太阳时)／朝向	H	N	NE	E	SE	S	H	N	NE	E	SE	S
18	127	122	283	311	186	53	166	147	364	400	234	50
17	145	129	399	491	351	95	187	130	456	566	398	53
16	312	120	398	556	459	164	354	116	447	635	520	88
15	461	150	347	563	538	287	527	142	369	621	592	169
14	623	171	241	488	551	391	690	158	236	519	590	300
13	750	180	180	350	494	454	813	166	166	358	520	408
12	840	181	181	181	387	473	886	167	167	167	400	475
11	820	180	180	180	254	454	909	166	166	166	249	495
10	750	171	171	171	171	391	886	158	158	158	158	475
9	623	150	150	150	150	287	813	142	142	142	142	408
8	461	120	120	120	120	164	690	116	116	116	116	300
7	312	129	95	95	95	95	527	130	88	88	88	169
6	145	122	53	53	53	53	354	147	53	53	53	88
日总计	7062	1926	2798	3710	3811	3362	7536	1886	2930	3991	4060	3482
日平均	294	80	116	155	159	140	314	79	122	166	169	145
朝向	H	N	NW	W	SW	S	H	N	NW	W	SW	S

透明度等级 4 和 5

透明度等级	4						5					
时刻(地方太阳时)／朝向	S	SE	E	NE	N	H	S	SE	E	NE	N	H
6	56	276	480	435	169	166	50	234	400	364	147	166
7	84	441	637	509	131	187	53	398	566	456	130	333
8	167	561	688	478	109	354	88	520	635	447	116	504
9	304	621	652	378	131	527	169	592	621	369	142	669
10	415	611	535	231	148	690	300	590	519	236	158	792
11	486	534	361	155	155	813	408	520	358	166	166	863
12	509	406	157	155	157	886	475	400	167	167	167	884
13	486	243	155	155	155	909	495	249	166	166	166	863
14	415	148	148	148	148	886	475	158	158	158	158	792
15	304	131	131	131	131	813	408	142	142	142	142	669
16	167	109	109	109	109	690	300	116	116	116	116	504
17	84	84	84	84	131	527	169	88	88	88	130	333
18	56	56	56	56	169	354	88	53	53	53	147	166
日总计	3573	4219	4194	3026	1843	7822	3482	4060	3991	2930	1886	7536
日平均	148	176	174	126	77	326	145	169	166	122	79	314
朝向	S	SW	W	NW	N	H	S	SW	W	NW	N	H

表 C.0.1-7　北纬50°太阳总辐射照度（W/m²）

透明度等级	1						2						3					
时刻（地方太阳时）\朝向	S	SE	E	NE	N	H	S	SE	E	NE	N	H	H	N	NE	E	SE	S
6	51	435	768	680	224	257	52	384	671	595	202	236	228	190	58	58	58	58
7	74	625	890	677	112	444	78	569	805	615	112	415	378	110	80	80	80	80
8	220	736	876	557	93	615	216	688	816	525	99	586	558	106	106	106	106	212
9	390	778	773	379	108	763	377	737	734	368	115	734	706	124	124	124	124	365
10	530	752	607	178	124	887	507	715	579	178	128	848	815	136	136	136	136	488
11	620	656	385	131	131	963	599	634	379	141	141	933	887	143	143	143	287	569
12	650	499	134	134	134	989	630	487	144	144	144	961	912	145	145	145	465	598
13	620	297	131	131	131	963	599	297	141	141	141	933	887	143	143	364	601	569
14	530	124	124	124	124	887	507	128	128	128	128	848	815	136	183	554	680	488
15	390	108	108	108	108	763	377	115	115	115	115	734	706	124	356	694	698	365
16	220	93	93	93	93	615	216	99	99	99	99	586	558	106	492	757	642	212
17	74	74	74	74	112	444	78	78	78	78	112	415	387	110	558	726	516	80
18	51	51	51	51	224	257	52	52	52	52	202	236	228	190	533	598	348	58
日总计	4421	5229	5015	3319	1720	8848	4289	4983	4742	3178	1738	8464	8076	1764	3058	4486	4743	4143
日平均	184	217	209	138	72	369	179	208	198	133	72	352	336	73	128	187	198	172
朝向	S	SW	W	NW	N	H	S	SW	W	NW	N	H	H	N	NW	W	SW	S

续表 C.0.1-7

透明度等级 4

时刻（地方太阳时）	S	SE	E	NE	N	H
6	59	299	507	454	167	207
7	85	461	642	497	109	359
8	201	580	683	448	107	518
9	345	644	641	337	128	663
10	466	642	527	187	144	779
11	542	571	355	151	151	847
12	568	447	154	154	154	870
13	542	284	151	151	151	847
14	466	144	144	144	144	779
15	345	128	128	128	128	663
16	201	107	107	107	107	518
17	85	85	85	85	109	359
18	59	59	59	59	167	207
日总计	3966	4451	4182	2902	1768	7615
日平均	165	185	174	121	73	317
朝向	S	SW	W	NW	N	H

透明度等级 5

时刻（地方太阳时）	S	SE	E	NE	N	H
6	58	256	428	383	148	186
7	90	414	571	445	112	338
8	198	536	628	419	115	492
9	337	612	608	329	137	642
10	454	618	511	193	154	758
11	527	554	352	163	163	826
12	552	438	165	165	165	849
13	527	286	163	163	163	826
14	454	154	154	154	154	758
15	337	137	137	137	137	642
16	198	115	115	115	115	492
17	90	90	90	90	112	338
18	58	58	58	58	148	186
日总计	3879	4267	3980	2813	1821	7334
日平均	162	178	166	117	76	306
朝向	S	SW	W	NW	N	H

透明度等级 6

时刻（地方太阳时）	S	SE	E	NE	N	H
6	58	208	337	304	126	164
7	95	365	495	391	114	316
8	188	473	550	374	119	451
9	316	551	549	309	145	595
10	429	572	478	201	163	716
11	498	522	343	177	177	784
12	522	422	179	179	179	807
13	498	285	177	177	177	784
14	429	163	163	163	163	716
15	316	145	145	145	145	595
16	188	119	119	119	119	451
17	95	95	95	95	114	316
18	58	58	58	58	126	164
日总计	3693	3983	3693	2696	1872	6862
日平均	154	166	154	113	78	286
朝向	S	SW	W	NW	N	H

附录 D 夏季透过标准窗玻璃的太阳辐射照度

D.0.1 计算夏季空调冷负荷时，透过建筑物各朝向垂直面与水平面标准窗玻璃的太阳直接辐射照度和散射辐射照度应按表 D.0.1-1～表 D.0.1-7 采用。

表 D.0.1-1 北纬 20°透过标准窗玻璃的太阳辐射照度（W/m²）

透明度等级	时刻（地方太阳时）	辐射照度	S	SE	E	NE	N	H
1	6	直接辐射（上行）	0	162	423	404	112	20
		散射辐射（下行）	21	21	21	21	21	27
	7	直接辐射（上行）	0	286	552	576	109	192
		散射辐射（下行）	52	52	52	52	52	47
	8	直接辐射（上行）	0	315	654	550	65	428
		散射辐射（下行）	76	76	76	76	76	52
	9	直接辐射（上行）	0	274	552	430	130	628
		散射辐射（下行）	97	97	97	97	97	57
2	18	直接辐射（上行）	0	128	335	320	88	15
		散射辐射（下行）	23	23	23	23	23	31
	17	直接辐射（上行）	0	254	568	509	97	170
		散射辐射（下行）	52	52	52	52	52	51
	16	直接辐射（上行）	0	288	598	502	59	391
		散射辐射（下行）	80	80	80	80	80	66
	15	直接辐射（上行）	0	256	514	401	122	585
		散射辐射（下行）	99	99	99	99	99	69

续表 D.0.1-1

透明度等级 1

朝向（上）：S、SE、E、NE、N、H　　辐射照度（上行——直接辐射；下行——散射辐射）　　朝向（下）：S、SW、W、NW、N、H

时刻（地方太阳时）	S	SE	E	NE	N	H
10	0/110	180/110	364/110	258/110	8/110	784/56
11	0/120	60/120	133/120	85/120	1/120	857/57
12	122/0	122/0	122/0	122/0	122/1	911/56
13	120/0	120/0	120/0	120/0	120/1	878/57
14	110/0	110/0	110/0	110/0	110/1	784/56
15	97/0	97/0	97/0	97/0	130/97	628/57
16	76/0	76/0	76/0	76/0	65/76	428/52
17	52/0	52/0	52/0	52/0	109/52	192/47
18	21/0	21/0	21/0	21/0	112/21	20/27

朝向（下）：S、SW、W、NW、N、H

透明度等级 2

朝向（上）：S、SE、E、NE、N、H　　辐射照度（上行——直接辐射；下行——散射辐射）　　朝向（下）：S、SW、W、NW、N、H

时刻（地方太阳时）	S	SE	E	NE	N	H
14	0/119	170/119	342/119	243/119	8/119	737/77
13	0/123	57/123	126/123	79/123	1/123	826/72
12	128/0	128/0	128/0	128/0	128/1	863/73
11	123/0	123/0	123/0	123/0	123/1	826/72
10	119/0	119/0	119/0	119/0	119/1	737/77
9	99/0	99/0	99/0	99/0	122/99	585/69
8	80/0	80/0	80/0	80/0	59/80	391/66
7	52/0	52/0	52/0	52/0	97/52	170/51
6	23/0	23/0	23/0	23/0	88/23	15/31

朝向（下）：S、SW、W、NW、N、H

续表 D.0.1-1

注：上行——直接辐射；下行——散射辐射。（单位：辐射照度）

透明度等级 3

朝向 时刻（地方太阳时）	S / S	SE / SW	E / W	NE / NW	N / N	H / H
6	0 / 24	101 / 24	263 / 24	251 / 24	70 / 24	12 / 35
7	0 / 58	222 / 58	498 / 58	445 / 58	85 / 58	149 / 65
8	0 / 85	262 / 85	543 / 85	456 / 85	53 / 85	355 / 80
9	0 / 107	236 / 107	476 / 107	371 / 107	113 / 107	542 / 90
10	120 / 120	158 / 120	319 / 120	227 / 120	7 / 120	686 / 87
11	127 / 128	53 / 128	117 / 128	74 / 128	1 / 128	775 / 88
12	128 / 133	128 / 133	0 / 133	0 / 133	0 / 133	811 / 91
13	128 / 128	128 / 128	0 / 128	0 / 128	0 / 128	775 / 88
14	120 / 120	128 / 120	0 / 120	0 / 120	0 / 120	686 / 87
15	107 / 107	120 / 107	0 / 107	0 / 107	53 / 107	542 / 90
16	85 / 85	85 / 85	0 / 85	0 / 85	85 / 85	355 / 80
17	58 / 58	58 / 58	0 / 58	0 / 58	58 / 58	149 / 65
18	24 / 24	24 / 24	0 / 24	0 / 24	24 / 24	12 / 35

透明度等级 4

朝向 时刻（地方太阳时）	S / S	SE / SW	E / W	NE / NW	N / N	H / H
6	22 / 22	22 / 22	0 / 22	0 / 22	50 / 22	9 / 33
7	60 / 60	60 / 60	0 / 60	0 / 60	72 / 60	127 / 76
8	87 / 87	87 / 87	0 / 87	0 / 87	60 / 87	313 / 91
9	113 / 113	113 / 113	0 / 113	0 / 113	48 / 113	492 / 107
10	127 / 127	127 / 127	0 / 127	0 / 127	7 / 127	629 / 109
11	138 / 138	138 / 138	0 / 138	0 / 138	1 / 138	718 / 115
12	138 / 141	138 / 141	0 / 141	0 / 141	0 / 141	751 / 114
13	127 / 138	49 / 138	109 / 138	69 / 138	1 / 138	718 / 115
14	113 / 127	145 / 127	292 / 127	208 / 127	7 / 127	629 / 109
15	0 / 113	215 / 113	433 / 113	337 / 113	48 / 113	492 / 107
16	0 / 87	231 / 87	479 / 87	402 / 87	60 / 87	313 / 91
17	0 / 60	190 / 60	423 / 60	380 / 60	72 / 60	127 / 76
18	0 / 22	73 / 22	191 / 22	183 / 22	50 / 22	9 / 33

续表 D.0.1-1

透明度等级 6

朝向 / 辐射照度（上行—直接辐射，下行—散射辐射），单位值为 direct/diffuse

时刻（地方太阳时）	H	N	NE	E	SE	S
18	5 / 28	24 / 17	88 / 17	93 / 17	36 / 17	0 / 17
17	87 / 85	50 / 62	261 / 62	271 / 62	130 / 62	0 / 62
16	234 / 120	36 / 95	300 / 95	257 / 95	172 / 95	0 / 95
15	395 / 150	83 / 129	271 / 129	347 / 129	172 / 129	129 / 0
14	521 / 162	6 / 148	172 / 148	242 / 148	120 / 148	148 / 0
13	597 / 163	156 / 1	57 / 156	91 / 156	41 / 156	156 / 0
12	627 / 171	164 / 1	0 / 164	0 / 164	0 / 164	164 / 0
11	597 / 163	156 / 6	0 / 156	0 / 156	0 / 156	156 / 0
10	521 / 162	148 / 83	0 / 148	0 / 148	0 / 148	148 / 0
9	395 / 150	129 / 36	0 / 129	0 / 129	0 / 129	129 / 0
8	234 / 120	95 / 50	95 / 95	95 / 95	0 / 0	95 / 0
7	87 / 85	62 / 24	0 / 62	0 / 62	62 / 62	62 / 0
6	5 / 28	17 / 24	62 / 17	62 / 17	17 / 17	17 / 0

朝向（下行）：H N NW W SW S

透明度等级 5

朝向 / 辐射照度（上行—直接辐射，下行—散射辐射），值为 direct/diffuse

时刻（地方太阳时）	S	SE	E	NE	N	H
6	0 / 19	52 / 19	136 / 19	130 / 19	36 / 19	6 / 28
7	0 / 63	160 / 63	359 / 63	323 / 63	62 / 63	107 / 81
8	0 / 93	206 / 93	426 / 93	358 / 93	63 / 93	278 / 106
9	0 / 120	199 / 120	401 / 120	313 / 120	95 / 120	456 / 126
10	0 / 136	135 / 136	273 / 136	194 / 136	120 / 136	587 / 131
11	0 / 147	45 / 147	101 / 147	136 / 147	136 / 147	665 / 136
12	0 / 149	0 / 149	0 / 149	64 / 149	147 / 149	692 / 137
13	0 / 147	0 / 147	0 / 147	0 / 147	147 / 147	665 / 136
14	0 / 136	0 / 136	0 / 136	0 / 136	136 / 136	587 / 131
15	0 / 120	0 / 120	0 / 120	0 / 120	120 / 120	456 / 126
16	0 / 93	0 / 93	0 / 93	0 / 93	95 / 93	278 / 106
17	0 / 63	0 / 63	0 / 63	0 / 63	63 / 63	107 / 81
18	0 / 19	0 / 19	0 / 19	0 / 19	36 / 19	6 / 28

朝向（下行）：S SW W NW N H

表 D.0.1-2 北纬 25°透过标准窗玻璃的太阳辐射照度（W/m²）

注：上行—直接辐射；下行—散射辐射。各单元格数值为"直接辐射/散射辐射"。

透明度等级 1

时刻（地方太阳时）	S	SE	E	NE	N	H
6	0/27	183/27	462/27	437/27	115/27	31/33
7	0/55	312/55	654/55	570/55	88/55	212/48
8	0/77	352/77	657/77	522/77	36/77	440/52
9	0/98	322/98	554/98	383/98	5/98	636/57
10	1/101	236/101	364/101	204/101	0/101	785/56
11	10/120	108/120	133/120	42/120	0/120	876/58
12	15/119	8/119	0/119	0/119	0/119	906/51
13	10/120	0/120	0/120	0/120	0/120	876/58
14	1/101	0/101	0/101	0/101	0/101	785/56
15	0/98	0/98	0/98	0/98	5/98	636/57
16	0/77	0/77	0/77	0/77	36/77	440/52
17	0/55	0/55	0/55	0/55	88/55	212/48
18	0/27	0/27	0/27	0/27	115/27	31/33
朝向	S	SW	W	NW	N	H

透明度等级 2

时刻（地方太阳时）	S	SE	E	NE	N	H
18	0/28	0/28	0/28	0/28	94/28	27/37
17	0/56	0/56	0/56	0/56	78/56	187/53
16	0/81	0/81	0/81	0/81	33/81	402/67
15	0/100	0/100	0/100	0/100	4/100	593/68
14	1/119	0/119	0/119	0/119	0/119	739/77
13	10/124	0/124	0/124	0/124	0/124	825/73
12	15/124	7/124	0/124	0/124	0/124	857/69
11	10/124	102/124	126/124	40/124	0/124	825/73
10	1/119	222/119	342/119	191/119	0/119	739/77
9	0/100	300/100	515/100	356/100	4/100	593/68
8	0/81	323/81	602/81	478/81	33/81	402/67
7	0/56	276/56	579/56	505/56	78/56	187/53
6	0/28	150/28	379/28	359/28	94/28	27/37
朝向	S	SW	W	NW	N	H

续表 D.0.1-2

透明度等级 3

上行——直接辐射
下行——散射辐射

时刻（地方太阳时）	S	SE	E	NE	N	H
6	0/30	121/30	308/30	290/30	77/30	21/42
7	0/60	243/60	511/60	445/60	69/60	165/66
8	0/87	274/87	548/87	435/87	60/87	366/81
9	0/108	278/108	477/108	445/108	4/108	549/90
10	1/120	207/120	319/120	178/120	0/120	687/87
11	9/128	95/128	117/128	37/128	0/128	773/88
12	14/129	7/129	0/129	0/129	0/129	804/86
13	9/128	0/128	0/128	0/128	0/128	773/88
14	1/120	0/120	0/120	0/120	0/120	687/87
15	0/108	0/108	0/108	0/108	4/108	549/90
16	0/87	0/87	0/87	0/87	60/87	366/81
17	0/60	0/60	0/60	0/60	69/60	165/66
18	0/30	0/30	0/30	0/30	77/30	21/42
朝向	S	SW	W	NW	N	H

透明度等级 4

上行——直接辐射
下行——散射辐射

时刻（地方太阳时）	S	SE	E	NE	N	H
6	0/29	92/29	234/29	221/29	58/29	16/42
7	0/64	208/64	436/64	380/64	59/64	141/77
8	0/88	259/88	484/88	384/88	27/88	323/92
9	0/114	252/114	434/114	300/114	4/114	500/107
10	1/127	190/127	292/127	163/127	0/127	632/109
11	8/138	88/138	109/138	34/138	0/138	715/115
12	13/138	7/138	0/138	0/138	0/138	745/110
13	8/138	0/138	0/138	0/138	0/138	715/115
14	1/127	0/127	0/127	0/127	0/127	632/109
15	0/114	0/114	0/114	0/114	4/114	500/107
16	0/88	0/88	0/88	0/88	27/88	323/92
17	0/64	0/64	0/64	0/64	59/64	141/77
18	0/29	0/29	0/29	0/29	58/29	16/42
朝向	S	SW	W	NW	N	H

透明度等级　朝向　辐射照度

续表 D.0.1-2

说明：表中各朝向单元格数据为"上行—直接辐射／下行—散射辐射"，单位为辐射照度。（朝向：上午为 S、SE、E、NE、N；下午同列依次为 S、SW、W、NW、N；H 为水平面）

透明度等级 6

时刻（地方太阳时）	S	SE(SW)	E(W)	NE(NW)	N	H
18	0／24	48／24	120／24	113／24	30／24	8／37
17	0／67	144／67	302／67	264／67	41／67	98／92
16	0／98	194／98	363／98	288／98	20／98	242／121
15	0／130	204／130	349／130	241／130	2／130	402／151
14	1／148	157／148	242／148	135／148	0／148	522／162
13	7／156	73／156	91／156	28／156	0／156	595／164
12	10／159	6／159	0／159	0／159	0／159	621／165
11	7／156	73／156	91／156	28／156	0／156	595／164
10	1／148	157／148	242／148	135／148	0／148	522／162
9	0／130	204／130	349／130	241／130	2／130	402／151
8	0／98	194／98	363／98	288／98	20／98	242／121
7	0／67	144／67	302／67	264／67	41／67	98／92
6	0／24	48／24	120／24	113／24	30／24	8／37

透明度等级 5

时刻（地方太阳时）	S	SE(SW)	E(W)	NE(NW)	N	H
6	0／27	69／27	176／27	166／27	44／27	12／40
7	0／66	177／66	372／66	324／66	50／66	120／62
8	0／94	231／94	431／94	343／94	23／94	288／108
9	0／121	235／121	402／121	278／121	4／121	463／126
10	1／136	177／136	273／136	152／136	0／136	588／131
11	8／147	83／147	101／147	31／147	0／147	664／137
12	12／147	6／147	0／147	0／147	0／147	687／133
13	8／147	83／147	101／147	31／147	0／147	664／137
14	1／136	177／136	273／136	152／136	0／136	588／131
15	0／121	235／121	402／121	278／121	4／121	463／126
16	0／94	231／94	431／94	343／94	23／94	288／108
17	0／66	177／66	372／66	324／66	50／66	120／62
18	0／27	69／27	176／27	166／27	44／27	12／40

表 D.0.1-3　北纬 30°透过标准窗玻璃的太阳辐射照度（W/m²）

透明度等级 1

上行—直接辐射　下行—散射辐射

时刻（地方太阳时）	S	SE	E	NE	N	H
6	0 / 31	204 / 31	499 / 31	466 / 31	116 / 31	48 / 37
7	0 / 57	338 / 57	664 / 57	559 / 57	67 / 57	229 / 48
8	0 / 78	390 / 78	659 / 78	490 / 78	13 / 78	450 / 52
9	1 / 98	371 / 98	554 / 98	332 / 98	0 / 98	637 / 58
10	31 / 110	292 / 110	364 / 110	144 / 110	0 / 110	780 / 57
11	53 / 117	164 / 117	133 / 117	13 / 117	0 / 117	866 / 56
12	65 / 117	85 / 117	0 / 117	0 / 117	0 / 117	896 / 51
13	53 / 117	0 / 117	0 / 117	0 / 117	0 / 117	866 / 56
14	31 / 110	0 / 110	0 / 110	0 / 110	0 / 110	780 / 57
15	1 / 98	0 / 98	0 / 98	0 / 98	0 / 98	637 / 58
16	0 / 78	0 / 78	0 / 78	0 / 78	13 / 78	450 / 52
17	0 / 57	0 / 57	0 / 57	0 / 57	67 / 57	229 / 48
18	0 / 31	0 / 31	0 / 31	0 / 31	116 / 31	48 / 37
朝向	S	SW	W	NW	N	H

透明度等级 2

上行—直接辐射　下行—散射辐射

时刻（地方太阳时）	S	SE	E	NE	N	H
18	0 / 31	172 / 31	422 / 31	394 / 31	98 / 31	41 / 40
17	0 / 58	300 / 58	590 / 58	497 / 58	59 / 58	204 / 56
16	0 / 83	358 / 83	605 / 83	450 / 83	12 / 83	414 / 67
15	1 / 100	345 / 100	515 / 100	311 / 100	0 / 100	593 / 68
14	29 / 119	274 / 119	342 / 119	140 / 119	0 / 119	734 / 78
13	50 / 123	155 / 123	126 / 123	12 / 123	0 / 123	815 / 72
12	62 / 123	80 / 123	0 / 123	0 / 123	0 / 123	846 / 67
11	50 / 123	0 / 123	0 / 123	0 / 123	0 / 123	815 / 72
10	29 / 119	0 / 119	0 / 119	0 / 119	0 / 119	734 / 78
9	1 / 100	0 / 100	0 / 100	0 / 100	0 / 100	593 / 68
8	0 / 83	0 / 83	0 / 83	0 / 83	12 / 83	414 / 67
7	0 / 58	0 / 58	0 / 58	0 / 58	59 / 58	204 / 56
6	0 / 31	0 / 31	0 / 31	0 / 31	98 / 31	41 / 40
朝向	SW	W	W	NW	N	H

续表 D.0.1-3

透明度等级													
		3							**4**				
朝向		S	SE	E	NE	N	H	S	SE	E	NE	N	H
辐射照度		上行—直接辐射 下行—散射辐射						上行—直接辐射 下行—散射辐射					
时刻（地方太阳时）	6	0 / 35	143 / 35	350 / 35	328 / 35	81 / 35	34 / 47	0 / 35	112 / 35	273 / 35	256 / 35	64 / 35	27 / 50
	7	0 / 62	265 / 62	520 / 62	438 / 62	52 / 62	180 / 67	0 / 65	227 / 65	445 / 65	376 / 65	45 / 65	155 / 78
	8	1 / 88	326 / 88	551 / 88	409 / 88	10 / 88	377 / 83	0 / 90	288 / 90	487 / 90	362 / 90	9 / 90	333 / 92
	9	28 / 108	320 / 108	477 / 108	287 / 108	0 / 108	549 / 90	1 / 114	292 / 114	435 / 114	262 / 114	0 / 114	500 / 108
	10	47 / 120	256 / 120	319 / 120	130 / 120	0 / 120	683 / 88	26 / 127	235 / 127	292 / 127	120 / 127	0 / 127	626 / 109
	11	58 / 127	145 / 127	117 / 127	10 / 127	0 / 127	764 / 87	43 / 137	134 / 137	108 / 137	10 / 137	0 / 137	706 / 114
	12	62 / 128	76 / 128	0 / 128	0 / 128	0 / 128	793 / 85	53 / 137	70 / 137	0 / 137	0 / 137	0 / 137	734 / 110
	13	58 / 127	145 / 127	117 / 127	10 / 127	0 / 127	764 / 87	43 / 137	134 / 137	108 / 137	10 / 137	0 / 137	706 / 114
	14	47 / 120	256 / 120	319 / 120	130 / 120	0 / 120	683 / 88	26 / 127	235 / 127	292 / 127	120 / 127	0 / 127	626 / 109
	15	28 / 108	320 / 108	477 / 108	287 / 108	0 / 108	549 / 90	1 / 114	292 / 114	435 / 114	262 / 114	0 / 114	500 / 108
	16	1 / 88	326 / 88	551 / 88	409 / 88	10 / 88	377 / 83	0 / 90	288 / 90	487 / 90	362 / 90	9 / 90	333 / 92
	17	0 / 62	265 / 62	520 / 62	438 / 62	52 / 62	180 / 67	0 / 65	227 / 65	445 / 65	376 / 65	45 / 65	155 / 78
	18	0 / 35	143 / 35	350 / 35	328 / 35	81 / 35	34 / 47	0 / 35	112 / 35	273 / 35	256 / 35	64 / 35	27 / 50
朝向		S	SW	W	NW	N	H	S	SW	W	NW	N	H

续表 D.0.1-3

透明度等级		5						6					
朝向		S	SE	E	NE	N	H	S	SE	E	NE	N	H
时刻（地方太阳时）	辐射												
6	直接辐射	0	86	213	199	49	21	0	59	147	136	34	14
	散射辐射	34	34	34	34	34	49	29	29	29	29	29	44
7	直接辐射	0	194	383	322	38	133	0	159	313	264	31	108
	散射辐射	69	69	69	69	69	87	71	71	71	71	71	97
8	直接辐射	0	258	435	323	8	298	0	216	366	272	7	250
	散射辐射	96	96	96	96	96	109	99	99	99	99	99	122
9	直接辐射	1	270	404	243	0	464	1	235	350	211	0	402
	散射辐射	121	121	121	121	121	126	130	130	130	130	130	151
10	直接辐射	23	219	272	112	0	585	21	194	242	99	0	518
	散射辐射	136	136	136	136	136	131	148	148	148	148	148	162
11	直接辐射	41	124	101	9	0	656	36	112	90	8	0	587
	散射辐射	145	145	145	145	145	135	155	155	155	155	155	163
12	直接辐射	50	65	0	0	0	679	45	58	0	0	0	612
	散射辐射	145	145	145	145	145	133	157	157	157	157	157	163
13	直接辐射	41	0	0	0	0	656	36	0	0	0	0	587
	散射辐射	145	145	145	145	145	135	155	155	155	155	155	163
14	直接辐射	23	0	0	0	0	585	21	0	0	0	0	518
	散射辐射	136	136	136	136	136	131	148	148	148	148	148	162
15	直接辐射	1	0	0	0	0	464	1	0	0	0	0	402
	散射辐射	121	121	121	121	121	126	130	130	130	130	130	151
16	直接辐射	0	0	0	0	8	298	0	0	0	0	7	250
	散射辐射	96	96	96	96	96	109	99	99	99	99	99	122
17	直接辐射	0	0	0	0	38	133	0	0	0	0	31	108
	散射辐射	69	69	69	69	69	87	71	71	71	71	71	97
18	直接辐射	0	0	0	0	49	21	0	0	0	0	34	14
	散射辐射	34	34	34	34	34	49	29	29	29	29	29	44
朝向		S	SW	W	NW	N	H	S	SW	W	NW	N	H

注：上行—直接辐射；下行—散射辐射。

表 D.0.1-4　北纬35°透过标准窗玻璃的太阳辐射照度 (W/m²)

透明度等级 1（上行—直接辐射；下行—散射辐射）

时刻（地方太阳时）	朝向 S／S	朝向 SE／SW	朝向 E／W	朝向 NE／NW	朝向 N／N	朝向 H／H
6	0／35	223／35	529／35	488／35	113／35	62／40
7	0／58	365／58	672／58	547／58	47／58	245／49
8	0／78	427／78	659／78	456／78	1／78	453／51
9	44／97	420／97	552／97	285／97	0／97	632／57
10	74／110	350／110	363／110	99／110	0／110	768／58
11	121／114	224／114	133／114	0／114	0／114	847／53
12	138／120	74／120	0／120	0／120	0／120	877／57
13	121／114	0／114	0／114	0／114	0／114	847／53
14	74／110	0／110	0／110	0／110	0／110	768／58
15	44／97	0／97	0／97	0／97	0／97	632／57
16	0／78	0／78	0／78	0／78	1／78	453／51
17	0／58	0／58	0／58	0／58	47／58	245／49
18	0／35	0／35	0／35	0／35	113／35	62／40

透明度等级 2（上行—直接辐射；下行—散射辐射）

时刻（地方太阳时）	朝向 S／S	朝向 SE／SW	朝向 E／W	朝向 NE／NW	朝向 N／N	朝向 H／H
6	0／35	191／35	450／35	415／35	95／35	53／43
7	0／60	324／60	598／60	486／60	40／60	219／58
8	0／84	392／84	607／84	419／84	1／84	418／67
9	37／99	392／99	515／99	265／99	0／99	588／69
10	70／119	329／119	342／119	93／119	0／119	722／80
11	114／120	211／120	124／120	0／120	0／120	797／71
12	130／124	71／124	0／124	0／124	0／124	825／73
13	114／120	0／120	0／120	0／120	0／120	797／71
14	70／119	0／119	0／119	0／119	0／119	722／80
15	37／99	0／99	0／99	0／99	0／99	588／69
16	0／84	0／84	0／84	0／84	1／84	418／67
17	0／60	0／60	0／60	0／60	40／60	219／58
18	0／35	0／35	0／35	0／35	95／35	53／43

透明度等级 4（辐射照度，上行——直接辐射，下行——散射辐射）

朝向（上行）：H、N、NE、E、SE、S　　朝向（下行）：H、N、NW、W、SW、S

时刻（地方太阳时）	H	N	NE	E	SE	S
18	36/55	64/40	280/40	304/40	128/40	0/40
17	166/79	31/67	370/67	455/67	247/67	0/67
16	336/93	1/91	337/91	488/91	316/91	0/91
15	495/107	0/113	323/113	433/113	329/113	31/113
14	615/110	0/127	79/127	291/127	280/127	59/127
13	688/110	0/134	0/134	108/134	183/134	98/134
12	716/115	0/138	0/138	0/138	62/138	113/138
11	688/110	0/134	0/134	0/134	0/134	98/134
10	615/110	0/127	0/127	0/127	0/127	59/127
9	495/107	0/113	0/113	0/113	0/113	31/113
8	336/93	1/91	0/91	0/91	0/91	0/91
7	166/79	31/67	0/67	0/67	0/67	0/67
6	36/55	64/40	0/40	0/40	0/40	44/52

透明度等级 3（辐射照度，上行——直接辐射，下行——散射辐射）

朝向（上行）：S、SE、E、NE、N、H　　朝向（下行）：S、SW、W、NW、N、H

时刻（地方太阳时）	S	SE	E	NE	N	H
6	0/40	160/40	380/40	351/40	80/40	44/52
7	0/64	287/64	529/64	430/64	36/64	193/67
8	0/88	357/88	552/88	381/88	1/88	380/83
9	34/107	362/107	476/107	245/107	0/107	544/90
10	65/120	306/120	317/120	87/120	0/120	671/90
11	106/123	198/123	116/123	0/123	0/123	745/85
12	122/128	66/128	0/128	0/128	0/128	773/85
13	106/123	0/123	0/123	0/123	0/123	745/85
14	65/120	0/120	0/120	0/120	0/120	671/90
15	34/107	0/107	0/107	0/107	0/107	544/90
16	0/88	0/88	0/88	0/88	1/88	380/83
17	0/64	0/64	0/64	0/64	36/64	193/67
18	0/40	0/40	0/40	0/40	80/40	44/52

续表 D.0.1-4

注：每格内数值为 上行—直接辐射，下行—散射辐射（单位：辐射照度）；时刻为地方太阳时。

透明度等级 5

时刻	S	SE	E	NE	N	H
6	0 / 39	102 / 39	241 / 39	222 / 39	51 / 39	28 / 55
7	0 / 69	212 / 69	391 / 69	317 / 69	27 / 69	143 / 90
8	0 / 97	283 / 97	437 / 97	302 / 97	1 / 97	301 / 109
9	29 / 121	305 / 121	401 / 121	207 / 121	0 / 121	459 / 126
10	56 / 136	262 / 136	272 / 136	77 / 136	0 / 136	575 / 133
11	91 / 142	170 / 142	136 / 142	0 / 142	0 / 142	640 / 133
12	105 / 147	57 / 147	0 / 147	0 / 147	0 / 147	664 / 136
13	91 / 142	0 / 142	0 / 142	0 / 142	0 / 142	640 / 133
14	56 / 136	0 / 136	0 / 136	0 / 136	0 / 136	575 / 133
15	29 / 121	0 / 121	0 / 121	0 / 121	0 / 121	459 / 126
16	0 / 97	0 / 97	0 / 97	0 / 97	1 / 97	301 / 109
17	0 / 69	0 / 69	0 / 69	0 / 69	27 / 69	143 / 90
18	0 / 39	0 / 39	0 / 39	0 / 39	51 / 39	28 / 55
朝向	S	SW	W	NW	N	H

透明度等级 6

时刻	S	SE	E	NE	N	H
6	0 / 35	72 / 35	171 / 35	158 / 35	36 / 35	20 / 52
7	0 / 74	174 / 74	322 / 74	262 / 74	22 / 74	117 / 100
8	0 / 100	238 / 100	369 / 100	254 / 100	1 / 100	254 / 123
9	24 / 129	264 / 129	348 / 129	179 / 129	0 / 129	398 / 150
10	49 / 148	231 / 148	241 / 148	66 / 148	0 / 148	508 / 163
11	81 / 152	151 / 152	90 / 152	0 / 152	0 / 152	571 / 160
12	94 / 156	51 / 156	0 / 156	0 / 156	0 / 156	595 / 164
13	81 / 152	0 / 152	0 / 152	0 / 152	0 / 152	571 / 160
14	49 / 148	0 / 148	0 / 148	0 / 148	0 / 148	508 / 163
15	24 / 129	0 / 129	0 / 129	0 / 129	0 / 129	398 / 150
16	0 / 100	0 / 100	0 / 100	0 / 100	1 / 100	254 / 123
17	0 / 74	0 / 74	0 / 74	0 / 74	22 / 74	117 / 100
18	0 / 35	0 / 35	0 / 35	0 / 35	36 / 35	20 / 52
朝向	S	SW	W	NW	N	H

表 D.0.1-5 北纬 40°透过标准窗玻璃的太阳辐射照度（W/m²）

透明度等级 1（上行—直接辐射，下行—散射辐射）

时刻（地方太阳时）	S 直	S 散	SE 直	SE 散	E 直	E 散	NE 直	NE 散	N 直	N 散	H 直	H 散
6	0	37	245	37	558	37	507	37	106	37	83	41
7	0	59	392	59	679	59	530	59	72	59	259	49
8	2	78	463	78	659	78	420	78	0	78	454	51
9	57	95	466	95	551	95	238	95	0	95	620	56
10	138	108	406	108	362	108	58	108	0	108	748	57
11	200	112	283	112	133	112	0	112	0	112	822	52
12	222	114	124	114	0	114	0	114	0	114	848	53
13	200	112	7	112	0	112	0	112	0	112	822	52
14	138	108	0	108	0	108	0	108	0	108	748	57
15	57	95	0	95	0	95	0	95	0	95	620	56
16	2	78	0	78	0	78	0	78	0	78	454	51
17	0	59	0	59	0	59	0	59	72	59	259	49
18	0	37	0	37	0	37	0	37	106	37	83	41
朝向	S		SW		W		NW		N		H	

透明度等级 2（上行—直接辐射，下行—散射辐射）

时刻（地方太阳时）	S 直	S 散	SE 直	SE 散	E 直	E 散	NE 直	NE 散	N 直	N 散	H 直	H 散
6	0	38	211	38	477	38	434	38	91	38	71	45
7	0	63	349	63	605	63	472	63	64	63	231	59
8	2	84	424	84	606	84	385	84	0	84	418	67
9	53	98	434	98	513	98	222	98	0	98	577	69
10	130	115	380	115	340	115	55	115	0	115	702	77
11	188	119	266	119	124	119	0	119	0	119	773	71
12	209	120	117	120	0	120	0	120	0	120	798	71
13	188	119	6	119	0	119	0	119	0	119	773	71
14	130	115	0	115	0	115	0	115	0	115	702	77
15	53	98	0	98	0	98	0	98	0	98	577	69
16	2	84	0	84	0	84	0	84	0	84	418	67
17	0	63	0	63	0	63	0	63	64	63	231	59
18	0	38	0	38	0	38	0	38	91	38	71	45
朝向	S		SW		W		NW		N		H	

续表 D.0.1-5

透明度等级 4（上行—直接辐射；下行—散射辐射，单位：辐射照度）

时刻（地方太阳时）	S	SE	E	NE	N	H
18	0 / 43	145 / 43	331 / 43	301 / 43	63 / 43	49 / 58
17	0 / 67	266 / 67	462 / 67	361 / 67	49 / 67	177 / 79
16	2 / 90	342 / 90	488 / 90	311 / 90	0 / 90	336 / 93
15	44 / 112	364 / 112	430 / 112	186 / 112	0 / 112	484 / 106
14	110 / 124	324 / 124	288 / 124	47 / 124	0 / 124	598 / 109
13	162 / 130	224 / 130	107 / 130	0 / 130	0 / 130	665 / 108
12	180 / 134	101 / 134	0 / 134	0 / 134	0 / 134	688 / 110
11	162 / 130	6 / 130	0 / 130	0 / 130	0 / 130	665 / 108
10	110 / 124	0 / 124	0 / 124	0 / 124	0 / 124	598 / 109
9	44 / 112	0 / 112	0 / 112	0 / 112	0 / 112	484 / 106
8	2 / 90	0 / 90	0 / 90	0 / 90	0 / 90	336 / 93
7	0 / 67	0 / 67	0 / 67	0 / 67	49 / 67	177 / 79
6	0 / 43	0 / 43	0 / 43	0 / 43	63 / 43	49 / 58
朝向（下行）	S	SW	W	NW	N	H

透明度等级 3（上行—直接辐射；下行—散射辐射，单位：辐射照度）

时刻（地方太阳时）	S	SE	E	NE	N	H
6	0 / 43	180 / 43	409 / 43	371 / 43	78 / 43	60 / 56
7	0 / 65	309 / 65	536 / 65	419 / 65	57 / 65	205 / 69
8	2 / 88	387 / 88	552 / 88	351 / 88	0 / 88	379 / 83
9	49 / 106	401 / 106	475 / 106	205 / 106	0 / 106	533 / 88
10	121 / 117	354 / 117	315 / 117	50 / 117	0 / 117	652 / 90
11	176 / 121	248 / 121	116 / 121	0 / 121	0 / 121	722 / 84
12	195 / 123	114 / 123	0 / 123	0 / 123	0 / 123	747 / 85
13	176 / 121	6 / 121	0 / 121	0 / 121	0 / 121	722 / 84
14	121 / 117	0 / 117	0 / 117	0 / 117	0 / 117	652 / 90
15	49 / 106	0 / 106	0 / 106	0 / 106	0 / 106	533 / 88
16	2 / 88	0 / 88	0 / 88	0 / 88	0 / 88	379 / 83
17	0 / 65	0 / 65	0 / 65	0 / 65	57 / 65	205 / 69
18	0 / 43	0 / 43	0 / 43	0 / 43	78 / 43	60 / 56
朝向（下行）	S	SW	W	NW	N	H

续表 D.0.1-5

透明度等级 6（朝向 上行—直接辐射，下行—散射辐射；单位 辐射照度）

时刻（地方太阳时）	辐射	S	SE	E	NE	N	H
6	直接	0	86	194	177	37	29
6	散射	40	40	40	40	40	58
7	直接	0	190	329	257	35	126
7	散射	77	77	77	77	77	104
8	直接	1	258	368	234	0	254
8	散射	100	100	100	100	100	123
9	直接	36	291	344	149	0	387
9	散射	128	128	128	128	128	149
10	直接	97	266	237	38	0	492
10	散射	144	144	144	144	144	160
11	直接	134	190	100	0	0	551
11	散射	149	149	149	149	149	159
12	直接	150	85	0	0	0	572
12	散射	152	152	152	152	152	160
13	直接	134	5	0	0	0	551
13	散射	149	149	149	149	149	159
14	直接	97	0	0	0	0	492
14	散射	144	144	144	144	144	160
15	直接	36	0	0	0	0	387
15	散射	128	128	128	128	128	149
16	直接	1	0	0	0	0	254
16	散射	100	100	100	100	100	123
17	直接	0	0	0	0	35	126
17	散射	77	77	77	77	77	104
18	直接	0	0	0	0	37	29
18	散射	40	40	40	40	40	58
朝向		S	SW	W	NW	N	H

透明度等级 5（朝向 上行—直接辐射，下行—散射辐射；单位 辐射照度）

时刻（地方太阳时）	辐射	S	SE	E	NE	N	H
6	直接	0	117	267	243	51	40
6	散射	42	42	42	42	42	58
7	直接	0	229	398	311	42	152
7	散射	72	72	72	72	72	91
8	直接	1	306	437	278	0	300
8	散射	96	96	96	96	96	109
9	直接	41	337	398	172	0	448
9	散射	119	119	119	119	119	124
10	直接	119	302	270	43	0	557
10	散射	133	133	133	133	133	131
11	直接	150	213	100	0	0	619
11	散射	138	138	138	138	138	130
12	直接	167	94	0	0	0	641
12	散射	142	142	142	142	142	133
13	直接	150	5	0	0	0	619
13	散射	138	138	138	138	138	130
14	直接	119	0	0	0	0	557
14	散射	133	133	133	133	133	131
15	直接	41	0	0	0	0	448
15	散射	119	119	119	119	119	124
16	直接	1	0	0	0	0	300
16	散射	96	96	96	96	96	109
17	直接	0	0	0	0	42	152
17	散射	72	72	72	72	72	91
18	直接	0	0	0	0	51	40
18	散射	42	42	42	42	42	58
朝向		S	SW	W	NW	N	H

表 D.0.1-6　北纬 45° 透过标准窗玻璃的太阳辐射照度（W/m²）

透明度等级 1（上行—直接辐射，下行—散射辐射）

时刻（地方太阳时）	S	SE	E	NE	N	H
6	0 / 40	269 / 40	584 / 40	521 / 40	97 / 40	100 / 41
7	0 / 60	418 / 60	685 / 60	514 / 60	14 / 60	266 / 49
8	16 / 78	497 / 78	658 / 78	383 / 78	60 / 78	449 / 83
9	78 / 105	511 / 92	548 / 92	193 / 92	0 / 92	599 / 55
10	105 / 209	458 / 105	359 / 105	117 / 105	78 / 105	720 / 57
11	280 / 110	341 / 131	105 / 110	0 / 110	92 / 110	790 / 55
12	305 / 110	180 / 110	0 / 110	0 / 110	105 / 110	814 / 53
13	280 / 110	137 / 110	110 / 110	0 / 110	110 / 110	790 / 55
14	209 / 110	110 / 110	110 / 110	0 / 104	110 / 104	720 / 57
15	105 / 104	104 / 92	104 / 92	104 / 92	104 / 92	599 / 55
16	16 / 92	92 / 78	92 / 78	92 / 60	92 / 60	119 / 52
17	78 / 78	78 / 60	60 / 60	60 / 14	14 / 60	266 / 49
18	0 / 40	0 / 40	40 / 40	40 / 40	40 / 40	100 / 41
朝向	S	SW	W	NW	N	H

透明度等级 2（上行—直接辐射，下行—散射辐射）

时刻（地方太阳时）	S	SE	E	NE	N	H
6	0 / 41	0 / 41	41 / 41	41 / 41	41 / 41	86 / 45
7	0 / 64	0 / 64	64 / 64	64 / 64	64 / 64	138 / 59
8	15 / 83	83 / 83	83 / 83	83 / 83	83 / 83	413 / 67
9	98 / 97	97 / 97	110 / 97	110 / 97	110 / 97	558 / 69
10	197 / 110	119 / 110	119 / 110	0 / 110	119 / 110	675 / 73
11	264 / 119	129 / 119	119 / 119	0 / 119	119 / 119	743 / 76
12	287 / 119	170 / 119	0 / 119	0 / 119	119 / 119	766 / 72
13	264 / 119	321 / 119	123 / 119	0 / 119	119 / 119	743 / 76
14	197 / 110	429 / 110	336 / 110	109 / 110	0 / 110	675 / 73
15	83 / 98	475 / 97	511 / 97	180 / 97	0 / 97	558 / 69
16	15 / 83	456 / 83	605 / 83	351 / 83	64 / 83	413 / 67
17	0 / 64	373 / 64	611 / 64	458 / 64	13 / 64	238 / 59
18	0 / 41	230 / 41	502 / 41	448 / 41	84 / 41	86 / 45
朝向	S	SW	W	NW	N	H

续表 D.0.1-6

透明度等级 3（辐射照度；时刻为地方太阳时；上行—直接辐射，下行—散射辐射）

时刻	S	SE	E	NE	N	H
6	0/45	200/45	435/45	388/45	72/45	77/57
7	0/65	330/65	541/65	406/65	10/65	211/69
8	14/88	415/88	550/88	320/88	0/88	376/83
9	91/105	438/105	471/105	163/105	0/105	515/88
10	183/114	399/114	312/114	101/114	0/114	626/88
11	245/120	299/120	115/120	0/120	0/120	692/87
12	267/121	158/121	0/121	0/121	0/121	714/85
13	245/120	299/120	115/120	0/120	0/120	692/87
14	183/114	399/114	312/114	101/114	0/114	626/88
15	91/105	438/105	471/105	163/105	0/105	515/88
16	14/88	415/88	550/88	320/88	0/88	376/83
17	0/65	330/65	541/65	406/65	10/65	211/69
18	0/45	200/45	435/45	388/45	72/45	77/57
朝向	S	SW	W	NW	N	H

透明度等级 4（辐射照度；时刻为地方太阳时；上行—直接辐射，下行—散射辐射）

时刻	S	SE	E	NE	N	H
6	0/45	165/45	358/45	320/45	59/45	62/61
7	0/69	285/69	466/69	350/69	9/69	181/79
8	12/90	366/90	486/90	283/90	0/90	331/92
9	81/108	397/108	427/108	150/108	0/108	465/104
10	166/121	365/121	286/121	93/121	0/121	572/109
11	226/127	274/127	106/127	0/127	0/127	635/108
12	247/129	145/129	0/129	0/129	0/129	657/108
13	226/127	274/127	106/127	0/127	0/127	635/108
14	166/121	365/121	286/121	93/121	0/121	572/109
15	81/108	397/108	427/108	150/108	0/108	465/104
16	12/90	366/90	486/90	283/90	0/90	331/92
17	0/69	285/69	466/69	350/69	9/69	181/79
18	0/45	165/45	358/45	320/45	59/45	62/61
朝向	S	SW	W	NW	N	H

续表 D.0.1-6

透明度等级 6（单位：辐射照度，时刻为地方太阳时）
朝向（上午）：S、SE、E、NE、N、H；朝向（下午）：S、SW、W、NW、N、H
上行——直接辐射；下行——散射辐射

时刻	S 直接	S 散射	SE 直接	SE 散射	E 直接	E 散射	NE 直接	NE 散射	N 直接	N 散射	H 直接	H 散射
6	0	44	100	44	216	44	193	44	36	44	37	64
7	0	78	204	78	334	78	256	78	7	78	130	105
8	9	99	276	99	366	99	213	99	0	99	249	122
9	65	124	315	124	338	124	120	124	0	124	370	145
10	136	141	299	141	234	141	77	141	0	141	469	158
11	186	148	227	148	87	148	0	148	0	148	526	160
12	204	149	121	149	0	149	0	149	0	149	544	159
13	186	148	227	148	87	148	0	148	0	148	526	160
14	136	141	299	141	234	141	77	141	0	141	469	158
15	65	124	315	124	338	124	120	124	0	124	370	145
16	9	99	276	99	366	99	213	99	0	99	249	122
17	0	78	204	78	334	78	256	78	7	78	130	105
18	0	44	100	44	216	44	193	44	36	44	37	64

透明度等级 5（单位：辐射照度，时刻为地方太阳时）
朝向（上午）：S、SE、E、NE、N、H；朝向（下午）：S、SW、W、NW、N、H
上行——直接辐射；下行——散射辐射

时刻	S 直接	S 散射	SE 直接	SE 散射	E 直接	E 散射	NE 直接	NE 散射	N 直接	N 散射	H 直接	H 散射
6	0	44	135	44	293	44	262	44	49	44	50	62
7	0	73	247	73	402	73	302	73	8	73	157	91
8	10	95	328	95	435	95	252	95	0	95	297	109
9	76	116	365	116	393	116	138	116	0	116	429	122
10	156	130	341	130	266	130	87	130	0	130	534	129
11	211	136	256	136	99	136	0	136	0	136	593	131
12	229	138	136	138	0	138	0	138	0	138	613	130
13	211	136	256	136	99	136	0	136	0	136	593	131
14	156	130	341	130	266	130	87	130	0	130	534	129
15	76	116	365	116	393	116	138	116	0	116	429	122
16	10	95	328	95	435	95	252	95	0	95	297	109
17	0	73	247	73	402	73	302	73	8	73	157	91
18	0	44	135	44	293	44	262	44	49	44	50	62

表 D.0.1-7　北纬 50°透过标准窗玻璃的太阳辐射照度（W/m²）

透明度等级 1（上行—直接辐射；下行—散射辐射）

时刻（地方太阳时）	S	SE	E	NE	N	H
6	0 / 42	291 / 42	605 / 42	528 / 42	85 / 42	116 / 42
7	0 / 40	442 / 40	687 / 40	494 / 40	3 / 40	276 / 49
8	40 / 77	527 / 77	657 / 77	345 / 77	0 / 77	437 / 52
9	160 / 90	549 / 90	545 / 90	150 / 90	0 / 90	576 / 52
10	278 / 102	507 / 102	356 / 102	7 / 102	0 / 102	685 / 58
11	359 / 108	398 / 108	130 / 108	0 / 108	0 / 108	751 / 58
12	388 / 110	235 / 110	0 / 110	0 / 110	0 / 110	773 / 58
13	359 / 108	62 / 108	0 / 108	0 / 108	0 / 108	751 / 58
14	278 / 102	0 / 102	0 / 102	0 / 102	0 / 102	685 / 58
15	160 / 90	0 / 90	0 / 90	0 / 90	0 / 90	576 / 52
16	40 / 77	0 / 77	0 / 77	0 / 77	0 / 77	437 / 52
17	0 / 40	0 / 40	0 / 40	0 / 40	3 / 40	276 / 49
18	0 / 42	0 / 42	0 / 42	0 / 42	85 / 42	116 / 42
朝向（下午）	S	SW	W	NW	N	H

透明度等级 2（上行—直接辐射；下行—散射辐射）

时刻（地方太阳时）	S	SE	E	NE	N	H
18	0 / 43	251 / 43	522 / 43	457 / 43	73 / 43	100 / 47
17	0 / 64	397 / 64	613 / 64	441 / 64	3 / 64	245 / 60
16	36 / 81	484 / 81	601 / 81	316 / 81	0 / 81	401 / 66
15	149 / 94	511 / 94	507 / 94	140 / 94	0 / 94	555 / 69
14	261 / 105	475 / 105	333 / 105	7 / 105	0 / 105	640 / 71
13	337 / 115	373 / 115	123 / 115	0 / 115	0 / 115	706 / 78
12	365 / 119	221 / 119	0 / 119	0 / 119	0 / 119	727 / 79
11	337 / 115	57 / 115	0 / 115	0 / 115	0 / 115	706 / 78
10	261 / 105	0 / 105	0 / 105	0 / 105	0 / 105	640 / 71
9	149 / 94	0 / 94	0 / 94	0 / 94	0 / 94	555 / 69
8	36 / 81	0 / 81	0 / 81	0 / 81	0 / 81	401 / 66
7	0 / 64	0 / 64	0 / 64	0 / 64	3 / 64	245 / 60
6	0 / 43	0 / 43	0 / 43	0 / 43	73 / 43	100 / 47
朝向（下午）	S	SW	W	NW	N	H

续表 D.0.1-7

透明度等级 3（辐射照度，W/m²；上行—直接辐射，下行—散射辐射）

时刻（地方太阳时）	S	SE	E	NE	N	H
6	0 / 49	219 / 49	456 / 49	342 / 49	64 / 49	87 / 59
7	33 / 66	351 / 66	544 / 66	391 / 66	3 / 66	217 / 69
8	137 / 87	440 / 87	547 / 87	287 / 87	0 / 87	364 / 81
9	241 / 102	470 / 102	468 / 102	129 / 102	0 / 102	493 / 87
10	314 / 112	440 / 112	308 / 112	6 / 112	0 / 112	593 / 90
11	340 / 117	347 / 117	114 / 117	0 / 117	0 / 117	656 / 90
12	340 / 120	206 / 120	0 / 120	0 / 120	0 / 120	676 / 90
13	314 / 117	53 / 117	0 / 117	0 / 117	0 / 117	656 / 90
14	241 / 112	0 / 112	0 / 112	0 / 112	0 / 112	593 / 90
15	137 / 102	0 / 102	0 / 102	0 / 102	0 / 102	493 / 87
16	33 / 87	0 / 87	0 / 87	0 / 87	0 / 87	364 / 81
17	0 / 66	0 / 66	0 / 66	66 / 66	3 / 66	217 / 69
18	0 / 49	0 / 49	49 / 49	49 / 49	64 / 49	87 / 59

朝向（下行标注）：S，SW，W，NW，N，H

透明度等级 4（辐射照度，W/m²；上行—直接辐射，下行—散射辐射）

时刻（地方太阳时）	S	SE	E	NE	N	H
18	0 / 49	181 / 49	378 / 49	330 / 49	53 / 49	73 / 64
17	0 / 70	304 / 70	470 / 70	337 / 70	2 / 70	188 / 80
16	29 / 88	387 / 88	483 / 88	254 / 88	0 / 88	321 / 92
15	123 / 105	423 / 105	421 / 105	116 / 105	0 / 105	444 / 101
14	221 / 119	402 / 119	281 / 119	6 / 119	0 / 119	543 / 109
13	287 / 124	317 / 124	105 / 124	0 / 124	0 / 124	601 / 109
12	312 / 127	188 / 127	0 / 127	0 / 127	0 / 127	620 / 109
11	287 / 124	49 / 124	0 / 124	0 / 124	0 / 124	601 / 109
10	221 / 119	0 / 119	0 / 119	0 / 119	0 / 119	543 / 109
9	123 / 105	0 / 105	0 / 105	0 / 105	0 / 105	444 / 101
8	29 / 88	0 / 88	0 / 88	0 / 88	0 / 88	321 / 92
7	0 / 70	0 / 70	0 / 70	0 / 70	2 / 70	188 / 80
6	0 / 49	0 / 49	0 / 49	0 / 49	53 / 49	73 / 64

朝向（下行标注）：S，SW，W，NW，N，H

续表 D.0.1-7

透明度等级 6 — 朝向（辐射照度），上行—直接辐射 / 下行—散射辐射；时刻（地方太阳时）

时刻（地方太阳时）	S	SE	E	NE	N	H
18	0 / 48	113 / 48	236 / 48	206 / 48	33 / 48	45 / 69
17	0 / 79	217 / 79	336 / 79	242 / 79	2 / 79	135 / 106
16	22 / 98	291 / 98	362 / 98	191 / 98	0 / 98	241 / 123
15	98 / 120	334 / 120	331 / 120	91 / 120	0 / 120	349 / 141
14	179 / 137	337 / 137	229 / 137	5 / 137	0 / 137	442 / 156
13	236 / 145	262 / 145	86 / 145	0 / 145	0 / 145	495 / 162
12	257 / 148	156 / 148	0 / 148	0 / 148	0 / 148	513 / 163
11	236 / 145	262 / 145	86 / 145	0 / 145	0 / 145	495 / 162
10	179 / 137	337 / 137	229 / 137	5 / 137	0 / 137	442 / 156
9	98 / 120	334 / 120	331 / 120	91 / 120	0 / 120	349 / 141
8	22 / 98	291 / 98	362 / 98	191 / 98	0 / 98	241 / 121
7	0 / 79	217 / 79	336 / 79	242 / 79	2 / 79	135 / 106
6	0 / 48	113 / 48	236 / 48	206 / 48	33 / 48	45 / 69
朝向	S	SW	W	NW	N	H

透明度等级 5 — 朝向（辐射照度），上行—直接辐射 / 下行—散射辐射；时刻（地方太阳时）

时刻（地方太阳时）	S	SE	E	NE	N	H
6	0 / 48	150 / 48	312 / 48	273 / 44	44 / 48	60 / 65
7	0 / 73	262 / 73	406 / 73	291 / 73	2 / 73	163 / 92
8	26 / 94	345 / 94	430 / 94	227 / 94	0 / 94	287 / 108
9	113 / 113	388 / 113	386 / 113	107 / 113	0 / 113	408 / 121
10	206 / 127	374 / 127	263 / 127	6 / 127	0 / 127	506 / 128
11	269 / 134	297 / 134	98 / 134	0 / 134	0 / 134	561 / 131
12	291 / 136	177 / 136	0 / 136	0 / 136	0 / 136	579 / 133
13	269 / 134	297 / 134	98 / 134	0 / 134	0 / 134	561 / 131
14	206 / 127	374 / 127	263 / 127	6 / 127	0 / 127	506 / 128
15	113 / 113	388 / 113	386 / 113	107 / 113	0 / 113	408 / 121
16	26 / 94	345 / 94	430 / 94	227 / 94	0 / 94	287 / 108
17	0 / 73	262 / 73	406 / 73	291 / 73	2 / 73	163 / 92
18	0 / 48	150 / 48	312 / 48	273 / 48	44 / 48	60 / 65
朝向	S	SW	W	NW	N	H

附录 E 夏季空气调节设计用大气透明度分布图

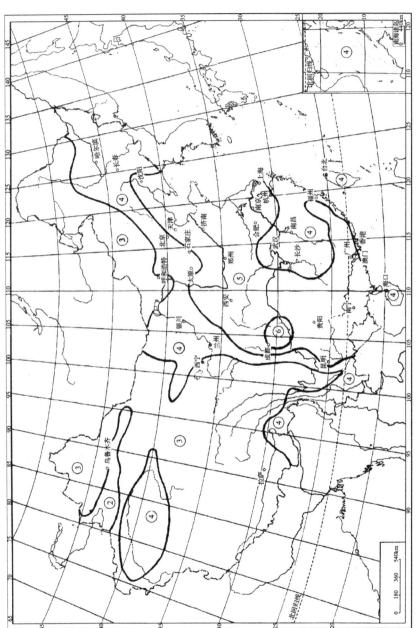

图 E 夏季空气调节设计用大气透明度分布

附录 F　加热由门窗缝隙渗入室内的冷空气的耗热量

F.0.1　加热由门窗缝隙渗入室内的冷空气的耗热量可按下式计算：

$$Q = 0.28c_p\rho_{wn}L(t_n - t_{wn}) \qquad (F.0.1)$$

式中：Q——由门窗缝隙渗入室内的冷空气的耗热量（W）；

c_p——空气的定压比热容，$c_p = 1kJ/(kg \cdot ℃)$；

ρ_{wn}——供暖室外计算温度下的空气密度（kg/m^3）；

L——渗透冷空气量（m^3/h），按本规范式（F.0.2）或式（F.0.5）确定；

t_n——供暖室内设计温度（℃），按本规范第 4.1.1 条确定；

t_{wn}——供暖室外计算温度（℃），按本规范第 4.2.1 条确定。

F.0.2　渗透冷空气量可根据不同的朝向按下式计算：

$$L = L_0 l_1 m^b \qquad (F.0.2)$$

式中：L_0——在基准高度单纯风压作用下，不考虑朝向修正和建筑物内部隔断情况时，通过每米门窗缝隙进入室内的理论渗透冷空气量[$m^3/(m \cdot h)$]，按本规范式（F.0.3）确定；

e_1——外门窗缝隙的长度，应分别按各朝向可开启的门窗缝隙长度计算（m）；

m——风压与热压共同作用下，考虑建筑体形、内部隔断和空气流通等因素后，不同朝向、不同高度的门窗冷风渗透压差综合修正系数，按本规范式（F.0.4-1）确定；

b——门窗缝隙渗风指数，$b = 0.56 \sim 0.78$，当无实测数据时，可取 $b = 0.67$。

F.0.3 通过每米门窗缝隙进入室内的理论渗透冷空气量可按下式计算:

$$L_0 = \alpha_1 \left(\frac{\rho_{wn}}{2} v_0^2 \right)^b \qquad (F.0.3)$$

式中:α_1——外门窗缝隙渗风系数[$m^3/(m \cdot h \cdot p_a^b)$],当无实测数据时,可根据建筑外窗空气渗透性能分级的相关标准,按表 F.0.3 采用;

v_0——基准高度冬季室外最多风向的平均风速,按本规范第 4.2 节的相关规定确定(m/s)。

表 F.0.3　外门窗缝隙渗风系数下限值

建筑外窗空气渗透性能分级	Ⅰ	Ⅱ	Ⅲ	Ⅳ	Ⅴ	Ⅵ	Ⅶ	Ⅷ
$\alpha_1[m^3/(m \cdot h \cdot Pa^{0.67})]$	0.1	0.2	0.3	0.4	0.5	0.6	0.75	0.86

F.0.4 冷风渗透压差综合修正系数应按下列公式计算:

$$m = C_r \cdot \Delta C_f \cdot (n^{1/b} + C) \cdot C_h \qquad (F.0.4-1)$$

$$C = 70 \frac{h_z - h}{\Delta C_f v_0^2 h^{0.4}} \cdot \frac{t' - t_{wn}}{273 + t'_n} \qquad (F.0.4-2)$$

$$C_h = 0.3 h^{0.4} \qquad (F.0.4-3)$$

式中:C_r——热压系数。当无法精确计算时,按表 F.0.4 确定;

ΔC_f——风压差系数,当无实测数据时,可取 0.7;

n——单纯风压作用下,渗透冷空气量的朝向修正系数,按本规范附录 G 采用;

C——作用于门窗上的有效热压差与有效风压差之比;

C_h——高度修正系数;

h——计算门窗的中心线标高(m);

h_z——单纯热压作用下,建筑物中和面的标高,可取建筑物总高度的 1/2(m);

t'_n——建筑物内形成热压作用的竖井计算温度(℃)。

内部隔断情况	开敞空间	有内门或房门		有前室门、楼梯间门或走廊两端设门	
		密闭性差	密闭性好	密闭性差	密闭性好
C_r	1.0	1.0～0.8	0.8～0.6	0.6～0.4	0.4～0.2

F.0.5 当无相关数据时,建筑物的渗透冷空气量可按下式计算:

$$L = kV \tag{F.0.5}$$

式中:V——房间体积(m^3);

k——换气次数,当无实测数据时,可按表 F.0.5 确定(次/h)。

表 F.0.5 换气次数(次/h)

房间类型	一面有外窗房间	两面有外窗房间	三面有外窗房间	门厅
k	0.5	0.5～1.0	1.0～1.5	2

F.0.6 生产厂房、仓库、公用辅助建筑物,加热由门窗缝隙渗入室内的冷空气的耗热量占围护结构总耗热量的百分率可按表 F.0.6 确定。

表 F.0.6 渗透耗热量占围护结构总耗热量的百分率(%)

建筑物高度(m)		<4.5	4.5～10.0	>10.0
玻璃窗层数	单层	25	35	40
	单、双层均有	20	30	35
	双层	15	25	30

附录 G 渗透冷空气量的朝向修正系数 n 值

G.0.1 计算供暖热负荷时,单纯风压作用下渗透冷空气量的朝向修正系数应按表 G.0.1 采用。

表 G.0.1 朝向修正系数 n 值

地区及台站名称		朝向							
		N	NE	E	SE	S	SW	W	NW
北京市	北京	1.00	0.50	0.15	0.10	0.15	0.15	0.40	1.00
天津市	天津	1.00	0.40	0.20	0.10	0.15	0.20	0.40	1.00
	塘沽	0.90	0.55	0.55	0.20	0.30	0.30	0.70	1.00
河北省	承德	0.70	0.15	0.10	0.10	0.10	0.40	1.00	1.00
	张家口	1.00	0.40	0.10	0.10	0.10	0.10	0.35	1.00
	唐山	0.60	0.45	0.65	0.45	0.20	0.65	1.00	1.00
	保定	1.00	0.70	0.35	0.35	0.90	0.90	0.40	0.70
	石家庄	1.00	0.70	0.50	0.65	0.90	0.55	0.85	0.90
	邢台	1.00	0.70	0.35	0.50	0.70	0.50	0.30	0.70
山西省	大同	1.00	0.55	0.10	0.10	0.10	0.30	0.40	1.00
	阳泉	0.70	0.10	0.10	0.10	0.10	0.35	0.85	1.00
	太原	0.90	0.40	0.15	0.20	0.30	0.40	0.70	1.00
	阳城	0.70	0.15	0.30	0.25	0.10	0.25	0.70	1.00
内蒙古自治区	通辽	0.70	0.20	0.10	0.25	0.35	0.40	0.85	1.00
	呼和浩特	0.70	0.25	0.10	0.15	0.20	0.15	0.70	1.00

地区及台站名称		朝　　向							
		N	NE	E	SE	S	SW	W	NW
辽宁省	抚顺	0.70	1.00	0.70	0.10	0.10	0.25	0.30	0.30
	沈阳	1.00	0.70	0.30	0.30	0.40	0.35	0.30	0.70
	锦州	1.00	1.00	0.40	0.10	0.20	0.25	0.20	0.70
	鞍山	1.00	1.00	0.40	0.25	0.50	0.50	0.25	0.55
	营口	1.00	1.00	0.60	0.20	0.45	0.45	0.20	0.40
	丹东	1.00	0.55	0.40	0.10	0.10	0.10	0.40	1.00
	大连	1.00	0.70	0.15	0.10	0.15	0.15	0.15	0.70
吉林省	通榆	0.60	0.40	0.15	0.35	0.50	0.50	1.00	1.00
	长春	0.35	0.35	0.15	0.25	0.70	1.00	0.90	0.40
	延吉	0.40	0.10	0.10	0.10	0.10	0.65	1.00	1.00
黑龙江省	爱辉	0.70	0.10	0.10	0.10	0.10	0.10	0.70	1.00
	齐齐哈尔	0.95	0.70	0.25	0.25	0.40	0.40	0.70	1.00
	鹤岗	0.50	0.15	0.10	0.10	0.10	0.55	1.00	1.00
	哈尔滨	0.30	0.15	0.20	0.70	1.00	0.85	0.70	0.60
	绥芬河	0.20	0.10	0.10	0.10	0.10	0.70	1.00	0.70
上海市	上海	0.70	0.50	0.35	0.20	0.10	0.30	0.80	1.00

地区及台站名称		朝 向							
		N	NE	E	SE	S	SW	W	NW
江苏省	连云港	1.00	1.00	0.40	0.15	0.15	0.15	0.20	0.40
	徐州	0.55	1.00	1.00	0.45	0.20	0.35	0.45	0.65
	淮阴	0.90	1.00	0.70	0.30	0.25	0.30	0.40	0.60
	南通	0.90	0.65	0.45	0.25	0.20	0.25	0.70	1.00
	南京	0.80	1.00	0.70	0.40	0.20	0.25	0.40	0.55
	武进	0.80	0.80	0.60	0.60	0.25	0.50	1.00	1.00
浙江省	杭州	1.00	0.65	0.20	0.10	0.20	0.20	0.40	1.00
	宁波	1.00	0.40	0.10	0.10	0.10	0.20	0.60	1.00
	金华	0.20	1.00	1.00	0.60	0.10	0.15	0.25	0.25
	衢州	0.45	1.00	1.00	0.40	0.20	0.30	0.20	0.10
安徽省	亳县	1.00	0.70	0.40	0.25	0.25	0.25	0.25	0.70
	蚌埠	0.70	1.00	1.00	0.40	0.30	0.35	0.45	0.45
	合肥	0.85	0.90	0.85	0.35	0.35	0.25	0.70	1.00
	六安	0.70	0.50	0.45	0.45	0.25	0.15	0.70	1.00
	芜湖	0.60	1.00	1.00	0.45	0.10	0.60	0.90	0.65
	安庆	0.70	1.00	0.70	0.15	0.10	0.10	0.10	0.25
	屯溪	0.70	1.00	0.70	0.20	0.20	0.15	0.15	0.15
福建省	福州	0.75	0.60	0.25	0.25	0.20	0.15	0.70	1.00

地区及台站名称		朝　向							
		N	NE	E	SE	S	SW	W	NW
江西省	九江	0.70	1.00	0.70	0.10	0.10	0.25	0.35	0.30
	景德镇	1.00	1.00	0.40	0.20	0.20	0.35	0.35	0.70
	南昌	1.00	0.70	0.25	0.10	0.10	0.10	0.10	0.70
	赣州	1.00	0.70	0.10	0.10	0.10	0.10	0.10	0.70
山东省	烟台	1.00	0.60	0.25	0.15	0.35	0.60	0.60	1.00
	莱阳	0.85	0.60	0.15	0.10	0.10	0.25	0.70	1.00
	潍坊	0.90	0.60	0.25	0.35	0.50	0.35	0.90	1.00
	济南	0.45	1.00	1.00	0.40	0.55	0.55	0.25	0.15
	青岛	1.00	0.70	0.10	0.10	0.20	0.20	0.40	1.00
	菏泽	1.00	0.90	0.40	0.25	0.35	0.35	0.20	0.70
	临沂	1.00	1.00	0.45	0.10	0.10	0.15	0.20	0.40
河南省	安阳	1.00	0.70	0.30	0.40	0.50	0.35	0.20	0.70
	新乡	0.70	1.00	0.70	0.25	0.15	0.30	0.30	0.15
	郑州	0.65	0.90	0.65	0.15	0.20	0.40	1.00	1.00
	洛阳	0.45	0.45	0.45	0.15	0.10	0.40	1.00	1.00
	许昌	1.00	1.00	0.40	0.10	0.20	0.25	0.35	0.50
	南阳	0.70	1.00	0.70	0.15	0.10	0.15	0.10	0.10
	驻马店	1.00	0.50	0.20	0.20	0.20	0.20	0.40	1.00
	信阳	1.00	0.70	0.20	0.10	0.15	0.15	0.10	0.70

地区及台站名称		朝 向							
		N	NE	E	SE	S	SW	W	NW
湖北省	光化	0.70	1.00	0.70	0.35	0.20	0.10	0.40	0.60
	武汉	1.00	1.00	0.45	0.10	0.10	0.10	0.10	0.45
	江陵	1.00	0.70	0.20	0.15	0.20	0.15	0.10	0.70
	恩施	1.00	0.70	0.35	0.35	0.50	0.35	0.20	0.70
湖南省	长沙	0.85	0.35	0.10	0.10	0.10	0.10	0.70	1.00
	衡阳	0.70	1.00	0.70	0.10	0.10	0.10	0.15	0.30
广东省	广州	1.00	0.70	0.10	0.10	0.10	0.10	0.15	0.70
广西壮族自治区	桂林	1.00	1.00	0.40	0.10	0.10	0.10	0.10	0.40
	南宁	0.40	1.00	1.00	0.60	0.30	0.55	0.10	0.30
四川省	甘孜	0.75	0.50	0.30	0.25	0.30	0.70	1.00	0.70
	成都	1.00	1.00	0.45	0.10	0.10	0.10	0.10	0.40
重庆市	重庆	1.00	0.60	0.55	0.20	0.15	0.15	0.40	1.00
贵州省	威宁	1.00	1.00	0.40	0.50	0.40	0.20	0.15	0.45
	贵阳	0.70	1.00	0.70	0.15	0.25	0.15	0.10	0.25
云南省	昭通	1.00	0.70	0.20	0.10	0.15	0.15	0.10	0.70
	昆明	0.10	0.10	0.10	0.15	0.70	1.00	0.70	0.20
西藏自治区	那曲	0.50	0.50	0.20	0.10	0.35	0.90	1.00	1.00
	拉萨	0.15	0.45	1.00	1.00	0.40	0.40	0.40	0.25
	林芝	0.25	1.00	1.00	0.40	0.30	0.30	0.25	0.15

地区及台站名称		朝　　向							
		N	NE	E	SE	S	SW	W	NW
陕西省	榆林	1.00	0.40	0.10	0.30	0.30	0.15	0.40	1.00
	宝鸡	0.10	0.70	1.00	0.70	0.10	0.15	0.15	0.15
	西安	0.70	1.00	0.70	0.25	0.40	0.50	0.35	0.25
甘肃省	兰州	1.00	1.00	1.00	0.70	0.50	0.20	0.15	0.50
	平凉	0.80	0.40	0.85	0.85	0.35	0.70	1.00	1.00
	天水	0.20	0.70	1.00	0.70	0.10	0.15	0.20	0.15
青海省	西宁	0.10	0.10	0.70	1.00	0.70	0.10	0.10	0.10
	共和	1.00	0.70	0.15	0.25	0.25	0.35	0.50	0.50
宁夏回族自治区	石嘴山	1.00	0.95	0.40	0.20	0.20	0.20	0.40	1.00
	银川	1.00	1.00	0.40	0.30	0.25	0.20	0.65	0.95
	固原	0.80	0.50	0.65	0.45	0.20	0.40	0.70	1.00
新疆维吾尔自治区	阿勒泰	0.70	1.00	0.70	0.15	0.10	0.10	0.15	0.35
	克拉玛依	0.70	0.55	0.55	0.25	0.10	0.10	0.70	1.00
	乌鲁木齐	0.35	0.35	0.55	0.75	1.00	0.70	0.25	0.35
	吐鲁番	1.00	0.70	0.65	0.55	0.35	0.25	0.15	0.70
	哈密	0.70	1.00	1.00	0.40	0.10	0.10	0.10	0.10
	喀什	0.70	0.60	0.40	0.25	0.10	0.10	0.70	1.00

附录 H 自然通风的计算

H.0.1 自然通风的通风量应按下列公式计算：

$$G = \frac{Q}{\alpha c_p (t_p - t_{wf})} \qquad (\text{H.0.1-1})$$

或

$$G = \frac{mQ}{\alpha c_p (t_n - t_{wf})} \qquad (\text{H.0.1-2})$$

式中：G——自然通风的通风量（kg/h）；

Q——散至室内的全部显热量（W）；

c_p——空气的定压比热容，取 1[kJ/(kg·℃)]；

α——单位换算系数，对于法定计量单位，取 0.28；

t_p——排风温度（℃），按本规范第 H.0.2 条确定；

t_n——室内工作地点温度（℃），按本规范第 4.1.4 条确定；

t_{wf}——夏季通风室外计算温度（℃），按本规范第 4.2.7 条确定；

m——散热量有效系数，按本规范第 H.0.3 条确定。

H.0.2 排风口温度应根据不同情况，分别按下列规定采用：

1 有条件时，可按与夏季通风室外计算温度的允许温差确定；

2 室内散热量比较均匀，且不大于 116W/m³ 时，可按下式计算：

$$t_p = t_n + \Delta t_H (H - 2) \qquad (\text{H.0.2-1})$$

式中：Δt_H——温度梯度（℃/m），按表 H.0.2 采用；

H——排风口中心距地面的高度（m）。

室内散热量	厂房高度（m）										
（W/m³）	5	6	7	8	9	10	11	12	13	14	15
12～23	1.0	0.9	0.8	0.7	0.6	0.5	0.4	0.4	0.3	0.3	0.2
24～47	1.2	1.2	0.9	0.8	0.7	0.6	0.5	0.5	0.5	0.4	0.4
48～70	1.5	1.5	1.2	1.1	0.9	0.8	0.8	0.8	0.8	0.8	0.5
71～93	—	1.5	1.5	1.3	1.2	1.2	1.2	1.2	1.1	1.0	0.9
94～116	—	—	—	1.5	1.5	1.5	1.5	1.5	1.5	1.4	1.3

3　当采用 m 值时，可按下式计算：

$$t_p = t_{wf} + \frac{t_n - t_{wf}}{m} \qquad (H.0.2\text{-}2)$$

H.0.3　散热量有效系数 m 值宜按相同建筑物和工艺布置的实测数据采用，当无实测数据时，单跨生产厂房可按下式计算：

$$m = m_1 m_2 m_3 \qquad (H.0.3)$$

式中：m_1——根据热源占地面积 f 和地面面积 F 的比值，按图 H.0.3 确定的系数；

　　　m_2——根据热源的高度，按表 H.0.3-1 确定的系数；

　　　m_3——根据热源的辐射散热量 Q_f 和总散热量 Q 的比值，按表 H.0.3-2 确定的系数。

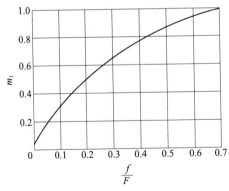

图 H.0.3　系数 m_1

表 H.0.3-1　系数 m_2

热源高度(m)	≤2	4	6	8	10	12	≥14
m_2	1.0	0.85	0.75	0.65	0.6	0.55	0.5

表 H.0.3-2　系数 m_3

Q_f/Q	≤0.40	0.45	0.5	0.55	0.6	0.65	0.7
m_3	1.00	1.03	1.07	1.12	1.18	1.30	1.45

H.0.4　进风口和排风口的面积应按下列公式计算:

$$F_j = \frac{G_j}{3600\sqrt{\dfrac{2g\rho_{wf}h_j(\rho_{wf}-\rho_{np})}{\xi_j}}} \qquad (\text{H.0.4-1})$$

$$F_p = \frac{G_p}{3600\sqrt{\dfrac{2g\rho_{wf}h_p(\rho_{wf}-\rho_{np})}{\xi_p}}} \qquad (\text{H.0.4-2})$$

式中:F_j、F_p——分别为进风口和排风口面积(m^2);

　　G_j、G_p——分别为进风量和排风量(kg/h);

　　h_j、h_p——分别为进风口和排风口中心与中和界的高差
　　　　　　　(m);

　　　ρ_{wf}——夏季通风室外计算温度下的空气密度(kg/m^3);

　　　ρ_p——排风温度下的空气密度(kg/m^3);

　　　ρ_{np}——室内空气的平均密度(kg/m^3),按作业地带和排
　　　　　　　风口处空气密度的平均值采用;

　　ξ_j、ξ_p——分别为进风口和排风口的局部阻力系数;

　　　g——重力加速度(取 $9.81m/s^2$)。

附录 J 局部送风的计算

J.0.1 工作地点的气流宽度应按下列公式计算：

$$d_s = 6.8(as + 0.145d_0) \tag{J.0.1-1}$$

或
$$d_s = 6.8(as + 0.164\sqrt{AB}) \tag{J.0.1-2}$$

式中：d_s——送至工作地点的气流宽度（m）；

    a——送风口的紊流系数，对于圆形送风口，采用 0.076；对于旋转送风口，采用 0.087；

    s——送风口至工作地点的距离（m）；

    d_0——圆形送风口的直径，可采用送风至工作地点距离的 20%～30%（m）；

    A、B——矩形截面送风口的边长（m）。

J.0.2 送风口的出口风速应按下式计算：

$$v_0 = \frac{v_g}{b}\left(\frac{as}{d_0} + 0.145\right) \tag{J.0.2}$$

式中：v_0——送风口的出口风速（m/s）；

    v_g——工作地点的平均风速，按本规范第 4.1.7 条采用（m/s）；

    b——系数（图 J.0.2）。

J.0.3 送风量应按下式计算：

$$L = 3600 F_0 v_0 \tag{J.0.3}$$

式中：L——送风量（m³/h）；

    F_0——送风口的有效截面积（m²）；

J.0.4 送风口的出口温度应按下式计算。当送冷风时，计算的送风口出口温度较低时，可选用较大尺寸的送风口重新确定相关参数。

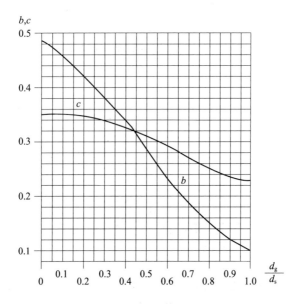

图 J.0.2　系数 b 和 c

d_g—工作地点的宽度；d_s—送至工作地点的气流宽度

$$t_0 = t_n - \frac{t_n - t_g}{c}\left(\frac{as}{d_0} + 0.145\right) \quad\quad (J.0.4)$$

式中：t_0——送风口的出口温度(℃)；

t_n——工作地点周围的室内温度(℃)；

t_g——工作地点温度(℃)，按本规范第4.1.7条确定；

c——系数(见本规范图 J.0.2)。

附录 K 除尘风管的最小风速

K.0.1 设计工况和通风标准工况相近时,除尘风管最低风速不应低于表 K.0.1 规定的数值。

表 K.0.1 除尘风管的最小风速(m/s)

粉尘类别	粉尘名称	垂直风管	水平风管
纤维粉尘	干锯末、小刨屑、纺织尘	10	12
	木屑、刨花	12	14
	干燥粗刨花、大块干木屑	14	16
	潮湿粗刨花、大块湿木屑	18	20
	棉絮	8	10
	麻	11	13
矿物粉尘	耐火材料粉尘	14	17
	黏土	13	16
	石灰石	14	16
	水泥	12	18
	湿土(含水 2%以下)	15	18
	重矿物粉尘	14	16
	轻矿物粉尘	12	14
	灰土、砂尘	16	18
	干细型砂	17	20
	金刚砂、刚玉粉	15	19
金属粉尘	钢铁粉尘	13	15
	钢铁屑	19	23
	铅尘	20	25
其他粉尘	轻质干粉尘(木工磨床粉尘、烟草灰)	8	10
	煤尘	11	13
	焦炭粉尘	14	18
	谷物粉尘	10	12

附录 L 蓄冰装置容量与双工况制冷机空调工况制冷量

L.0.1 蓄冰装置容量与双工况制冷机空调工况制冷量计算应符合下列规定：

1 蓄冰装置有效容量应按下式计算：

$$Q_s = \sum_{i=1}^{24} q_i = n_1 \cdot c_f \cdot q_c \qquad (\text{L.0.1-1})$$

2 蓄冰装置名义容量应按下式计算：

$$Q_{so} = \varepsilon \cdot Q_s \qquad (\text{L.0.1-2})$$

3 制冷机空调工况制冷量应按下式计算：

$$q_c = \frac{\sum\limits_{i=1}^{24} q_i}{n_1 \cdot c_f} \qquad (\text{L.0.1-3})$$

式中：Q_s——蓄冰装置有效容量（kW·h）；

$\quad Q_{so}$——蓄冰装置名义容量（kW·h）；

$\quad q_i$——建筑物逐时冷负荷（kW）；

$\quad n_1$——夜间制冷机在制冰工况下运行的小时数（h）；

$\quad c_f$——制冷机制冰时制冷能力的变化率，活塞式制冷机取 0.60～0.65，螺杆式制冷机取 0.64～0.70，离心式（中压）取 0.62～0.66，离心式（三级）取 0.72～0.80；

$\quad q_c$——制冷机空调工况制冷量（kW）；

$\quad \varepsilon$——蓄冰装置的实际放大系数（无因次）。

L.0.2 部分负荷蓄冰时，蓄冰装置容量与双工况制冷机空调工况制冷量计算应符合下列规定：

1 蓄冰装置有效容量应按下式计算：

$$Q_s = n_1 \cdot c_f \cdot q_c \qquad (\text{L.0.2-1})$$

2 蓄冰装置名义容量应按下式计算:

$$Q_{so} = \varepsilon \cdot Q_s \qquad (\text{L.0.2-2})$$

3 制冷机空调工况制冷量应按下式计算:

$$q_c = \frac{\sum\limits_{i=1}^{24} q_i}{n_2 + n_1 \cdot c_f} \qquad (\text{L.0.2-3})$$

式中:n_2——白天制冷机在空调工况下的运行小时数(h)。

L.0.3 当地电力部门有其他限电政策时,所选蓄冰量的最大小时取冷量应满足限电时段的最大小时冷负荷的要求,并应符合下列规定:

1 为满足限电要求时,蓄冰装置有效容量应满足下式要求:

$$Q_s \cdot \eta_{max} \geqslant q'_{imax} \qquad (\text{L.0.3-1})$$

2 为满足限电要求所需蓄冰槽的有效容量应满足下式要求:

$$Q'_s \geqslant \frac{q'_{imax}}{\eta_{max}} \qquad (\text{L.0.3-2})$$

3 为满足限电要求,修正后的制冷机标定制冷量应满足下式要求:

$$q'_c \geqslant \frac{Q'_s}{n_1 \cdot c_f} \qquad (\text{L.0.3-3})$$

式中:Q'_s——为满足限电要求所需的蓄冰槽容量(kW·h);

η_{max}——所选蓄冰设备的最大小时取冷率;

q'——限电时段空气调节系统的最大小时冷负荷(kW);

q'_c——修正后的制冷机标定制冷量(kW)。

本规范用词说明

    1   为便于在执行本规范条文时区别对待,对要求严格程度不同的用词说明如下:

    1)表示很严格,非这样做不可的:

      正面词采用"必须",反面词采用"严禁";

    2)表示严格,在正常情况下均应这样做的:

      正面词采用"应",反面词采用"不应"或"不得";

    3)表示允许稍有选择,在条件许可时首先应这样做的:

      正面词采用"宜",反面词采用"不宜";

    4)表示有选择,在一定条件下可以这样做的,采用"可"。

    2   条文中指明应按其他有关标准执行的写法为:"应符合……的规定"或"应按……执行"。

引用标准名录

《建筑设计防火规范》GB 50016
《城镇燃气设计规范》GB 50028
《锅炉房设计规范》GB 50041
《火灾自动报警系统设计规范》GB 50116
《工业设备及管道绝热工程施工规范》GB 50126
《通风与空调工程施工质量验收规范》GB 50243
《高温作业分级》GB/T 4200
《工业锅炉水质》GB/T 1576
《设备及管道绝热设计导则》GB/T 8175
《组合式空调机组》GB/T 14294
《空气过滤器》GB/T 14295
《金属非金属矿山安全规程》GB 16423
《大气污染物综合排放标准》GB 16297
《用能单位能源计量器具配备和管理通则》GB 17167
《中等热环境 PMV 和 PPD 指数的测定及热舒适条件的规定》GB/T 18049
《单元式空气调节机能效限定值及能源效率等级》GB 19576
《额定电压 300/500V 生活设施加热和防结冰用加热电缆》GB/T 20841
《采暖空调系统水质》GB/T 29044
《低温辐射电热膜》JG/T 286

中华人民共和国国家标准

工业建筑供暖通风
与空气调节设计规范

GB 50019-2015

条 文 说 明

制 订 说 明

《工业建筑供暖通风与空气调节设计规范》GB 50019—2015，经住房城乡建设部 2015 年 5 月 11 日以第 822 号公告批准、发布。

本规范是在原国家标准《采暖通风与空气调节设计规范》GB 50019—2003 的基础上进行修订的，根据其技术内容，将其更名为《工业建筑供暖通风与空气调节设计规范》GB 50019—2015。适用范围调整为适用于新建、扩建和改建的工业建筑物及构筑物的供暖、通风与空气调节设计。不适用于有特殊用途、特殊净化与特殊防护要求的建筑物、洁净厂房以及临时性建筑物的供暖、通风与空气调节设计。

本规范上一版的主编单位是中国有色工程设计研究总院，参编单位是中国疾病预防控制中心环境与健康相关产品安全所、中国建筑设计研究院、中国气象科学研究院、中国建筑东北设计研究院、中南大学、哈尔滨工业大学、中国航空工业规划设计研究院、北京国电华北电力设计院工程有限公司、同济大学、中国建筑西北设计研究院、华东建筑设计研究院、贵州省建筑设计研究院、北京市建筑设计研究院、上海机电设计研究院、中南建筑设计院、清华大学、中国建筑科学研究院空气调节研究所、北京绿创环保科技责任有限公司、阿乐斯绝热材料(广州)有限公司、杭州华电华源环境工程有限公司，主要起草人是张克崧、周吕军、陆耀庆、戴自祝、朱瑞兆、李娥飞、房家声、丁力行、董重成、赵继豪、魏占和、董纪林、李强民、马伟骏、孙延勋、孙敏生、周祖毅、蔡路得、赵庆珠、王志忠、江亿、耿晓音、罗英。

为便于广大设计、施工、科研、学校等单位有关人员在使用本规范时能正确理解和执行条文规定，《工业建筑供暖通风与空气调节设计规范》编制组按章、节、条顺序编制了本规范的条文说明,对条文规定的目的、依据以及执行中需要注意的有关事项进行了说明,还着重对强制性条文的强制性理由作了解释。但是,本条文说明不具备与规范正文同等的法律效力,仅供使用者作为理解和执行把握规范规定的参考。

目　　次

1 总 则

1.0.1 本条规定了本规范的编制目的。供暖、通风与空气调节工程是基本建设领域中不可缺少的组成部分，它对改善劳动条件、提高劳动生产率、保证产品质量以及劳动保护、合理利用和节约能源及资源、保护环境都有着十分重要的意义。本次规范修订结合了近年来国内外的新技术、新设备、新材料与设计、科研新成果，从卫生、安全、节能、环保等方面对相关设计标准、技术要求、设计方法以及其他政策性较强的技术问题等都作了具体的规定。

1.0.2 本条规定了本规范的适用范围。本规范适用于新建、扩建和改建的工业建筑物及构筑物的供暖、通风与空气调节设计，以及生产工艺除尘及有害气体净化设计。其中适用于构筑物，主要是指在构筑物内生产工艺除尘及有害气体净化。

本规范不适用于有特殊用途、特殊净化与防护要求的建筑物、洁净厂房以及临时性建筑物的设计，是针对设计标准、装备水平以及某些特殊要求、特殊做法或特殊防护而言的，并不意味着本规范的全部内容都不适用于这些建筑物的设计。"特殊用途、特殊净化与特殊防护要求的建筑物"，是指如军事用途的建筑物，对空气中细菌、病毒有净化要求的医疗建筑物，人防工程等。有特殊要求的建筑物设计应执行国家相关的设计规范。

1.0.3 本条规定了选择设计方案和设备、材料的原则。供暖、通风与空气调节工程不仅在整个工程的全部投资中占有一定的份额，其运行过程中的能耗也是非常可观的。因此设计中必须贯彻适用、经济、节能、安全等原则，会同相关专业通过多方案的技术经济比较，确定出整体上技术先进、经济合理、安全可靠的设计方案。

1.0.4 本条说明了本规范同施工验收规范的衔接。为保证设和施工质量,要求供暖通风与空气调节设计的施工图内容应与现行国家标准《建筑给水排水及供暖工程施工质量验收规范》GB 50242、《通风与空调工程施工质量验收规范》GB 50243等标准保持一致。有特殊要求及现行施工质量验收规范中没有涉及的内容,在施工图文件中必须有详尽说明,以利于施工、监理工作的顺利进行。

1.0.5 本条说明了本规范同其他相关标准规范的衔接。

本规范为专业性的国家通用规范,根据国家主管部门相关编制和修订工程建设标准规范的统一规定,为了简化规范内容,凡引用或参照其他国家通用的设计标准及规范的内容,除确实需要之外,本规范不再作规定。本条强调在设计中除执行本规范外,还应执行与设计内容相关的安全、环保、节能、卫生等方面的国家现行的相关标准、规范的规定,在此不一一列出。

2 术　　语

2.0.1 公用辅助建筑物系指为生产主工艺提供水、电、气、热力的建筑物，以及试验、化验类建筑物；生活、行政辅助建筑物包括食堂、浴室、活动中心、宿舍、办公楼等。

2.0.11 严寒或寒冷地区冬季加热矿井进风也俗称为井筒保温。

3 基 本 规 定

3.0.1 本条规定了室内热舒适性评价指标。

现行国家标准《中等热环境 PMV 和 PPD 指数的测定及热舒适条件的规定》GB/T 18049 等同于国际标准 ISO 7730:1994（Moderate thermal enviroments-Determination of the PMV and PPD indices and specification of the conditions for thermal comforts）。

PMV 是一种指数,表明预计群体对于下述 7 个等级热感觉投票的平均值,包括热（＋3）,温暖（＋2）,较温暖（＋1）,适中（0）,较凉（－1）,凉（－2）,冷（－3）。通过 PMV 预测有多少人感到不舒适（感觉温度过高或过低）。热舒适度平均指标宜为－1～1,冬季宜为－1～0,夏季宜为 0～1。PPD 指数可对于热不满意的人数给出定量的预计值,可以预测群体中感觉过暖或过凉的人数的百分比。

供暖通风与空气调节系统的能耗与许多因素相关,如室内温度、相对湿度、风速,出于建筑节能考虑,在不降低室内舒适度标准的条件下,要求冬季室内温度偏低一些,而夏季的室内温度偏高一些,室内舒适相对湿度范围在 30％～70％之间。冬季室内相对湿度每提高 10％,供暖能耗增加 6％,因此不宜采用过高的相对湿度。夏季空气调节室内计算温度和湿度越低,房间的计算冷负荷就越大,系统耗能也越大。因此通过合理组合室内空气设计参数可以收到明显的节能效果。

3.0.2 本条规定了高温作业环境的分级评价标准。

现行国家标准《高温作业分级》GB/T 4200 规定了高温作业环境热强度大小的分级和高温作业人员允许持续接触热时间与休

息时间限值。

应根据湿球黑球温度（WBGT）指数以及接触高温作业的时间对高温作业进行分级、评价。高温作业场所应采取隔热降温措施，降温措施包括但不限于局部送风、局部空调等。

3.0.3 供暖、通风与空调设备应按设计工况进行设备的选型。本条为新增条文。

供暖设备、通风设备、空调设备、制冷设备性能受大气压、温度等影响较大，特定的使用工况有特定的性能参数，尤其对于工业项目，设计工况与标准工况差别较大，因此应按设计工况选用设备。

3.0.4 本条给出了配合施工安装以及运行管理的要求。

多年实践证明，施工安装及维护管理的好坏是供暖、通风与空气调节系统能否正常运行和达到设计效果的重要因素。在设计中为操作、维护管理创造必要的条件，也是系统正常运行和发挥其应有作用的重要因素之一。

3.0.6 本条给出了地震区或湿陷性黄土地区的布置设备和管道的要求。

布置供暖、通风和空气调节系统的设备和管道时，为了防止和减缓位于地震区或湿陷性黄土地区的建筑物由于地震或土壤下沉而造成的破坏，除应在建筑结构设计等方面采取相应的预防措施外，还应按照国家现行规范的规定，根据不同情况分别采取防震或其他有效的防护措施。

3.0.7 本条对供暖系统的水质作出规定，为新增条文。

水质是保证供暖空调系统正常运行的前提。锅炉水直接供暖时，供暖系统水质应符合现行国家标准《工业锅炉水质》GB/T 1576 的要求。其他非锅炉直接供暖系统、空调冷热水系统、空调冷却水系统水质均应符合现行国家标准《采暖空调系统水质》GB/T 29044 的要求。

3.0.8 本条是关于通风、空调及制冷设备设置备用设备的规定，为新增条文。

1 在有些场所,爆炸危险性气体、有毒气体是连续产生的,必须依赖连续不断的通风来稀释危险气体,通风设备不能停止运行或者是停止运行的时间较短,这种情况下通风设备应设备用。应监控通风设备的运行状态,设备故障时备用设备自动投入运行,通风设备的供电安全应予以保证。

2 重要的工艺性通风、空调、制冷设备,直接影响所辖区域工艺系统正常运行,而所辖区域工艺系统的运行异常又事关更多工艺系统的正常运行乃至安全。相关性越高,影响范围越广,一旦发生其危害越严重,通风、空调、制冷设备的可靠性就需要越高。

如现行国家标准《电子信息系统机房设计规范》GB 50174 依据机房的使用性质、管理要求及重要性,将电子信息系统机房由高到低划分为 A、B、C 三级。并对用于 A、B 两级机房的空调装置的备用作了相应的规定。现行行业标准《石油化工供暖通风与空气调节设计规范》SH/T 3004 也有通风设备设置备用设备的规定。

3.0.9 本条对蒸汽凝结水的回收作出规定。

这里的蒸汽凝结水包括蒸汽供暖系统凝结水、汽-水热交换器凝结水、以蒸汽为热媒的空气加热器的凝结水、蒸汽型吸收式制冷设备的凝结水等。回收凝结水是国家节能政策和规范的一贯要求,目前一些供暖、空调用汽设备的凝结水未采取回收措施或由于设计不合理和管理不善,造成能源的大量浪费。为此应认真设计凝结水回收系统,做到技术先进,设备可靠,经济合理。凝结水回收系统一般分为重力、背压和压力凝结水回收系统,可按工程的具体情况确定。从节能和提高回收率考虑,热力站应优先采用闭式系统即凝结水与大气不直接相接触的系统。当凝结水量小于 10t/h 或距热源小于 500m 时,可用开式凝结水回收系统。

3.0.10 本条对能量回收作出规定,为新增条文。

设有供暖、通风、空调系统的工业建筑,可从以下几个方面考虑能量的回收。

（1）排风热回收。设有供暖、通风、空调系统的厂房,在技术经济合理的情况下,应进行排风热回收。工业厂房的通风量往往较大,在多数情况下通风热负荷或冷负荷在建筑总能耗中的占比较大,排风中所含的能量十分可观,加以回收利用可以取得很好的节能效益和环境效益。长期以来,业内人士往往单纯地从经济效益方面来权衡热回收装置的设置与否,若热回收装置投资的回收期稍微长一些,就认为不值得采用。时至今日,人们考虑问题的出发点已提高到了保护全球环境这个高度,而节省能耗就意味着保护环境,这是人类面临的头等大事。在考虑其经济效益的同时,更重要地是考虑节能效益和环境效益。因此设计时应优先考虑,尤其是当新风与排风采用专门独立的管道输送时,非常有利于设置集中的排风热回收装置。

在满足卫生要求的前提下,除尘或有害气体净化系统排风至室内,形成风的再循环,可以减少新风量,从而减少排风热或冷损失。

（2）冷凝热回收。在同时需要供冷、供热时,制冷机组冷凝热可回收,用于供暖、供生活热水等。

3.0.11 本条对设备、管道及阀门工作压力作出规定,为新增条文。

保证水系统中设备,如散热器、冷水机组、水泵、空气调节末端、水系统热交换设备等,及管道、阀门的设计工作压力不超过其额定的工作压力,是系统运行必须保证的。

4 室内外设计计算参数

4.1 室内空气设计参数

4.1.1 本条对冬季室内设计温度作出规定。

1 劳动轻度的分级根据现行国家标准《工作场所有害因素职业接触限值 第2部分:物理因素》GBZ 2.2执行。原规范中分为Ⅰ、Ⅱ、Ⅲ和Ⅳ级,也称为轻、中、重和极重级,为方便理解和使用,此处用轻、中、重和极重劳动表示。根据国内外相关研究的结果,当人体衣着适宜,保暖量充分,从事轻劳动时,室内温度20℃左右比较适宜,18℃无冷感,15℃是产生明显冷感的温度界限。为了保证工作人员的工作效率及舒适性,并考虑工作强度不同时人体产热量的不同,来确定工业建筑工作地点室内的温度范围。

2 当每名工人占用较大面积时,为降低供暖的成本,适当降低室内温度的要求,可以采取个体防护的措施。

3 当工艺或使用条件有特殊要求时,各类建筑物的室内温度可按照实际需要确定。如湿法冶炼车间,工艺要求室内设计温度为18℃。

4 体感温度和供暖方式有关,在相同的体感温度条件下,采用辐射供暖时可降低室内设计温度约2℃~3℃,辐射强度越大,可降低幅度越大。

5 室内防冻设计温度一般取5℃。

4.1.2 本条是关于设置供暖的建筑物冬季室内活动区的平均风速的规定。

本条对冬季室内最大允许风速的规定,主要针对设置热风供暖的建筑,目的是为了防止人体产生直接吹风感,影响舒适性。

4.1.3 本条是关于空气调节室内设计参数的规定。

1 对于设置工艺性空气调节的工业建筑,其室内参数首先应根据工艺的要求,并结合考虑必要的卫生条件确定。在可能的条件下,应尽量提高夏季室内温度基数,以节省建设投资和运行费用。另外,夏季室内温度基数过低,如 20℃,室内外温差太大,人员普遍感到不舒适,温度基数提高一些,对改善人员的劳动卫生条件也是有好处的。

2 舒适性空气调节的室内参数是基于人体对周围环境的温度、相对湿度、风速和辐射热等热环境条件的适应程度,并结合我国的经济情况和考虑人们的生活习惯及衣着情况等因素,本着保证工作人员的舒适性及提高工作效率的原则,在参考国内外相关标准的基础上确定的。

4.1.4 本条是关于生产厂房夏季工作地点温度的规定。

本条是参照现行国家标准《工业企业设计卫生标准》GBZ 1 的相关规定,在工艺无特殊要求时,根据夏季室外通风计算温度与工作地点的温度允许温差制订的。

4.1.5 本条规定了高湿房间对温度的限定,为新增条文。

由于室内空气的相对湿度对人的热舒适性有较大的影响,因此根据现行国家标准《工业企业设计卫生标准》GBZ 1,对生产厂房不同相对湿度下空气温度的上限值作出规定。

4.1.6 本条是关于高温、强热辐射作业场所隔热、降温措施的相关规定,为新增条文。

2 高温、强热辐射作业场所的室内热环境除了应满足本规范第 4.1.4 条和第 4.1.5 条的要求外,还应满足本款的要求,以保证工作人员的健康和工作效率。

3 对特殊高温作业区,如高温车间桥式起重机驾驶室、炼焦车间拦焦车驾驶室等,应首先隔热,同时对室内温度作出规定。

4.1.7 本条规定了采用局部降温送风系统时工作地点的温度和风速。

局部降温送风系统是对高温作业时间较长,工作地点的热环境达不到卫生要求时采取有效的局部降温措施之一。采用局部送风系统时，工作地点应保持的温度和风速与操作人员的劳动强度、工作地点周围的辐射照度等因素相关。

表 4.1.7 中的热辐射照度系指 1h 内的平均值。

4.1.8 本条规定了室内空气质量的要求。

工业建筑室内空气应符合国家现行的相关室内空气质量、污染物浓度控制等卫生标准，包括现行国家标准《工业企业设计卫生标准》GBZ 1、《工作场所有害因素接触限值》GBZ 2、《室内空气质量标准》GB/T 18883 以及其他单项职业卫生标准的要求。

4.1.9 本条是关于工业建筑人员新风量的规定。

新风供给包括自然进风方式和机械送风方式。工业建筑用于消除余热、余湿、稀释有害气体、补充排风等的新风量往往较大，远大于人员所需新风量。规定本条的目的主要是针对工业建筑中的无窗房间。

工作场所中人员所需的新风量应根据室内空气质量的要求、人员的活动和工作性质及时间、污染源及建筑物的状况等因素来确定。最小新风量首先要保证满足人员卫生要求，一般是用 CO_2 浓度推算确定，还应考虑室内其他污染物等。设计时尚应满足国家现行专项标准的特殊要求。

4.2 室外空气计算参数

4.2.1 本条规定了供暖室外计算温度的统计方法。

供暖室外计算温度按以下方法计算：在用于统计的年份（n 年）中，将所有年份的日平均温度由小到大进行排序，选择第 $5n+1$ 个数值作为供暖室外计算温度，累年不保证 $5n$ 天，即累年平均每年不保证 5 天。

对设计用气象参数统计方法中的专业术语"历年"、"累年"作以下解释：

历年——逐年，特指整编气象资料时，所采用的以往一段连续年份的每一年。整编年份中每年数据作为一个集合,不同年份之间数据不交互,最终统计结果为一个数列,元素个数与年数相同。如统计年份为 30 年时,历年值为 30 个。在用词上,"历年"通常与"平均值"一起使用。如"冬季通风室外计算温度",应采用历年最冷月月平均温度的平均值,当统计年份为 30 年时,在 30 年中选择每年最冷月,将 30 个月月平均温度取平均作为最终计算参数。

累年——多年,特指整编气象资料时,所采用的以往一段连续年份的累计。整编年份中所有年份数据作为一个集合,不同年份之间数据没有区别,最终统计结果为一个数据。如统计年份为 30 年时,累年值为 1 个。如供暖室外计算温度应采用累年平均每年不保证 5 天的日平均温度,当统计年份为 30 年时,取 30 年累计日平均温度由小到大排序的第 151 个数值作为最终计算参数。

4.2.2 本条规定了冬季通风室外计算温度的统计方法。

冬季通风室外计算温度按以下方法计算:在用于统计的年份(n 年)中,分别选出每年最冷月的月平均温度,即得到 n 个月平均温度,将 n 个月平均温度进行平均即为冬季通风室外计算温度。

4.2.3 本条规定了冬季空气调节室外计算温度的统计方法。

冬季空气调节室外计算温度按以下方法计算:在用于统计的年份(n 年)中,将所有年份的日平均温度由小到大进行排序,选择第 $n+1$ 个数值作为供暖室外计算温度,累年不保证 n 天,即累年平均每年不保证 1 天。

4.2.4 本条规定了冬季空气调节室外计算相对湿度的统计方法。

冬季空气调节室外计算相对湿度按以下方法计算:在用于统计的年份(n 年)中,分别选出每年最冷月,即得到 n 个月,将 n 个月的平均相对湿度进行平均即为冬季空气调节室外计算相对湿度。

规定本条的目的是为了在不影响空气调节系统经济性的前提下,尽量简化参数的统计方法,同时采用这一参数计算冬季的热湿负荷也是比较安全的。

4.2.5 本条规定了夏季空气调节室外计算干球温度的统计方法。

夏季空气调节室外计算干球温度按以下方法计算:在用于统计的年份(n年)中,将所有年份的逐时温度由大到小进行排序,选择第$50n+1$个数值作为夏季空气调节室外计算干球温度,累年不保证$50nh$,即累年平均每年不保证$50h$。

4.2.6 本条规定了夏季空气调节室外计算湿球温度的统计方法。

夏季空气调节室外计算湿球温度按以下方法计算:在用于统计的年份(n年)中,将所有年份的逐时湿球温度由大到小进行排序,选择第$50n+1$个数值作为夏季空气调节室外计算湿球温度,累年不保证$50nh$,即累年平均每年不保证$50h$。

4.2.7 本条规定了夏季通风室外计算温度的统计方法。

夏季通风室外计算温度按以下方法计算:在用于统计的年份(n年)中,分别选出每年最热月,即得到n个月,将n个月的逐日14时的平均温度进行平均即为夏季通风室外计算温度。

由于从1960年开始,全国各气象台(站)统一采用北京时间(即东经120°的地方平均太阳时)进行观测,1965年以来,各台(站)仅有北京时间14时(还有2时、8时和20时)的温度记录整理资料。因此对于我国大部分地区来说,当地太阳时的14时与北京太阳时的14时,时差达1~2h,相差最多的可达3h。经比较,时差问题对我国华北、华东和中南等地区影响不大,而对气候干燥的西部地区和西南高原影响较大,温差可达1℃~2℃。也就是说,统一采用北京14时的温度记录,对于我国西部地区并不是真正反映当地最热月逐日逐时气温较高的14时的温度,而是温度不太高的13时、12时乃至11时的温度,显然,时差对温度的影响是不可忽视的。但是考虑到需要进行时差修正的地区,夏季通风室外计算温度多在30℃以下(有的还不到20℃),把通风计算温度规定提高一些,对通风设计(主要是自然通风)效果影响不大,本规范未规定对此进行修正。如需修正,可按以下的时差订正简化方法进行修正:

（1）对北京以东地区以及北京以西时差为 14h 地区,可以不考虑以北京时间 14 时所确定的夏季通风室外计算温度的时差订正;

（2）对北京以西时差为 2h 的地区,可按以北京时间 14 时所确定的夏季通风室外计算温度加上 2℃ 来修正。

4.2.8 本条规定了夏季通风室外计算相对湿度的统计方法。

夏季通风室外计算相对湿度按以下方法计算:在用于统计的年份(n 年)中,分别选出每年最热月,即得到 n 个月,将 n 个月的逐日 14 时的平均相对湿度进行平均即为夏季通风室外计算相对湿度。

4.2.9 本条规定了夏季空气调节室外计算日平均温度的统计方法。

夏季空气调节室外计算日平均温度按以下方法计算:在用于统计的年份(n 年)中,将所有年份的日平均温度由大到小进行排序,选择第 $5n+1$ 个数值作为夏季空气调节室外计算日平均温度,累年不保证 $5nd$,即累年平均每年不保证 5d。

4.2.10 本条规定了夏季空气调节室外计算逐时温度。

4.2.11 本条规定了特殊情况下空气调节室外计算参数的确定。

按本规范上述条文确定的室外计算参数设计的空气调节系统,运行时均会出现个别时间达不到室内温、湿度要求的现象,但其保证率却是相当高的。为了在特殊情况下保证全年达到既定的室内温、湿度参数(这种情况是很少的),完全确保技术上的要求,需另行确定适宜的室外计算参数,直至采用累年极端最高或极端最低干、湿球温度等,但它对空气调节系统的初投资影响极大,要采取极为谨慎的态度。仅在部分时间(如夜间)工作的空气调节系统如仍按常规参数设计,将会使设备富裕能力过大,造成浪费,应根据具体情况另行确定适宜的室外计算参数。

4.2.12 本条规定了室外风速的确定。

本条及本规范其他有关条文中的"累年最冷 3 个月"系指累年逐月平均气温最低的 3 个月,"累年最热 3 个月"系指累年逐月平均气温最高的 3 个月。

4.2.13 本条规定了最多风向及频率。

条文中的"最多风向"即为主导风向（Predominant Wind Direction）。

4.2.14 本条规定了冬季日照百分率。

4.2.15 本条规定了室外大气压力。

4.2.16 本条规定了设计计算用供暖期的确定原则。

本条中"日平均温度稳定低于或等于供暖室外临界温度"系指室外连续 5d 的滑动平均温度低于或等于供暖室外临界温度。

按本条规定统计和确定的设计计算用供暖期，是计算供暖建筑物的能量消耗，进行技术经济分析、比较等不可缺少的数据，是专供设计计算应用的，并不是指具体某一个地方的实际供暖期，各地的实际供暖期应由各地主管部门根据情况自行确定。

4.2.17 极端最高气温应选择累年逐日最高温度的最高值。

4.2.18 极端最低气温应选择累年逐日最低温度的最低值。

4.2.19 历年极端最高气温平均值按以下方法计算：在用于统计的年份（n 年）中，选择逐年的极端最高温度，得到 n 个极端最高温度进行平均得到历年极端最高气温平均值。

4.2.20 历年极端最低气温平均值按以下方法计算：在用于统计的年份（n 年）中，选择逐年的极端最低温度，得到 n 个极端最低温度进行平均得到历年极端最低气温平均值。

4.2.21 累年最低日平均温度按以下方法计算：在用于统计的年份（n 年）中，选择所有日平均温度的最低值即为累年最低日平均温度。

4.2.22 累年最热月平均相对湿度按以下方法计算：在用于统计的年份（n 年）中，选择所有月平均温度最高的月份，此月的平均相对湿度即为累年最热月平均相对湿度。

4.2.23 夏季空气调节室外逐时计算熔值按以下方法统计：首先将累年数据分别按照出现时刻 1～24 时分为 24 组，每组分别由大到小排序,逐时刻取第 $7n+1$ 个数值作为该时刻的计算焓值,并由此方法可以得到 24 个时刻的夏季空气调节室外逐时计算焓值。

通过对北京、上海、广州、哈尔滨、西安、成都等城市的夏季新风逐时计算焓值的统计,发现 24 时刻分别不保证 7h 的空气焓值中的最大值,与全年不保证 50h 的焓值基本相符,因而选择不保证 7h 作为统计方法。新风的焓值是逐时变化的,由新风形成的夏季冷负荷也是逐时变化的,不宜将新风最大负荷和围护结构最大负荷直接相加,否则会造成设备选型偏大。在新风最大负荷和围护结构最大负荷错峰时差较大时,这种影响是不能忽略的。

逐时新风计算焓值用于计算冷源冷负荷,并不用于空气处理设备的选型。

4.2.24 本条规定了室外计算参数的统计年份。

室外计算参数的统计年份长,概率性强,更具有代表性,有助于将各地的气象参数相对地稳定下来,为此有的国家统计年份采用 30 年~50 年。目前我国大部分气象台(站)都有 30 年以上完整的气象资料。统计结果表明,统计 10 年、20 年和 30 年的数值是有差别的,但一般差别不是太大。如仅统计 1 年或几年,则偶然性太大、数据可靠性差。因此条文中推荐采用 30 年,至少不低于 10 年,否则应通过调研、测试并与有长期观测记录的邻近台(站)做比较,必要时,应请气象部门进行订正。

4.2.25 室外气象参数选用原则。

4.3 夏季太阳辐射照度

4.3.1 本条规定了确定太阳辐射照度的基本原则。本规范附录 C 所列数据是推算值,非实测值。

本规范所给出的太阳辐射照度值是根据地理纬度和 7 月大气透明度,并按 7 月 21 日的太阳赤纬,应用相关太阳辐射的研究成果通过计算确定的。

关于计算太阳辐射照度的基础数据及其确定方法说明如下:

这里所说的基础数据,是指垂直于太阳光线表面上的直接辐射照度 S 和水平面上的总辐射照度 Q。原规范的基础数据是基于观测记录用逐时的 S 和 Q 值,采用近 10 年中每年 6 月至 9 月内舍去 15 个～20 个高峰值的较大值的历年平均值。实践证明,这一统计方法虽然较为烦琐,但它所确定的基础数据的量值已为大家所接受。本规范参照这一量值。根据我国相关太阳辐射研究中给出的不同大气透明度和不同太阳高度角下的 S 和 Q 值,按照不同纬度、不同时刻(6～18 时)的太阳高度角用内插法确定太阳辐射照度。

4.3.2 本条规定了垂直面和水平面的太阳总辐射照度。

建筑物各朝向垂直面与水平面的太阳总辐射照度是按下列公式计算确定的:

$$J_{zz} = J_z + (D + D_f)/2 \tag{1}$$

$$J_{zp} = J_p + D \tag{2}$$

式中:J_{zz}——各朝向垂直面上的太阳总辐射照度(W/m²);

$\quad J_{zp}$——水平面上的太阳总辐射照度(W/m²);

$\quad J_z$——各朝向垂直面的直接辐射照度(W/m²);

$\quad J_p$——水平面的直接辐射照度(W/m²);

$\quad D$——散射辐射照度(W/m²);

$\quad D_f$——地面反射辐射照度(W/m²)。

各纬度带和各大气透明度等级的计算结果列于本规范附录 C。

4.3.3 本条规定了透过标准窗玻璃的太阳辐射照度。

根据相关资料,将 3mm 厚的普通平板玻璃定义为标准玻璃。透过标准窗玻璃的太阳直接辐射照度和散射辐射照度是按下列公式计算确定的:

$$J_{cz} = \mu_\theta J_z \tag{3}$$

$$J_{zp} = \mu J_p \tag{4}$$

$$D_{cz} = \mu_d (D + D_f)/2 \tag{5}$$

$$D_{cp} = \mu_d D \tag{6}$$

式中：J_{cz}——各朝向垂直面和水平面透过标准窗玻璃的直接辐射
照度（W/m^2）；

　　μ_θ——太阳直接辐射入射率；

　　D_{cz}——透过各朝向垂直面标准窗玻璃的散射辐射照度（W/m^2）；

　　D_{cp}——透过水平面标准窗玻璃的散射辐射照度（W/m^2）；

　　μ_d——太阳散射辐射入射率。

其他符号意义同前。

各纬度带和各大气透明度等级的计算结果列于本规范附录 E。

4.3.4 本条规定了当地大气透明度等级的确定方法。

为了按本规范附录 C 和附录 D 查取当地的太阳辐射照度值，
需要确定当地的计算大气透明度等级。为此，本条给出了根据当
地大气压力确定大气透明度的等级，并在本规范附录 E 中给出了
夏季空气调节用的计算大气透明度分布图。

5 供 暖

5.1 一 般 规 定

5.1.1 本条规定了选择供暖方式的原则。

工业建筑的功能及规模差别很大,供暖可以有很多方式。如何选定合理的供暖方式,达到技术经济最优化,是应通过综合技术经济比较确定的。这是因为各地能源结构、价格均不同,经济实力也存在较大差异,还要受到环保、卫生、安全等多方面的制约。而以上各种因素并非固定不变,是在不断发展和变化的。一个大、中型工程项目一般有几年周期,在这期间随着能源市场的变化而更改原来的供暖方式也是完全可能的。在初步设计时,应予以充分考虑。

5.1.2 本条规定了宜采用集中供暖的地区。

这类地区包括北京、天津、河北、山西、内蒙古、辽宁、吉林、黑龙江、山东、西藏、青海、宁夏、新疆等 13 个省、直辖市、自治区的全部,河南、陕西、甘肃等省的大部分,江苏、安徽、四川等省的一小部分,以及某些省份的高寒地区,如贵州的威宁、云南的中甸等,其全部面积约占全国陆地面积的 70%。

5.1.3 本条规定了可采用集中供暖的地区。

累年日平均温度稳定低于或等于 5℃的日数为 60d～89d 的地区包括上海,江苏的南京、南通、武进、无锡、苏州,浙江的杭州,安徽的合肥、蚌埠、六安、芜湖,河南的平顶山、南阳、驻马店、信阳,湖北的光华、武汉、江陵,贵州的毕节、水城,云南的昭通,陕西的汉中,甘肃的武都等。

累年日平均温度稳定低于或等于 5℃的日数不足 60d,但累年日平均温度稳定低于或等于 8℃的日数大于或等于 75d 的地方包括浙江的宁波、金华、衢州,安徽的安庆、屯溪,江西的南昌、上饶、萍乡,湖北的宜昌、恩施、黄石,湖南的长沙、岳阳、常德、株洲、芷江、邵阳、零陵,四川的成都,贵州的贵阳、遵义、安顺、独山,云南的丽江,陕西的安康等。这两类地区的总面积约占全国陆地面积的15%。

5.1.4 本条是关于设置值班供暖的规定。

值班供暖的目的之一是为了防冻,防止在非工作时间或中断使用的时间内,水管及其他用水设备等发生冻结。需要指出的是,供暖只是防冻措施之一,技术经济合理时采用。

值班供暖一般由平时使用的供暖设施承担,也可以设专用设施。

5.1.5 本条是关于设置局部供暖和取暖室的规定。

当每名工人占用的建筑面积超过 $100m^2$ 时,设置使整个房间都达到某一温度要求的全面供暖是不经济的,仅在固定的工作地点设置局部供暖即可满足要求。有时厂房中无固定的工作地点,设置与办公室或休息室相结合的取暖室,对改善劳动条件也会起到一定的作用,因此作了条文中的相关规定。

5.1.6 本条是关于围护结构最小热阻的规定。本条基于下列原则制订:对围护结构的最小传热阻、最大传热系数及围护结构的耗热量加以限制,使围护结构内表面保持一定的温度,防止产生冷凝水,同时保障人体不致因受冷表面影响而产生不舒适感。

对于层高小于 4m 的房间,冬季室内计算温度即取室内设计温度。对于层高大于 4m 的房间,确定冬季室内计算温度时尚应考虑室内温度梯度的影响,地面处、屋顶和天窗处、外墙外窗及门处分别采用不同的温度。对于不同性质和高度的建筑物,室内温度梯度值与很多因素相关,如供暖方式、工艺设备布置及散热量大小等,难以在规范中给出普遍适用的数据,设计时需根据具体情况确定。

冬季围护结构室外计算温度的取值方法是根据建筑物围护结

构热惰性 D 值的大小不同,分别采用四种类型的冬季围护结构室外计算温度。按照这一方法,不仅能保证围护结构内表面不产生结露现象,而且将围护结构的热稳定性与室外气温的变化规律紧密地结合起来,使 D 值较小(抗室外温度波动能力较差)的围护结构具有较大传热阻,使 D 值较大(抗室外温度波动能力较强)的围护结构具有较小传热阻。这些传热阻不同的围护结构,不论 D 值大小,不仅在各自的室外计算温度条件下,其内表面温度都能满足要求,而且当室外温度偏离计算温度乃至降低到当地最低日平均温度时,围护结构内表面的温度降低也不会超过 1℃。也就是说,这些不同类型的围护结构,其内表面最低温度降低达到大体相同的水平。对于热稳定性最差的Ⅳ类围护结构,实际计算温度不是采用累年极端最低温度,而是采用累年最低日平均温度(两者相差5℃～10℃);对于热稳定性较好的Ⅰ类围护结构,采用供暖室外计算温度,其值相当于寒冷期连续最冷 10 天左右的平均温度;对于热稳定性处于Ⅰ、Ⅳ类中间的Ⅱ、Ⅲ类围护结构,则利用Ⅰ、Ⅳ类计算温度即供暖室外计算温度和最低日平均温度并采用调整权值的方式计算确定,不但使气象资料的统计工作可以简化,而且也便于应用。

5.1.7 本条规定了供暖热媒的选择。

1 热水和蒸汽是集中供暖系统最常用的两种热媒。多年的实践证明,与蒸汽供暖相比,热水供暖具有许多优点。从实际使用情况看,热水作热媒不但供暖效果好,而且锅炉设备、燃料消耗和司炉维修人员等比使用蒸汽供暖减少了 30% 左右。由于热水供暖比蒸汽供暖具有明显的技术经济效果,因此当厂区只有供暖用热或以供暖用热为主时,推荐采用热水作热媒。

2 有时生产工艺是以高压蒸汽为热源,因此不宜对蒸汽供暖持绝对否定的态度。当厂区供热以工艺用蒸汽为主,在不违反卫生、技术和节能的条件下,生产厂房、仓库、公用辅助建筑物可采用蒸汽作热媒。从舒适、安全的角度考虑,生活、行政辅助建筑物仍应采用热水作为热媒,热水可采用汽-水换热器制备。

3 利用余热或可再生能源供暖时,热媒及其参数受到工程条件和技术条件的限制,需要根据具体情况确定。

4 热水辐射供暖有地面辐射供暖、吊顶辐射供暖等方式,热水参数应根据辐射表面需要达到的温度、循环水量等因素确定。

5.2 热 负 荷

5.2.1 本条给出了确定供暖通风系统热负荷的因素。对于建筑物间歇性的内部得热,在确定热负荷时可不予考虑。

5.2.2、5.2.3 这两条规定了围护结构耗热量的分类及基本耗热量的计算。

式(5.2.3)是按稳定传热计算围护结构耗热量的基本公式。在计算围护结构耗热量的时候,不管围护结构的热惰性指标 D 值大小如何,室外计算温度均采用供暖室外计算温度,不再分级。当已知或可求出冷侧温度时,t_{wn} 项可直接用冷侧温度值代入,不再进行 α 值修正。

5.2.4 本条规定了围护结构平均传热系数的计算,为新增条文。

计算屋顶、外墙的基本耗热量时,应对主断面传热系数进行修正,采用了考虑热桥影响的平均传热系数。围护结构平均传热系数的计算方法比较复杂,见现行国家标准《民用建筑热工设计规范》GB 50176 的相关规定。对于外挑楼板等其他围护结构,因其主体及保温均采用单一材料,且没有或很少有门窗洞口和突出物,热桥影响很小,取 ϕ 值为 1。

5.2.5 本条规定了相邻房间的温差传热计算原则。

与相邻房间的温差小于 5℃时,但与相邻房间的传热量大于该房间热负荷的 10% 时,也应将其传热量计入该房间的热负荷内。

5.2.6 本条规定了围护结构的附加耗热量。

1 朝向修正率是基于太阳辐射的有利作用和南北向房间的

温度平衡要求而在耗热量计算中采取的修正系数。本款给出的一组朝向修正率是综合各方面的论述、意见和要求，在考虑某些地区、某些建筑物在太阳辐射得热方面存在的潜力的同时，考虑到我国幅员辽阔，各地实际情况比较复杂，影响因素很多，南北向房间耗热量客观存在一定的差异（10%～30%左右），以及北向房间由于接受不到太阳直射作用而使人们的实感温度低（约差 2℃），而且墙体的干燥程度北向也比南向差，为使南北向房间在整个供暖期均能维持大体均衡的温度，规定了附加（减）的范围值。这样做适应性比较强，并为广大设计人员提供了可供选择的余地，具有一定的灵活性，有利于本规范的贯彻执行。

2 风力附加率是指在供暖耗热量计算中，基于较大的室外风速会引起围护结构外表面传热系数增大，即大于 23W/(m² · ℃)而增加的附加系数。由于我国大部分地区冬季平均风速不大，一般为 2m/s～3m/s，仅个别地区大于 5m/s，影响不大，为简化计算起见，一般建筑物不必考虑风力附加，仅对建筑在不避风的高地、河边、海岸、旷野上的建筑物，以及城镇、厂区内特别高出的建筑物的风力附加系数作了规定。

3 外门附加率是基于建筑物外门开启的频繁程度以及冲入建筑物中的冷空气导致耗热量增大而增加的附加系数。

此处所指的外门是建筑物底层入口的门，而不是各层每户的外门。

5.2.7 本条规定了围护结构基本耗热量的简化计算方法。

在建筑物供暖耗热量计算中，为考虑室内竖向温度梯度的影响，常用两种不同的计算方法：第一种方法室内采用同一计算温度计算房间各部分围护结构耗热量，当房间高于 4m 时计入高度附加值，即本条规定的计算方法。第二种方法采用不同的室内计算温度计算房间各部分围护结构耗热量，即房间高于 4m 时不再计入高度附加值，这就是本规范第 5.2.3 条规定的计算方法。

第一种方法比较简单，即对于某一具体房高只有一个相对应的高度附加系数,方法比较简单,但不能做到根据建筑物的不同性质区别对待;第二种方法比较烦琐,但可适应各种性质的建筑物,尤其是室内散热量较大、上部空间温度明显升高的建筑物,因此房间高度大于 4m 的工业厂房宜采用这种方法。通过分析对比,在某些情况下,如室内散热量不大的机械厂房,两种计算方法所得的结果虽有差异,但出入不大。

高度附加率是基于房间高度大于 4m 时,由于竖向温度梯度的影响导致上部空间及围护结构的耗热量增大而增加的附加系数。采用对流方式供暖时,由于围护结构的耗热作用等影响,房间竖向温度的分布并不总是逐步提高的,因此对高度附加率的上限值作了不应大于 15% 的限制。

辐射供暖室内存在温度梯度,因此辐射供暖同样需要高度附加。辐射供暖室内温度梯度小,因此平均每米高度附加率小,本规范统一取对流供暖高度附加量的一半,每高出 1m 附加 1%。对于地面辐射供暖,总附加率不宜大于 8%,相当于自地面起 12m 的供暖空间的附加量,12m 以上空间辐射供暖的影响减小,可不再附加。热水吊顶辐射和燃气红外辐射往往应用于高大空间,高度总附加率不宜大于 15%,相当于自地面起 19m 的供暖空间的附加量,这样的规定基本满足使用的需要。

5.2.8 本条规定了间歇供暖附加率的选取,为新增条文。

间歇附加率应根据预热时间等因素通过计算确定,当缺少数据时,可按本条规定的数值选用。能快速反应的供暖系统,如热风供暖系统、燃气红外辐射供暖系统等。

5.2.9 本条规定了冷风渗透耗热量的计算。

在工业建筑的耗热量中,冷风渗透耗热量所占比例是相当大的,有时高达 40% 左右。根据现有的资料,本规范附录 F 分别给出了用缝隙法、百分率附加法、换气次数法计算建筑物的冷风渗透耗热量,并在本规范附录 G 中给出了全国主要城市的冷风渗透耗热量的朝向修正系数 n 值。目前,计算机技术已很发达,必要时可采用计算机模拟方法计算冷风渗透及其耗热量。

5.2.10 本条规定了局部辐射供暖热负荷的计算。

局部供暖一般采用辐射供暖方式，包括地面辐射供暖、热水吊顶辐射供暖、燃气红外辐射供暖等。局部供暖的供暖量按全面供暖量乘以局部供暖区面积和总面积的比值，再乘以一个放大系数确定。表5.2.10中的计算系数，就是局部供暖区面积和总面积的比值与放大系数的乘积。

5.3 散热器供暖

5.3.1 本条是关于选择散热器的规定。

1 散热器在供暖系统中的位置决定了其工作压力，各类型散热器产品标准均明确规定了各种热媒下的允许承压，工作压力应小于允许承压。

4、5 钢制、铝制散热器腐蚀问题比较突出，选用时应考虑水质和防腐问题。铝制散热器选用内防腐型铝制散热器。供暖系统运行水质应符合现行国家标准《采暖空调系统水质》GB/T 29044 的规定，非供暖季节应充水保养。

6 工程经验表明，板型和扁管型散热器用于蒸汽供暖系统时，易出现漏气情况。近年来，钢管柱式散热器在蒸汽供暖系统中有所应用，运行情况较好，钢管及封头的壁厚均在 2.0mm～2.5mm 之间，有效地防止了渗漏情况的出现。

7 由于散热器内不清洁，使系统安装的热量表和恒温阀不能正常运行，因此规定：安装热量表和恒温阀的热水供暖系统中，宜采用水流通道内无粘砂的铸铁等散热器。

8 实验证明：散热器外表面涂刷非金属性涂料时，其散热量比涂刷金属性涂料时能增加 10% 左右。

5.3.2 本条是关于散热器布置的规定。

1 散热器布置在外墙的窗台下，从散热器上升的对流热气流能阻止从玻璃窗下降的冷气流，使流经生活区和工作区的空气比较暖和,给人以舒适的感觉,因此推荐把散热器布置在外墙的窗台下;为了便于户内管道的布置,散热器也可靠内墙安装。

2 为了防止散热器冻裂,在两道外门之间的门斗内不应设置散热器。

3 把散热器布置在楼梯间的底层,可以利用热压作用,使加热了的空气自行上升到楼梯间的上部补偿其耗热量,因此规定楼梯间的散热器应尽量布置在底层或按一定比例分配在下部各层。

5.3.3 本条是关于散热器安装的规定。

本条是根据建筑物的用途,考虑有利于散热器放热、安全、适应室内装修要求以及维护管理等方面制订的。近几年散热器的装饰已很普遍,但很多的装饰罩设计不合理,严重影响了散热器的散热效果,因此强调了暗装时装饰罩的做法应合理。即装饰罩应有合理的气流通道、足够的通道面积,并方便维修。

5.3.4 本条规定了散热器的组装片数。

规定本条的目的主要是从便于施工安装考虑的。

5.3.5 本条规定了散热器数量的修正。

散热器的散热量是在特定条件下通过实验测定给出的,在实际工程应用中该值往往与测试条件下给出的值有一定差别,为此设计时除应按不同的传热温差(散热器表面温度与室温之差)选用合适的传热系数外,还应考虑其连接方式、安装形式、组装片数、热水流量以及表面涂料等对散热量的影响。

5.3.6 本条是关于供暖系统明装管道计为有效供暖量的规定。

管道明设时,非保温管道的散热量有提高室温的作用,可补偿一部分耗热量,其值应通过明装管道外表面与室内空气的传热计算确定。管道暗设于管井、吊顶等处时,均应保温,可不考虑管道中水的冷却温降;对于直接埋设于墙内的不保温立、支管,散入室内的热量、无效热损失、水温降等较难准确计算,设计人可根据暗设管道长度等因素,适当考虑对散热器数量的影响。

5.3.7 本条规定了高层工业建筑供暖系统的布置。

本条是基于国内的实践经验并参考相关资料制订的。竖向分区可以减小供暖系统规模,对系统压力平衡、安全运行、运行管理有利,因此规定供暖系统高度超过 50m 时,宜竖向分区设置。

5.3.8 本条是关于散热器分组串接的规定。

条文中的散热器连接方式一般称为"分组串接",由于供暖房间的温控要求,各房间散热器均需独立与供暖立管连接,因此只允许同一房间的两组散热器采用"分组串接"。对于水平单管跨越式和双管系统,完全有条件使每组散热器与水平供暖管道独立连接并分别控制,因此"分组串接"仅限于垂直单管和垂直双管系统采用。

采用"分组串接"的原因一般是房间热负荷过大,散热器片数过多,或为了散热器布置均匀,需分成两组进行施工安装,而单独设置立管或使每组散热器单独与立管连接又有困难或不经济。采用上下接口同侧连接方式时,为了保证距立管较远的散热器的散热量,散热器之间的连接管管径应尽可能大,使其相当于一组散热器,即采用带外螺纹的支管直接与散热器内螺纹接口连接。

5.3.9 本条是关于有冻结危险的场所供热系统的规定。

对于有冻结危险的场所,一般不应将其散热器同邻室连接,以防影响邻室的供暖效果,甚至冻裂散热器。

5.4 热水辐射供暖

5.4.1 本条是关于低温热水辐射供暖系统供水温度及供回水温差的规定。

从对地面辐射供暖的安全、寿命和舒适考虑,规定供水温度不应超过 60℃。根据国内外技术资料从人体舒适和安全角度考虑,本条对辐射供暖的辐射体表面平均温度作了具体规定。

5.4.2 本条是关于低温热水地面辐射供暖地面表面平均温度的规定。

应改善建筑热工性能或设置其他辅助供暖设备,减少地面辐射供暖系统负担的热负荷。地面的表面平均温度若高于表 5.4.1 的最高限值会造成不舒适,此时应减少地面辐射供暖系统负担的热负荷,采取改善建筑热工性能或设置其他辅助供暖设备等措施满足设计要求。现行行业标准《辐射供暖供冷技术规程》JGJ 142 给出了校核地面的表面平均温度的近似公式。

5.4.3 本条规定了低温热水地面辐射供暖的有效散热量的确定。

加热管在整个房间内等同距敷设,而室内设备、家具等地面覆盖物对供暖的有效散热量的影响较大。因此本条强调了地面辐射供暖的有效散热量应通过计算确定。在计算有效散热量时,应重视室内设备、家具等地面覆盖物对有效散热面积的影响。

5.4.4 本条是关于供暖辐射地面绝热层设置的规定。

1 向土壤的散热应为无效散热,因此土壤上方应设绝热层。为保证绝热效果,规定绝热层与土壤间设置防潮层。

3 对于地面辐射供暖,一般不允许向下层传热,所以本款首先强调应设绝热层。

5 对于潮湿房间,在混凝土填充式供暖地面的填充层上、预制沟槽保温板或预制轻薄供暖板供暖地面的地面面层下设置隔离层,以防止水渗入。

5.4.5 本条是关于供暖辐射地面构造的规定。

覆盖层厚度不应过小,否则人站在上面会有颤动感。一般覆盖层厚度不宜小于 50mm。伸缩缝的设置间距与宽度应计算确定,一般在面积超过 30m² 或长度超过 6m 时,伸缩缝设置间距宜小于或等于 6m;伸缩缝的宽度大于或等于 5mm 且面积较大时,伸缩缝的设置间距可适当增大,但不宜超过 10m。

5.4.6 本条是关于生产厂房等采用地面辐射供暖时的规定。

地面辐射供暖采用常规做法时,地面平均承载力一般可达到 5kN/m²～25kN/m²,满足使用要求。但对于工业建筑中的生产厂房、仓库、生产辅助建筑物等,上述地面承载力不一定满足要求。根据现行国家标准《建筑地面设计规范》GB 50037,地面平均荷载的标准值有 20kN/m²、30kN/m²、50kN/m² 等,重载地面荷载标准值为 80kN/m²、100kN/m²、120kN/m²、150kN/m²、200kN/m²,远大于一般地面的允许地面承载力。在这种情况下,地面构造应会同土建专业共同商定。除增加建筑垫层厚度、增强配筋、提高混凝土等级外,还可采用的措施有:

(1)采用抗压性能较好的材料或其制成品作为绝热层,如采用轻骨料混凝土作为绝热层。

(2)重载楼面绝热层可设在楼板下,避免绝热层受压。

5.4.7 本条是关于低温热水地面辐射供暖系统加热管的敷设管间距的规定。

地面散热量的计算都是建立在加热管间距均匀布置的基础上的。实际上房间的热损失主要发生在与室外空气邻接的部位,如外墙、外窗、外门等处。为了使室内温度分布尽可能均匀,在邻近这些部位的区域如靠近外窗、外墙处,管间距可以适当缩小,而在其他区域则可以将管间距适当放大。不过为了使地面温度分布不会有过大的差异,人员长期停留区域的最大间距不宜超过300mm。最小间距要满足弯管施工条件,防止弯管挤扁。

5.4.8 本条是关于设计分水器、集水器的规定。

分水器、集水器总进、出水管内径一般不小于 25mm,当所带加热管为 8 个环路时,管内热媒流速可以保持不超过最大允许流速 0.8m/s。分水器、集水器环路过多,将导致分水器、集水器处管道过于密集。

5.4.9 本条规定了分水器和集水器的安装要求。

旁通管的连接位置应在总进水管的始端(阀门之前)和总出水管的末端(阀门之后)之间,保证对供暖管路系统冲洗时水不流进加热管。

5.4.10 本条规定了低温热水地面辐射供暖系统的阻力确定方法。

低温热水地面辐射供暖系统的阻力应计算确定,否则会由于管路过长或流速过快使系统阻力超过系统供水压力或单元式热水机组水泵的扬程。为了使加热管中的空气能够被水带走,加热管内热水流速不应小于 0.25m/s,一般为 0.25m/s～0.5m/s。

5.4.11 本条是关于低温热水地面辐射供暖系统的工作压力的规定。

规定本条的目的是为了保证低温热水地面辐射供暖系统管材与配件的强度和使用寿命。本条规定系统压力不超过 0.8MPa,系统压力过大时,应选择适当的管材并采取相应的措施。

5.4.12 本条规定了辐射供暖加热管的材质和壁厚的要求,为强制性条文。

辐射供暖所用的加热管有多种塑料管材,这些塑料管材的使用寿命主要取决于不同使用温度和压力对管材的累计破坏作用。在不同的工作压力下,热作用使管壁承受环应力的能力逐渐下降,即发生管材的“蠕变”,以至不能满足使用压力要求而破坏,壁厚计算方法可参照现行国家相关塑料管的标准执行。

5.4.13 本条规定了热水吊顶辐射板的适用场所。

热水吊顶辐射板为金属辐射板的一种,可用于层高 3m～30m 的建筑物的全面供暖和局部区域或局部工作地点供暖,其使用范围很广泛,包括大型船坞、船舶、飞机和汽车的维修大厅等许多场合。

5.4.15 本条规定了热水吊顶辐射板的散热量的修正系数。

热水吊顶辐射板倾斜安装时,辐射板的有效散热量会随着安装角度的不同而变化。设计时,应根据不同的安装角度按表 5.4.15 对总散热量进行修正。

由于热水吊顶辐射板的散热量是在管道内流体处于紊流状态下进行测试的,为保证辐射板达到设计散热量,管内流量不得低于保证紊流状态的最小流量。如果流量达不到所要求的最小流量,辐射板的散热量应乘以 0.85 的修正系数或者辐射板安装面积应乘以 1.18 的安全系数。多块板串联连接并保证其供、回水压差可以增加辐射板管中流量。

5.4.16 本条是关于热水吊顶辐射板的安装高度的规定。

热水吊顶辐射板属于平面辐射体,辐射的范围局限于它所面对的半个空间,辐射的热量正比于开尔文温度的 4 次方,因此辐射体的表面温度对局部的热量分配起决定作用,影响到房间内各部分的热量分布。而采用高温辐射会引起室内温度的不均匀分布,使人体产生不舒适感。当然辐射板的安装位置和高度也同样影响着室内温度的分布。因此,在供暖设计中,应对辐射板的最低安装高度以及在不同安装高度下辐射板内热媒的最高平均温度加以限制。条文中给出了采用热水吊顶辐射板供暖时,人体感到舒适的允许最高平均水温。这个温度值是依据辐射板表面温度计算出来的。对于在通道或附属建筑物内人们短暂停留的区域,可采用较高的允许最高平均水温。

5.4.17 本条规定了热水吊顶辐射板与供暖系统的连接方式。

热水吊顶辐射板可以并联和串联,同侧和异侧等多种连接方式接入供暖系统。可根据建筑物的具体情况设计出最优的管道布置方式,以保证系统各环路阻力平衡和辐射板表面温度均匀。对于较长、高大空间的最佳管线布置,可采用沿长度方向平行的内部板和外部板串联连接、热水两侧进出的连接方式,同时采用流量调节阀来平衡每块板的热水流量,使辐射能到最优分布。这种连接方式所需费用低,辐射照度分布均匀,但设计时应注意能满足各个方向的热膨胀。在屋架或横梁隔断的情况下,也可采用沿外墙长度方向平行的两个或多个辐射板串联成一排,各辐射板排之间并联连接、热水异侧进出的方式。

5.4.18 本条规定了热水吊顶辐射板的布置要求。

热水吊顶辐射板的布置对于优化供暖系统设计,保证室内作业区辐射照度的均匀分布是很关键的。通常吊顶辐射板的布置应与最长的外墙平行设置,如果必要,也可垂直于外墙设置。沿墙设置的辐射板排规格应大于室中部设置的辐射板规格,这是因为供暖系统热负荷主要是由围护结构传热耗热量以及通过外门、外窗侵入或渗入的冷空气耗热量来决定的。因此为保证室内作业区辐射照度分布均匀,应考虑室内空间不同区域的不同热需求,如设置大规格的辐射板在外墙处来补偿外墙处的热损失。房间建筑结构尺寸同样也影响着吊顶辐射板的布置方式。房间高度较低时,宜采用较窄的辐射板,以避免过大的辐射照度;沿外墙布置辐射板且板排较长时,应注意预留长度方向热膨胀的余地。

5.5 燃气红外线辐射供暖

5.5.1 本条规定了燃气红外线辐射供暖的适用要求及安全措施,为新增条文。

目前在我国使用的燃气红外线辐射供暖加热器产品有进口的,也有国产的,欧美产品占领了主要市场。从形式上基本分为单体型和连续加热型;从压力上分为正压型和负压型;从表面温度上也分为三类(根据美国 ASHRAE 应用手册关于辐射加热器的分类):高强度辐射加热器表面温度在 1000℃~2800℃ 之间,中强度辐射加热器表面温度在 650℃~1000℃ 之间,低强度辐射加热器(也称柔强辐射加热器)表面温度在 150℃~650℃ 之间。低、中、高强度红外辐射加热器在工业领域经常用于飞机库、工厂、仓库或开放的区域等,也可用于冰雪融化、工业过程加热。

1 根据现行国家标准《爆炸危险环境电力装置设计规范》GB 50058 规定:易燃物质可能出现的最高浓度不超过爆炸下限值的 10% 时,该区可划分为非爆炸危险区,可采用燃气红外辐射供暖。据此,可燃液体或固体表面产生的蒸气与空气形成的混合物质的浓度小于其爆炸下限值的 10% 时(但还是有易燃易爆物质存在),宜采用燃烧器在室外的燃气辐射供暖系统,主要是从安全角度考虑的。

2 当燃烧器安装在室内工作时,需对其供应一定比例的空气量,燃烧后放散二氧化碳和水蒸气等燃烧产物,当燃烧不完全时,还会生成一氧化碳,宜直接排至室外。为保证燃烧所需的足够空气或当燃烧产物直接排至室内时,将二氧化碳和一氧化碳稀释到允许浓度以下或间接排至室外,避免水蒸气在围护结构内表面上凝结,应具有一定的通风换气量。

燃气红外线辐射供暖通常有炙热的表面,因此应采取相应的措施,符合国家现行相关燃气、防火规范的要求,以保证安全。

5.5.2 本条为新增条文,且为强制性条文。

根据现行国家标准《建筑设计防火规范》GB 50016 规定:甲、乙类厂房不得采用明火供暖。由于甲、乙类厂房或存储场所内有大量的易燃、易爆物质,而一般燃气红外线辐射供暖加热器表面温度均较高,从安全角度考虑,严禁在甲、乙类火灾危险环境中采用。

5.5.3 本条规定了燃气质量、种类、供气压力、输配的要求。

我国城镇燃气是指符合规范的燃气质量要求,供给居民生活、商业和工业企业生产作燃料用的共用性质的燃气,一般包括天然气、液化石油气、人工煤气等,执行现行国家标准《城镇燃气分类和基本特征》GB/T 13611。规定本条的目的是为了防止因燃气成分改变、杂质超标和供气压力不足等引起供暖效果的降低或引发安全问题。

燃气压力及耗气量应由设备生产厂提供。特别是安装在严寒地区厂房内外的供气管道,应采取如保温或伴热等措施,防止由于气温较低,汽化不充分或汽化后又液化造成燃气量供应不足,影响供暖效果,甚至不能正常开机。

5.5.4 本条规定了辐射供暖热负荷的计算。

采用燃气红外线辐射供暖,设备辐射效率越高,表面温度也越高,体感温度与室内空气温度的温差越大,温度梯度越小,耗热量越少,节能性越好。目前一些国外的产品标准规定,此类设备的最低辐射效率应达到 35%。经国外的实测数据表明,采用 35% 辐射效率的设备时,辐射供暖的实感温度比对流供暖室内空气温度高 2℃~3℃。目前有最高辐射效率是 81% 的燃气红外线辐射供暖设备。随着燃气辐射供暖设备辐射效率的提高,实感温度也随之提高,节能效果更明显。

燃烧器工作时,需要一定比例的空气与燃气相混合,当这部分空气取之室内,且由门、窗自然渗透补充时,应计算加热此部分冷空气渗透量所需的热负荷。

即使从室内取助燃空气,其实质还是间接来自室外。因此不论从室内取风还是从室外取风,从风平衡和能平衡角度考虑,其燃料的消耗量是基本一致的。

5.5.5 本条规定了燃气红外线辐射加热器的安装要求。

1 燃气红外线辐射加热器的表面温度较高,除生产工艺要求外,如不对其最小安装高度加以限制,人体所感受到的辐射照度将会超过人体舒适的要求。尤其是人体舒适度与很多因素相关,如供暖方式、环境温度及风速、空气含尘浓度及相对湿度、作业种类和加热器的布置及安装方式等。当用于全面供暖时,既要保持一定的室温,又要求辐射照度均匀,保证人体的舒适度,为此辐射加热器不应安装得过低;当用于局部区域供暖时,由于空气的对流,供暖区域的空气温度比全面供暖时要低,所要求的辐射强度比全面供暖大,为此加热器应安装得低一些。另外,辐射加热器表面温度有 300℃~1000℃不等的产品,当表面温度和辐射效率高时,安装高度也相应要高。总之,应根据全面供暖、局部供暖和室外工作地点的供暖人体舒适度和辐射加热器的表面温度、辐射效率不同而定。本款只是作了最小安装高度的限制。

2 固定工作点的供暖一般采用高强度单体辐射器,应调整辐射器的悬挂高度及角度,达到人体舒适状态。

3 燃气红外线辐射加热器表面温度、辐射效率及结构形式不同,产品额定供热量的最大安装高度也不同。各企业不同型号的产品额定供热量的最大安装高度也不相同,当安装高度超过标准值时,由于空气中的水蒸气、二氧化碳等混合气体会吸收辐射热量的影响,使到达工作区的辐射强度减小,不能达到额定供热量;同时,会直接导致系统向墙面的辐射热量增加,系统的直接辐射损失也相应增加,地面的吸热量就会减少,蓄热能力也会降低。因此,应根据辐射加热器的实际安装高度,对其总输出热量进行必要的高度附加。由于目前国内燃气红外线辐射加热器产品种类较多,额定供热量的最大安装高度各不相同,有的 6m 以上就要求附加,有的 12m 才进行附加。一般是根据加热器的辐射强度由低至高,而标准安装高度也由低至高。但有一点是明确的:修正系数的大小与燃气红外线辐射器的结构、形式及产品的辐射效率相关,产品辐射效率越高,修正系数相应越小。到目前为止,高度附加没有统一方法,各企业根据自己的产品特点自行制订修正值。故设计时应根据所选产品进行附加修正。

5.5.6 本条规定了全面辐射供暖加热器的布置。

采用辐射供暖进行全面供暖时,不但要使人体感受到较理想的舒适度,而且要使整个厂房的温度比较均匀。通常建筑四周外墙和外门的耗热量一般不少于总耗热量的 60%,适当增加该处的加热器的数量对保持室温均匀有较好的效果。

5.5.7 本条规定了燃气红外线辐射供暖系统供应空气的安全要求。

燃气红外线辐射供暖系统的燃烧器工作时,需对其提供一定比例的空气量。当燃烧器每小时所需的空气量超过该厂房 0.5 次/h 换气时,应由室外提供空气,以避免厂房内缺氧和向燃烧器供应空气量不足而使供暖设备产生故障。

5.5.9 本条规定了燃气红外线辐射供暖尾气排放要求及排风口的要求。

燃气燃烧后的尾气为二氧化碳和水蒸气,当不完全燃烧时,还存在一氧化碳,为保证厂房内的空气品质,宜将燃气燃烧后的尾气直接排至室外。当采用的燃气红外线辐射供暖设备为尾气室内直接排放时,应符合本规范第 5.5.10 条的要求。

5.5.10 本条规定了燃气红外线辐射供暖尾气直接排放室内时的

要求,为新增条文。

目前工程应用的燃气红外线辐射供暖设备的尾气排放分为室外直排和室内排放两种。欧洲标准《非家用悬挂式燃气辐射加热器安装和使用时的通风要求》EN 13410 中表述的 A 类器具就是指:不连接通向室外的排烟管道或燃烧产物的排放装置的悬挂式燃气辐射加热器,也就是人们常称为的内排式燃气辐射加热器。此时尾部的烟气温度一般在 $100℃ \sim 200℃$,比空气轻,易聚集在屋顶上部。当工程中采用的设备为燃烧产物直接排在厂房内部时,必须采取通风措施将燃烧尾气置换到室外,确保室内空气品质与尾气直接外排一样。根据欧洲和北美测试数据,绝大部分燃烧产物可以置换到室外。下部门、窗补充的新风因温度低,大都会聚集在 2m 以下工作区的供暖空间。

根据欧洲标准《非家用悬挂式燃气辐射加热器安装和使用时的通风要求》EN 13410,辐射加热器产生的燃烧产物应从安装场所内排放到建筑物外。排放方式可采用热力通风、自然通风和机械通风。热力通风就是通过建筑物顶部的排风口或墙壁上的排风口,以对流通风的方式来排放燃烧产物或空气混合物。自然通风就是根据建筑物室内外的气压差和温差,通过自然通风的方式来排放燃烧产物或空气混合物。机械通风是通过建筑物顶部或墙壁上的多台通风机来排放燃烧产物或空气混合物。由于热力通风和自然通风都需要有足够的排风口和进风口面积,而且还不能受室外风力的影响,在实际工程中满足这两种通风方式的条件较难实现。故本条提出宜采用机械通风方式,一般采用机械排风、自然进风,通过建筑物顶部或侧墙上部的多台排风机,将混合了室内空气的燃烧产物从辐射加热器上方排出。正确的运行方式是:先开启排风机,辐射加热器才能运行。根据国外一些国家、地区的标准,排风或补风的通风量按辐射加热器的输入功率确定,欧洲标准《非家用悬挂式燃气辐射加热器安装和使用时的通风要求》EN 13410规定不应小于 $10m^3/(h \cdot kW)$,美国消防协会标准《National fuel

gas code》NFPA 54 规定:不应小于 23m³/(h·kW),加拿大标准
《Natural gas and propane installation code》CSA B149.1 规定不
应小于 18m³/(h·kW)。以上通风量都是以天然气为燃料,也有
资料给出液化石油气的通风量不应小于 27m³/(h·kW)。由于我
国各地的燃气种类、气质质量不尽相同,与欧洲燃气质量也不同;
使用单位的运行、维护和管理水平参差不齐。出于安全考虑,本条
制订的排风量大于欧美标准。尤其是采用液化石油气时,不完全
燃烧的占比很大,故提出不宜小于 20m³/(h·kW)～30m³/
(h·kW)的排风量。

当厂房高度较低,又采用了尾气厂房内直接排放时,尾气排放
效果的好坏对下部工作区的影响较高,大厂房要明显,为保证工作
区的空气品质,规定了 6m 以下厂房的最小排气量。

5.5.12 燃气系统的相关安全措施是指当厂房内有消防值班室
时,宜设远控的总开关,无消防值班时,可在厂房内方便的位置设
置,以便当工作区发出故障信号时应能自动关闭供暖系统,同时还
应连锁关闭燃气系统入口处的总阀门,以保证安全。当采用机械
进、排风时,为了保证燃烧器所需的空气量,通风机应与供暖系统
连锁工作并确保通风机不工作时,供暖系统不能开启。

当燃气红外线辐射供暖系统的燃烧器安装在室内,并设有燃
气泄漏报警装置时,工作区发出燃气泄漏报警信号,应能自动关闭
供暖系统,同时还应连锁关闭燃气系统入口处的总阀门,以保证安
全。对于燃气泄漏报警探测装置的设置,尚应符合当地消防主管
部门及燃气使用主管部门的规定。

5.6 热风供暖及热空气幕

5.6.1 本条规定了热风供暖的适用范围。

1 对于设置机械送风系统的建筑物,采用与进风相结合的热
风供暖,一般在技术经济上是比较合理的。通过对某些工程的调
查,其设计原则也是凡有机械送风的,其设备能力都考虑了补偿围

护结构的部分或全部耗热量,因此条文中予以推荐。至于一班制的工业建筑,由于在间断使用或非工作时间内需考虑值班供暖问题,以热风供暖补偿围护结构的全部耗热量而不设置散热器供暖是否可行与是否经济合理,则应根据具体情况而定,不能一概而论。

2 对于室内空气允许循环使用的工业建筑,是否采用热风供暖需要通过技术经济比较确定。

3 有些工业建筑物内部,由于防火、防爆和卫生等方面的要求,不允许利用循环空气供暖,也不允许设置散热器供暖。如生产过程中放散二硫化碳气体的工业建筑,当二硫化碳气体同散热器和热管道表面接触时有引起自燃的危险。在这种情况下,需要采用全新风的热风供暖系统。

5.6.2 本条规定了热风供暖安全方面的要求。

采用燃气、燃油加热或电加热作热风供暖的热源,国内外已有成熟的技术和设备,但是在选用时应符合国家现行相关规范的要求。

5.6.3 本条是关于热风供暖的规定。

1 本条规定在不设置值班供暖的条件下,热风供暖不宜少于两个系统(两套装置),以保证当其中一个系统因故停止运行或检修时,室内温度仍能满足工艺的最低要求且不致低于 5℃,这是从安全角度考虑的。如果整个房间只设一个热风供暖系统,一旦发生故障,供暖效果就会急剧恶化,不但无法达到正常的室温要求,还会使室内供排水管道和其他用水设备有冻结的可能。

2 减小沿高度方向的温度梯度的措施包括加大空气循环量、降低送风温度等。高于 10m 的空间采用热风供暖时,应采取自上向下的强制对流措施,包括调整送风角度、采用下送型暖风机、在顶板下吊装向下送风的循环风机等。

5.6.4 本条规定了选择暖风机或空气加热器时散热量应留的裕量。

暖风机和空气加热器产品样本上给出的散热量都是在特定条件下通过对出厂产品进行抽样热工试验得出的数据。在实际使用过程中,受到一些因素的影响,其散热量会低于产品样本标定的数值。影响散热量的因素主要有:加热器表面积尘未能定期清扫、加热盘管内壁结垢和锈蚀、绕片和盘管间咬合不紧或因腐蚀而加大了热阻、热媒参数未能达到测试条件下的要求。另外,放大空气加热器供热能力还可保证在极端工况下送风系统不吹冷风。

5.6.5 本条是关于采用暖风机的相关规定。

1 设计暖风机台数及位置时,应考虑厂房内部的几何形状、工艺设备布置情况及气流作用范围等因素,做到气流组织合理,室内温度均匀。

2 规定室内换气次数不宜小于 1.5 次/h,目的是为了使热射流同周围空气混合的均匀程度达到最起码的要求,保证供暖效果。

3 每台暖风机单独装设闭门和疏水装置既可改善运行状况,也便于维修,不致影响整个系统的供热。

5.6.6 本条是关于采用集中热风供暖的相关规定。

(1)据调查,有的工业建筑由于集中送风的出风口装得太低或出口射流向下倾斜角太大,工作区风速太大,工人有直接吹风感,不愿使用,应使生产区风速满足本规范第 4.1.2 条的规定。规定最小平均风速的目的是为了防止出现空气停滞的"死区"。

(2)对于送风温度的确定,除考虑减少风量、节省设备投资外,还要尽量减小沿房间高度方向的温度梯度,因此送风温度不宜过高,这里规定不得超过 70℃。送风温度偏低会有吹冷风感,故最低送风温度规定为 35℃。

(3)删除了原规范中关于送风口和回风口的安装高度的具体规定。送风口和回风口的安装高度与厂房高度、管道布置、气流组织等多种因素相关,不宜作硬性规定。

5.6.7 本条规定了设置热空气幕的条件。

把"热风幕"一词改为"热空气幕"。

5.6.8 本条规定了热空气幕送风方式、送风温度、出口风速的要求。

1 本款规定了热空气幕送风方式的要求。允许设置单侧送风的大门宽度界限定为 3m，是根据实际调查情况得出的结论。在实际应用中采用单侧送风的很少，而且效果不好保证，离风口远的地方往往有强烈的冷风侵入室内，有些单侧送风已改为双侧送风。当大门宽度超过 18m 时，双侧送风也难以达到预期效果，推荐由上向下送风。

2 本款规定了热空气幕送风温度的要求。热空气幕送风温度主要是根据实践经验并参考国内外相关资料制订的。"高大的外门"系指可通行汽车和机车等的大门。

3 本款规定了热空气幕出口风速的要求。热空气幕出口风速的要求主要是根据人体的感受、噪声对环境的影响、阻隔冷空气效果的实践经验并参考国内外相关资料制订的。

5.7 电 热 供 暖

5.7.1 本条规定了电供暖散热器的形式和性能要求。

电供暖散热器按放热方式可以分为直接作用式和蓄热式；按传热类型可分为对流式和辐射式，其中对流式包括自然对流和强制对流两种；按安装方式又可以分为吊装式、壁挂式和落地式。在工程设计中，无论选用哪一种电供暖散热器，其形式和性能都应满足具体工程的使用要求和相关规定。

电供暖散热器的性能包括电气安全性能和热工性能。电气安全性能主要有泄漏电流、电气强度、接地电阻、防潮等级、防触电保护等。电供暖散热器的热工性能指标主要有输入功率、表面温度和出风温度、升温时间、温度控制功能和蓄热性能等，其中蓄热性能是针对蓄热式电供暖散热器而言的。

5.7.2 本条规定了电热辐射供暖安装形式的要求。

发热电缆供暖系统是由加热电缆、温度感应器、温度传感器、恒温温控器等构成。发热电缆具有接地体和工厂预制的电气接头,通常采用地板式,将电缆敷设于混凝土中,有直接供热及存储供热等系统两种形式;低温电热膜辐射供暖方式是以电热膜为发热体,大部分热量以辐射方式传入供暖区域,它是一种通电后能发热的半透明聚酯薄膜,由可导电的特制油墨、金属载流条经印刷、热压在两层绝缘聚酯薄膜之间制成,电热膜通常不具有接地体,且须在施工现场进行电气连接,电热膜通常布置在顶棚上,并以吊顶龙骨作为系统接地体,同时配以独立的温控装置。

5.7.3 本条规定了电热辐射供暖加热元件的要求。

本条要求低温加热电缆辐射供暖和低温电热膜辐射供暖的加热元件及其表面工作温度应符合国家现行相关标准规定的安全要求。普通加热电缆参见现行国家标准《额定电压 300/500V 生活设施加热和防结冰用加热电缆》GB/T 20841(等同 IEC 60800),低温电热膜辐射供暖参见现行行业标准《低温辐射电热膜》JG/T 286。

5.7.4 本条规定了电供暖系统温控装置要求,为强制性条文。

从节能及安全角度考虑,要求低温加热电缆辐射供暖和低温电热膜辐射供暖增设相应的温控装置。

5.7.5 本条规定了加热电缆的线功率要求。

普通加热电缆的线功率是基本恒定的,热量不能散出来就会导致局部温度上升,成为安全的隐患。现行国家标准《额定电压 300/500V 生活设施加热和防结冰用加热电缆》GB/T 20841 规定,护套材料为聚氯乙烯的发热电缆,表面工作温度(电缆表面允许的最高连续温度)为 70℃;《美国 UL 认证》规定,加热电缆表面工作温度不超过 65℃。当面层采用塑料类材料(面层热阻 $R = 0.075m^2 \cdot K/W$)、混凝土填充层厚度 35mm、聚苯乙烯泡沫塑料绝热层厚度 20mm,加热电缆间距 50mm,加热电缆表面温度 70℃时,计算加热电缆的线功率为 16.3W/m。因此本条作出了加热电缆的线功率不宜超过 17W/m 的规定,以控制加热电缆表面温度。

加热电缆线功率的选择与敷设间距、面层热阻等因素密切相关,敷设间距越大,面层热阻越小,允许的加热电缆线功率可适当放大;而当面层采用地毯等高热组材料时,应选用更低线功率的加热电缆,以确保安全。

5.7.6 本条规定了电热膜辐射供暖的安装功率及其在顶棚上布置时的安装要求。

为了保证电热膜安装后能满足房间的温度要求,并避免与顶棚上的电气、消防、空调等装置的安装位置发生冲突而影响其使用效果和安全性,作出本条要求。

5.8 供暖管道

5.8.1 本条规定了供暖管道选择的要求。

本条是根据供暖方式多样化和各种非金属管材的相关标准而制订的。强调了供暖管道材质应通过综合技术经济比较确定。

在一些工程中,传统的垂直单管或双管散热器供暖系统使用了塑料类管材,使用效果较差,主要表现在管道变形严重。由于塑料类管材线膨胀系数较大,供暖后干管、立管、支管都存在不同程度的变形,视觉效果较差,同时也存在漏水隐患。因此本条明确指出明装管道不宜采用塑料类管材。

5.8.2 本条是关于散热器供暖系统和其他系统分设供、回水管道的规定。

1~4 款所列系统同散热器供暖系统比较,在热媒参数、使用条件、使用时间和系统阻力特性上不是完全一致的,因此提出对各系统管道宜在热力入口处分开设置;其他系统需要单独热计量时,也应分开设置。

5.8.3 本条规定了热水供暖系统的热力入口装置的设置要求。

1 热力入口配置阀门、仪表为运行调节、检修提供方便。过滤器是保证管道配件及热量表等不堵塞、不磨损的主要措施。在供、回水管道上均装过滤器,能分别过滤室外管网及室内系统产生的杂质。

2 设循环管的主要目的是防止室内系统检修时,室外管道因没有流动水而产生冻结。

3 水力平衡装置的要求见本规范第5.9.6条。

5.8.4 本条规定了蒸汽供暖系统的热力入口装置的规定。

蒸汽供暖系统多数情况采用高压蒸汽供暖系统,低压蒸汽供暖系统已很少使用,本条按高压蒸汽供暖系统规定。有的疏水器有止回功能,其后可不设止回阀。

5.8.5 本条是关于高压蒸汽供暖系统资用压力、管道比摩阻的规定。

规定本条的目的主要是为了有利于系统各并联环路在设计流量下的压力平衡,为此,本条参考国内外相关资料规定,高压蒸汽供暖系统最不利环路的供汽管,其压力损失不应大于起始压力的25%。

5.8.6 本条是关于室内热水供暖系统总供回水压差及各并联环路的水力平衡的要求。

热水供暖系统热力入口处资用压差不宜过大,否则供暖各用户之间不易达到平衡。同时限制热力入口资用压差也起到限制供暖系统规模的作用,防止供暖系统过大引起系统内水力不平衡。热水供暖系统各并联环路之间的计算压力损失允许差额不大于15%的规定,是基于保证供暖系统的运行效果,并参考国内外资料规定的。

5.8.7 本条是关于供暖系统末端管径的规定。

规定干管的最小管径,一是为了防止堵塞,二是因为管道的末端或始端往往安装有自动排气装置,是排气的通道。

5.8.8 本条是关于供暖管道中的热媒最大流速的规定。

关于供暖管道中的热媒最大允许流速,目前国内尚无专门的试验资料和统一规定,但设计中又很需要这方面的数据,因此参考苏联建筑法规的相关篇章并结合我国管材供应等的实际情况,略加调整作出了条文中的相关规定。据分析,我们认为这一规定是可行的。这是因为:第一,最大流速与推荐流速不同,它只在极少数公用管段中为消除剩余压力或为了计算平衡压力损失时使用,如果把最大允许流速规定的过小,则不易达到平衡要求,不但管径增大,还需要增加调压板等装置。第二,苏联在关于机械循环供暖系统中噪声的形成和水的极限流速的专门研究中得出的结论表明,适当提高热水供暖系统的热媒流速不会产生明显的噪声,其他国家的研究结果也证实了这一点。

5.8.9 本条是关于机械循环热水供暖系统考虑自然作用压力的规定。

规定本条的目的是为了防止或减少热水在散热器和管道中冷却产生的自然压力而引起的系统竖向水力失调。

5.8.10 本条是关于供暖系统计算压力损失的附加值的规定。

规定本条是基于计算误差、施工误差和管道结垢等因素考虑的安全系数。

5.8.11 本条是关于蒸汽供暖系统的凝结水回收方式的规定。

蒸汽供暖系统的凝结水回收方式,目前设计上经常采用的有三种,即利用二次蒸汽的闭式满管回水,开式水箱自流或机械回水,地沟或架空敷设的余压回水。这几种回水方式在理论上都是可以应用的,但具体使用有一定的条件和范围。从调查来看,在高压蒸汽系统供汽压力比较正常的情况下,有条件就地利用二次蒸汽时,以闭式满管回水为好;低压蒸汽或供汽压力波动较大的高压蒸汽系统,一般采用开式水箱自流回水,当自流回水有困难时,则采用机械回水;余压回水设备简单,凝结水热量可集中利用,因此在一般作用半径不大、凝结水量不多、用户分散的中小型厂区应用地比较广泛。但是应当特别注意两个问题:一是高压蒸汽的凝结水在管道的输送过程中不断汽化,加上疏水器的漏气,余压凝结水管中时汽、水两相流动,极易产生水击,严重的水击能破坏管件及设备;二是余压凝结水系统中有来自供汽压力相差较大的凝结水合流,在设计与管理不当时会相互干扰,以致使凝结水回流不畅,不能正常工作。

5.8.12 本条规定了对疏水器出入口凝结水管的要求。

在疏水器入口前的凝结水管中,由于汽水混流,如果向上抬升,容易造成水击或因积水不易排除而导致供暖设备不热,因此疏水器入口前的凝结水管不应向上抬升;疏水器出口端的凝结水管向上抬升的高度应根据剩余压力的大小经计算确定,但实践经验证明不宜大于 5m。

5.8.13 本条规定了凝结水管的计算原则。

在蒸汽凝结水管中,由于通过疏水器后二次蒸汽及疏水器本身漏气存在,因此自疏水器至回水箱之间的凝结水管段应按汽水乳状体进行计算。

5.8.14 本条规定了供暖系统的关闭和调节装置的要求。

供暖系统各并联环路设置关闭和调节装置的目的是为系统的调节和检修创造必要的条件。当有调节要求时,应设置调节阀,必要时尚应同时装设关闭用的阀门;无调节要求时,只需装设关闭用的阀门。

楼梯间或靠近外门处的供暖散热器及供暖立管,受冷风侵入的影响易冻结,这时散热器前后不装阀门,立管靠近干管处设阀门,阀门至干管的距离不应大于 120mm。

5.8.15 本条规定了供暖系统的调节和检修装置的要求。

规定本条的目的是为了便于调节和检修工作。

5.8.16 本条规定了供暖系统设排气、泄水、排污和疏水装置的要求。

热水和蒸汽供暖系统根据不同情况设置排气、泄水、排污和疏水装置,是为了保证系统的正常运行并为维护管理创造必要的条件。

不论是热水供暖还是蒸汽供暖都必须妥善解决系统内空气的排除问题。通常的做法是:对于热水供暖系统,在有可能积存空气的高点(高于前后管段)排气,机械循环热水干管尽量抬头走,使空气与水同向流动;下行上给式系统,在最上层散流器上装排气阀或排气管;水平单管串联系统在每组散热器上装排气阀,如为上进上出式系统,在最后的散热器上装排气阀。对于蒸汽供暖系统,采用干式回水时,由凝结水管的末端(疏水器入口之前)集中排气;采用湿式回水时,如各立管装有排气管时,集中在排气管的末端排气,如无排气管时,则在散热器和蒸汽干管的末端设排气装置。

5.8.17 本条规定了供暖管道设置补偿器的要求,为强制性条文。

供暖系统的管道由于热媒温度变化而引起热膨胀,不但要考虑干管的热膨胀,也要考虑立管的热膨胀。这个问题很重要,必须重视。在可能的情况下,利用管道的自然弯曲补偿是简单易行的,如果这样做不能满足要求时,则应根据不同情况设置补偿器。

5.8.18 本条规定了供暖管道的坡度要求。

本条是考虑便于排除空气和蒸汽、凝结水分流,参考国外相关资料并结合具体情况制订的。当水流速度达到 0.25m/s 时,方能把管中的空气裹挟走,使之不能浮升;因此采用无坡度敷设时,管内流速不得小于 0.25m/s。

5.8.19 本条是关于供暖管道穿过建筑物基础和变形缝的规定。

在布置供暖系统时,若必须穿过建筑物变形缝,应采取预防由于建筑物下沉而损坏管道的措施,如在管道穿过基础或墙体处理设大口径套管内填以弹性材料等。

5.8.20 本条规定了供暖管道穿过防火墙的要求。

规定本条的目的是为了保持防火墙墙体的完整性,以防发生火灾时,烟气或火焰等通过管道穿墙处波及其他房间。

5.8.21 本条是关于供暖管道与特殊管道不得同沟敷设的规定。

规定本条的目的是为了防止表面温度较高的供暖管道,触发其他管道中燃点低的可燃液体、可燃气体引起燃烧和爆炸,同时也是为了防止其他管道中的腐蚀性气体腐蚀供暖管道。在采取了适当的保护措施后,供暖管道可以和可燃液体管道、可燃气体管道、腐蚀性气体管道同沟敷设。如根据现行国家标准《城市综合管廊工程技术规范》GB 50838,供暖管道可以和燃气管道同沟敷设,《城市综合管廊工程技术规范》GB 50838同时对管廊的通风、消防、监控与报警等作出了详细的规定。

5.8.22 本条是关于供暖管道应保温的规定。

本条是基于使热媒保持一定参数、节能和防冻等因素制订的。根据国家新的节能政策,对每米管道保温后的允许热耗,保温材料的导热系数及保温厚度,以及保护壳做法等都必须在原有基础上加以改善和提高,设计中要给予重视。

5.9 供暖热计量及供暖调节

5.9.1 本条规定了集中供暖系统设置热量表的要求。

根据国家相关能源政策和自身管理需求配备能源计量装置,通过精细化管理推动主动节能。对于热水供暖系统,通过测定热水流量及供回水温差,积分算出系统供热量。对于蒸汽供暖系统,通过测定蒸汽流量、压力、温度,积分算出蒸汽热值。需说明的是,这里的蒸汽热值并不是供暖系统供热量,需要减去蒸汽凝结水带走热量后才能得出供暖系统供热量。一般情况下凝结水流态呈汽水乳状体状,热量较难测定,工程上也无实例。目前尚无热价数据可循,供暖热计量实际上是在确定分摊费用的系数,用热量数据或热媒流量数据作为分摊供暖费用的依据均满足计量要求。

5.9.2 本条规定了热量表的设置要求。

热源、换热机房安装热量计量装置便于对用热量进行检测和管理,是总热量表,用户端的热量表是分表,总表、分表计量出的数据满足各成本核算单位分摊供暖费用即可。供暖系统内热量表准确度等级有统一的要求,现行国家标准《用能单位能源计量器具配备和管理通则》GB 17167中对水流量、蒸汽流量、温度、压力的计量准确度等级均提出了要求。

5.9.3 本条规定了热量表的选型和设置要求。

热量表的选型不能简单地按照管道直径直接选用,而应根据系统的设计流量的一定比例对应热量表的公称流量确定。流量传感器、压力表、温度计的安装位置直接影响计量精度,其安装位置应符合仪表安装要求。

5.9.4 本条规定了供暖热源处调节装置的设置要求。

热源调节是供暖调节的最基本措施。供暖调节和供暖计量都是供暖节能的要求。热源调节包括对热媒的质调节、量调节或者质、量同时调节。

5.9.5 本条规定了选用散热器恒温控制阀的要求。

散热器恒温控制阀有高阻型、低阻型之分,选用时双立管系统选高阻型,单管系统选低阻型。

5.9.6 本条是关于热力入口处流量或压力调节装置的设置规定。

变流量系统能够大量节省水泵耗电,目前应用越来越广泛。在变流量系统的末端(热力入口)采用自力式流量控制阀(定流量阀)是不妥的。当系统根据气候负荷改变循环流量时,我们要求所有末端按照设计要求分配流量,而彼此间的比例基本维持,这个要求需要通过静态水力平衡阀来实现;当用户室内恒温阀进行调节改变末端工况时,自力式流量控制阀具有定流量特性,对改变工况的用户作用相抵触;对未改变工况的用户能够起到保证流量不变的作用,但是未变工况用户的流量变化不是改变工况用户"排挤"过来的,而主要是受水泵扬程变化的影响,如果水泵扬程有控制,这个"排挤"影响是较小的,所以对于变流量系统不应采用自力式流量控制阀。

6 通　风

6.1　一般规定

6.1.1　本条规定了保障劳动和环境卫生条件的综合预防和治理措施。

某些工业企业在生产过程中放散大量热、蒸汽、烟尘、粉尘及有害气体等,如果不采取治理措施,不但直接危害操作人员的身体健康,影响职工队伍的稳定和企业经济效益的提高,还会污染工厂周围的自然环境,对农作物和水域造成污染,影响城乡居民的健康。因此对于工业企业放散的有害物质,必须采取源头控制、过程控制、排放控制等综合有效的预防、治理和控制措施。经验证明,对工业企业有害物质的治理和控制必须以预防为主。应强调在总体规划中,从工艺着手,使之不产生或少产生有害物质,然后再采取综合的治理措施,才能收到较好的效果。因此条文中规定工艺、建筑和通风等相关专业应密切配合,采取有效的综合预防和治理措施。

6.1.2　本条规定了对有害物的控制及工艺改革的要求。

很多行业都制定了相应的清洁生产标准,清洁生产的概念是:不断采取改进设计、使用清洁的能源和原料、采用先进的工艺技术与设备、改善管理、提高综合利用率等措施,从源头消减污染,提高资源利用效率,减少或者避免生产、服务和产品使用过程中污染物的产生和排放,以减轻或者消除对人类健康和环境的危害。清洁生产要求中涉及废气污染的预防与治理部分,当中有一大部分内容应由通风工程师负责,因此在本规范中引入清洁生产的概念,用清洁生产的理念指导本规范通风一章的编制。

对于放散有害物质的生产过程和设备,应采用机械化、自动化、密闭、隔离和在负压下操作的措施,避免直接操作,以改善工作人员的工作条件。如精密铸造的蜡模涂料、撒砂自动线、电缆工件成批生产自动流水线、油漆工件的电泳涂漆自动流水线等,都以自动化代替了人工操作,改善了劳动条件。工业发达国家生产自动化程度高,采用遥控、电视监视以及用机器人等先进手段代替人工操作生产,如振动落砂机现场无人,从而降低了人员活动区的防尘要求。这些先进手段可供借鉴。

对生产过程中不可避免放散的有害物质,在排放前必须予以净化,以满足现行国家标准《大气污染物综合排放标准》GB 16297等相关大气污染物排放标准的要求。大气排放除执行污染物最高排放浓度标准外,还需满足污染物总量控制的要求。为了满足污染物总量控制的要求,某些工程项目确定的最高允许排放浓度比国家标准还要低很多。

6.1.3 关于湿式作业以及防止二次扬尘的规定。

对于产生粉尘的生产过程,当工艺条件允许时,采用湿式作业是经济和有效的防尘措施之一。如在物料破碎或粉碎前喷水、粉碎后润水、铸件清理前在水中浸泡、耐火材料车间和铸造车间地面洒水等,都可以减少粉尘的产生并防止扬尘。采用定向或不定向的风扇喷雾,可使悬浮于空气中的粉尘沉降,从而减少空气中的含尘浓度。

对除尘设备捕集的粉尘,应采用如螺旋输送机、刮板运输机、真空输送、水力输送等不扬尘的运输工具输送。

对放散粉尘的车间,为了消除地面、墙壁和设备等的二次扬尘,采用湿法冲洗是一项行之有效的措施。多年以来一些选矿厂、烧结厂、耐火材料厂均将湿法冲洗列为经常性的重要防尘措施之一,收到了良好的效果。

当工艺不允许湿法冲洗,且车间防尘要求严格时,可以采用真空吸尘装置。如有色冶炼的有毒粉尘用水冲洗会造成污染转移;电石车间以及其他遇水容易发生爆炸的场合,均宜采用真空吸尘装置。真空吸尘装置主要有集中固定和可移动整体机组等两种形式，其中集中固定式适用于大面积清除大量积尘的场合。近年来，国内外发展了多种形式和用途的真空清扫机，其中真空度较高的机组可用于真空吸尘。

6.1.4 本条规定了热源的布置原则及隔热措施。

热源包括：散热设备、热物料等。进行工艺布置时，将散热量大的热源尽可能远离工作人员操作地点或布置在室外，是隔热降温的有效措施。如将锻压车间的钢锭钢坯加热炉设在边跨或坡屋内，水压机车间高压泵房的乳化液冷却罐设在室外，铸造车间的浇注流水线的冷却走廊尽可能设在室外等。

为了改善劳动条件，除对工艺散热设备本身采取绝缘隔热措施外，还可以采用隔热水箱、隔热水幕、隔热屏等措施或采用远距离控制或计算机控制，使工作人员远离热源操作。

对于排除的余热，有条件的情况下可考虑余热回收利用。

6.1.5 本条是关于厂房方位的规定。

确定建筑物方位时，应与建筑、工艺等专业配合，使建筑尽量避免或减少东西向的日晒。以自然通风为主的厂房，在方位选择时，除考虑避免西向外，还应根据厂房的主要进风面和建筑物的形式，按夏季最多风向布置，即将主要的进风面，置于夏季最多风向的一侧或按与夏季风向频率最多的两个方向的中心线垂直或接近垂直或与厂房纵轴线成 $60°\sim90°$ 布置。厂房的平面布置不宜采取封闭的庭院式。如布置成"L"和"Ⅲ"、"Ⅱ"形时，其开口部分应位于夏季最多风向的迎风面，各翼的纵轴应与夏季最多风向平行或呈 $0°\sim45°$。

6.1.6 本条规定了建筑物设置通风屋顶及隔热的条件。

夏热冬冷或夏热冬暖地区的建筑物大都采用通风屋顶进行隔热，收到了良好效果。近年来，民用建筑设置通风屋顶的也越来越多，所需费用很少，但效果却很显著。某些存放油漆、橡胶、塑料制品等的仓库，由于受太阳辐射的影响，屋顶内表面及室内温度过高，致使所存放的上述物品变质或损坏，乃至有引起自燃和爆炸的危险,除应加强通风外,设置通风屋顶也是一种有效的隔热措施。

夏热冬冷或夏热冬暖地区散热量小于 $23W/m^3$ 的冷车间,夏季经围护结构传入的热量占传入车间总热量的 85% 以上,其中经屋顶传入的热量又占绝大部分,以致造成屋顶对工作区的热辐射。为了减少太阳辐射热,当屋顶离地面平均高度小于或等于 8m 时,宜采用屋顶隔热措施。

6.1.7 本条规定了放散热或有害气体的生产设备的布置原则。

本条规定了放散热或有害气体的生产设备的布置原则,其目的是有利于采取通风措施,改善车间的卫生条件。

1 放散毒害大的设备与放散毒害小的设备应隔开布置,既防止了交叉污染,又有利于设置局部排风系统。

2 放散热和有害气体的生产设备布置在厂房的天窗下或通风的下风侧,就能充分利用自然通风,将有害气体排出室外,不致污染整个车间。

3 放散热和密度小于空气的有害气体的生产设备,当布置在多层厂房内时,宜集中布置在顶层,这能有效地避免由于设在下层可能造成对上层房间空气的污染,也有利于设置排风系统。如必须布置在下层,就应采取有效措施防止污染上层空气;放散密度大于空气的有害气体的生产设备,宜集中布置在下层。

6.1.8 本条规定了全面通风与局部通风的配合。

对于放散热、蒸汽、粉尘或有害气体的车间,为了不使生产过程中产生的有害物质在室内扩散,在工艺设备上或有害物质放散处设置自然或机械的局部排风,予以就地排除是经济有效的措施。有时采用了局部排风仍然有部分有害物质扩散在室内、有害物质的浓度有可能超过国家标准时,则应辅以自然的或机械的全面排风或者采用自然的或机械的全面排风。例如:焊接车间有固定工作台的手工焊接,局部排风罩能将焊接烟尘基本上抽走;如果焊接地点不固定时,则电焊烟尘难以用局部排风排除,此时应辅以或另行设置全面排风来排除烟尘。

6.1.9 本条规定了采用封闭式厂房的条件,为新增条文。

有害气体或烟尘等污染物无组织排放,是指正常生产过程中产生的污染物没有进入收集和排气系统,通过厂房天窗等直接放散到室外环境。污染物无组织排放可能造成不达标排放,这时应对厂房进行封闭,设机械通风系统并采取相应处理措施使排放达到现行国家标准《大气污染物综合排放标准》GB 16297 及相关排放标准的要求。

6.1.10 本条规定了通风方式的选择。

自然通风对改善热车间人员活动区的卫生条件是最经济有效的方法。因此对同时散发热量和有害物质的车间,在夏季,应尽量采用自然通风;在冬季,当室外空气直接进入室内不致形成雾气和在围护结构内表面不致产生凝结水时,也应考虑采用自然通风。只有当自然通风达不到要求时,才考虑增设机械通风或自然与机械的联合通风。例如:放散大量水分的车间(印染、漂洗、造纸和电解等),冬季由于进入室外空气,车间内可能形成雾,围护结构内表面可能产生凝结水,寒冷地区还会使室温降低,影响生产和人员活动区的卫生条件。在这种情况下,应考虑采取将室外空气加热的机械送风等设施,但此时排风仍可采用自然排风。

6.1.11 本条是关于室内气流组织的原则规定。

规定本条的目的是为了避免或减轻大量余热、余湿或有害物质对卫生条件较好的人员活动区的影响。进风气流首先应送入车间污染较小的区域,再进入污染较大的区域。同时应该注意送风系统不应破坏排风系统的正常工作。当送风系统补偿供暖房间的机械排风时,送风可送至走廊或较清洁的邻室、工作部位,但是送风量不应超过房间所需风量的 50%,这主要是为了防止送风气流受到一定污染而规定的。

6.1.12 本条是关于计算机模拟方法的使用,为新增条文。

随着现代计算机模拟技术的不断进步,针对高大厂房、多跨厂房及空间气流复杂场合的送排风设计,可用模拟的方法对气流组织及污染物控制效果进行模拟预测,辅助优化设计。

6.1.13 本条规定了排风系统的划分原则,为强制条文。

1 本款规定是为了避免形成毒性更大的混合物或化合物,对人体造成危害或腐蚀设备及管道,如散发氰化物的电镀槽与酸洗槽散发的气体混合时生成氢氰酸,毒害更大。

2 本款规定是为了防止或减缓蒸汽在风管中凝结聚积粉尘,从而增加风管阻力甚至堵塞风管,影响通风系统的正常运行。

3 本款规定是为了避免剧毒物质通过排风管道及风口窜入其他房间,如将放散铅蒸气、汞蒸气、氰化物和砷化氰等剧毒气体的排风与其他房间的排风设为同一系统时,当系统停止运行,剧毒气体可能通过风管窜入其他房间。

6.1.14 本条规定了全面通风量的计算。

当数种溶剂(苯及其同系物或醋酸酯类)蒸气或数种刺激性气体(三氧化硫及二氧化硫或氟化氢及其盐类等)同时放散于空气中时,全面通风换气量应按各种气体分别稀释至接触限值所需要的空气量的总和计算。除上述有害物质的气体及蒸气外,其他有害物质同时放散于空气中时,通风量应仅按需要空气量最大的有害物质计算,无须进行叠加。

布置有局部机械排风系统的场合,在全面排风量计算时,应考虑补偿局部机械排风的室外进风的排除有害物的作用,全面排风量值可以适当较小。

算例:某车间使用脱漆剂,每小时消耗量为 4kg。脱漆剂成分为苯 50%,醋酸乙酯 30%,乙醇 10%,松节油 10%,求全面通风所需的空气量。

解:各种有机溶剂的散发量为

苯:$x_1 = 4 \times 50\% = 2(kg/h) = 555.6(mg/s)$;

醋酸乙酯:$x_2 = 4 \times 30\% = 1.2(kg/h) = 333.3(mg/s)$;

乙醇:$x_3 = 4 \times 10\% = 0.4(kg/h) = 111.1(mg/s)$;

松节油:$x_d = 4 \times 10\% = 0.4(kg/h) = 111.1(mg/s)$。

根据卫生标准,车间空气中上述有机溶剂蒸气的容许浓度为:

苯 $y_{p1}=40mg/m^3$;醋酸乙酯 $y_{p2}=300mg/m^3$;乙醇没有规定,不计风量;松节油 $y_{p4}=300mg/m^3$。

送风空气中上述四种溶剂的浓度为零,即 $y_0=0$。取安全系数 $K=6$,分别计算得到各种溶剂蒸气稀释到最高允许浓度的所需风量为:

苯 $L_1=\dfrac{6\times555.5}{40-0}=83.33(m^3/s)$

醋酸乙酯 $L_2=\dfrac{6\times333.3}{300}=6.67(m^3/s)$

乙醇 $L_3=0$

松节油 $L_4=\dfrac{6\times111.1}{300-0}=2.22(m^3/s)$

数种有机溶剂混合存在时,全面通风量为各自所需风量之和。即
$$L=L_1+L_2+L_3+L_4=92.22(m^3/s)。$$

6.1.15 本条规定了换气次数的确定。

由于我国工业企业行业众多,其生产性质和特点差异很大,换气次数无法在本规范中予以统一规定。国家针对不同的行业都制定了行业标准,各个行业部门也根据各自行业的特点,相继编制了相关设计技术规定、技术措施等。各行业设计单位通过多年的实践,在总结本行业经验的基础上,在其设计手册中都列入了相关换气次数的数据可供设计参考。

6.1.16 本条是关于厂房内部气流组织的原则规定。

6.1.17 新风净化措施根据室外空气的质量以及室内环境要求而定。本条为新增条文。

6.1.18 本条规定了高层和多层工业建筑的防排烟设计。

近年来,工业厂房的直接火灾及次生火灾危害造成了很大危害,有必要在工业建筑供暖空调通风设计中也将消防安全提到突出位置。在现行国家标准《建筑设计防火规范》GB 50016 中,对厂房的防烟和排烟已做了具体规定。

6.2 自 然 通 风

6.2.1 本条是关于自然通风的一般规定。

有资料表明,无组织排放对环境污染的贡献大于有组织排放,这是因为有组织排放的废气都经过了高效的净化处理。

6.2.2 本条是关于放散极毒物质的厂房不得采用自然通风的规定,为强制性条文。

自然通风将引起极毒物质的扩散。现行国家标准《职业性接触毒物危害程度分级》GB Z230 将毒物危害程度分为极度危害、高度危害、中度危害、轻度危害、轻微危害 5 级,本条中极毒物质是指会放散于空气中产生极度危害的物质。根据上述分级标准,我国常见的极度危害物质及行业见表 1。

表 1 常见极度危害物质及行业

极 毒 物 质	行 业 举 例
汞及其化合物	汞冶炼、汞齐法生产氯碱
苯	含苯粘合剂的生产和使用(制皮鞋)
砷及其无机化合物(非致癌的无机化合物除外)	砷矿开采和冶炼、含砷金属矿(铜、锡)的开采和冶炼
氯乙烯	聚氯乙烯树脂生产
铬酸盐、重铬酸盐	铬酸盐、重铬酸盐生产
黄磷	黄磷生产
铍及其化合物	铍冶炼、铍化合物的生产
对硫磷	对硫磷的生产和贮运
羰基镍	羰基镍生产
八氟异丁烯	二氟一氯甲烷裂解及其残液处理
氯甲醚	双氯甲醚、一氯甲醚生产、离子交换数值生产
锰及其无机化合物	锰矿开采和冶炼、锰铁和锰钢冶炼、高锰焊条制造
氰化物	氰化钠制造、有机玻璃制造

6.2.3 本条规定了自然通风的设计计算。

放散热量的厂房自然通风设计仅考虑热压作用,主要是因为热压比较稳定、可靠,而风压变化较大,即使在同一天内也不稳定。有些地区在炎热的日子里往往风速较低,所以在设计时不计入风压,而把它作为实际使用中的安全因素。热车间自然通风的计算方法见本规范附录 H。不同天窗,不同风向角,室外风对天窗排风能力影响各不相同。室外风不完全是有利的因素。由于有不利因素的存在,在自然通风设计时,应考虑风压因素。在主导风向上有连续贯通开口的厂房,其自然通风除了按照规范根据热压作用计算外,可应用 CFD 模拟预测风压的影响,避免因风压导致有害物侵入人员活动区域。

6.2.4 本条规定了厂房朝向要求。

在高温厂房的自然通风设计中主要考虑热压作用。某些地区室外通风计算温度较高,因为室温的限制,热压作用就会有所减小。为此,在确定该地区高温厂房的朝向时,应考虑利用夏季最多风向来增加自然通风的风压作用或对厂房形成穿堂风。因而要求厂房的迎风面与最多风向成 $60°\sim90°$。非高温厂房宜考虑其他季节的最多风向,以充分利用自然通风。

6.2.5 本条规定了自然通风进、排风口或窗扇的选择。

为了提高自然通风的效果,应采用流量系数较大的进、排风口或窗扇,如在工程设计中常采用的性能较好的门、洞、平开窗、上悬窗、中悬窗及隔板或垂直转动窗、板等。

供自然通风用的进、排风口或窗扇,一般随季节的变换要进行调节。对于不便于人员开关或需要经常调节的进、排风口或窗扇,应考虑设置机械开关装置,否则自然通风效果将不能达到设计要求。总之,设计或选用的机械开关装置应便于维护管理并能防止锈蚀失灵,且有足够的构件强度。

6.2.6 本条规定了进风口的位置。

夏季由于室内外形成的热压小,为保证足够的进风量,消除余热、提高通风效率,应使室外新鲜空气直接进入人员活动区。自然进风口的位置应尽可能低。参考国内外一些相关资料,可将夏季自然通风进风口的下缘距室内地坪的上限定为1.2m。冬季为防止冷空气吹向人员活动区,进风口下缘不宜低于4m,冷空气经上部侧窗进入,当其下降至工作地点时,已经过了一段混合加热过程,这样就不致使工作区过冷。如进风口下缘低于4m,则应采取防止冷风吹向人员活动区的措施。

6.2.7 本条规定了进风口与热源的相互位置。

本条规定是从防止室外新鲜空气流经散热设备被加热和污染考虑的。

6.2.8 本条规定了设置避风天窗或屋顶通风器的条件。

我国幅员辽阔,气候复杂,相关避风天窗的设置条件,南北方应区别对待。设置避风天窗与否,取决于当地气象条件(特别是夏季通风室外计算温度的高低)、车间散热量的大小、工艺和室内卫生条件要求以及建筑结构形式等因素。从所调查的部分热车间来看,设置避风天窗和散热量之间的关系大致为:南方炎热地区,车间散热量超过 $23W/m^3$;其他地区,车间散热量超过 $35W/m^3$,用于自然排风的天窗均采用避风天窗,因此作了如条文中的相关规定。

屋顶通风器按照结构形式分为流线型屋顶通风器、薄型屋顶通风器两种。流线型通风器适用于电力、钢铁、冶金、化工、造船、机械、机车等工业厂房,薄型通风器特别适用于风力较大的沿江、沿海的工业厂房。屋面通风排烟型通风器适用于烟尘量、热量较大或有排烟要求的大跨度高大厂房。流线型屋顶通风器、薄型屋顶通风器又分为电动开启式及常开式。屋顶通风器主要原理是利用室内外温差所造成的热压及外界风力作用所造成的风压来实现进风和排风,从而满足生产车间内换气要求的一种通风装置,无运行能耗。流线型屋顶通风器通风效率高,骨架采用结构方管焊接而成,强度高;它不占用车间的生产面积,通风效果比普通天窗(或称气楼)提高 30％,流量系数提高到 0.84,无倒灌现象,最大能承受 1000Pa 的风载及 50kg/m² 的雪载荷。薄型通风器整体高度低,仅高于屋顶接口 546mm,因而结构风荷载小,重量轻,建筑造价较低,采用三重防雨雪槽结构,以保证通风通道干燥,最大能承受 1200Pa 的风载荷及 50kg/m² 的雪载荷。

通风器选型计算方法:

(1)计算车间需要的总换气量:

$$车间总换气量 Q = 车间容积 \times 换气次数$$

(2)计算通风器的每米通风量:

通风量计算公式:

$$G = 3600 U_p A_p \sqrt{2g h_p r_p (r_j - r_{pw})} \tag{7}$$

式中:G——通风量;

　　U_p——通风器流量系数,流量系数 = 1/阻力系数;

　　A_p——通风器的有效通风面积(m^2);

　　g——重力加速度,取 9.81;

　　h_p——中和界高度,一般为檐口高度的 1/2;

　　r_p——排风温度下的空气密度;

　　r_j——进风温度下的空气密度;

　　r_{pw}——室内空气的平均密度,按排风温度和进风温度的平均值采用,即 $0.5 \times (r_j + r_p)$。

(3)结合厂房工艺布置图确定通风器长度及喉口宽度。

6.2.9 本条规定了可不采用避风型天窗的条件。

放散有害物质且不允许空气倒灌的车间,如铝电解车间,在电解过程中产生余热、烟气和粉尘(主要是氟化氢及沥青挥发物)等大量有害物质,采用自然通风的目的是排除车间的余热和有害物质。为使上升气流不致产生倒灌而恶化人员活动区的卫生条件,也应装设避风天窗。

我国南方有少数地区夏季室外平均风速不超过 1m/s,风压很小,经试算对比远不致对天窗的排风形成干扰,实测调查的结果也证实了这一点,因此规定夏季室外平均风速小于或等于 $1m/s$ 的地区,可不设置避风天窗。

6.2.10 本条规定了防止天窗或风帽倒灌,避风天窗或风帽各部分尺寸的要求。

规定本条的目的是为了避免风吹在较高建筑的侧墙上,因风压作用使天窗或风帽处于正压区,引起倒灌现象。

6.2.11 本条规定了封闭天窗端部的要求及设置横向隔板的条件。

将挡风板与天窗之间,以及作为避风天窗的多跨厂房相邻天窗之间的端部加以封闭,并沿天窗长度方向每隔一定距离设置横向隔板,其目的是为了保证避风天窗的排风效果,防止形成气流倒灌。

关于横向隔板的间距,国内各单位采取的数值不尽相同,有的采用 $40m\sim50m$,有的采用 $50m\sim60m$。相关单位的试验研究结果表明,当端部挡风板上缘距地坪的高度约 $13m$ 的情况下,沿天窗长度方向的气流下降至挡风板上缘处的位置距端部约 $42m$,相当于端部高度的 3 倍~3.5 倍。综合各单位的实际经验及研究成果,作了如条文中的相关规定。为了便于清理挡风板与天窗之间的空间,规定在横向隔板或封闭物上应设置检查门。

挡风板下缘距离屋面留有距离是为了排水、清扫污物等。

6.2.12 本条规定了自然通风进风口与排风天窗的水平距离的要求,为新增条文。

在夏热冬暖或夏热冬冷地区热加工车间,利用自然通风来冲淡工作区有害物时,车间宽度不宜超过 $60m$。对于多跨车间的自然通风效果,可利用 CFD 模拟,进行预测。增加车间高度有利于自然通风。

6.2.13 本条规定了设置不带窗扇的避风天窗的条件及要求。

有些高温车间的天窗(特别是在南方炎热地区)由于全年厂房内的散热量都比较大,无须按季节调节天窗窗扇的开启角度,宜采用不带窗扇的避风天窗,不但能降低造价,还能减小天窗的局部阻力,提高通风效率,但在这种情况下,应采取必要的防雨及防渗漏措施。

6.3 机 械 通 风

6.3.1 关于补风和设置机械送风系统的规定。

设置集中供暖且有排风的建筑物,设计上存在着如何考虑冬季的补风和补热的问题。在排风量一定的情况下,为了保持室内的风量平衡,有两种补风的方式:一是依靠建筑物围护结构的自然渗透,二是利用送风系统人为地予以补偿。无论采取哪一种方式,为了保持室内达到既定的室温标准,都存在着补热的问题,以实现设计工况下的热平衡。

本条规定应考虑利用自然补风,包括利用相邻房间的清洁空气补风的可能性。当自然补风达不到卫生条件和生产要求或在技术经济上不合理时,则以设置机械送风系统为宜。"不能满足室内卫生条件"是指室内环境温度过低或有害物浓度超标,影响操作人员的工作和健康;"生产工艺要求"是指生产工艺对渗入室内的空气含尘量及温度要求;"技术经济不合理"是指为了保持热平衡需设置大量的散热器等不及设置机械送风系统合理。

设置集中供暖的建筑物,为负担通风所引起的过多的耗热量会增加室内的散热设备。而在实际使用中通风系统停止运行时,散热设备提供的过多的热量会使建筑物内温度过高。如果仅按围护结构的负荷,不考虑新风负荷而设置散热设备,在通风系统运行时又难以保证建筑物内的供暖温度。因此本条规定在设置机械送风系统时,应进行风量平衡及热平衡计算。

6.3.2 本条规定了不应采用循环空气的限制条件,为强制性条文。

排风中仍然含有污染物质,再循环使用不当将造成污染物质的累积,房间内污染物浓度将越来越高,因此规定了在某些情况下不得使用循环风。

6.3.3 本条是关于送风方式的规定。

根据有害物质以及所采用的排风方式,本条给出了三种可供设计选择的送风方式:

1 放散热或同时放散热、湿和有害气体的厂房,当采用上部全面排风(用以消除余热)或采用上、下部同时全面排风(用以消除余热、余湿和有害气体)时,将新鲜空气送至人员活动区,以使送风气流既不致为房间上部的高温空气所预热,也不致为室内的有害物质所污染,从而有助于改善人员活动区的劳动条件。

2 放散粉尘或比空气重的有害气体和蒸气,而不同时放散热的厂房,当主要从下部区域排风时(包括局部排风和全面排风),由于室内不会形成稳定的上升气流,将新鲜空气送至上部区域,以便不使送风气流短路,对保持室内人员活动区温度场分布均匀、防止粉尘飞扬和改善劳动条件都是有好处的。

3 当有害物质的放散源附近有固定工作地点,但因条件限制不可能安装有效的局部排风装置时,直接向工作地点送风(包括采用系统式局部送风),以便在固定工作地点造成一个有害物浓度符合卫生标准的人工小气候,使操作人员的劳动条件得以改善。在这种情况下,应妥善地合理地组织排风气流,以免有害物质为送风气流所裹携而到处飘逸和飞扬。

6.3.4 本条规定了机械送风系统室外计算参数的选择原则。

1 为了使室内温度不因通风而降低,计算冬季通风耗热量时,应采用冬季供暖室外计算温度。

2 计算冬季消除余热、余湿通风量时,采用冬季通风室外计算温度,计算温差比采用冬季供暖室外计算温度时小,计算所得的风量大,这样做保证率反而高。

3 设计通风系统消除余热、余湿的区域,一般对温、湿度允许波动范围的要求不严格,因此夏季室外计算参数采用保证率相对较低的通风计算参数。一些对温、湿度波动范围要求不严格的场所,由于室内发热量较大或夏季室外温度较高,消除余热要求的通风量过大,允许的送风量不能满足要求,虽然需要进行降温处理,但保证率可以低一些,新风冷却量计算可采用夏季通风室外计算温度,不采用夏季空调室外计算温度。但对室内最高温度限值要求较严格的工程,可以采用夏季空调室外计算温度。

4 夏季消除室内余湿的通风系统,宜采用夏季通风室外计算干球温度和夏季通风室外计算相对湿度确定室外空气状态点,用对应的含湿量进行通风量计算。同理,最高湿度限值要求严格时,则可采用空调室外设计参数确定室外空气状态点。

6.3.5 本条规定了机械送风系统进风口的位置。

1 为了使送入室内的空气免受外界环境的不良影响而保持清洁,因此规定把进风口直接布置在室外空气较清洁的地点。

2 为了防止排风(特别是放散有害物质的厂房的排风)对进风的污染,所以规定近距离内有排风口时进口应低于排风口。

3 为了防止送风系统把进风口附近的灰尘、碎屑等扬起并吸入,规定进风口下缘距室外地坪不宜小于2m,同时还规定当布置在绿化地带时,不宜小于1m。

4 应避免进、排风口短路。当屋顶上设有天窗、屋顶通风器等排风装置时,如同时在屋面上设进风口,进风口与屋顶排风装置之间应保持一定的距离。

6.3.6 本条规定了设置置换通风的原则及条件。

与十年前相比,置换通风系统已被国内工业建筑设计院所采用。置换通风在汽车制造厂、轨道交通列车制造厂、造纸厂、电子设备厂、印刷厂、机械设备制造厂等工业厂房运行并取得良好的效果。置换通风设备已国产化,改变了以往从国外引进、造价昂贵的局面。

6.3.7 本条是关于置换通风的设计规定。

置换通风是将经过处理或未经处理的空气,以低风速、低紊流度、小温差的方式,直接送入室内人员活动区的下部。送入室内的空气先在地板上均匀分布,随后流向热源(人员或设备)形成热气流以热烟羽的形式向上流动,在上部空间形成滞流层,从滞留层将余热和污染物排出室外。

在建筑空间中,人们只在活动区停留。以净高大于或等于2.4m的民用建筑及层高为5.5m的厂房为例,人的呼吸带高度与建筑空间高度之比约为 0.46～0.27。将新鲜空气直接送入人员活动区,既满足了室内的卫生要求,也保证了良好的热舒适性,最大限度地保证了通风的有效性。置换通风的竖向流型是以浮力为基础,室内污染物在热浮力的作用下向上流动。气流在上升的过程中,卷吸周围空气,热烟羽流量不断增大。在热力作用下,建筑物内空气出现分层现象。

置换通风在稳定状态时,室内空气在流态上将形成上下两个不同的区域:即上部紊流混合区和下部单向流动区,下部区域(人员活动区)内没有循环气流(接近置换气流),而上部区域(滞留区)内有循环气流。室内热浊空气滞留在上部区域而下部区域是凉爽的清洁空气。两个区域分层界面的高度取决于送风量、热源特性及其在室内的分布情况。在设计置换通风系统时,该分层界面应控制在人员活动区以上,以确保人员活动区内空气质量及热舒适性。

与通常的混合通风相比,置换通风的设计要求确保人员活动区内的气流掺混程度最小。置换通风的目的是为了在人员活动区内维持接近于送风状态的空气质量。同时,由于置换通风是先在地板上均匀分布,然后再向上流动,为了避免下部送风对人体产生的不舒适性,置换通风器的出风速度不大于 0.5m/s。

6.3.8 本条规定了对全面排风的要求。

本条规定了设计全面排风的几点要求。为了防止有害气体在厂房的上部空间聚集,特别是装有吊车时,有害气体的聚积会影响吊车司机的健康和造成安全事故;高度小于或等于 6m 的车间全面排风量不宜小于 1 次/h 换气。当房间高度大于 6m 时,换气次数允许稍有减少,仍按 6m 高度时的房间容积计算全面排风量,即可满足要求。

6.3.9 本条规定了全面排风系统吸风口的布置及风量分配。

采用全面排风消除余热、余湿或其他有害物质时,把吸风口分别布置在室内温度最高、含湿量和有害物质浓度最大的区域,一是为了满足本规范第 6.1.11 条和第 6.1.12 条关于合理组织室内气流的要求,避免使含有大量余热、余湿或有害物质的空气流入没有或仅有少量余热、余湿或有害物质的区域;二是为了提高全面排风系统的效果,创造较好的劳动条件。因而考虑了有害气体的密度和室内热气流的诱导作用,按上、下两个区域设置不同的排风量。

室内有害物浓度的分布是不均匀的,影响其分布状况的原因有两个方面:第一,由于某种原因(如热气流或横向气流的影响等)造成含有有害物的空气流动或环流,即对流扩散;第二,有害物分子本身的扩散运动,但在有对流的情况下其影响甚微。对流扩散对有害物的分布起着决定性的作用。只有在没有对流的情况下,才会使一些密度较大的有害气体沉积在房间的下部区域;并使一些比较轻的气体,如汽油、醚等挥发物由于蒸发而冷却周围空气也有下降的趋势。在有强烈热源的厂房内,即使密度较大的有害气体,如氯等由于受稳定上升气流的影响,最大浓度也会出现在房间的上部。如果不考虑具体情况,只注意有害气体密度的大小(比空气轻或重),有时会得出浓度分布的不正确结论。因此,参考国内外相关资料,对全面排风量的分配作了如条文中的规定,并着重强调了必须考虑是否会形成稳定上升气流的影响问题。当有害气体分布均匀且其浓度符合卫生标准时,从有害气体与空气混合后与室内空气的相对密度的作用已不会构成分上、下区域排风的理由。

6.3.10 本条规定了排除爆炸危险性气体时,全面排风系统吸风口的布置要求,为强制性条文。

对于由于建筑结构造成的有爆炸危险气体排出的死角,如在生产过程中产生氢气的车间,会出现由于顶棚内无法设置排风口而聚集一定浓度的氢气发生爆炸的情况。在结构允许的情况下,在结构梁上设置连通管进行导流排气,以避免事故发生。

6.3.11 本条规定了局部排风的排放要求。

规定本条的目的是为了使局部排风系统排出的剧毒物质、难闻气体或浓度较高的爆炸危险性物质得以在大气中扩散稀释,以免降落到建筑物的空气动力阴影区和正压区内,污染周围空气或导致向车间内倒流。

所谓"建筑物的空气动力阴影区",系指室外大气气流撞击在建筑物的迎风面上形成的弯曲现象及由此而导致屋顶和背风面等处由于静压减小而形成的负压区;"正压区"系指建筑物迎风面上由于气流的撞击作用而使静压高于大气压力的区域,一般情况下,只有当它和风向的夹角大于 30°时,才会发生静压增大,即形成正压区。

6.3.12 本条规定了采用燃气加热的供暖装置、热水器或炉灶时的安全要求。

为保证安全,防火防爆,在采用燃气加热的供暖装置、热水器或炉灶时,应符合现行国家标准《城镇燃气设计规范》GB 50028 的规定。

6.4 事 故 通 风

6.4.1 本条规定了设置事故通风系统的原则要求。

事故通风是保证安全生产和保障人民生命安全的一项必要的措施。对生产、工艺过程中可能突然放散有害气体的建筑物,在设计中均应设置事故排风系统。有时虽然很少或没有使用,但并不等于可以不设,应以预防为主。这对防止设备、管道大量逸出有害气体而造成人身事故是至关重要的。

6.4.2 本条规定了事故通风设备防爆、系统形式、运行保证的要求。

放散有爆炸危险的可燃气体、蒸气或粉尘气溶胶等物质时,应采用防爆通风设备,也可采用诱导式事故排风系统。诱导式排风系统可采用一般的通风机等设备,具有自然通风的单层厂房,当所放散的可燃气体或蒸气密度小于室内空气密度时,宜设事故送风系统。而较轻的可燃气体、蒸气经天窗或排风帽排出室外。事故通风由经常使用的通风系统和事故通风系统共同保证,非常有利于提前预防。

6.4.3 本条规定了事故通风的定义及计算风量等。

从本规范 2003 年版执行情况反馈信息来看,对于高大厂房,大家普遍认为按整个车间 12 次/h 换气计算事故通风量时,事故通风系统庞大,且不一定合理。经反复讨论,大家认为现行行业标准《化工供暖通风与空气调节设计规范》HG/T 20698 中确定的事故通风计算方法值得借鉴,且能满足各行业使用的需要,因此规定厂房以 6m 高度为限:当房间高度小于或等于 6m 时,按房间实际体积计算;当房间高度大于 6m 时,按 6m 的空间体积计算。通过合理布置吸风口,可以让事故通风系统发挥最大的作用。吸风口的布置应符合本规范第 6.4.4 条的规定。

6.4.5 本条是关于事故通风吸风口、排风口位置的规定。

事故通风吸风口的位置应有利于有毒、有爆炸危险气体在扩散前排出,并避免形成通风死角。事故排风口的布置是从安全角度考虑的,为的是防止系统投入运行时排出的有毒及爆炸性气体危及人身安全和由于气流短路时进风空气质量造成影响。

6.4.6 本条是关于事故通风装置的自动控制,为新增条文。

随着技术的进步,事故通风系统的启动或停止不能仅依赖于人为发现、人为控制,条件具备时应当引入自动控制系统,以增加其可靠性。

6.4.7 本条规定了事故通风设备电气开关设置的位置要求,为强制性条文。

事故排风系统(包括兼作事故排风用的基本排风系统)的通风机,其开关装置应装在室内外便于操作的地点,以便一旦发生紧急事故时,使其立即投入运行。事故排风系统的供电系统的可靠等级应由工艺设计确定,并应符合现行国家标准《供配电系统设计规范》GB 50052 以及其他规范的要求。

6.4.8 本条规定了事故通风系统设补风系统的要求,为新增条文。

所有通风系统均应考虑风量的平衡,有排风、有进风,才能保证气流通畅。设计中遇到过设有事故排风系统却不具备自然进风的情况,因此特别增加本条而予以强调。

6.5 隔 热 降 温

6.5.1 本条规定了采取隔热措施的界限。

工作人员较长时间内直接受到辐射热影响的工作地点,在多大辐射照度下设置隔热措施一般是以人体所能接受的辐射照度及时间确定的。本条参照国外相关资料,确定了设置隔热的辐射照度界限。

由于隔热措施投资少、收效大,我国高温车间普遍采用。实践证明,只要设计人员密切结合工艺操作条件,因地制宜地进行设计,都能取得较好的效果。

高温车间内装有冷风机的吊车司机室、操纵室等,由于小室位于高温、强辐射热的环境中,为了提高降温效果、节约电能,这些小室应采取良好的隔热、密封措施。

6.5.2 本条规定了隔热方式的选择。

据调查,水幕隔热大多数用于高温炉的操作口处,一般系定点采用。但是水幕的采用受到工艺条件和供水条件等的约束,所以设计时要根据工艺、供水和室内风速等条件,在选择地分别采用水幕、隔热水箱和隔热屏等隔热方式。

6.5.3 本条规定了隔热标准。

隔热水箱和串水地板常用在高温炉壁、轧钢车间操纵室的外墙或底部以及铸锭车间底板四周等处。以轧钢车间为例,地面常用钢板铺成,当600℃以上的红热钢件经常沿操纵室地面运输时,钢板地面温度能逐渐升高到120℃～150℃,甚至更高,在这种情况下,往往利用隔热水箱做成串水地板。其表面平均温度不应高于40℃。

当采用隔热水箱或串水地板时,为了防止水中悬浮物结垢,规定排水温度不宜高于45℃。

6.5.4 本条规定了设置局部送风(空气淋浴)的条件。

局部送风是工作地点通风降温的一项措施,它能改变局部范围内的空气参数,在工作地点或局部工作区造成一个小气候。当工作地点固定或相对固定时,在条文中所规定的情况下,设置局部送风是合适的。

设置局部送风的目的,既要保证《工业企业设计卫生标准》GBZ 1对工作地点的温度要求,又要消除辐射热对人体的影响。人体在较长时间内受到照度较大的辐射热作用时,会造成皮肤蓄热,影响人体的正常生理机能。一般情况下,高温工作地点的辐射热和对流热是同时存在的,但在冶金炉或炼钢、轧钢车间等是以辐射热为主的,这都需要设置局部送风。

局部送风的方式分两种,一种是单体式局部送风,借助于轴流风机或喷雾风扇,利用室内循环空气直接向工作地点送风,适用于工作地点单一或分散的场合;另一种是系统式局部进风,用通风机将室外新鲜空气(经处理或未经处理的)通过风管送至工作地点,适用于工作地点较多且比较集中的场合。

6.5.5、6.5.6 这两条规定了采用单体式局部送风时工作地点的风速。

(1)采用不带喷雾的轴流风机进行局部进风时,由于不能改变工作地点的温、湿度参数,只能依靠保持一定的风速达到改善劳动条件的目的,因此本规范第6.5.5条根据现行国家标准《工业企业设计卫生标准》GBZ 1的相关规定(可用风速范围为2m/s～6m/s),并按作业强度的不同,把工作地点的风速分为三挡:轻作业时,2m/s～3m/s;

中作业时,3m/s～5m/s;重作业时,4m/s～6m/s。

(2)采用喷雾风扇进行局部送风时,由于借助于细小雾滴能够起到一定的隔热作用,具有显著的降温效果,本规范第 6.5.6 条针对其适用对象,把工作地点的风速控制在 3m/s～5m/s。

鉴于多年来国内相关单位研制和使用喷雾风扇的经验,为避免对生产操作人员的健康造成不良影响。因此把使用范围限制在工作地点温度高于 35℃(高于人体皮肤温度),热辐射强调大于 $1400W/m^2$,且工艺不忌细小雾滴的中、重作业的工作地点,并规定喷雾雾滴直径不应大于 $100\mu m$。

当局部送风系统的空气需要冷却处理时,其室外计算参数应采用夏季通风室外计算温度及相对湿度。

6.5.7 本条规定了局部送风空气处理计算参数的确定。

6.5.8 本条规定了设置局部送风系统的要求。

据调查,以前有些地方采用的局部送风系统,气流大多是从背后倾斜吹到人体上部躯干的。在受辐射热影响的工作地点,工作人员反映"前烤后寒",效果不好,这主要是因为受热面吹不到风的缘故。因此认为最好是从人体的前侧上方倾斜吹风。医学卫生界认为,头部直接受辐射热作用,会使辐射能作用于大脑皮质,产生过热;胸背受辐射热作用,会使肺部的大量血液受热;颈部受辐射热作用,会使流经大脑的血液受热;而手足等其他部位受辐射热作用,影响则较小。气流自上而下或由一边吹向人体时,人体前部和背部都能均匀地受到降温作用。综合上述情况,对气流方向作了规定。

送到人体上的气流宽度,宜使操作人员处于气流作用的范围内,这样效果较好。在满足送风速度要求的情况下,较大的气流宽度对提高局部送风的效果有利。一般情况下,以 1m 作为设计宽度是合适的。但是对于某些工作地点较固定的轻作业,为减少送风量,节约投资,气流宽度可适当减少至 0.6m。

6.5.9 本条规定了特殊高温工作小室的降温措施。

在特殊高温工作地点,由于气温高、辐射强度大,应采用空气调节设备降温,尤其是南方炎热、潮湿地区。如高温作业车间吊车司机室所在的车间较高处,吊车司机室周围温度可达 40℃～50℃,这类场所适合采用高温型空气调节设备,可在 50℃～70℃环境下稳定运行。为节省能量消耗,这类特殊的高温的工作小室应采用很好的密闭和隔热措施。

6.6 局部排风罩

6.6.1 本条规定了排风罩的设计原则,为新增条文。

设计排风罩的目的是捕集烟气、毒气、粉尘等有害物,是通风除尘系统设计的关键环节之一。排风罩首先应能有效捕集污染源散发的有害物,用较小的排风量达到最好的污染物控制效果。其次,排风罩的设置应不影响操作者的使用,避免干扰气流对吸气气流的影响。

6.6.2 本条规定了密闭罩的设计,为新增条文。

密闭罩和其他形式的排风罩相比,外部干扰小,容易控制有害物的扩散,在条件允许时,宜优先采用密闭罩。密闭罩根据工艺设备及其配置的不同,可采用局部密闭罩、整体密闭罩、大容积密闭罩、固定式密闭罩和移动式密闭罩。密闭罩的设计要充分考虑不妨碍工人操作。密闭罩有条件时采用装配结构。观察窗、操作孔和检修门应开关灵活,具有气密性,远离气流正压高的部位。吸风口的位置也应避免物料飞溅区及气流正压高的部位,同时保持罩内均匀负压。密闭罩可整体或局部采用透明材料制作。密闭罩同时可兼有减噪和隔声的作用。

6.6.3 本条规定了密闭罩排气口位置的设计,为新增条文。

在密闭罩上装设位置和开口面积适宜的吸风罩同除尘风管连接,使罩口断面风速均匀,为防止排风把物料带走,还应对吸风口的风速加以控制。在吸风点的排风量一定的情况下,吸风口风速主要取决于物料的密度和粒径大小以及吸风口于扬尘点之间的距离远近等。针对筛分工艺特点规定:对于细粉料的筛分过程,采用不大于 0.6m/s;对于物料粉碎过程,采用不大于 2m/s;对于粗粒径物料的破碎过程,采用不大于 3m/s,由于各行业的具体情况不同,设计人员可以根据粉尘的比重参考上述数值进行修正。

物料输送过程密闭罩粉尘外逸的原因是物料进入罩内时的动压及带入的气体压力考虑的不足,3m/s 风速对应的静压仅为 5.4Pa,如果物料的动压及带入气体产生的压力叠加大于这个数字,粉尘就会从缝隙外逸。

6.6.4 本条规定了半密闭罩和柜式通风罩的设计,为新增条文。

半密闭罩和排风柜因有多面围挡,外部气流干扰小,和外部通风罩相比能取得较好地控制污染物的作用,同时便于工作者的操作,工程中使用的较多。

排风柜内部构造形式根据柜内有害气体密度大小确定。当有害物为热蒸气或其密度小于空气时,排风柜采用上排风形式;当有害物密度大于空气时,排风柜采用下排风形式;有害物密度大小多变时,排风柜采用上、下同时排风的形式。

小型排风柜多用于化学实验室,分为定风量型、变风量型、补风型等。小型排风柜的柜口风速见表2。

表 2 小型排风柜的吸入速度

序号	有害物性质	速度(m/s)
1	无毒有害物	0.25～0.375
2	有毒或有危险性的有害物	0.4～0.5
3	剧毒或有少量放散性物质	0.5～0.6

小型实验柜操作口高度和风量可调节。目前多台实验柜组成的通风系统设有的实验柜传感器与末端风机连控,无极调节实验柜的排风风量及末端风机风量,在保证可靠的前提下,大大提高了运行的节能性。

当柜式排风罩设置在供暖及空调房间时,为节约供暖空调能耗,可采用补风式柜式排气罩。

大型排风柜使用在特定的工艺中。设计中需要注意的问题是因开口面积大而产生的断面风速不均匀问题。当工艺过程为冷过程、有害物比重大于环境空气比重时,有害气体有可能从下部逸出。设计人员要综合考虑工艺污染物的重力、浮力、原始动力等因素,设置合适的排风口位置。特定工艺柜式排气罩工作孔吸入风速见相关资料。

6.6.5 本条规定了外部吸气罩的设计,为新增条文。

外部吸气罩主要有均流侧吸罩、方形(或圆形)侧吸罩、条缝形吸气罩、冷气流上吸式(回转)伞形罩、下吸式(回转)伞形罩、升降式(回转)伞形罩等。外部罩的罩口尺寸应按吸入气流流场特性来确定,其罩口与罩子连接管面积之比不应超过 16:1,罩子的扩张角度宜小于 60°,不应大于 90°。当罩口的平面尺寸较大时,可分成几个独立小排风罩;中等大小的排风罩可在罩内设置挡板、导流板或条缝口等。伞形罩等在有条件时宜增加侧挡板保证排风效果。外部排风罩的风量计算公式可查阅通风类手册。

6.6.6 本条规定了槽边排气罩设计,为新增条文。

1 工业槽边排气罩是工件表面处理行业常用的排气罩方式。普通槽边排风罩为平口式和条缝式,条缝式排风罩减少了吸气范围,相应地减少了排风量,同样排风量时效果比平口式好。在实际工程中,工程设计人员对平口罩进行了改进,使平口罩达到了条缝罩的效果。具体做法是:镀槽液面适当降低,在平口罩上增加一个活页式小盖板,使排气罩上盖延伸到阳极杆上方位置,减少了吸风范围,使同样的风量达到更好的效果。设计人员可以根据外部通风罩的设计原理,同时参阅槽边排气的经验公式进行计算和改进。

2 吹吸式排风罩气流组织合理,控制范围大,对于大型工业槽是比较好的处理方案。有工程实践的做法是适当降低原有液面高度到距槽口 300mm,将吹风风速控制在 0.5m/s~2.0m/s 范围内,吹风口下倾 5°,液面蒸发气雾被很好地控制并排出。

3 圆形槽环形排风罩控制罩口面风速在合适的范围内。

6.6.7 本条规定了热接受排气罩的设计,为新增条文。

高温热源的上部气流等应因势利导,用接受罩将污染空气控制在排风罩内。热源上部热射流面积的计算见工业通风类手册。根据安装高度 H 的不同,热源上部的接受罩可分为两类,$H \leqslant 1.5 \sqrt{F}$ 或 $H \leqslant 1m$ 的称为低悬罩,$H > 1.5 \sqrt{F}$ 或 $H > 1m$ 的称为高悬罩。低悬罩排风罩口尺寸比热源尺寸每边扩大 150mm~200mm,高悬罩应将计算所得的罩口处热射流直径增加 $0.8H$ 作为罩口直径。H 为罩口至热源上沿的距离,F 为热源水平投影面积。

大型熔炼炉采用导流式排烟罩或气幕隔离罩减小热射流面积,以减少接受罩的捕捉面积。

6.6.8 本条规定了工艺接受罩的设计,为新增条文。

金属件在喷砂、磨光及抛光时产生大量诱导气流,用特制接受罩将污染空气控制在排风罩内。工程技术人员对特定工艺接收罩的设计风量已进行测试和总结出计算的经验公式,详见通风罩标准图集及工业通风类手册。

6.6.9 本条规定了排风罩的材料选择,为新增条文。

排风罩材质除钢板外,还可采用有色金属、工程塑料、玻璃钢等。振动小、温度不高的罩体采用小于或等于 2mm 的薄钢板制作;振动及冲击大、温度高的场合采用 3mm~8mm 的钢板制作。高温条件或炉窑旁使用的排风罩采用耐热钢板制作。有酸碱或其他腐蚀条件的环境,罩体材质采用耐腐蚀材料或材料表面防腐处理。在可能由静电引起火灾爆炸的环境,罩体做防静电处理。排风罩应坚固耐用。

6.6.10 本条规定了排风柜合并设计排风系统的要求,为新增条文。

排风柜的数量较多时,经常需要多台排风柜合并设计排风系统,尤其在试验、化验型建筑中。多台排风柜合设排风系统时,应按同时使用的排风柜总风量确定系统风量,否则将造成设备选型过大、排风量过大的情况。每台排风柜排风口宜安装调节风量用的阀门,风机宜变频调速。

6.6.11 本条规定了设有排风柜的房间设进风通道、供暖或空调设施的要求,为新增条文。

一个房间内设多台排风柜时,房间的通风量相当可观,应按房间风平衡设计进风通道,并按房间热平衡设必要的供暖或空调设施。

6.7 风 管 设 计

6.7.1～6.7.3 本条是关于风管尺寸、风管材料、风管壁厚的规定,为新增条文。

条文的目的是为使设计中选用的风管截面尺寸标准化,为施工、安装和维护管理提供方便,为风管及零部件加工工厂化创造条件。据了解,在《全国通用通风管道计算表》中,圆形风管的统一规格是根据 R20 系列的优先数制定的,相邻管径之间共有固定的公比(≈1.12),在直径 100mm～1000mm 范围内只推荐 20 种可供选择的规格,各种直径间隔的疏密程度均匀合理,比以前国内常采用的圆形风管规格减少了许多;矩形风管的统一规格是根据标准长度 20 系列的数值确定的。把以前常用的 300 多种规格缩减到 50 种左右。经相关单位试算对比,按上述圆形和矩形风管系列进行设计,基本上能满足系统压力平衡计算的要求。对于要求较严格的除尘系统,除以 R20 作为基本系列外,还有辅助系列可供选用,因此是足以满足设计要求的。

对风管材料的要求综合在本规范第 6.7.2 条中。风管有金属风管、非金属风管、复合材料风管等多种,用何种材料制作风管首先应满足使用条件及施工安装条件要求,如风管的强度、耐温、耐腐蚀、耐磨、使用寿命等应满足使用要求。其次,其防火性能应满足《建筑设计防火规范》GB 50016 中的相关要求。需防静电的风管应采用金属材料制作。

第 6.7.3 条提出了确定风管壁厚的原则,设计者应根据具体工程需要确定风管壁厚,同时强调现行国家标准《通风与空调工程施工质量验收规范》GB 50243 中是风管最小壁厚的要求。风管壁厚还和施工方法相关。

6.7.4 本条是关于风管漏风量的规定。

原条文中提出漏风率的取值范围,对选择风机、空气处理设备等有用,但对风管设计无实际意义,且提出的系统漏风率数值偏大。"一般送、排风系统"概念不明确,因此改为"非除尘系统",与除尘系统相对应(以下同)。

风管设计中,选择风管材料及风管制作工艺,从而控制风管漏风量是设计人员能够且应该做到的。风管漏风率改为非除尘系统不超过 5%,除尘系统不超过 3%。需要指出,这样的附加百分率适用于最长正压管段总长度不大于 50m 的送风系统和最长负压管段总长度不大于 50m 的排风及除尘系统。对于更大的系统,其漏风百分率适当增加。有的全面排风系统直接布置在使用房间内,则不必考虑漏风的影响。

6.7.5 本条规定了风管水力平衡计算要求。

把通风、除尘和空气调节系统各并联管段间的压力损失差额控制在一定范围内,是保障系统运行效果的重要条件之一。在设计计算时,应用调整管径的办法使系统各并联管段间的压力损失达到所要求的平衡状态。不仅能保证各并联支管的风量要求,而且可不装设调节阀门,对减少漏风量和降低系统造价较为有利。特别是对除尘系统,设置调节阀害多利少,不仅会增大系统的阻力,而且会增加管内积尘,甚至有导致风管堵塞的可能。根据国内的习惯做法,本条规定非除尘系统各并联管段的压力损失相对差额不大于 15%,除尘系统不大于 10%,相当于风量相差不太于 5%。这样做既能保证通风效果,设计上也是能办到的。如在设计时难以利用调整管径达到平衡要求时,则可以采用设置调节阀门或增加设计流量等方法进行增加阻力计算,同时也可以考虑重新布置管道走向,改善环路的平衡特性。

6.7.6 本条规定了风管设计风速要求。

1 表 6.7.6 中所给出的通风系统风管内的风速是基于经济流速和防止在风管中产生空气动力噪声等因素,参照国内外相关资料测定的。对于一般工业建筑的机械通风系统,因背景噪声较大、系统本身无消声要求,即使按表 6.7.6 中较大的经济流速取值,也能达到允许噪声标准的要求。

2 除尘系统风管设计风速应按第 6.7.6 条第 2 款的规定确定,条文中特别指出使用本规范附录 K 时,应注意适用条件。

6.7.7 本条是关于风管采取补偿措施的规定,为新增条文。

1 要求金属风管设补偿器,是因为输送高温烟气的金属风管,在温度变化时会热胀冷缩,产生很大的推力,处理不好会对建筑物或支架造成破坏,因此要求设计人员一定要通过计算,将管道对管道支架的推力控制在合理的范围内,并选用合适的管道托座。

2 提出线膨胀系数较大的非金属风管在一定条件下应设补偿器。

6.7.8 本条规定了通风系统排除凝结水的措施,为新增条文。

排除潮湿气体或含水蒸气的通风系统,风管内表面有时会因其温度低于露点温度而产生凝结水。为了防止在系统内积水腐蚀设备及风管影响通风机的正常运行,因此条文中规定水平敷设的风管应有一定的坡度,并在风管的最低点排除凝结水。

6.7.9 本条规定了除尘系统风管设计要求,为新增条文。

1 强调了宜采用圆形钢制风管,在同等输送能力下,圆形钢制风管强度大,比摩阻小。满焊连接,以减少漏风量。

2 除尘风管直径根据所输送的含尘粒径的大小作了最小直径的补充规定,以防产生堵塞问题。

3 除尘风管以垂直或倾斜敷设为好。但考虑到客观条件的限制,有些场合不得不水平敷设,尤其大管径的风管倾斜敷设就比较困难。倾斜敷设时,与水平面的夹角越大越好,因此规定应大于45°。为了减少积尘的可能,本款强调了应尽量缩短小坡度或水平敷设的管段。

4 支管从主管的上面连接比较有利。但是施工安装不方便,鉴于具体设计中支管从主管底部连接的情况也不少,所以本款规定为"宜"。对于三通管夹角,考虑到大风管常采用 45°夹角的三通,除尘风管的三通夹角也可以用到 45°,因此本款规定三通夹角宜采用 15°~45°。

较大直径风管三通连接时经常受到场地的限制,支管和干管的夹角不能保证小于 45°,常有采用 90°连接的情况,这时应采取扩口导流措施,可显著减小局部阻力。

5 减少弯管数量、加大弯管曲率半径、减小弯管角度可降低阻力,防止堵塞。

6 除尘风管在特定条件下应有防磨措施。

7 除尘风管设计应考虑管内积灰清除的可能性。直径较大的水平管道可在易积灰的部位,如弯管、三通、阀门等附近设置密闭清灰人孔,直径较小的管道可设置密闭检查孔或管道吹扫孔。

8 除尘支管上设置风量调节装置及风量测定孔有利于运行调节。对于吸风点较多的机械除尘系统,虽然在设计时进行了各并联环路的压力平衡计算,但是由于设计、施工和使用过程中的种种原因,出现压力不平衡的情况实际上是难以避免的。为适应这种情况,保障除尘系统的各吸风点都能达到预期效果,因此条文规定在各分支管段上宜设置调节阀门。

在吸入段风管上,一般不容许采用直插板阀,因为它容易引起堵塞。作为调节用的阀门,无论是蝶阀、调节瓣或插板阀,都宜装设在垂直管段上,如果把这类阀门装在倾斜或水平风管上,则阀板前、后产生强烈涡流,粉尘容易沉积,妨碍阀门的开关,有时还会堵塞风管。

9 本款规定了除尘风管支、吊架跨距的确定原则。除尘风管的外径和壁厚是根据管内气体流速、管道刚度及粉尘磨琢性等因素综合确定,常采用较厚的钢板制作,因此有较大的刚度。现行的国标图集及施工与验收规范大部分内容是针对薄壁风管的,并不适用于除尘风管,因此本条参考相关资料给出原则性规定。

10 从生产操作的角度出发,装有阀门、测孔、人孔、检查孔或吹扫孔等部位现场不具备其他检查维护条件时,宜设置平台和梯子,便于使用。

11 本款是安全生产的要求。

6.8 设备选型与配置

6.8.2 本条是关于选择通风设备时性能参数确定的规定。

1 在工业通风系统运行过程中,由于风管和设备的漏风会导致送风口和排风口处的风量达不到设计值,甚至会导致室内参数(其中包括温度、相对湿度、风速和有害物浓度等)达不到设计和卫生标准的要求。为了弥补系统漏风可能产生的不利影响,选择通风机时,应根据系统的类别(低压、中压或高压系统)、风管内的工作压力、设备布置情况以及系统特点等因素,附加系统的漏风量。由于管道积尘、过滤器积灰、除尘器积尘等因素,通风系统的阻力会有增加,因此通风机压力也应附加。

2 通常通风机性能图表是按标定状态下的空气参数编制的(大部分标定状态是指温度 20℃,大气压力为 $1.01×10^5$ Pa,相对湿度 50%,密度为 1.2kg/m³ 的标准状态)。从流体力学原理可知,当输送的空气密度改变时,通风系统的通风机特性和风管特性曲线也随之改变。对于离心式和轴流式风机,容积风量保持不变,而风压和电动机轴功率与空气密度成正比变化。当计算工况与风机样本标定状态相差较大时,风机选型应按式(8)、式(9)将风机样本标定状态下的数值换算成风机选型计算工况的风量和全压,据此选择通风机。风机配套电机应按式(10)计算出轴功率配套选型。

通风系统计算工况容积风量与标准状态下的通风系统的容积风量关系如下:

$$L = L_0 \qquad (8)$$

式中：L——计算工况下的通风系统的容积风量(m^3/h)；

L_0——标定状态下的通风系统的容积风量(m^3/h)。

通风系统计算工况压力损失与标准状态下的通风系统的压力损失关系如下：

$$P = P_0 \cdot \frac{P_b}{P_{b0}} \cdot \frac{273 + t_0}{273 + t} \qquad (9)$$

式中：P——计算工况下通风系统的实际工况压力损失(Pa)；

P_0——标定状态下的通风系统压力损失(Pa)；

P_b——当地大气压力(Pa)；

P_{b0}——标定状态的大气压力(Pa)；

t——计算工况下风管中的空气温度(℃)；

t_0——标定状态下风管中的空气温度(℃)。

电动的轴功率应按下面公式进行计算，其式如下：

$$N_z = \frac{L \cdot P}{3600 \cdot 1000 \cdot \eta_1 \cdot \eta_2} \qquad (10)$$

式中：N_z——计算工况下电动机的轴功率(kW)；

L——计算工况下通风机的风量(m^3/h)；

P——计算工况下系统的压力损失(Pa)；

η_1——通风机的效率；

η_2——通风机的传动效率。

3 当系统的设计风量和计算阻力确定以后，选择通风机时，应考虑的主要问题之一是通风机的效率。在满足给定的风量和风压要求的条件下，通风机在最高效率点工作时，其轴功率最小。在具体选用中由于通风机的规格所限，不可能在任何情况下都能保证通风机在最高效率点工作，因此条文中规定通风机的设计工况效率不应低于最高效率的90％。一般认为在最高效率的90％以上范围内均属于通风机的高效率区。根据我国目前通风机的生产及供应情况来看，做到这一点是不难的。通常风机在最高效率点附近运行时的噪声最小,越远离最高效率点,噪声越大。

4 输送非标准状态空气的通风系统,尤其是输送介质温度较高时,按照高温参数选配的电动机在冷态运行时可能产生电机过载现象,因此需对通风机电机功率进行复核。

另外,需要提醒的是,通风机选择中要避免重复多次附加造成选型偏差。

6.8.3 本条是关于通风机联合工作的规定。

通风机的并联与串联安装均属于通风机联合工作。采用通风机联合工作的场合主要有两种:一是系统的风量或阻力过大,无法选到合适的单台通风机;二是系统的风量或阻力变化较大,选用单台通风机无法适应系统工况的变化或运行不经济。并联工作的目的是在同一风压下获得较大的风量,串联工作的目的是在同一风量下获得较大的风压。在系统阻力即通风机风压一定的情况下,并联后的风量等于各台并联通风机的风量之和。当并联的通风机不同时运行时,系统阻力变小,每台运行的通风机之风量比同时工作时的相应风量大;每台运行的通风机之风压则比同时运行的相应风压小。通风机并联或串联工作时,布置是否得当是至关重要的。有时由于布置和使用不当,并联工作不但不能增加风量,而且适得其反,会比一台通风机的风量还小;串联工作也会出现类似的情况,不但不能增加风压,而且会比单台通风机的风压小,这是必须避免的。

由于通风机并联或串联工作比较复杂,尤其是对具有峰值特性的不稳定区在多台通风机并联工作时易受到扰动而恶化其工作性能;因此设计时必须慎重对待,否则不但达不到预期目的,还会无谓地增加能量消耗。为简化设计和便于运行管理,条文中规定,在通风机联合工作的情况下,应尽量选用相同型号、相同性能的通风机并联,风量相同的通风机串联。当通风机并联或串联安装时,应根据通风机和系统的风管特性曲线,确定联合工况下的风量和风压。

6.8.4 本条规定了双速或变频调速风机的适用条件,为新增条文。

随着工艺需求和气候等因素的变化,建筑对通风量的要求也随之改变。系统风量的变化会引起系统阻力更大的变化。对于运行时间较长且运行工况(风量、风压)有较大变化的系统,为节省系统运行费用,宜考虑采用双速或变频调速风机。通常对于要求不高的系统,为节省投资,可采用双速风机,但要对双速风机的工况与系统的工况变化进行校核。对于要求较高的系统,宜采用变频调速风机。采用变频调速风机的系统节能性更加显著。采用变频调速风机的通风系统应配备合理的控制。

6.8.5 本条是关于为防毒而设置的通风机设置的规定。

本条是从保证安全的角度制订的。用于排除有毒物质的排风设备,不应与其他系统的通风设备布置在同一通风机室内。排除不同浓度同类有毒物质的排风设备可以布置在同一通风机室内。

6.8.6 本条规定了通风设备的检修条件和吊装设施,为新增条文。

6.8.7 本条规定了安全措施,为新增条文。

为防止由于风机对人的意外伤害,本条对通风机转动件的外露部分和敞口作了强制的保护性措施规定。

6.8.8 本条规定了通风设备和风管的保温、防冻要求。

通风设备和风管的保温、防冻具有一定的技术经济意义,有时还是系统安全运行的必要条件。例如,某些降温用的局部送风系统和兼作热风供暖的送风系统,如果通风机和风管不保温,不仅冷、热耗量大,不经济,而且会因冷热损失使系统内所输送的空气温度显著升高或降低,从而达不到既定的室内参数要求。又如,苯蒸气或锅炉烟气等可能被冷却而形成凝结物堵塞或腐蚀风管。位于严寒地区和寒冷地区的湿式除尘器,如果不采取保温、防冻措施,冬季就可能冻结而不能发挥应有的作用。此外,某些高温风管如不采取保温的办法加以防护,也有烫伤人体的危险。

6.8.9 本条规定了对通风设备隔振的要求,为新增条文。

与通风机及其他振动设备连接的风管,其荷载应由风管的支、吊架承担。一般情况下,风管和振动设备间应装设挠性接头,目的是保证其荷载不传到通风机等设备上,使其呈非刚性连接。这样既便于通风机等振动设备安装隔振器,有利于风管伸缩,又可防止因振动产生固定噪声,对通风机等的维护、检修也有好处。

6.8.10 本条规定了离心通风机的供电要求,为新增条文。

高压供电可以减少电能输配损失,因此规定电机功率大于300kW的大型离心式通风机宜采用高压供电方式。

6.8.11 本条是关于风机入口阀的规定。

风机入口阀可起到调节系统风量的作用,一般情况下宜设。有时候为了降载启动,就需要风机入口阀,本条第1款~第3款说明了什么情况下设风机入口阀及风机入口阀的配置要求。

一般情况下,电动机的直接启动与供电系统的电源和线路有直接的关系。电动机的启动电流约为正常运行电流的6倍~7倍,这样的电流波动对大型变电站影响不大,对负荷小的变电站有时会造成一定的影响。如供电变压器的容量为180kV·A时,允许直接启动的鼠笼型异步电动机的最大功率为40kW(启动时允许电压降为10%)和55kW(启动时允许电压降为15%)。一台75kW的电动机,需要具有320kV·A的变压器方可直接启动,对于大、中型工厂来说,这当然是没有问题的。由于我国在城市供电设计上要求较高,电压降允许值一般为5%~6%,其他如供电线路的长短、启动方式等均与供电设计有密切关系,因此本条规定了"供电条件允许"这样的前提。

6.8.12 采用循环水冷却方式是工程建设节水的需要,本条为新增条文。

6.8.13 本条规定了通风机排除凝结水的措施,为新增条文。

排除含有蒸汽的通风系统,风管内表面有时会因其温度低于露点温度而产生凝结水。为防止在系统内积水腐蚀设备,影响通风机的正常运行,规定在通风机的底部排除凝结水。因通风机运行时机壳内为负压,故应设置水封排液口。

6.9 防火与防爆

6.9.1 本条规定了爆炸性气体环境的通风要求,为新增条文。

对厂房或仓库可能形成爆炸性气体环境的区域应采取通风措施,一般是由工艺提出要求。通风可以促使爆炸性气体或粉尘的浓度降低,能有效防止爆炸性气体环境的持久存在。通风形式包括自然通风和机械通风,在有可能利用自然通风的场所,应首先采取自然通风方式,如果自然通风条件不能满足要求时,应设置机械通风。在危险源相同的情形下,通风强度越大,通风可靠性越好,爆炸危险区越小;反之,通风强度越小,通风可靠性越差,爆炸危险区越大。

如把环境中可燃气体或蒸气的浓度降低到其爆炸下限值的10%以下,或把环境中可燃粉尘的浓度降低到其爆炸下限值的25%以下,可消除爆炸性危险。

6.9.2 本条规定了对采用循环空气的限制,为强制性条文。

1 甲、乙类物质易挥发出可燃蒸气,可燃气体易泄漏,会形成有爆炸危险的气体混合物,随着时间的增长,火灾危险性也越来越大。许多火灾事例说明,含易燃易爆类物质的空气再循环使用,不仅卫生上不许可,而且火灾危险性增大,因此含易燃易爆类物质生产区域和仓库应有良好的通风换气,室内空气应及时排至室外,不应循环使用。

2 丙类厂房内的空气以及含有容易起火或有爆炸危险物质的粉尘、纤维的房间内的空气,应在通风机前设过滤器,对空气进行净化,使空气中的粉尘、纤维含量低于其爆炸下限的25%,不再有燃烧爆炸的危险并符合卫生条件时可循环使用,反之不能循环使用。

3 根据现行国家标准《爆炸危险环境电力装置设计规范》

GB 50058 的规定,易燃气体物质可能出现的最高浓度不超过爆炸下限值的 10% 时,可划为非爆炸区域,此区域内的所有电气设备可采用非防爆型的,也就是说,当不再有燃烧爆炸危险时,空气可循环使用,反之不能循环使用。

4 有的建筑物火灾危险性不是甲、乙类,但建筑物内有火灾危险性是甲、乙类的房间,对这些房间也不能使用循环空气。

6.9.3 本条规定了排风系统的划分原则,为强制性条文。

1 目的是防止易燃易爆物质进入其他车间或区域,防止火灾蔓延,以免造成更严重的后果。

2 防止不同种类和性质的有害物质混合后引起燃烧或爆炸事故。如淬火油槽与高温盐浴炉产生的气体混合后有可能引起燃烧,盐浴炉散发的硝酸钾、硝酸钠气体与水蒸气混合时有可能引起爆炸。

3 根据现行国家标准《建筑设计防火规范》GB 50016 的规定,建筑中存在容易引起火灾或具有爆炸危险物质的房间(如漆料库和用甲类液体清洗零配件的房间)所设置的排风装置应是独立的系统,以免使其中容易引起火灾或爆炸的物质通过排风管道窜入其他房间,防止火灾蔓延,造成严重后果。

6.9.4 本条规定了火灾及爆炸危险环境的通风要求,为新增条文。

对于有火灾或爆炸危险的厂房或局部房间,应确保这些场所具有良好的通风。局部通风系统能及时排除有爆炸危险的物质,在降低容易起火或爆炸危险性气体混合物浓度方面,其效果比较好,应优先采用。

6.9.5 本条规定了有爆炸危险的局部排风系统风量的确定。

规定本条是为了保证安全。通过增加设计风量,可降低风管内有爆炸危险的气体、蒸气和粉尘的浓度。

6.9.6 本条规定了室内保持负压的要求。

为了防止爆炸危险物质扩散形成对周围环境和相邻房间的影

响,室内应保持负压,一般采用送风量小于排风量来实现。

6.9.7 本条规定了为防爆而设置的正压送风系统的要求,为新增条文。

爆炸危险区域内安装有非防爆型的仪表、电气设备时,一般对这些非防爆型的仪表、电气设备采取封闭措施,对封闭空间送风,使封闭空间保持正压,是一种安全措施。正压送风的目的是为了阻止有爆炸危险性的气体或蒸气进入封闭空间,一般采用送风量大于排风量或仅送风的方式来实现。

6.9.8 本条规定了进风口的布置及进、排风口的防火、防爆要求。

对进风口的布置作出规定是为了防止互相干扰,特别是当甲、乙类火灾危险性区域的送风系统停运时,避免其他普通送风系统把甲、乙类火灾危险性区域内的易燃易爆气体吸入并送到室内。

规定进、排风口的防火防爆要求,是为了消除明火引起燃烧或爆炸危险。

6.9.9 本条是强制性条文,为新增条文。

本条是根据现行国家标准《建筑设计防火规范》GB 50016 的相关条文制订的,目的是保证安全。为防止火花引起爆炸事故,应采用不产生火花的设备。有爆炸危险粉尘的排风机、除尘器采取分区、分组布置是必要的,可以减小爆炸破坏范围。

6.9.10、6.9.11 这两条规定了对净化有爆炸危险粉尘的干式除尘器的布置要求。

从国内一些用于净化有爆炸危险粉尘的干式除尘器发生爆炸的危险情况看,这些设备如果条件允许布置在厂房之外或独立建筑物内最好,且与所属厂房保持一定的安全间距,对于防止爆炸发生和减少爆炸后的损失十分有利。

不应布置在车间休息室、会议室等经常有人或短时间有大量人员停留房间的下一层,主要是考虑安全。

6.9.12 本条从防爆角度出发,对湿法除尘和湿式除尘器进行了限制,为强制性条文。

有些物质遇水或水蒸气时,将有燃烧或爆炸危险,如活泼金属锂、钠、钾以及氢化物、电石、碳化铝等,这类物质又称为忌水物质。有些忌水物质,如生石灰、无水氯化铝、苛性钠等,与水接触时所发生的热能将其附近可燃物质引燃着火。

遇水燃烧物质根据其性质和危险性大小可分为两级。一级遇水燃烧物质,遇水后立即发生剧烈的化学反应,单位时间内放出大量可燃气体和热量,容易引起猛烈燃烧或爆炸。如铝粉与镁粉混合物就是这样;二级遇水燃烧物质,遇水后反应速度比较缓慢,同时产生可燃气体,若遇点火源即能引起燃烧,如金属钙、锌及其某些化合物氢化钙、磷化锌等。因此规定遇水后产生可燃或有爆炸危险混合物的生产过程不得采用湿法除尘或湿式除尘器。

6.9.13 本条规定了设置泄爆装置以及净化有爆炸危险粉尘除尘器的设置要求,为强制性条文。

有爆炸危险的粉尘和碎屑,包括铝粉、镁粉、硫矿粉、煤粉、木屑、人造纤维和面粉等。由于上述物质爆炸下限较低,容易在除尘器处发生爆炸。为减轻爆炸时的破坏力,应设置泄爆装置。泄爆面积应根据粉尘等的危险程度通过计算确定。泄爆装置的布置应考虑防止产生次生灾害的可能性。泄爆装置可参照现行国家标准《粉尘爆炸泄压指南》GB/T 15605。

对于处理净化上述易爆粉尘所用的除尘器,为缩短含有爆炸危险粉尘的风管长度,减少风管内积尘,减少粉尘在风机中摩擦起火的机会,避免因把除尘器布置在系统的正压段上引起漏风等,本条规定除尘器应设置在系统的负压段上。

6.9.14 本条规定了对净化有爆炸危险物质的湿式除尘器的布置要求,为新增条文。

6.9.15 本条规定了应采用防爆型设备的条件,为强制性条文。

直接布置在有爆炸危险场所中的通风设备,用于排除、输送或处理爆炸危险性物质的通风设备以及排除、输送或处理含有燃烧或爆炸危险的粉尘、纤维等物质,其含尘浓度高于或等于其爆炸下限的 25％时,或含易燃气体物质的浓度高于或等于其爆炸下限值的 10％时,由于设备内或外的空气中均含有燃烧或爆炸危险性物质,遇火花即可能引起燃烧或爆炸事故,为此规定该设备应采用防爆型的。

6.9.16 本条从防爆角度出发,规定了对通风设备布置的要求。

1 排除有爆炸危险物质的排风系统的设备不应布置在地下室、半地下室内,这主要是从安全出发,一旦发生事故能便于扑救。

2 因为有爆炸危险物质场所的排风系统有可能在通风机房内泄漏,如果将送风设备同排风设备布置在一起,就有可能把排风设备及风管的漏风吸入系统再次被送入生产场所中,因此规定用于甲、乙类物质场所的送、排风设备不应布置在同一通风机房内。

3 用于排除有爆炸危险物质的排风设备不应与非防爆系统的通风设备布置在同一通风机房内,因为排风机有泄漏可能。

4 规定此款的目的是:当甲、乙类厂房的送风系统停运时,有止回阀可避免甲、乙类厂房中的易燃易爆物质倒流。

6.9.17 本条规定了送、排风机房的安全要求。

爆炸危险性场所送风机房的设备由于设置有止回阀,一般采用非防爆设备,故要求送风机房通风良好,不能有爆炸危险气体或蒸气进入。而排风系统有可能在通风机房内泄漏,为安全起见,制订本条规定。

6.9.19 参照现行国家标准《爆炸危险环境电力装置设计规范》GB 50058 的规定,界定“有爆炸危险”。易燃物质可能出现的最高浓度不超过爆炸下限的 10％,可划为非爆炸危险区域;根据现行国家标准《建筑设计防火规范》GB 50016,空气中可燃粉尘的含量低于其爆炸下限的 25％以下,一般认为是可以防止可燃粉尘形成局部高浓度、满足安全要求的数值。

有爆炸危险的厂房、车间发生事故后,火灾容易通过通风管道蔓延扩大到厂房的其他部分,因此其排风管道不应穿过防火墙和有爆炸危险的车间隔墙等防火分隔物以及人员密集或可燃物较多的房间,目的都是防止一旦发生事故,沿通风管道蔓延。

6.9.20 本条规定了排风管道的布置要求。

目的是为了缩小发生事故影响的范围。

6.9.21 本条规定了排除有爆炸危险物质的排风管的材质及敷设的要求。

排除有爆炸危险物质的排风管不应暗设,目的是防止一旦风管爆炸时破坏建筑物,并为了便于检修。

6.9.22 本条规定了排风管道的布置要求。

排除或输送有爆炸危险物质的排风管各支管节点处不应设置调节阀,以免在间歇使用时关闭阀门处聚集有爆炸危险的气体浓度达到爆炸浓度,一旦开机运行时引起爆炸。但有些工艺生产和试验环境的通风系统对风量有要求,需要用阀门调节,此时的调节阀门应为防爆型。

6.9.23 本条规定了防爆通风系统对阀件的防火要求,为新增条文。

通风管道和调节阀门一般采用碳钢制造,由于活动部件的摩擦和撞击,易产生火花。在易燃易爆危险场所内的通风系统内、外的空气中均含有燃烧或爆炸危险性物质,遇火花即可引起燃烧或爆炸事故。为此规定通风系统的防火阀、活动部件、阀件等调节装置应采取防爆措施。一般阀板采用铝制,风机叶轮采用铝合金。

6.9.24 本条规定了通风设备及管道的防静电接地等要求。

当静电积聚到一定程度时,就会产生静电放电,即产生静电火花,使可燃或爆炸危险物质有引起燃烧或爆炸的可能;管内沉积不易导电的物质会妨碍静电导出接地,有在管内产生火花的可能。防止静电引起灾害的最有效办法是防止其积聚,采用导电性能良好(电阻率小于 $104\Omega \cdot cm$)的材料接地。因此作了如条文中的相关规定。

法兰跨接系指风管法兰连接时,法兰间密封垫或法兰螺栓垫圈常常采用橡胶材料,故两法兰之间须用金属线搭接。

6.9.25 本要规定了风管敷设安全事宜。

为防止某些可燃物质同热表面接触引起自燃起火及爆炸事故,因此规定,热媒温度高于110℃的供热管道不应穿过输送有燃烧或爆炸危险物质的风管,也不得沿其外壁敷设。有些物质自燃点较低,如二硼烷、磷化氢、二硫化碳和硝酸乙酯等,为安全起见,规定同这些物质的排风管交叉接触时,供热管道应采用不燃材料绝热。

6.9.26、6.9.27 这两条是关于排除易燃易爆危险物质的风管坡向的规定。

为防止比空气轻的可燃气体混合物或有爆炸危险的粉尘在风管内局部积存,使浓度增高发生事故,因此规定水平风管应顺气流方向有不同的坡度。除尘风管与水平面的夹角大于粉尘安息角时,可防止粉尘积存。如必须水平敷设时,对于含爆炸危险的粉尘的风管,需用水冲洗清除积灰时,也应有一定的坡度。

6.9.28 本条规定了爆炸危险物质场所防爆通风的安全措施。

因为要在爆炸危险物质场所产生爆炸,必须同时具备两个条件:一是爆炸危险物质的浓度在爆炸极限以内,二是存在足以点燃爆炸危险物质的火花、电弧或高温。通过采取通风措施可以降低爆炸危险物质的浓度。

6.9.29 本条规定了风管安全距离的要求。

为防止外表面温度超过80℃的风管,由于辐射热及对流热的作用导致输送有燃烧或爆炸危险物质的风管及管道表面温度升高而发生事故,规定两者的外表面之间应保持一定的安全距离,或设置不燃材料隔热层;互为上下布置时,表面温度较高者应布置在上面。

6.9.30 本条是关于危险管道不得穿越风管和风机房的规定,为强制性条文。

可燃气体(天然气等)、可燃液体(甲、乙、丙类液体)和电缆等由于某种原因常引起火灾事故,为防止火势通过风管蔓延,因此规定:这类管线不得穿过风管的内腔,可燃气体或可燃液体管道不应穿过与其无关的通风机房。

6.9.31 本条规定了电加热器的安全要求。

规定本条是为了减少发生火灾的因素。防止或减缓火灾通过风管蔓延。

7 除尘与有害气体净化

7.1 一 般 规 定

7.1.1 本条是关于污染物排放浓度及排放速率的规定,为新增条文。

排放进入大气的含尘气体、有害气体应符合现行国家现行排放标准要求,不满足要求时,应采取治理措施。排放浓度及排放总量是我国污染排放控制的两项指标,均不能违反。其中排放总量对应的控制参数是排放速率。

7.1.2 本条规定了除尘及有害气体净化系统与工艺设备联动的要求,为新增条文。

除尘与有害气体净化系统的运行控制宜与工艺系统连锁,应确保通风除尘设备先于工艺设备运行、滞后于工艺设备停止。

7.1.3 本条规定了除尘系统的划分原则。

除尘系统作用半径不宜过大,系统过大会出现各排风点水力不平衡以及风机功率过大,不利于运行节能。不同性质的粉尘混合不利于回收利用,甚至混合后会增加粉尘爆炸危险性,因此在确保安全、工艺条件允许的情况下才能将粉尘性质不同的排风点合并为同一个除尘系统。

7.1.4 本条规定了除尘系统管道设计的要求。

从便于除尘设备的运行维护和集中管理、便于除尘系统排尘的收集和二次处理等角度考虑,工厂内各装置的除尘系统宜集中设置。除尘系统的排风点如设计过多,会影响系统运行的灵活性,甚至影响使用效果,因为排风点不一定是同时使用的。风管支路上设置阀门是为了平衡系统风量和阻力,选用的阀门应耐磨损且漏风量小。

7.1.5 本条规定了除尘系统的排风量确定原则。

为保证除尘系统的除尘效果和简化生产操作,当一个除尘系统的间歇工作排风点的排风量不大时,设备能力应按其所连接的全部排风点同时工作计算,而不考虑个别排风点的间歇修正,间歇工作的排风点上阀门常开。

当一个除尘系统的间歇工作排风点的排风量较大时,为节省除尘设施的投资和运行费用,该系统的排风量可按同时工作的排风点的排风量加上各间歇工作的排风点的排风量的 15%～20% 的总和计算,后者 15%～20% 的漏风量是由于阀门关闭不严产生的漏风量。如某厂的 4 个除尘系统,按 15% 漏风量附加,间歇点用蝶阀关闭,阀板周围用软橡胶垫密封,使用效果良好。

7.1.6、7.1.7 这两条规定了收尘产物的处理、处置原则,为新增条文。

当收集的粉尘允许直接纳入工艺流程时,除尘器宜布置在生产设备(胶带运输机、料仓等)的上部,利用高差通过卸灰溜槽自溜卸灰,不具备自溜卸灰条件时应设粉尘输送设备。当收集的粉尘不允许直接纳入工艺流程时或无回收价值时,应设粉尘贮存设施。

湿式除尘器污水应直接回用或处理后回用,不能直排,也不宜和其他性质的污水混合。污水处理产生的固体废弃物应返回生产工艺系统回收或二次开发利用,无利用价值时应按照国家相关标准处理或处置。

7.2 除　　尘

7.2.1 本条规定了选择除尘器应考虑的因素。

除尘器也称除尘设备,是用于分离空气中的粉尘达到除尘目的的设备。除尘器的种类繁多,构造各异,由于其除尘机理不同,各自具有不同的特点,因此其技术性能和适用范围也就有所不同。根据是否用水作除尘媒介,除尘器分为两大类:干式除尘器和湿式除尘器。干式除尘器可分为重力沉降室、惯性除尘器、旋风除尘器、袋式除尘器和干式电除尘器等;湿式除尘器可分为喷淋式除尘器、填料式除尘器、泡沫除尘器、自激式除尘器、文氏管除尘器和湿式电除尘器等。

选择除尘器时,除考虑所处理含尘气体的理化性质之外,还应考虑能否达到排放标准,使用寿命,场地布置条件,水、电条件,运行费,设备费以及维护管理等进行全面分析。

7.2.2 本条规定了干式除尘和湿式除尘的确定原则,为新增条文。

干式除尘不改变粉尘的物理化学性质,有利于粉尘的回收利用。常用的几种高效型除尘器如袋式除尘器、静电除尘器、塑烧板除尘器、陶瓷过滤除尘器等均为干式除尘设备。

在某些场合不适合采用干式除尘,如高湿型烟气、粉尘易粘接型烟气的净化。某些场合较适合使用湿式除尘设备,如采矿选矿工艺除尘,以及其他除尘的同时需进行化学吸收的废气净化系统。采用湿式除尘时应避免污染从大气向水体的转移。

7.2.3 本条是关于袋式除尘器的设计规定,为新增条文。

现行的国家标准对袋式除尘器性能参数都作了具体的规定,总结几项重要的条款列在本规范中。这些标准是:《脉冲喷吹类袋式除尘器》JB/T 8532、《回转反吹类袋式除尘器》JB/T 8533、《内滤分室反吹类袋式除尘器》JB/T 8534、《电袋复合除尘器》GB/T 27869、《滤筒式除尘器》JB/T 10341、《袋式除尘器技术要求》GB/T 6719、《机械振动类袋式除尘器 技术条件》JB/T 9055。

当气体含尘浓度大于 $50g/m^3$ 时,宜在袋式除尘器前配预除尘设施。

当含尘气体温度高于除尘器和风机所容许的工作温度时,应采取冷却降温措施,如掺冷风、喷水雾冷却、设冷却器等。有时烟气的温度并不高,但烟气中含炽热烟尘,炽热颗粒物会烧穿滤袋,在这种情况下除尘器之前应设火花捕集器。

1 如果只有袋式除尘器一段净化、净化废气排向大气,则除尘效率应满足污染物达标排放的要求;如果袋式除尘器只是净化工艺中的某一段净化设备,则除尘器的除尘效率满足技术要求即可。袋式除尘器的除尘效率一定和实际处理粉尘的粒径分布及各粒径分布段粉尘的质量百分比相关,不强调实际处理粉尘的特性而提出除尘器的除尘效率是无意义的、不科学的。对于机械性粉尘,可约定中粒径 d_{c50} 为 $8\mu m \sim 12\mu m$,几何标准偏差 σ_g 在 $2\mu m \sim 3\mu m$ 范围内的 325 目滑石粉为实验粉尘;对于挥发性粉尘、烟尘,宜采用实际处理的尘为实验尘。

    2 袋式除尘器的运行阻力宜为 1200Pa～2000Pa,初阻力接近下限值,终阻力接近上限值。

    3 过滤风速和除尘效率、滤袋寿命、清灰效果、除尘器压力损失关系密切,一般来说,较小的过滤风速会提高除尘效率、延长滤袋寿命,改善清灰效果。但过小的过滤风速会造成设备型号偏大,设备初投资增加。国家现行的几项除尘器设备标准都对除尘器过滤风速、压力损失等作了规定,总结为表 3,根据表 3 总结为本条第 3 款。

表 3　各类布袋除尘器过滤风速和压力损失

布袋除尘器 类型	滤袋材质 及清灰方式	压力损失 (Pa)	过滤风速 (m/min)	适用 入口浓度
滤筒除尘器	合成纤维 非织造	≤1500	0.3～0.8	入口浓度 ≥15g/m³
	合成纤维 非织造	≤1500	0.6～1.2	入口浓度 <15g/m³
	合成纤维非 织造覆膜	≤1300	0.3～1.0	入口浓度 ≥15g/m³
	合成纤维非 织造覆膜	≤1300	0.8～1.5	入口浓度 <15g/m³
	纸质	≤1500	0.3～0.6	入口浓度 ≤15g/m³
	纸质覆膜	≤1300	0.3～0.8	入口浓度 ≤15g/m³

续表3

布袋除尘器 类型	滤袋材质 及清灰方式	压力损失 （Pa）	过滤风速 （m/min）	适用 入口浓度
脉冲喷吹类	逆喷	＜1200	1.0～2.0	—
	顺喷	＜1400	1.0～2.0	—
	对喷	＜1500	1.0～2.0	—
	环隙	＜1200	1.5～3.0	—
	气箱、长袋	＜1500	1.0～2.0	—
内滤分室 反吹类	—	＜2000	0.35～1.0	—
机械回转 反吹类	—	≤1500	0.8～1.2	—
机械振打类	低频振打 ＜60 次/min	＜1500	＜1.5	—
	中频振打 60 次/min～ 700 次/min			
	高频振打 ＞700 次/min			
袋式除尘机组	—	≥200(外接 管道资用压力)	＜2.0	—

4 袋式除尘器的漏风率一般限定在 2%～4% 之间，并且可以通过提升制造工艺水平降低漏风率。

7.2.4 本条规定了袋式除尘器清灰方式的选择原则，为新增条文。

清灰方式是袋式除尘器重要的技术环节，应根据工程情况合理选用。

1 潮湿的空气进入除尘系统易引起结露、滤袋粘结，因此潮湿多雨地区不宜直接采用大气作为反吹风气源。

2 净化爆炸性粉尘、爆炸性气体的除尘器如引入空气可能产生燃烧或爆炸危险时,可改用氮气作为清灰气体或改用机械振打清灰方式。

3 在线清灰时,大多数情况下清灰气流与主气流方向相反,清灰气流强度被主气流削弱,势必影响清灰效果。抖落的灰尘未完全沉降又被主气流带起,形成反复过滤、反复清灰的现象,应当避免。采用离线清灰方式时,需要将滤袋分室布置,配合提升阀使用,实现分室离线清灰。当某过滤室需要清灰时,通过关闭设在进气口或者出气口的阀门实现清灰室与主气流的隔离。清灰操作过程中因为至少有 1 个室不过滤气体,相当于总过滤面积减少,所以规定分室数量大于或等于 4 的反吹类袋式除尘器宜采用离线清灰方式。

7.2.5 本条规定了滤料选择需考虑的因素,为新增条文。

滤料性能应满足生产条件和除尘工艺的要求,滤料的主要性能包括耐温性能、耐酸碱性能等,选择滤料应对各种因素进行对比,抓住主要影响因素选择滤料。应尽可能选择使用寿命长的滤料。表面过滤方式已被公认为有助于提高除尘效率,滤料表面覆膜可实现滤袋表面过滤,常用的覆膜材料如聚四氟乙烯(PTFE)。选用覆膜滤料会增加造价,因此宜在技术经济条件合理时选用。常用滤料的物性指标总结在表 4 中。

表 4 常用滤料物性指标

品名	化学类别	密度(g/cm³)	直径(μm)	受拉强度(g/mm²)	伸长率(%)	耐酸、碱性能		耐温性能(℃)		吸水率(%)
						酸	碱	经常	最高	
棉	天然纤维	1.47~1.6	10~20	35~76.6	1~10	差	良	75~85	95	8.0~9.0
麻	天然纤维	—	16~50	35				80		
蚕丝	天然纤维		18	44				80~90	100	

品名	化学类别	密度(g/cm³)	直径(μm)	受拉强度(g/mm²)	伸长率(%)	耐酸、碱性能		耐温性能(℃)		吸水率(%)
						酸	碱	经常	最高	
羊毛	天然纤维	1.32	5~15	14.1~25	25~35	弱酸、低温时:良	差	80~90	100	10~15
玻璃	矿物纤维(有机硅处理)	2.54	5~8	100~300	3~4	良	良	260	350	0
维纶	聚酸乙烯基Vinyl类	1.39~1.44	—	—	12~25	良	良	40~50	65	0
尼龙	聚胺	1.13~1.15	—	51.3~84	25~45	冷:良热:差	良	75~85	95	4.0~4.5
芳纶	芳香族聚酰胺	1.4	—	—	—	良	良	≤200	230	5.0
腈纶	(纯)聚丙烯腈	1.14~1.17	—	30~65	15~30	良	弱质:可	≤120	130	2.0
	聚丙烯腈与聚胺混合聚合物		—	—	18~22	良	弱质:可	≤120	130	1.0
涤纶	聚酯	1.38	—	—	40~55	良	良	≤100	120	0.40
PTEE	聚四氟乙烯	2.3	—	33	10~25	优	优	200~250	—	0
PPS	聚苯硫醚	1.37	—	—	35	优	优	120~160	190	0.60
PI	聚酰亚胺	—	—	—	—	优	良	260	—	—

7.2.6 本条是关于旋风除尘器的设计规定,为新增条文。

旋风除尘器除尘效率在 70%～90% 之间,除尘效率不高,一般情况下作为预除尘设备使用,可以减轻后续除尘设备的压力,延长后续除尘设备的使用寿命。烟气中含有炽热颗粒时,可采用旋风除尘器将其去除。

7.2.7 本条是关于湿式除尘器的设计规定,为新增条文。

湿式除尘器的效率和粉尘特性、除尘器性能、设计参数等相关,这里规定最低的设计效率标准。废气处理达到排放标准,是指最少要满足现行国家标准的排放浓度限值和排放速率的要求。

7.2.8 本条规定了选用静电除尘器时对粉尘比电阻值的要求,为新增条文。

粉尘比电阻大小对静电除尘器净化效率影响很大,是决定性因素。粉尘比电阻值不在此范围内时,也可通过烟气调质如加湿等,使其适合于使用静电除尘器。

7.2.9、7.2.10 这两条是关于除尘器防爆、防结露、防冻结的规定,为新增条文。

在气体含湿量较高、环境温度较低等情况下,除尘器内部容易产生结露现象,该现象是造成腐蚀、粉尘粘袋的主要原因,应尽量避免。湿式除尘器还可能出现冻结情况,应予避免。

7.3 有害气体净化

7.3.1 本条规定了有害气体净化的要求,为新增条文。

有害气体的净化方法很多,需从工程情况、净化工艺的技术经济性出发,选择适用的废气净化工艺。废气净化最终产物应以回收有害物质、生成其他产品、生成无害化物质为处理目标,应避免二次污染:避免污染物向水系统转移,避免生成大量的固体废物。

7.3.2 本条规定了有害气体净化吸收设备的基本要求,为新增条文。

有害气体净化吸收设备的基本要求,目的是为了强化吸收过程,降低设备的投资和运行费用。

1~3 气、液两相的界面状态对吸收过程有着决定性的影响,吸收设备的主要功能就在于建立最大的相接触面积,有一定的接触时间,并使其迅速更新。由于用吸收法净化处理的通风排气量大都是低浓度、大风量,因而大都选用气相为连续相、紊流程度高、相界面大的吸收设备。适宜的液气比是保证净化效率、控制运行费用的关键。通过溶液泵变频调速、溶液泵运行台数控制可实现液气比的调节。常用的吸收装置运行参数见表5。

表 5 吸收装置运行参数

装置名称	液气比 (L/m³)	空塔速度 (m/s)	压力损失 (Pa)	备 注
填料塔	1.0~10	0.30~1.0	500~2000	拉西环、鲍尔环、波纹、丝网等填料
湍球塔	2.7~3.8	0.50~6.0	每段 400~1200	为填料塔的一种类型
喷淋塔	0.10~1.0	0.60~1.2	200~900	—
旋风洗涤器	0.50~5.0	1.0~3.0	500~3000	—
文氏管洗涤器	0.30~1.2	喉口 30~100	3000~9000	—
喷射洗涤器	10~100	喷口 20~50	1000~2000	—
穿流筛板塔	3.0~5.0	>3.0	每层 200~600	为板式塔的一种形式
旋流板塔	5.0	3.0~4.0	每块板 200	为板式塔的一种形式

4~6 与生产工艺的排气相比,通风排气中所含有害气体的浓度一般都比较低,回收利用价值小。因此用于通风排气系统的吸收设备与工艺流程应尽量简单,维护管理方便。

7.3.3 本条规定了吸收剂的选择,为新增条文。

1 为了提高吸收速度,增大对有害组分的吸收率,减少吸收剂用量和设备尺寸,要求对被吸收组分的溶解度尽量高,吸收速率尽量快。

2 为了减少吸收剂的耗损,其蒸汽压应尽量低,防止吸收剂挥发后随排风排出。

3 化学稳定性差会造成吸收剂失效,吸收剂补充量增加,失效的吸收剂是新的污染物。

4、5 在可能的条件下,应尽量采用工厂的废液(如废酸、废碱液)作为吸收剂。常用的吸收剂及其性能如下。

1)水。比较易溶于水的气体可用水作吸收剂,吸收效率与温度有关,一般随着温度的增高吸收效率下降。当气相中吸收质浓度较低时,吸收效率较低。应设法回收利用水吸收有害气体形成的酸液或碱液,减少新水的使用量。确无利用价值时,废液应交由污酸污水系统集中处理。

2)碱性吸收剂。通常用于吸收能与碱起化学反应的有害组分,如二氧化硫、氮氧化物、硫化氢、氯化氢、氯气等。常用的碱性吸收剂有氢氧化钠、碳酸钠、氢氧化钙、氨水等。

3)酸性吸收剂。如稀硝酸吸收一氧化氮或二氧化氮,醋酸可用于吸收铅烟等。

4)有机吸收剂。有机吸收剂一般可用于吸收有机气体,如汽油吸收苯类气体,用柴油吸收有机溶剂蒸气等。涂装行业的有机废气是涂料中的有机溶剂挥发造成的,对人体危害较大的有甲苯、二甲苯等。苯和二甲苯能溶解于柴油和煤油。目前我国涂装行业常用 0# 柴油作为吸收剂,净化效率可达 95% 以上。柴油是快速吸收型吸收剂,要考虑从柴油中分离有机溶剂,使柴油再生后循环使用。

5)氧化剂吸收剂。用次氯酸钠、臭氧、过氧化氢等可以氧化分解恶臭类物质,用高锰酸钾溶液吸收汞蒸气等。

7.3.4 吸附法可应用于大多数废气的净化,吸附法可达到 90% 以上的净化效率。

吸附过程是由于气相分子和吸附剂表面分子之间的吸引力使气相分子吸附在吸附剂表面的。用作吸附剂的物质都是松散的多孔状结构,具有巨大的表面积。如工业上应用较多的活性炭,其比表面积为 $700m^2/g \sim 1500m^2/g$。吸附过程分为物理吸附和化学吸附两种。物理吸附单纯依靠分子间的吸引力(称为范德华力)把吸附质吸附在吸附剂表面。物理吸附是可逆的,吸附过程是一个放热过程,吸附热约是同类气体凝结热的 2 倍~3 倍。化学吸附的作用力是吸附剂与吸附质之间的化学反应,它大大超过物理吸附的范德华力。化学吸附具有很高的选择特性,一种吸附剂只对特定的物质有吸附作用。化学吸附比较稳定,确实需要在高温下才能解吸。化学吸附是不可逆的。

进入吸附装置的有机废气的浓度应低于其爆炸下限的 25%,否则应采用冷凝的方式进行预处理或混风稀释;进入吸附装置的颗粒物含量宜低于 $1mg/m^3$;进入吸附装置的废气温度宜低于 $40℃$,否则应进行换热冷却或混风稀释;难脱附的气态污染物以及能造成吸附剂中毒的成分应采用吸收或预吸附的方法去除。

7.3.5 本条规定了吸附装置的几项重要参数,为新增条文。

为避免频繁更换吸附剂,吸附剂不再生时其连续工作时间不应少于 3 个月。

平衡吸附量是指在一定的温度、压力($25℃$、$101.3kPa$)下污染空气通过一定量的吸附剂时,吸附剂所能吸附的最大气体量,通常以吸附剂的质量百分数表示。平衡保持量是指已吸附饱和的吸附剂让同温度的清洁干空气连续 6h 通过该吸附层后,在吸附层内仍保留的污染气体量。

对吸附剂再生利用的场合,吸附能力以平衡吸附量和平衡保持量的差计算。对吸附剂不再生利用的场合,吸附能力按平衡保持量计算。对吸附剂不进行再生的吸附器,吸附剂的连续工作时间按下式计算。

$$t = 10^6 \times S \times W \times E/[(\eta \times L \times y_1) \times h] \tag{11}$$

式中：t——吸附剂的连续工作时间；

W——吸附层内吸附剂的质量(kg)；

S——平衡保持量；

η——吸附效率，通常取$\eta=1.0$；

L——通风量(m^3/h)；

y_1——吸附器进口处有害气体浓度(mg/m^3)；

E——动活性与静活性之比，近似取$E=0.8\sim0.9$。

7.3.6 本条规定了吸附剂选用要求，为新增条文。

常用的吸附剂有活性炭、硅胶、活性氧化铝或分子筛等。活性炭是应用较广泛的一种吸附剂，特别是经浸渍处理后，应用更加广泛。硅胶等吸附剂称为亲水性吸附剂，用于吸附水蒸气和气体干燥。各种吸附剂可去除的有害气体见表6。

表6　各种吸附剂可去除的有害气体

吸附剂	可去除的有害气体
活性炭	苯、甲苯、二甲苯、丙酮、乙醇、乙醚、甲醛、苯乙烯、氯乙烯、恶臭物质、硫化氢、氯气、硫氧化物、氮氧化物、氯仿、一氧化碳
浸渍活性炭	烯烃、胺、酸雾、碱雾、硫醇、二氧化硫、氟化氢、氯化氢、氨气、汞、甲醛
活性氧化铝	硫化氢、二氧化硫、氟化氢、烃类
浸渍活性氧化铝	甲醛、氯化氢、酸雾、汞
硅胶	氮氧化物、二氧化硫、乙炔
分子筛	氮氧化物、二氧化硫、硫化氢、氯仿、烃类
泥煤、褐煤、风化煤	恶臭物质、氨气、氮氧化物
焦炭粉粒、白云石粉	沥青烟

7.3.7 本条规定了吸附剂脱附方式，为新增条文。

为防止对吸附剂造成破坏，采用活性炭作吸附剂时，脱附气的温度宜控制在120℃以下；脱附气冷凝回收有机溶剂时，冷却水温度与有机溶剂沸点温度差越大，回收效果越好，根据有机溶剂的物理性质确定冷却水温度,一般的冷却水温度达不到要求时,采用冷冻水。

7.4 设 备 布 置

7.4.1 本条规定了粉尘回收处理方式,为新增条文。

本条是从保障除尘系统的正常运行,便于维护管理,减少二次扬尘,保护环境和提高经济效益等方面出发,并结合国内各厂矿、企业的实践经验制订的。对粉尘的处理回收方式主要有以下几种:

对于干式除尘器,有人工清灰、机械清灰和除尘器的排灰管直接接至工艺流程等。人工清灰多用于粉尘量少,不直接回收利用或无回收价值的粉尘;机械清灰包括机械输送、水力输送和气力输送等,其处理方式一般是将收集的粉尘纳入工艺流程回收处理。机械清灰的输送灰尘设施较复杂,但操作简单、可靠。除尘器直接布置在胶带运输机、料仓等上部,排灰管直接接至工艺流程,如接到胶带运输机溜槽、漏斗、料仓,用于有回收价值且能直接回收的粉尘,是一种较经济有效的方式。

7.4.2 本条是关于除尘器的位置及除尘系统水力平衡的规定。

在设计机械除尘系统时,大都把除尘器布置在系统的负压段,其最大优点是保护通风机壳体和叶片免受或减缓粉尘的磨损,延长通风机的使用寿命。由于某种需要也有把除尘器置于系统正压段的,如采用袋式除尘器时,为了节省外部壳体的金属耗量,避免因考虑漏风问题而增加除尘器的负荷,延长布袋的使用期限及便于在工作状况下进行检修等,有时把除尘器安装在正压段就具有一定的优点。在这种情况下,应选择排尘通风机。由于同普通通风机相比,排尘通风机价格较贵,效率较低,能量消耗约增加 25%以上,因此设计时应根据具体情况进行技术经济比较确定。

把除尘系统并联管段间的压力损失差额控制在一定范围内是保障系统运行效果的重要条件之一。在设计计算时,应用调整管径的办法使系统各并联管段间的压力损失达到所要求的平衡状态,不仅能保证各并联支管的风量要求,而且可不装设调节阀门,对减少漏风量和降低系统造价也较为有利。特别是对除尘系统,设置调节阀害多利少,不仅会增大系统的阻力,而且会增加管内积尘,甚至有导致风管堵塞的可能。根据国内的习惯做法,本条规定一般送排风系统各并联管段的压力损失相对差额不大于15%,除尘系统不大于10%,相当于风量相差不大于5%。这样做既能保证通风效果,设计上也是能办到的,如在设计时难于利用调整管径达到平衡要求时,则可装设调节阀门。

7.4.3 本条规定了湿式有害气体净化装置的防冻要求,为新增条文。

在严寒及寒冷地区,湿式废气净化设备的布置要注意设备防冻结、结露而影响正常运行。

为了保证湿式除尘器在冬季的时候还能够正常工作,在设计上应该采取的防冻措施有:把湿式除尘器安装在供暖房间内,对除尘器壳体进行保温,对水池进行保温、加热等。

7.4.4 本条规定了卸尘管和排污管的防漏风要求,为新增条文。

防止卸尘管和排污管漏风的措施是在干式除尘器的卸尘管和湿式除尘器的污水排出管上装设有效的卸尘装置。卸尘装置(包括集尘斗、卸尘阀或水封等)是除尘设备的一个不可忽视的重要组成部分,它对除尘器的运行及除尘效率有相当大的影响。如果卸尘装置装设不好,就会使大量空气从排尘口或排污口吸入,破坏除尘器内部的气流运动,大大降低除尘效率。如当旋风除尘器卸尘口漏风达15%时,就会使除尘器完全失去作用。其他种类的除尘器漏风对除尘效率的影响也是非常显著的。

7.5 排 气 筒

7.5.1 本条是关于排气筒的高度的规定,为新增条文。

排气筒的高度在设计中要给予足够的重视。即使废气排放前已经采取了有效的净化措施,高空排放对加强污染物稀释扩散、降低污染物落地浓度依旧是最直接、最经济有效的措施。现行国家标准《大气污染物综合排放标准》GB 16297执行多年,其中排气筒高度的规定可执行性强,工程中能够符合要求。近几年,环境保护部联合国家质量监督检验检疫总局,相继颁布了若干行业的工业污染物排放标准,其中也有关于排气筒高度的规定,这些标准也应予以执行。

排气筒高度除满足条文规定以外,在完成项目环境影响评价的工作中,经由环评单位对污染物的排放情况进行模拟计算,从而进一步核准排气筒高度。如不满足排放要求,会采取改进废气净化工艺、减少排放总量、加高排气筒等措施。模拟计算中将本企业以及周边影响范围内的企业的污染物排放情况作为初始输入,计算结果准确度较高,可作为设计依据。

7.5.2 本条是关于排气筒出口风速的规定,为新增条文。

为达产、达标或增产的需要,建设项目常有改造的需求,排气筒一经建好,改造的难度较大,因此应有一定的排放能力富余量。

7.5.3 本条是关于设置监测采样孔的规定,为新增条文。

设置监测的采样孔和监测平台及排气筒附属设施是环境监测、操作维护、安全的需要。排气筒附属设施通常有:

(1)清灰孔、排水孔、楼梯或爬梯;

(2)备用电源、照明设施、避雷设施、航空障碍灯等。

7.5.4 本条规定了排气筒绝热防腐要求,为新增条文。

排烟的排气筒习惯上称烟囱,应向土建专业提出明确的烟气参数、烟气成分等,用于设计烟囱绝热层及防腐层。非正常生产状况会出现短时间恶劣工况时,则应根据非正常生产情况下的烟气条件设计。

7.5.5 本条是关于设集中排气筒的规定,为新增条文。

减少排放点数量可以减少环境管理工作量,在一定区域内的排风点集中设排气筒是大多数企业的现实需求。

7.6 抑尘及真空清扫

7.6.1 本条是关于采用水力喷雾抑尘的规定,为新增条文。

水力喷雾抑尘在扬尘地点利用喷嘴将水喷成水雾,均匀地加湿物料以减少或消除粉尘的产生,并捕集和抑制已经扬起的粉尘。加水会引起产品水解或粉化的工艺流程不允许设置水力抑尘,如耐火厂煅烧后的镁砂、白云石等工艺流程。加水过多影响产品的产量和质量时,应控制加水量,以避免筒磨机、球磨机的"粘球",干碾机的碾底孔板堵塞和筛子的糊网等。

7.6.2 本条是关于设置真空清扫装置的规定,为新增条文。

1 影响真空清扫设备选择的因素很多,但主要是真空度、风量、真空清扫设备形式等几项。根据运行经验,通常粉尘或物料粒径按 3.0mm～30mm,真空度在 30kPa 以上即可满足要求,但要考虑海拔高度对真空度的影响。

2 真空清扫设备的容量可以根据最远处吸尘点所需的抽吸能力确定,可按 2 个～3 个吸嘴同时工作来设计。

3 真空清扫设备分为固定式和移动式两种,采用哪种方式要根据工程的具体情况确定。移动式有一机多用、灵活方便等优点,虽然造价较高,但受业主欢迎,在一般情况下,宜优先采用移动车载式。选用固定式应注意每一个独立的清扫管网应配套一台固定式清扫设备。

4 真空清扫设备所应具有的自动保护功能包括但不限于:真空泵润滑油油位过低,自动关机;真空泵出口温度过高,自动关机;真空泵负压过高,自动放空保护;主料斗料位满,自动停机;布袋过滤器破损检测并停机保护;布袋堵塞压差过高,连锁保护。

7.6.3 本条规定了真空清扫管网系统的设计要求,为新增条文。

1 管网配置的好坏关系到真空清扫系统的运行成功与否。因此配置管网时,要考虑到运行、维护、检修的方便性。每台生产装置(包括对应的料仓区域)设置一套管网系统,可独立运行。

2 常用的吸尘软管长度及其工作半径一般在 10m～15m,根据吸尘软管长度确定各吸尘口之间的合理距离。

3 为了使管道耐磨和减小阻力,生产厂房吸尘管道多数情况下采用无缝钢管制作,但也有采用非金属材料制作的吸尘管道。

7.7 粉 尘 输 送

7.7.1 本条规定了粉尘的输送要求,为新增条文。

1、2 除尘器收集的粉尘需要从除尘器排出并输送到储存装置,再通过运输车辆运送到粉尘回收处理单元。因此粉尘输送是除尘工程设计的一个环节,是大、中型除尘系统不可缺少的组成部分。防止二次扬尘是粉尘输送的一项重要要求,条件允许时加湿输送或搅拌制浆后输送可防止二次扬尘。粉尘采用机械输送或气力输送技术成熟,是当前除尘系统粉尘输送主要采用的方式。

3 多级机械设备输送时,后一级机械设备的输送能力不应小于前一级设备的能力,主要是防止在输送设备内造成粉尘堵塞。

4 本款规定了为减少或消除储灰仓向运输车辆卸灰时产生的二次扬尘,目前通常采取的措施。

7.7.2 本条是关于气力输送装置的规定,为新增条文。

1 防爆措施包括采用氮气输送、采用防爆型设备等。

2 气力输送时设置中间储灰仓,可以解决输送能力及输送时间不匹配的问题。

3 气力输送设计中应充分考虑输送管路的磨损。应根据所输送粉尘的粉尘量、密度、磨琢性、粒径分布等物料性质及输送条件,合理确定料气比及输送速度。弯管是气力输送系统中最易磨损的构件,为延长弯管的使用寿命,可采取管壁加厚或采用耐磨材料制作。

4 备用的仓式泵输灰系统包括设备的备用和管道的备用,任何一个系统因设备故障或管道损坏而停止工作时,备用的系统能够满足使用要求。

5 加大曲率半径可防止堵塞、减小输送阻力、防止管道磨损。

8 空 气 调 节

8.1 一 般 规 定

8.1.1 本条规定了对空气调节的要求,为新增条文。

空气调节的目的有两个,一个是以满足工业生产工艺或产品对室内空气环境参数要求为目的,称为工艺性空气调节;另一个是以满足人体对室内空气热湿环境要求及健康要求为目的,称为舒适性空气调节。本规范主要针对工艺性空气调节,因此明确规定"工艺性空气调节应满足生产工艺或产品对空气环境参数的要求"是必要的。当设计生产环境有人员的工艺性空气调节时,应首先满足生产工艺对空气环境参数的要求,在此前提下兼顾考虑人员的热舒适及健康要求。当工业建筑中以满足人员的舒适性要求为主时,空气调节设计应符合现行国家标准《民用建筑供暖通风与空气调节设计规范》GB 50736 中的相关规定。

8.1.2 本条规定了设置空气调节的条件。

1 对于工业建筑,生产工艺的室内温度、湿度计洁净度条件是必须满足的,当采用供暖通风不能达到生产工艺对环境的要求,一般指夏季室外温度较高,无法用通风的方式满足降温的情况,如发热量较大的配电室等场合,若采用通风方式降温,夏季不能达到室内温度要求;或者冬季采暖虽然能满足室内温度要求,但不能满足室内湿度要求的情况;或者室内洁净度要求较高的情况,所以设置空气调节。

2 为了有利于提高了人员的劳动生产率和工作效率,延长设备使用寿命,降低设备生命周期费用,增加了经济效益。

3 随着经济水平的提高,空气调节的应用也日益广泛,为了改善劳动条件,满足卫生要求,有益于人员的身体健康,都应设置空气调节。

4 有利于提高和保证产品质量是指产品生产或储存中,对室内温度、湿度、洁净度有特殊的要求。

8.1.3 本条是关于工业建筑空气调节区的面积,散热、散湿设备和设置全室性空气调节的规定。

在满足生产工艺要求的前提下,尽可能减少空气调节区的面积和体积,其目的是为了节约空气调节投资、减少空气调节用能、降低空气调节运行费用。

空气调节区的散热、散湿设备越少,则冷、湿负荷越小,越有利于控制达到温、湿度的要求,同时也比较经济。因此条文规定,在满足生产工艺要求的条件下,宜减少空气调节区的散热、散湿设备。

对于工艺性空气调节,宜采取经济有效的局部工艺措施或局部区域的空气调节代替全室性空气调节,以达到节能降耗的目的。如储存受潮后易生锈的金属零件。若采用全室性空气调节保持低温要求是不经济的,而在工艺上采用干燥箱储存这些零件是行之有效的好办法,又如,电表厂的标准电阻要求温度波动小,而将标准电阻放在油箱内用半导体制冷,保持油箱内的温度就可不设全室性空气调节;对于工业厂房内个别设备或工艺生产线有空气调节要求,采用罩子等将其隔开,在此局部区域内进行空气调节,既可满足工艺要求,又比整个区域空气调节节约投资并节能。

8.1.4 本条规定了工业建筑的高大空间分层空气调节的要求。

对于工业建筑的高大空间,当生产工艺或使用要求允许仅在下部作业区域设计空气调节时,应采用分层式送风或下部送风的气流组织方式,以达到节能的目的。本次修订将原规范第 6.1.2 条中的高大空间分层空气调节的规定成为单独的条文,并改为适用于"工业建筑",是为了响应工业建筑节能及空气调节节能设计要求,强化空气调节节能设计。有些场所无法实现侧送风,只能顶部送风,因此规定"宜"采用分层式空气调节方式。

大面积厂房如纺织厂,厂房内工艺设备区和操作人员区可以有不同的温、湿度要求,但两个区域之间无隔间,这时也可采用分区设不同空气调节系统,对节能有显著效果,已在很多工厂应用。

8.1.5 本条规定了空气调节区内的空气压差要求。

空气调节区内的空气压力不仅影响空气的流动,而且还影响着空气调节区的环境参数控制和新风比及能耗,因此在设计上需要重视。如果空气调节区的空气压力为负压,区外空气就会流入,从而影响空气调节区的环境参数;如果空气调节区的空气压力保持为正压,则能防止区外空气渗入,有利于保证空气调节区的环境参数少受外界干扰。所以一般情况下,空气调节区保持正压。

对于工业建筑的生产工艺性空气调节,不同的生产工艺有不同的要求,因此空气调节区的空气压力应按工艺要求确定。通常,当环境参数不同的空气调节区相邻时,原则上空气压差的方向是:洁净度等级较高的空气调节区的空气压力大于洁净度等级较低的空气调节区的空气压力,温、湿度波动范围较小的空气调节区的空气压力大于温、湿度波动范围较大的空气调节区的空气压力,无污染源的空气调节区的空气压力大于有污染源的空气调节区的空气压力。

空气调节系统室内正压值不宜过小,也不宜过大,研究及大量工程实践证明,室内正压值一般宜为 5Pa～10Pa,室内正压值太大时,不仅会影响人体舒适感,而且会增大新风能耗,同时还会造成开门困难。

8.1.6 本条是关于空气调节区的设计布置要求。

空气调节区集中布置有利于减少空气调节区外墙以及与非空气调节区相邻的内墙、楼板传热形成的冷、热负荷,降低空气调节系统投资及建筑保温的造价,便于运行控制和维护管理。

8.1.7 本条规定了围护结构的传热系数。

建筑物围护结构的传热系数 K 值的大小是能否保证空气调节区正常生产条件,影响空气调节工程综合造价高低、维护费用多少的主要因素之一。K 值愈小,则冷负荷愈小,空气调节系统装机容量愈小。K 值又受建筑结构与材料等投资影响,不能无限制地减小。K 值的选择与绝热材料价格及导热系数、室内外计算温差、初投资费用系数、年维护费用系数以及绝热材料的投资回收年限等各项因素相关。不同地区的热价、冷价、电价、水价、绝热材料价格及系统工作时间等可能不同,即使同一地区这些因素也是变化的,因此本条只给出 K 值的最大限值,实际应用中应通过技术经济比较确定合理的 K 值。

8.1.8 本条规定了围护结构的热惰性指标。

热惰性指标 D 是表征建筑围护结构对温度波衰减快慢程度的无量纲指标,D 值大小直接影响室内温度波动范围,其值大则室温波动范围就小,其值小则相反。因此,本条按照室内温度允许波动范围的不同规定了围护结构热惰性指标 D 的最小限值,恒温空调设计时建筑围护结构的 D 值不应小于表 8.1.8 的值。需要说明的是,虽然 D 值越大越有利,但增大 D 值意味着增加围护结构投资,所以具体工程合理的 D 值应经过技术经济比较后确定。

8.1.9 本条是关于空气调节区外墙、外墙朝向及其所在层次的规定。

根据实测表明,对于空气调节区西向外墙,当其传热系数为 $0.34W/(m^2 \cdot ℃) \sim 0.40W/(m^2 \cdot ℃)$,室内、外温差为 $10.5℃ \sim 24.5℃$ 时,距墙面 100mm 以内的空气温度不稳定,变化在 $\pm 0.3℃$ 以内;距墙面 100mm 以外时,温度就比较稳定了。因此对于室温允许波动范围大于或等于 $\pm 1.0℃$ 的空气调节区来说,有西向外墙也是可以的,对人员活动区的温度波动不会有什么影响。从减少室内冷负荷出发,则宜减少西向外墙以及其他朝向的外墙;如有外墙时,最好为北向,且应避免将空气调节区设置在顶层。

为了保持室温的稳定性和不减少人员活动区的范围,对于室温允许波动范围为 $\pm 0.5℃$ 的空气调节区,不宜有外墙,如有外墙,应北向;对于室温允许波动范围为 $\pm(0.1 \sim 0.2)℃$ 的空气调节区,不应有外墙。

屋顶受太阳辐射热的作用后,能使屋顶表面温度升高 35℃ ~ 40℃,屋顶温度的波幅可达 ±28℃。为了减少太阳辐射热对室温波动要求小于或等于 ±0.5℃ 空气调节区的影响,所以规定当其在单层建筑物内时,宜设通风屋顶。

在北纬 23.5°及其以南的地区,北向与南向的太阳辐射强度相差不大,且均较其他朝向小,可采用南向或北向外墙。对于本规范第 8.1.10 条来说,则可采用南向或北向外窗。

8.1.10 过渡季空调系统不运行时,利用外窗自然通风,可开启外窗面积应满足自然通风的需要。

8.1.11 本条规定了工艺性空气调节区的外窗朝向。

根据调查、实测和分析:当室温允许波动范围大于 ±1.0℃ 时,从技术上来看,可以不限制外窗朝向,但从降低空气调节系统造价考虑,应尽量采用北向外窗;室温允许波动范围为 ±1.0℃ 的空气调节区,由于东、西向外窗的太阳辐射热可以直接进入人员活动区,不应有东、西向外窗,据实测,室温允许波动范围为 ±0.5℃ 的空气调节区,对于双层毛玻璃的北向外窗,室内外温差为 9.4℃ 时,窗对室温波动的影响范围在 200mm 以内,如果有外窗,应北向。

8.1.12 本条规定了设置门斗的要求。

从调查来看,一般空气调节区的外门均设有门斗,内门指空气调节区与非空气调节区或走廊相通的门,一般也设有门斗。走廊两边都是空气调节区的除外,在这种情况下,门斗设在走廊的两端。与邻室温差较大的空气调节区,设计中也有未设门斗的,但在使用过程中,由于门的开启对室温波动影响较大,因此在后来的运行管理中也采取了一定的措施。按北京、上海、南京、广州等地空气调节区的实际使用情况,规定门两侧温差大于或等于 7℃ 时,应采用保温门;同时对室内温度波动范围要求较严格的工艺性空气调节区的内门和门斗作了如条文中表 8.1.12 的相关规定。

8.1.13 本条是关于全空气空调系统可变新风比的规定,为新增条文。

本条规定主要是从空调系统节能及保证室内空气质量来考虑的,因为不少工业建筑的空气调节区内生产工艺设备散热形成的空调冷负荷远大于建筑围护结构传热形成的冷负荷,有些甚至需要全年供冷,从空调系统运行节能考虑,这种场合的空调系统设计应能实现在过渡季节充分利用外部自然冷源,即当室外空气焓值低于空气调节区焓值时,空调系统可实现加大新风量直至全新风运行的运行模式,从而减少冷水机组运行时间和台数,实现系统运行节能。当室外新风质量符合空气调节区要求且空气调节区有可开启的外窗时,则开窗自然通风更有利于节能;当室外新风质量不符合空气调节区要求时,就不能开启外窗自然通风,必须开启空气调节系统机械送排风,这就要求系统能实现全新风运行,所以系统设计时就要设计有能实现全新风运行的技术措施及调节控制设备。

实现全新风运行的措施包括空调机组配备双风机(送风机及回风机)或者另设专用的排风机,新风口及新风道按照总风量设计。

8.1.14 本条是关于工业建筑空气调节系统进行方案优化的原则,为新增条文。

对建筑规模较大、生产工艺功能复杂、空气调节区环境参数要求较高的工业建筑,在选择确定空气调节设计方案时,宜对各种可行的方案及运行模式进行全年能耗模拟计算分析,综合考虑系统能耗、投资、运行维护费用,并进行技术、经济比较,才能使系统的设计配置最合理,运行模式及控制策略最优化。

8.2 负 荷 计 算

8.2.1 本条是关于逐时冷负荷的计算规定。

近年来,全国各地暖通工程设计过程中滥用单位冷负荷指标的现象十分普遍。估算的结果当然总是偏大,并由此造成"一大三大"的后果,即总负荷偏大,从而导致主机偏大、管道输送系统偏大、末端设备偏大。由此带来初投资较高,运行不经济,给国家和投资者造成损失,给节能和环保带来的潜在问题也是显而易见的。因此,规范必须对这个问题有个明确的规定。

工业建筑一般是以工艺设备发热量为主要得热量,围护结构得热量占有的比例较小,本条规定空气调节区的冷负荷在高阶段设计可采用冷负荷指标法计算,而施工图设计时应逐项逐时计算,因此本条不再作为强制性条文。

8.2.2 本条规定了空气调节系统的冬季热负荷。

空气调节区的冬季热负荷与供暖房间的热负荷,计算方法是一样的,只是当空气调节区有足够的正压时,不必计算经由门窗缝隙渗入室内冷空气的耗热量。但是考虑到空气调节区内热环境条件要求较高,空气调节区温度的不保证时间应少于一般供暖房间,因此在选取室外计算温度时,规定采用历年平均每年不保证 1 天的日平均温度值,即应采用冬季空气调节室外计算温度。

空气调节厂房冬季热负荷应按本规范第 5.2 节的方法计算,当工艺设备具有稳定的散热量时,厂房的热负荷应扣除这部分得热量。

8.2.3 本条规定了空气调节区的夏季得热量。

在计算得热量时,只能计算空气调节区域得到的热量,包括空气调节区自身的得热量和由空气调节区外传入的得热量,如分层空气调节中的对流热转移和辐射热转移等,处于空气调节区域之外的得热量不应计算。工业建筑的高大空间采用分层空调方式时,需计算上部空间向空调区的热转移量;采用局部空调或分区空调方式时,应计算其他区域向计算空调区的热转移量。

8.2.4 本条规定了空气调节区的夏季冷负荷。

本条规定了计算夏季设计冷负荷所应考虑的基本因素,指出得热量与冷负荷是两个不同的概念;明确规定了应按非稳态传热方法进行冷负荷计算的各种得热项目,并提出对于工业建筑工艺性空气调节,往往设计冷负荷的绝大部分是由生产工艺设备散热等室内热源得热量形成的,冷负荷计算时要特别重视这一特点。

以空气调节房间为例,通过围护结构进入房间的以及房间内部散出的各种热量称为房间得热量;为保持所要求的室内温度必须由空气调节系统从房间带走的热量称为房间冷负荷。两者在数值上不一定相等,取决于得热中是否含有时变的辐射成分。当时变的得热量中含有辐射成分时或者虽然时变得热曲线相同但所含的辐射百分比不同时,由于进入房间的辐射成分不能被空气调节系统的送风消除,只能被房间内表面及室内各种陈设所吸收、反射、放热、再吸收、再反射、再放热……在多次放热过程中,由于房间及陈设的蓄热—放热作用,得热当中的辐射成分逐渐转化为对流成分,即转化为冷负荷。显然,此时得热曲线与负荷曲线不再一致,比起前者,后者线型将产生峰值上的衰减和时间上的延迟,这对于削减空气调节设计负荷有重要意义。

8.2.5 本条规定了室外或邻室计算温度。

8.2.6~8.2.8 这几条规定了外墙、屋顶和外窗传热形成的逐时冷负荷。

第 8.2.6 条提醒设计人员在进行局部区域空气调节负荷计算时,不要把不处于空气调节区的屋顶形成的负荷全部考虑进去。

冷负荷计算温度的确定过程比较复杂,而且有不同的计算方法,国内一些技术手册中均有现成的表格可查。在此必须说明,本条用冷负荷计算温度计算冷负荷的公式是基于国内各种计算方法的一种综合的表达形式,并不是特指某一种具体计算方法。

对于一般要求的空气调节区,由于室外扰动因素经历了围护结构和空气调节区的双重衰减作用,负荷曲线已相当平缓,为减少计算工作量,对非轻型外墙,室外计算温度可采用平均综合温度代替冷负荷计算温度。

8.2.9 本条规定了内围护结构传热形成的冷负荷。

当相邻空气调节区的温差大于 3℃时,通过隔墙或楼板等传热形成的冷负荷在空气调节区的冷负荷中占有一定比重,在某些情况下是不宜忽略的,因此作了本条规定。

8.2.10 本条规定了地面传热形成的冷负荷。

对于工艺性空气调节区,当有外墙时,距外墙 2m 范围内的地面受室外气温和太阳辐射热的影响较大,测得地面的表面温度比室温高 1.2℃~1.26℃,即地面温度比西外墙的内表面温度还高。分析其原因,可能是混凝土地面的 K 值比西外墙的要大一些的缘故,所以规定距外墙 2m 范围内的地面宜计算传热形成的冷负荷。

本条所指的"其他情况",是对于舒适性空气调节区,夏季通过地面传热形成的冷负荷所占的比例很小,可以忽略不计。

8.2.11 本条规定了透过玻璃窗进入的太阳辐射热量。

对于有外窗的空气调节区,透过玻璃窗进入室内的太阳辐射热形成的冷负荷在空气调节区总负荷中占有举足轻重的地位。因此,正确计算透过窗户进入室内的太阳辐射热量十分重要。本规范附录 D 所列夏季透过标准窗玻璃的太阳辐射照度是针对裸露的单位净面积标准窗玻璃给出的。对于实际使用的玻璃窗,当计算其透过太阳辐射热量时,则不但要考虑窗框、窗玻璃种类及窗户层数的影响,更重要的是要考虑各种遮阳物的影响,其中包括内遮阳设施、外遮阳设施(包括窗洞、窗套的遮阳作用)以及位于空气调节建筑物附近的高大建筑物和构筑物的影响。一些遮阳设备的遮阳作用则应通过建筑光学中关于阴影的计算方法加以考虑。

8.2.12 本条规定了透过玻璃窗进入的太阳辐射热形成的冷负荷。

由于透过玻璃窗进入空气调节区的太阳辐射热量随时间变化,而且其中的辐射成分又随着遮阳设施类型和窗面送风状况的不同而异,因此这项得热量形成的冷负荷应根据实际采用的遮阳方法、窗内表面空气流动状态以及空气调节区的蓄热特性计算确定。由于计算过程比较复杂,可直接使用专门的计算表格或计算机程序求解。

8.2.13 本条是关于人体、照明和设备等散热形成的冷负荷的规定。

非全天工作的照明、设备、器具以及人员等室内热源散热量，因具有时变性质，且包含辐射成分，所以这些散热曲线与它们所形成的负荷曲线是不一致的。根据散热的特点和空气调节区的热工状况，按照负荷计算理论，依据给出的散热曲线可计算出相应的负荷曲线。在进行具体的工程计算时，可直接查计算表或使用计算机程序求解。

人员群集系数系指人员的年龄构成、性别构成以及密集程度等情况的不同而考虑的折减系教。年龄不同和性别不同，人员的小时散热量就不同。如成年女子的散热量约为成年男子散热量的85％，儿童散热量相当于成年男子散热量的75％。

设备的功率系数系指设备小时平均实耗功率与其安装功率之比。

设备的"通风保温系数"系指考虑设备有无局部排风设施以及设备热表面是否保温而采取的散热量折减系数。

8.2.14 本条规定了空气调节区的夏季散湿量。

空气调节区的计算散湿量直接关系到空气处理过程和空气调节系统的冷负荷。把散湿量的各个项目一一列出，单独形成一条，是为了把湿量问题提得更加明确，并且与本规范第8.2.3条第8款相呼应，强调了与显热得热量性质不同的各项有关的潜热得热量。

8.2.15 本条规定了散湿量的计算。

本条所说的"人员群集系数"，指的是集中在空气调节区内的各类人员的年龄构成、性别构成和密集程度不同而使人均小时散湿量发生变化的折减系数。如儿童和成年女子的散湿量约为成年男子相应散湿量的75％和85％。考虑人员群集的实际情况，将会把以往计算偏大的湿负荷降低下来。

"通风系数"系指考虑散湿设备有无排风设施而采用的散湿量折减系数。当按照本规范第 8.2.13 条从有关工具书中查找通风保湿系数时,"设备无保温"情况下的通风保温系数值即为本条的通风系数值。

8.2.16 本条是关于空气调节区、空气调节系统、空调冷源夏季冷负荷的规定。

根据空气调节区的同时使用情况、空气调节系统类型及控制方式等各种情况的不同,在确定空气调节系统夏季冷负荷时,主要有两种不同算法:一个是取同时使用的各空气调节区逐时冷负荷的综合最大值,即从各空气调节区逐时冷负荷相加之后得出的数列中找出的最大值;一个是取同时使用的各空气调节区夏季冷负荷的累计值,即找出各空气调节区逐时冷负荷的最大值并将它们相加在一起,而不考虑它们是否同时发生。后一种方法的计算结果显然比前一种方法的结果要大。例如:当采用变风量集中式空气调节系统时,由于系统本身具有适应各空气调节区冷负荷变化的调节能力,此时即应采用各空气调节区逐时冷负荷的综合最大值;当末端设备没有室温控制装置时,由于系统本身不能适应各空气调节区冷负荷的变化,为了保证最不利情况下达到空气调节区的温湿度要求,即应采用各空气调节区夏季冷负荷的累计值。

空调系统附加冷负荷,包括空气通过风机、风管的温升引起的冷负荷,以及空气处理过程产生冷热抵消现象引起的附加冷负荷等。空调冷源附加冷负荷,包括冷水通过水泵、水管、水箱的温升引起的冷负荷。

8.3 空气调节系统

8.3.1 本条规定了选择空气调节系统的原则。

本条是选择空气调节系统的总原则,其目的是为了在满足使用要求的前提下,尽量做到节省一次投资、系统运行经济、减少能耗。

8.3.2 本条规定了空气调节风系统的划分。

1 考虑到将不同要求的空气调节区放置在一个空气调节系统中难以控制、影响使用,所以强调不同要求的空气调节区宜分别设置空气调节风系统。但有适应不同区域不同要求的措施时,如采用设有末端装置的变风量系统或采用分区送风型空气处理装置时,可合设。

5 同一时段需供冷和供热的空气调节区,指不同朝向空气调节区、外区与内区等。内、外区负荷特性相差很大,尤其是冬季或过渡季,常常外区需送热时,内区因过热需全年送冷;过渡季节朝向不同的空气调节区也常需要不同的送风参数,推荐按不同区域分别设置空气调节风系统,易于调节及满足使用要求。

8.3.3 本条规定了全空气定风量空气调节系统的选择设计。

(1)空气系统存在风管占用空间较大的缺点,但人员较多的空气调节区新风比例较大。与风机盘管加新风等空气-水系统相比,多占用空间不明显;人员较多的大空间空气调节负荷和风量较大,便于独立设置空气调节风系统。因而不存在多空气调节区共用全空气定风量系统难以分别控制的问题;全空气定风量系统易于改变新回风比例,必要时可实现全新风送风,能够获得较大的节能效果;全空气系统的设备集中,便于维修管理。因此推荐在大空间建筑中采用。

(2)全空气定风量系统易于消除噪声、过滤净化和控制空气调节区温、湿度,且气流组织稳定,因此推荐用于要求较高的工艺性空气调节系统。

8.3.4 本条规定了一次回风系统的选择。

目前,定风量系统多采用改变冷热水水量控制送风温度,而不常采用变动一、二次回风比的复杂控制系统,且变动一、二次回风比会影响室内相对湿度的稳定,也不适用于散湿量大,温、湿度要求严格的空气调节区;因此一般工程推荐系统简单、易于控制的一次回风系统。

采用下送风方式的空气调节风系统以及洁净室的空气调节风系统(按洁净要求确定的风量往往大于以负荷和允许送风温差计算出的风量),其允许进风温差都较小,为避免再热量的损失,不宜采用一次回风的全空气定风量空气调节系统,可以使用二次回风系统。

8.3.5 本条规定了设置进风机、回风机的双风机空气调节系统的选择。

仅有送风机的单风机空气调节系统简单、占地少、一次投资省、运转耗电量少,因此常被采用。在需要变换新风、回风和排风量时,单风机空气调节系统存在调节困难、空气调节处理机组容易漏风等缺点;在系统阻力大时,风机风压高,耗电量大,噪声也较大。因此,宜采用双风机空气调节系统。

8.3.6 本条规定了变风量空气调节系统的选择。

由于变风量系统的风量变化范围有一定的限制,且湿度不易控制,因此规定不宜用在温、湿度精度要求高的工艺性空气调节区;变风量系统末端装置由于控制等需要较高的风速、风压,末端阀门的节流及设小风机等都会产生较高噪声;因此不适用于噪声要求严格的空气调节区。变风量系统比其他空气调节系统造价高,比风机盘管加新风系统占据空间大,使用前应经技术经济比较,技术经济合理时可采用。

1 负担多个空气调节区,各空气调节区负荷变化较大时,采用各个空调区分别设置变风量末端,或者采用空调机组分区送风集中设置变风量装置,均可达到系统变风量的目的,从而实现分室控制温度,以及节能运行的目的。

2 条文中增加了单个空气调节区的全空气变风量空气调节系统。全空气系统部分负荷时如果不改变空气调节系统的送风量,要保持室内温度只能通过减小送风温差来达到热量平衡,此时热湿比线右移使室内相对湿度变大。如果采用变风量空气调节系统,部分负荷时通过减小送风量,不但可以节省风量输送电能,而且能够保持较低的相对湿度,减小室内金属零部件锈蚀。

8.3.7 本条规定了变风量空气调节系统的设计。

1 对变风量空气调节系统,要求采用风机调速改变系统风量以达到节能的目的;不应采用恒速风机通过改变送风阀和回风阀的开度实现变风量等简易方法。

2 当进风量减少时,新风量也随之减少,会产生新风不满足卫生要求的后果因此强调应采取保证最小新风量的措施。

3 本款是对空气调节区可变风量范围的要求。

4 变风量的末端装置是指送风口处的风量是变化的,不包括送风口处风量恒定的串联式风机驱动型等末端装置。当送风口处风量变化时,如果送风口选择不当,会影响到室内空气分布。但是采用串联式风机驱动型等末端装置时,则不存在上述问题。

8.3.8 本条规定了风机盘管加新风系统的选择设计。

(1)风机盘管系统具有各空气调节区可单独调节,比全空气系统节省空间,比带冷源的分散设置的空气调节器和变风量系统造价低廉等优点。

(2)"加新风系统"是指新风需经过处理,达到一定的参数要求,有组织地送入室内。本条将"经处理的新风宜直接送入室内"中的"宜"修改为"应",是强调如果新风与风机盘管吸入口相接或只送到风机盘管的回风吊顶处,将减少室内的通风量,不利于节能。当风机盘管风机停止运行时,新风有可能从带有过滤器的回风口吹出,不利于室内卫生;

(3)风机盘管加新风系统存在着不能严格控制室内温、湿度,常年使用时冷却盘管外部因冷凝水而滋生微生物和病菌,恶化室内空气等缺点。因此对温、湿度和卫生等要求较高的空气调节区限制使用。

(4)由于风机盘管对空气进行循环处理,一般不做特殊的过滤,所以不应安装在机加工等油烟较多的空气调节区,否则会增加盘管风阻力及影响传热。

8.3.9 本条规定了蒸发冷却空调系统的选择,为新增条文。

蒸发冷却空调系统是利用室外空气中的干、湿球温度差所具有的"天然冷却能力",通过水与空气之间的热湿交换,对被处理的空气或水进行降温处理,以满足室内温、湿度要求的空调系统。

1 在室外气象条件满足要求的前提下,推荐在夏季空调室外计算湿球温度较低的干燥地区(通常在低于 23℃ 的地区),如新疆、西藏、青海、宁夏、甘肃、内蒙古、陕西、云南等干热气候区,采用蒸发冷却空调系统,降温幅度大约能达到 10℃～20℃ 的明显效果。蒸发冷却空调机组目前已在新疆、甘肃、宁夏和内蒙古等地区得到了大力推广与应用。

2 对于工业建筑中高温车间,如铸造车间、熔炼车间、动力发电厂汽机房、变频机房、通信机房(基站)、数据中心等,由于生产和使用过程散热量较大,但散湿量较小或无散湿量,且空调区全年需要以降温为主,这时采用蒸发冷却空调系统或蒸发冷却与机械制冷联合的空调系统与传统压缩式空调机相比,耗电量只有其 1/10～1/8。全年中过渡季节可使用蒸发冷却空调系统,夏季部分高温高湿季节蒸发冷却与机械制冷联合使用,以有利于空调系统的节能。

3 对于纺织厂、印染厂、服装厂等工业建筑,由于生产工艺要求空调区相对湿度较高,宜采用蒸发冷却空调系统。另外,在较潮湿地区(如南方地区),使用蒸发冷却空调系统一般能达到 5℃～10℃ 左右的降温效果。江苏、浙江、福建和广东沿海地区的一些工业厂房,对空调区湿度无严格限制,且在设置有良好排风系统的情况下,也广泛应用蒸发式冷气机进行空调降温。

8.3.10 本条规定了蒸发冷却空调系统的设计要求,为新增条文。

1 蒸发冷却空调系统的形式,按负担空调区热湿负荷所用的介质不同,可分为全空气式和空气-水式蒸发冷却空调系统。当通过蒸发冷却处理后的空气能承担空调区的全部显热负荷和散湿量时,应选全空气式蒸发冷却空调系统;当通过蒸发冷却处理后的空气仅承担空调区的全部散湿量和部分显热负荷,而剩余部分显热负荷由冷水系统承担时,系统应选用空气-水式蒸发冷却空调系统。空气-水式蒸发冷却空调系统中,水系统的末端设备可选用干式风机盘管机组、辐射板或冷梁等。

2 全空气式蒸发冷却空调系统根据空气处理方式,可采用直接蒸发冷却、间接蒸发冷却、间接-直接复合式蒸发冷却(直接蒸发冷却与间接蒸发冷却组合的方式)、蒸发冷却-机械制冷联合式空调技术(蒸发冷却与机械制冷混合的方式)以及除湿-蒸发冷却(除湿与蒸发冷却混合的方式)。

夏季空调室外计算湿球温度低于 23℃ 的干燥地区,其空气处理可采用直接蒸发冷却方式。当空调区热湿负荷较大时,为强化冷却效果,进一步降低系统的送风温度,减小送风量和风管面积时,可采用复合式蒸发冷却方式。复合式蒸发冷却的二级蒸发冷却是指在一个间接蒸发冷却器后再串联一个直接蒸发冷却器;三级蒸发冷却是指在两个间接蒸发冷却器串联后,再串联一个直接蒸发冷却器;夏季空调室外计算湿球温度在 23℃～28℃ 的中等湿度地区,单纯用复合式蒸发冷却已无法满足送风含湿量的要求,可采用在一个间接蒸发冷却器后,再串联一个空气冷却器(以间接蒸发冷却为主,机械制冷为辅);夏季空调室外计算湿球温度高于 28℃ 的高湿度地区,既可采用在一个间接蒸发冷却器后再串联一个空气冷却器(以机械制冷为主,间接蒸发冷却为辅),又可采用除湿与蒸发冷却混合的方式,即采用冷冻除湿、转轮除湿及溶液除湿等除湿方法先将被处理空气处理到干燥地区的状态,然后再串联一个直接蒸发冷却器或复合式蒸发冷却器。

直接蒸发冷却空调系统由于水与空气直接接触,其水质直接影响室内空气质量,故其水质应符合本规范第 8.5.2 条的规定。

8.3.11 本条规定了多联式空调系统的选择。

多联式空调系统的主要工作原理是:室内温度传感器控制室内机制冷剂管道上的电子膨胀阀,通过制冷剂压力的变化,对室外机的制冷压缩机进行变频调速控制或改变压缩机的运行台数、工作气缸数、节流阀开度等,使系统的制冷剂流量变化,达到制冷或制热量随负荷变化的目的。由于该空气调节方式没有空气调节水系统和冷却水系统,系统简单,不需机房面积,管理灵活,可以热回收,且自动化程度较高,近年已在国内一些工程中采用。该系统一次投资较高,空气净化、加湿以及大量使用新风等比较困难,因此应经过技术经济比较后采用。由于制冷剂直接进入空气调节区,且室内有电子控制设备,当用于有振动、有油污蒸气、有产生电磁波或高次频波设备的场所时,易引起制冷剂泄漏、设备损坏、控制器失灵等事故,不宜采用该系统。

1 使用时间接近的空调区设计为同一空调系统对运行调节有利,有利于提高部分负荷运行性能系数,建议采用。

2 制冷剂管道长度,室、内外机位置有一定限制等,是采用该系统的限制条件。

3 夏热冬冷地区、夏热冬暖地区、温和地区一般不具备市政供热管网,需全年运行时宜采用热泵式机组。

4 近年来,一些生产厂新推出了能同时进行制冷和制热的热回收机组。室外机为双压缩机和双换热器,并增加了一根制冷剂连通管道;当同时需供冷和供热时,需供冷区域蒸发器吸收的热量通过制冷剂向需供热区域的冷凝器借热,达到了全热回收的目的;室外机的两个换热器、需供冷区域室内机和需供热区域室内机换热器根据负荷的变化,按不同的组合作为蒸发器或冷凝器使用,系统控制灵活,供热、供冷一体化,符合节能的原则,所以推荐采用这种热回收式机组。

8.3.12 本条规定了低温送风系统的选择。

低温送风系统具有以下优点:

(1)比常规系统送风温差和冷水温升大,送风量和循环水量小,减小了空气处理设备、水泵、风道等的初投资,节省了机房面积和风道所占空间高度。

（2）由于冷水温度低,制冷能耗比常规系统要高,但采用蓄冷系统时,制冷能耗发生在非用电高峰,而用电高峰期使用的风机和冷水循环泵的能耗却有显著的降低,因此与冰蓄冷结合使用的低温送风系统明显地减少了用电高峰期的电力需求和运行费用。

（3）特别适用于负荷增加而又不允许加大管道、降低层高的改造工程。

（4）加大了空气的除湿量,降低了室内湿度,增强了室内的热舒适性。

蓄冰空气调节冷源需要较高的初投资,实际用电量也较大,利用蓄冰设备提供的低温冷水与低温送风系统结合,则可有效地减少初投资和用电量,且更能够发挥减小电力需求和运行费用的优点,所以特别推荐使用;其他能够提供低温冷媒的冷源设备,如干式蒸发或利用乙烯乙二醇水溶液作冷媒的空气处理机组也可采用低温送风系统;常规冷水机组提供的 5℃～7℃ 的冷水,也可用于空气冷却器的出风温度为 8℃～10℃ 的空气调节系统。

低温送风系统的空气调节区相对湿度较低,送风量较小。因此要求湿度较高及送风量较大的空气调节区不宜采用。

8.3.13 本条规定了低温送风系统的设计。

1 空气冷却器的出风温度:制约空气冷却器出风温度的条件是冷媒温度,如果冷却盘管的出风温度与冷媒的进口温度之间的温差(接近度)过小,必然导致盘管传热面积过大而不经济,以致选择盘管困难。送风温度过低还会带来以下问题:易引起风口结露;不利于风口处空气的混合扩散;当冷却盘管出风温度低于 7℃ 时,可能导致直接膨胀系统的盘管结霜和液态制冷剂带入压缩机。

2 送风温升:低温送风系统不能忽视的还有风机、风道及末端装置的温升,并考虑风口结露等因素,才能够最后确定室内送风温度及送风量。

3 空气处理机组的选型:空气冷却器的迎风面风速低于常规系统,是为了减少风侧阻力和冷凝水吹出的可能性,并使出风温度接近冷媒的进口温度；为了获得低出风温度,冷却器盘管的排数和翅片密度也高于常规系统,但翅片过密或排数过多会增加风或水侧阻力、不便于清洗、凝水易被吹出盘营等,应对翅片密度和盘管排数两者权衡取舍,进行设备费和运行费的经济比较,确定其数值；为了取得风、水之间更大的接近度和温升及解决部分负荷时流速过低的问题,应使冷媒流过盘管的路径较长,温升较高,并提高冷媒流速与扰动,以改善传热。因此冷却盘管的回路布置常采用管程数较多的分回路的布置方式,但增加了盘管阻力。基于上述诸多因素,低温送风系统不能采用常规空气调节系统的空气处理机组,应通过技术经济分析比较,严格计算,进行设计选型。本规范参考《低温送风系统设计指南》(美国 Allan T. Kirkpatrick 和 James S. Elleson 编著,汪训昌译)一书,它给出了相关推荐数据。

4 低温送风系统的保冷：由于送风温度比常规系统低,为减少系统冷量损失和防止结露,应保证系统设备、管道及附件、末端送风装置的正确保冷与密封,保冷层应比常规系统厚。

5 低温送风系统的末端送风装置；因送风温度低,为防止低温空气直接进入人员活动区,尤其是采用变风量空气调节系统,当低负荷低进风量时,对末端送风装置的扩散性或空气混合性有更高的要求。

8.3.14 本条规定了设置单元式空气调节机的原则,为新增条文。

单元式空气调节系统是指空气调节机组带有压缩机、冷凝器、直接膨胀式蒸发器、空气过滤器、通风机和自控系统等整套装置,可直接对空气调节区进行空气处理,实施温、湿度控制。整体式空气调节机组所有部件组合成一体,分体式空气调节机组是将部件分成室外机和室内机两部分分别安装。

直接膨胀式包括了风冷式和水冷式两类。本条指出了某些需空气调节的建筑或房间,采用分散设置的整体或分体直接膨胀式空气调节机组比设集中空气调节更经济合理的几种情况,这在工业厂房及辅助建筑中很常用。风冷小型空气调节机组品种繁多,有风冷单冷(热泵)空气调节机组、冷(热)水机组等。当台数较多且室外机难以布置时,也可采用水冷型机组,但需设置冷却塔,在冷却水管的设置及运行管理上都比较麻烦,因此较少采用。直接膨胀式空调机组采用蒸发式冷凝器,制冷性能系数高,运行节能效果较好,其系列产品中制冷性能系数(COP)一般可达到 3.0 以上,比现行国家标准《蒸汽压缩循环冷水(热泵)机组 第 2 部分:户用或类似用途的冷水(热泵)机组》GB/T 18430.2 中的 COP 规定值高出近 40%,节能效果显著,对于符合上述情况的建筑均较为适用。

单元式空气调节系统用于空气调节房间面积小且比较分散的场合,是比较经济的方式。

使用时间不一致大致有以下几种情况:一是白天工作与全天工作不一致,二是季节性工作与全年工作不一致,等等。

8.3.15 本条规定了单元整体、分体式空气调节系统设计,为新增条文。

在气候条件允许的条件下,采用热泵型机组供暖比电加热供暖节能。工业厂房一般有蒸汽或热水供给,这时可利用集中热源供热。对于屋顶单元式空气调节机,可根据需要配备机组功能段,如过滤段、新风净化段、热水或蒸汽加热段等。非标准设备宜按机电一体化要求配置机组,自带温度控制、湿度控制、过滤器压差报警、连锁、自动保护等功能。

8.3.16 本条规定了直流式系统的选择。

直流系统不包括设置回风,但过渡季可通过阀门转换采用全新风直流运行的全空气系统。本条是考虑节能、卫生、安全而规定的,一般全空气调节系统不宜采用冬、夏季能耗较大的直流式(全新风)空气调节系统,而宜采用有回风的混风系统。

8.3.17 本条规定了湿热地区全新风空气调节系统防止室内结露的措施。

采用房间温度或送风温度控制表冷器水阀开度时,有阀门全关的情况出现,这时未经除湿的新风直接送入室内,室内易出现结露现象。避免这种情况出现的方法有定露点控制加再热方式、设定水阀不能全关、工艺允许的情况下改变送风量等。

8.3.18 本条规定了空气调节系统的新风量。

有资料规定,空气调节系统的新风量占进风量的百分数不应低于 10%,但温、湿度波动范围要求很小或洁净度要求很高的空气调节区送风量都很大,如果要求最小新风量达到送风量的 10%,新风量也很大,不仅不节能,大量室外空气还影响了室内温、湿度的稳定,增加了过滤器的负担;一般舒适性空气调节系统,按人员和正压要求确定的新风量达不到 10%时,由于人员较少,室内 CO_2 浓度也较低(氧气含量相对较高),没必要加大新风量。因此本规范没有规定新风量的最小比例(即最小新风比)。

8.3.19 本条是关于新风进风口的规定。

(1)新风进风口的面积应适应新风量变化的需要,是指在过渡季大量使用新风时,可设置最小新风口和最大新风口或按最大新风量设置新风进风口,并设调节装置,以分别适应冬夏和过渡季节新风量变化的需要。

(2)系统停止运行时,进风口如果不能严密关闭,夏季热湿空气侵入会造成金属表面和室内墙面结露;冬季冷空气侵入将使室温降低,甚至使加热排管冻结。所以规定进风口处应设有严密关闭的阀门,寒冷和严寒地区宜设保温阀门。

8.3.20 本条规定了空气调节系统的排风出路和风量平衡。

考虑空气调节系统的排风出路(包括机械排风和自然排风)及进行空气调节系统的风量平衡计算,是为了使室内正压不要过大,造成新风无法正常送入。

机械排风设施可采用设回风机的双风机系统或设置专用排风机,排风量还应随新风量变化,如采取控制双风机系统各风阀的开度或排风机与新风机连锁控制风量等自控措施。

8.3.21 本条规定了空气处理机组的设置及安装位置。

空气处理机组安装在空调机房内,有利于日常维修和噪声控制。

空气处理机组安装在邻近所服务的空调区机房内,可减小空气输送能耗和风机压头,也可有效地减小机组噪声和水患的危害。新建筑设计时,应将空气处理机组安装在空调机房内,并留有必要的维修通道和检修空间;同时宜避免由于机房面积的原因,机组的出风风管采用突然扩大的静压箱来改变气流方向,以导致机组风机压头损失较大,造成实际送风量小于设计风量的现象发生。

为降低风机和水泵运行时的振动对工艺生产和操作人员的影响,空调机组所配的风机和水泵应设置良好的减振装置,对于某些精密加工生产工艺对微振要求很高时,风机和水泵可设置多级减振。

为保证空气处理机组表冷器凝结水排水顺畅,应根据机组排水处的压力合理设置排水水封。排水水封的做法可参照图1;图1(a)适合于排水处为负压,图1(b)适合于排水处为正压。

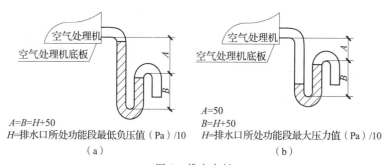

图 1　排水水封

通常情况下,空气处理机组的漏风率及噪声满足现行国家标准《组合式空调机组》GB/T 14294 即可,但对于特殊工艺要求的空气调节系统,如温、湿度控制精度要求高,湿度要求极低的干房等,若空气处理机组的漏风量大,将直接影响房间参数的保证,所以应降低空气处理机组的漏风率。同样,对于房间噪声要求严格的空调房间,如微波暗室、消声室等,其空气调节系统的空气处理机组噪声应降低。

8.4 气 流 组 织

8.4.1 本条是关于空气调节区的气流组织的规定。

本条规定了进行气流组织设计时应考虑的因素,强调进行气流组织设计时除要考虑室内温度、相对湿度、允许风速噪声等要求外,结合工业建筑的特点,还应考虑工艺设备和生产工艺对气流组织的要求以及温、湿度梯度等要求。

8.4.2 本条规定了空气调节区的送风方式及送风口选型。

空气调节区内良好的气流组织需要通过合理的送、回风方式以及送、回风口的正确选型和合理的布置来实现。

侧送时宜使气流贴附以增加送风的射程,改善室内气流分布。工程实践中发现风机盘管送风如果不贴附,则室内温度分布不均匀。本条增加了电子信息系统机房地板送风等方式。

1 方形、圆形、条缝形散流器或孔板等顶部平送均能形成贴附射流,对室内高度较低的空气调节区既能满足使用要求,又比较美观,因此当有吊顶可利用或建筑上有设置吊顶的可能时,采用这种送风方式是比较合适的。对于室内高度较高的空气调节区,以及室内散湿量较大的生产空气调节区,当采用散流器时,应采用向下送风,但布置风口时应考虑气流的均布性。

在一些室温允许波动范围小的工艺性空气调节区中,采用孔板送风的较多。根据测定可知,在距孔板 100mm～250mm 的汇合段内,射流的温度、速度均已衰减,可达到 ±0.1℃ 的要求,且区域温差小,在较大的换气次数下(达 32 次/h),人员活动区风速一般均在 0.09m/s～0.12m/s 范围内。所以在单位面积送风量大,且人员活动区要求风速小或区域温差要求严格的情况下,应采用孔板向下送风。

2 对于一些无吊顶的房间,如机加工车间、装配车间等,可根据工艺生产设备的布置情况,房间的层高等因素选择双层百叶风口侧送,当房间比较高时,可采用喷口侧送,直片散流器和旋流风口等顶送或地板风口下送风方式。

3 侧送是目前几种送风方式中比较简单经济的一种。在一般空气调节区中,大都可以采用侧送。当采用较大送风温差时,侧送贴附射流有助于增加气流的射程长度,使气流混合均匀,既能保证舒适性要求,又能保证人员活动区温度波动小的要求。侧送气流宜贴附顶棚。生产工艺和人员活动区对风速有要求时,不应采用侧送。

4 对于温、湿度允许波动范围要求不太严格的高大厂房,采用顶部散流器贴附送风或双层百叶风口贴附送风等方式,送风气流很难到达工作区,工作区的温、湿度也难以保证,因此规定在上述建筑物中宜采用喷口或旋流风口送风方式。由于喷口送风的喷口截面大,出口风速高,气流射程长,与室内空气强烈掺混,能在室内形成较大的回流区,达到布置少量风口即可满足气流均布的要求,同时具有风管布置简单、便于安装、经济等特点。此外,向下送风时采用旋流风口亦可达到满意的效果。

经过处理或未经处理的空气以略低于室内工艺操作区的温度直接以较低的速度送入室内,送风口置于地板附近,排风口置于屋顶附近。送入室内的空气先在地板上均匀分布,然后被热源(人员、设备等)加热以热烟羽的形式形成向上的对流气流,将余热和污染物排出工艺操作和设备区。

5 对于工业建筑,高大空间的空调区域通常有以下两种情况:第一种情况,工艺生产对整个空间的温、湿度均有严格要求,且对温、湿度梯度也有严格要求,此时宜采用百叶风口或条缝形风口在房间的高度方向上分多层侧送风,回风口宜设置在对面,相应的作多层回风;第二种情况,工艺生产只对房间下部,即生产操作区的温、湿度有较严格要求,而对房间上部空间温、湿度无严格要求,此时宜采用百叶风口、条缝形风口或喷口等仅对房间下部进行侧送,以节省能量。

6 变风量空气调节系统的送风参数通常是保持不变的,它是通过改变风量来平衡负荷变化以保持室内参数不变的。这就要求在送风量变化时,为保持室内空气质量的设计要求以及噪声要求,所选用的送风末端装置或送风口应能满足室内空气温度及风速的要求。用于变风量空气调节系统的送风末端装置应具有与室内空气充分混合的性能,如果在低送风量时,应能防止产生空气滞留,在整个空气调节区内具有均匀的温度和风速,而不能产生吹风感,尤其在组织热气流时,要保证气流能够进入生产操作区,而不至于在上部区域滞留。

7 对于热密度大、热负荷大的电子信息系统机房,采用下送风、上回风的方式有利于设备的散热;对于高度超过 1.8m 的机柜,采用下送风、上回风的方式可以减少机柜对气流的影响。

随着电子信息技术的发展,机柜的容量不断提高,设备的发热量将随容量的增加而加大,为了保证电子信息系统的正常运行,对设备的降温也将出现多种形式,各种方式之间可以相互补充。

8 低温送风的送风口所采用的散流器与常规散流器相似。两者的主要差别是:低温送风散流器所适用的温度和风量范围较常规散流器广。在这种较广的温度与风量范围下,必须解决好充分与空气调节区空气混合、贴附长度及噪声等问题。选择低温送风散流器就是通过比较散流器的射程、散流器的贴附长度与空气调节区特征长度三个参数,确定最优的性能参数。选择低温送风散流器时,一般与常规方法相同,但应对低温送风射流的贴附长度予以重视。在考虑散流器射程的同时,应使散流器的贴附长度大于空气调节区的特征长度,以避免人员活动区吹冷风现象。

8.4.3 本条规定了采用散流器送风的要求,为新增条文。

1 采用平送贴附射流的散流器,为了保证贴附射流有足够射程,并不产生较大的噪声,所以规定了散流器的喉部风速,送热风时可取较大值;

2 为了便于散流器的风量调节,使房间的风量接近设计值或

使房间的风量分布均匀,每个散流器宜带风量调节装置;

3 根据空调房间的大小和室内所要求的环境参数选择散流器的个数,一般按对称位置或梅花形布置。散流器之间的间距和离墙的距离,一方面应使射流有足够射程,另一方面又应使射流扩散好。规定最大长宽比主要是考虑送风气流分布均匀。

8.4.4 本条规定了贴附侧送风的要求。

贴附射流的贴附长度主要取决于侧送气流的阿基米德数。为了使射流在整个射程中都贴附在顶棚上而不致中途下落,就需要控制阿基米德数小于一定的数值。

侧送风口安装位置距顶棚愈近,愈容易贴附。如果送风口上缘离顶棚距离较大时,为了达到贴附目的,规定送风口处应设置向上倾斜 $10°\sim20°$ 的导流片。

8.4.5 本条规定了孔板送风的要求。

1 本款规定的稳压层最小净高不应小于 0.2m,主要是从满足施工安装的要求上考虑的。

2 风速的规定是为了稳压层内静压波动小。

3 在一般面积不大的空气调节区中,稳压层内可以不设送风分布支管。根据实测,在 $6m×9m$ 的空气调节区内(室温允许波动范围为 $±0.1℃$ 和 $±0.5℃$)采用孔板送风,测试过程中将送风分布支管装上或拆下,在室内均未曾发现任何明显的影响。因此除送风射程较长的以外,稳压层内可不设送风分布支管。

4 当稳压层高度较低时,稳压层进风的送风口一般需要设置导流板或挡板,以免送风气流直接吹向孔板。

5 当送冷热风时,需在稳压层侧面和顶部加保温措施。稳压层还要求有良好的气密性以减少漏风。

8.4.6 本条规定了喷口送风的要求。

1 将人员操作区置于气流回流区是从满足卫生标准的要求而制订的。

2 喷口送风的气流组织形式和侧送是相似的,都是受限射流。受限射流的气流分布与建筑物的几何形状、尺寸和送风口安装高度等因素相关。送风口安装高度太低,则射流易直接进入人员活动区;太高则使回流区厚度增加,回流速度过小,两者均影响舒适感。根据模型实验,当空气调节区宽度为高度的 3 倍时,为使回流区处于空气调节区的下部,送风口安装高度不宜低于空气调节区高度的 0.5 倍。

3 对于兼作热风供暖的喷口送风系统,为防止热射流上翘,设计时应考虑使喷口有改变射流角度的可能性。

8.4.7 本条规定了电子信息系统机房采用活动地板下送风的要求,为新增条文。

1 随着电子信息产业的发展,机柜的发热功率越来越大,为了减少空调系统的送风量,并保证机柜的冷却效果,宜将空调系统处理过的低温空气全部通过机柜,所以将送风口全部布置在冷通道区域内,并靠近机柜进风口处。

2 同一个信息机房内,布置的机柜型号不完全相同,有高密度型,也有低密度型,不同机柜的发热量相差比较大,且即使在一个房间内不同区域的机柜布置密度也不尽相同,所以为便于房间的温度调节,各区域的送风量应该可以调节。

有些机房的个别区域密布高密度机柜,该区域的发热量很大,即使在该区域满布开孔的架空地板,也难以消除设备的高发热,所以必要时应在该区域的送风口下方设置加压风扇,加大送风量。

3 近几年,随着信息技术的发展,机柜的数据存储量越来越大,相应的机柜发热功率也越来越大,机房的单位面积送风量也随之增大,为了减小地板送风口的出口风速,降低地板送风口的阻力,宜采用开孔率大的地板送风口。

8.4.8 本条规定了分层空气调节的空气分布。

1 在高大厂房中,当上部温、湿度无严格要求时,利用合理的气流组织,仅对下部空间(空气调节区域)进行空气调节,对上部较大空间(非空气调节区域)不设空气调节而采用通风排热,这种分层空气调节具有较好的节能效果,一般可达 30％左右。

实践证明,对于高度大于 10m,容积大于 10000m³ 的高大空间,采用双侧对送、下部回风的气流组织方式是合适的,能够达到分层空气调节的要求。当空气调节区跨度小于 18m 时,采用单侧送风也可以满足要求。

2 为强调实现分层,即能形成空气调节区和非空气调节区,本款提出"侧送多股平行气流应互相搭接",以便形成覆盖。双侧对送射流末端不需要搭接,按相对喷口中点距离的 90％计算射程即可。送风口的构造应能满足改变射流出口角度的要求。送风口可选用圆喷口、扁喷口和百叶风口,实践证明,都是可以达到分层效果的。

3 在高大厂房中,如仅对下部空间(空气调节区域)进行空气调节,对上部较大空间(非空气调节区域)不设空气调节而采用通风排热,为保证分层,使下部空气调节区的气流与上部非空调区域的通风排热气流减少交叉和混合,当下部空气调节区采用下送风时,回风口应布置在下部空气调节区域内的侧边上部。

4 为保证空气调节区达到设计要求,应减少非空气调节区向空气调节区的热转移。为此,应设法消除非空气调节区的散热量。实验结果表明,当非空气调节区的散热量大于 4.2W/m³ 时,在非空气调节区适当部位设置送、排风装置排除余热,可以达到较好的效果。

8.4.9 本条规定了空气调节系统上送风方式的夏季送风温差。

空气调节系统夏季送风温差,对室内温、湿度效果有一定影响是决定空气调节系统经济性的主要因素之一。在保证既定的技术要求的前提下,加大送风温差有突出的经济意义。送风温差加大一倍,送风量可减少一半,系统的材料消耗和投资(不包括制冷系统)约减少 40％,而送风动力消耗则可减少 50％;送风温差在 4℃~8℃之间每增加 1℃,风量可以减少 10％~15％。所以在空气调节设计中,正确地决定送风温差是一个相当重要的问题。

送风温差的大小与送风方式关系很大，对于不同送风方式的送风温差不能规定一个定值。所以确定空气调节系统的送风温差时，必须和送风方式结合起来考虑。对混合式通风可加大送风温差，但对置换通风就不宜加大送风温差。

表8.4.9中所列的送风温差的数值适用于贴附侧送、散流器平送和孔板送风等方式。多年的实践证明，对于采用上述送风方式的工艺性空气调节区来说，应用这样较大的送风温差能够满足室内温、湿度要求，也是比较经济的。人员活动区处于下送气流的扩散区时，送风温差应通过计算确定。条文中给出的舒适性空气调节的送风温差是参照室温允许波动范围大于±1.0℃的工艺性空气调节的送风温差，并考虑空气调节区高度等因素确定的。

8.4.10 本条规定了空气调节区的换气次数。

空气调节区的换气次数系指该空气调节区的总送风量与空气调节区体积的比值。换气次数和送风温差之间有一定的关系。对于空气调节区来说，送风温差加大，换气次数即随之减少，本条所规定的换气次数是和本规范第8.4.9条所规定的送风温差相适应的。

实践证明，在室温允许波动范围大于±1.0℃工艺性空气调节区和一般舒适性空气调节中，换气次数的多少不是一个需要严格控制的指标，只要按照所取的送风温差计算风量，一般都能满足室温要求，当室温允许波动范围小于或等于±1.0℃时，换气次数的多少对室温的均匀程度和自控系统的调节品质的影响就需考虑了。据实测结果，在保证室温的一定均匀度和自控系统的一定调节品质的前提下，归纳了如条文中所规定的在不同室温允许波动范围时的最小换气次数。

对于通常所遇到的室内散热量较小的空气调节区来说，换气次数采用条文中规定的数值就已经够了，不必把换气次数再增多；不过对于室内散热量较大的空气调节区来说，换气次数的多少应根据室内负荷和送风温差大小通过计算确定,其数值一般都大于条文中所规定的数值。

8.4.11 本条规定了送风口的出口风速。

送风口的出口风速应根据不同情况通过计算确定,条文中推荐的风速范围,是基于常用的送风方式制订的。

(1)侧送和散流器平送的出口风速受两个因素的限制,一是回流区风速的上限,二是风口处的允许噪声。回流区风速的上限与射流的自由度$\sqrt{F}/d_0$相关,根据实验,两者有以下关系:

$$v_\mathrm{h} = \frac{0.65v_0}{\sqrt{F}/d_0} \tag{12}$$

式中:v_h——回流区的最大平均风速(m/s);

v_0——送风口出口风速(m/s);

d_0——送风口当量直径(m);

F——每个送风口所管辖的空气调节区断面面积(m^2)。

当$v_\mathrm{h}=0.25\mathrm{m/s}$时,根据式(12)得出的计算结果列于表7。

表 7 出口风速(m/s)

射流自由度 $\sqrt{F}/d_0$	最大允许出口风速(m/s)	采用的出口风速(m/s)	射流自由度 $\sqrt{F}/d_0$	最大允许出口风速(m/s)	采用的出口风速(m/s)
5	2.0		11	4.2	3.5
6	2.3	2.0	12	4.6	
7	2.7		13	5.0	
8	3.1		15	5.7	5.0
9	3.5	3.5	20	7.3	
10	3.9		25	9.6	

因此侧送和散流器平送的出口风速采用2m/s～5m/s是合适的。

(2)孔板下送风的出口风速从理论上讲可以采用较高的数值。因为在一定条件下,出口风速高,相应的稳压层内的静压也可高一些,送风会比较均匀,同时由于速度衰减快,提高出口风速后,不致影响人员活动区的风速。稳压层内静压过高,会使漏风量增加;当出口风速高达 7m/s～8m/s 时,会有一定的噪声,一般采用 3m/s～5m/s 为宜。

(3)条缝形风口下送多用于纺织厂,当空气调节区层高为 4m～6m,人员活动区风速不大于 0.5m/s 时,出口风速宜为 2m/s～4m/s。

(4)喷口送风的出口风速是根据射流末端到达人员活动区的轴心风速与平均风速经计算确定的。

8.4.12 本条规定了回风口的布置方式。

1 对于工业建筑,经常会有发热量比较大的设备,将回风口布置在这些发热设备的附近,能使设备的散热立即带走,避免热量的扩散,有利于房间温度的保证。按照射流理论,送风射流引射着大量的室内空气与之混合,使射流流量随着射程的增加而不断增大。而回风量小于(最多等于)送风量,同时回风口的速度场图形呈半球状,其吸风气流速度与作用半径的平方成反比,速度的衰减很快。所以在空气调节区内的气流流型主要取决于送风射流,而回风口的位置对室内气流流型及温度、速度的均匀性影响均很小。设计时,应考虑尽量避免射流短路和产生"死区"等现象。

2 采用侧送时,把回风口布置在送风口同侧,采用顶送时,回风口设置在房间的下部或下侧部,效果会更好些。

3 关于走廊回风,其横断面风速不宜过大,以免引起扬尘和造成不舒适感。同时应保持走廊与非空气调节区之间的密封性,以减少漏风,节省能量。

8.4.13 本条规定了回风口的吸风速度。

确定回风口的吸风速度(即面风速)时,主要考虑了三个因素:一是避免靠近回风口处的风速过大,防止对回风口附近经常停留的人员造成不舒适的感觉;二是不要因为风速过大而扬起灰尘及增加噪声;三是尽可能缩小风口断面,以节约投资。

8.5 空 气 处 理

8.5.1 本条规定了空气冷却方式。

1 空气的蒸发冷却有直接蒸发冷却和间接蒸发冷却之分。直接蒸发冷却是利用喷淋水（循环水）的喷淋雾化或淋水填料层直接与待处理的室外新风空气接触。这时由于喷淋水的温度一般都低于待处理空气（即准备进入室内的新风）的温度，空气将会因不断地把自身的显热传递给水而得以降温；与此同时，喷淋水（循环水）也会因不断吸收空气中的热量作为自身蒸发所耗，而蒸发后的水蒸气随后又会被气流带入室内。于是新风既得以降温，又实现了加湿。所以这种利用空气的显热换得潜热的处理过程，既可称为空气的直接蒸发冷却，又可称为空气的绝热降温加湿。待处理空气通过直接蒸发冷却所实现的空气处理过程为等焓加湿降温过程，其极限温度能达到空气的湿球温度。

在某些情况下，当对待处理空气有进一步的要求，如果要求较低的含湿量或比焓时，应采用间接蒸发冷却。间接蒸发冷却有三种主要形式。一种是利用一股辅助气流先经喷淋水（循环水）直接蒸发冷却，温度降低后，再通过空气—空气换热器来冷却待处理空气（即准备送入室内的空气），并使之降低温度。由此可见，待处理空气通过间接蒸发冷却所实现的便不再是等焓加湿降温过程，而是减焓等湿降温过程，从而得以避免由于加湿而把过多的湿量带入空调区。如果将上述两种过程放在一个设备内同时完成，这样的设备便成为间接蒸发冷却器。第二种是间接蒸发冷却器有两个通道，第一通道通过待处理空气，第二通道通过辅助气流及喷淋水。在第一通道中水蒸发吸热，第二通道辅助气流把水冷却到接近其湿球温度，然后水通过盘管把另一侧的待处理空气冷却下来。第三种是待处理空气经过由蒸发冷却冷水机组制取高温冷水（16℃～18℃），使空气减焓等湿降温。待处理空气通过间接蒸发冷却所实现的空气处理过程为等湿降温过程，其极限温度能达到空气的露点温度。

由于空气的蒸发冷却不需要人工冷源,只是利用水的蒸发吸热以降低空气温度,所以是最节能的一种空气降温处理方式,常常用在纺织车间、高温车间或干热气候条件下的空气调节中。但是随着对空气调节节能要求的提高和蒸发冷却空气处理技术的不断发展,空气的蒸发冷却在空气调节工程中的应用必将得到进一步的推广。特别是我国幅员辽阔,各地气候条件相差很大,这种空气冷却方式在干热地区(如新疆、西藏、青海、宁夏、甘肃、内蒙古、陕西、云南)是很适用的。

干燥地区(夏季空调室外计算湿球温度通常在低于23℃的地区),夏季空气的干球温度高,湿球温度低,含湿量低,不仅可直接利用室外干燥空气消除空调区的湿负荷,还可以通过蒸发冷却等来消除空调区的热负荷。在新疆、西藏、青海、宁夏、甘肃、内蒙古、陕西、云南等地区,应用蒸发冷却技术可大量节约空调系统的能耗。

2 对于温度较低的江、河、湖水等,如西北部地区的某些河流、深水湖泊等,夏季水体温度在10℃左右,完全可以作为空调的冷源。对于地下水资源丰富且有合适的水温、水质的地区,当采取可靠的回灌和防止污染措施时,可适当利用这一天然冷源,并应征得地区主管部门的同意。

3 当无法利用蒸发冷却,且又没有水温、水质符合要求的天然冷源可利用时,或利用天然冷源无法满足空气冷却要求时,空气冷却应采用人工冷源,并在条件许可的情况下,适当考虑利用天然冷源的可能性,以达到节能的目的。

8.5.2 本条规定了空气处理装置的水质要求,为新增条文。

水与被处理空气直接接触,涉及室内空气品质,并会影响空气处理装置的使用效果和寿命,如直接与被处理空气接触的水有异味或不卫生,会直接影响处理后空气的品质,进而影响室内的空气质量,同时水的硬度过高会加速换热管结垢。

8.5.3 本条规定了空气冷却装置的选择。

1 直接蒸发冷却是绝热加湿过程,实现这一过程是直接蒸发冷却装置的特有功能,是其他空气冷却处理装置所不能代替的。典型的直接蒸发冷却装置有喷水室和水膜式蒸发冷却器。前者利用循环水的喷淋雾化与待处理的空气接触,后者利用淋水填料层与待处理的空气接触。

2 当夏季空调室外计算湿球温度较高或空调区显热负荷较大,但无散湿量时,采用多级间接加直接蒸发冷却器可以得到较大的送风温差,以消除室内余热。

3 当用地下水、江水、湖水等作冷源时,其水温一般相对较高,此时若采用间接冷却方式处理空气,一般不易满足要求。采用空气与水直接接触冷却的双级喷水室比前者更易满足要求,还可以节省水资源。

4 采用人工冷源时,原则上选用空气冷却器和喷水室都是可行的。空气冷却器由于其具有占地面积小,水的管路简单,特别是可采用闭式水系统,可减少水泵安装数量,节省水的输送能耗,空气出口参数可调性好等原因,它得到了比其他形式的冷却器更加广泛的应用。空气冷却器的缺点是消耗有色金属较多,因此价格也相应地较贵。

喷水室可以实现多种空气处理过程,尤其在要求保证较严格的露点温度控制时,具有较大的优越性;喷水室采用的是水与空气直接接触进行热、质交换的工作原理,在要求的空气出口露点温度相同情况下,其所需冷水的供水温度可以比间接式冷却器高得多;喷水室挡水板的间距较大(远大于空气冷却器的翅片间距),且可以拆卸清理,处理含尘特别是短绒较多的空气,不易导致堵塞。因此在纺织厂的空气调节中,喷水室迄今是无可替代的。此外,喷水室设备制造比较容易,金属材料消耗量少,造价便宜。但是采用喷水室时,冷水系统必须采用开式系统,靠重力回水。或者需要设置中间水箱,增加水泵,使水系统变得复杂化,既会增加输送能耗,又会加大维修工作量。所以其应用受到一定的影响。

8.5.4 本条是关于采用空气冷却器的注意事项。

空气冷却器迎风面的空气流速大小会直接影响其外表面的放热系数。据测定，当风速在 1.5m/s～3.0m/s 范围内，风速每增加 0.5m/s，相应的放热系数递增率在 10% 左右。但是考虑到提高风速不仅会使空气侧的阻力增加，而且会把冷凝水吹走，增加带水量，所以一般当质量流速大于 3.0kg/(m² • s)时，应设挡水板。在采用带喷水装置的空气冷却器时，一般都应设挡水板。

规定空气冷却器的冷媒进口温度应比空气的出口干球温度至少低 3.5℃，是从保证空气冷却器有一定的热质交换能力提出来的。在空气冷却器中，空气与冷媒的流动方向主要为逆交叉流。一般认为，冷却器的排数大于或等于 4 排时，可将逆交叉流看成逆流。按逆流理论推导，空气的终温是逐渐趋近冷媒初温。

冷媒温升宜为 5℃～10℃，是从减小流量、降低输配系统能耗的角度考虑确定的。

据实测，冷水流速在 2m/s 以上时，空气冷却器的传热系数 K 值几乎没有什么变化，但却增加了冷水系统的能耗。冷水流速只有在 1.5m/s 以下时，K 值才会随冷水流速的提高而增加，其主要原因是水侧热阻对冷却器换热的总热阻影响不大，加大水侧放热系数，K 值并不会得到多大提高。所以从冷却器传热效果和水流阻力两者综合考虑，冷水流速以取 0.6m/s～1.5m/s 为宜。

工业建筑的特点是空气处理机组通常需要全年昼夜 24h 运行，严寒和寒冷地区空气处理机组的表冷器经常发生冻结事故，所以设计中应采取必要措施，如表冷器设在加热器后，若表冷器前无加热器，则表冷器应有排水装置，冬季能将水排空，以防止表冷器冻结事故发生。

8.5.5 本条规定了制冷剂直接膨胀式空气冷却器的蒸发温度。

制冷剂蒸发温度与空气出口干球温度之差和冷却器的单位负荷、冷却器结构形式、蒸发温度的高低、空气质量流速和制冷剂中的含油量大小等因素相关。根据国内空气冷却器产品设计中采用的单位负荷值、管内壁的制冷剂换热系数和冷却器肋化系数的大小,可以算出制冷剂蒸发温度应比空气的出口干球温度至少低3.5℃,这一温差值也可以说是在技术上可能达到的最小值。随着今后蒸发器在结构设计上的改进,这一温差值必将会有所降低。

空气冷却器的设计供冷量很大时,若蒸发温度过低,会在低负荷运行的情况下,由于冷却器的供冷能力明显大于系统所需的供冷量,造成空气冷却器表面易于结霜,影响制冷机的正常运行。

8.5.6 本条是关于直接膨胀式空气冷却器的制冷剂选择,为强制性条文。

为防止氨制冷剂泄漏时,经送风机直接将氨送至空调区,危害人体或造成其他事故,所以采用制冷剂直接膨胀式空气冷却器时,不得用氨作制冷剂。

8.5.7 本条是关于喷水室水温升的要求。

冷水温升主要取决于水气比。在相同条件下,水气比越大,冷水温升越小。水气比取大了,由于冷水温升小,冷水系统的水泵容量就需相应增大,水的输送能耗也会增大。这显然是不经济的。根据经验总结,采用人工冷源时,冷水温升取3℃~5℃为宜;采用天然冷源时,应根据当地的实际水温情况,通过计算确定。

8.5.8 本条规定了挡水板的过水量。

挡水板后气流中的带水现象会引起空气调节区的湿度增大。要消除带水量的影响,则需额外降低喷水室的机器露点温度,实际运行经验表明,当带水量为0.7g/kg时,机器露点温度需相应降低1℃。机器露点温度的额外降低必然导致处理空气的耗冷量增加。因此在设计计算中,挡水板过水的影响是不容忽视的。

需要指出的是,机器露点温度的额外降低也同时加大了送回风焓差,空调系统的通风量可得以减少,空气输送能耗可因此而降低。纺织厂的生产车间要求有较高的湿度且设备散热量大,其空调系统往往通过适当控制挡水板的过水量而减少通风量,从而降低风机的能耗,当系统以最小新风量运行时,冷量增加是可以接受的。

挡水板的过水量大小与挡水板的材料、形式、折角、折数、间距、喷水室截面的空气流速以及喷嘴压力等相关。许多单位对挡水板过水量做过测定,但因具体条件不同,也略有差异。因此设计时可根据具体情况参照相关的设计手册确定。

8.5.9 本条规定了空气调节系统的热媒及加热器选型。

合理地选用空气调节系统的热媒是为了满足空气调节控制精确度和稳定性以及节能的要求。对于室内温度要求控制的允许波动范围等于或大于±1.0℃的场合,采用热水作为热媒是可以满足要求的。

地处严寒和寒冷地区的新风集中处理系统以及全新风系统,工程实测数据表明,其一级加热器的上部和下部的空气温差很大,如设计或运行不当,加热器的下部铜管很容易冻裂,所以应设计防冻措施。防冻措施需要根据情况选用,具体如下:

(1)采用电动保温型新风阀并与风机连锁;

(2)分设预热盘管和加热盘管,预热盘管结构形式应利于防冻,预热盘管热水和空气应顺流;

(3)加热盘管后设温度检测装置,低于5℃时停机保护;

(4)加热器设置循环水泵,以加大循环水量;

(5)当空调箱比较高时,应在高度方向上分隔成多层,防止出现大的温度梯度;

(6)设混风阀,必要时通过开启混风阀关小新风阀,提高加热器前空气温度。

8.5.10 本条规定了送风末端设置精调加热器或冷却器,为新增条文。

当室内温度允许波动范围小于±1.0℃时,原规范规定设置精调电加热器,工程实例证明,当室内温度允许波动范围小于

±1.0℃,甚至接近±0.02℃时,送风末端设置空气加热器或空气冷却器,且热水或冷冻水的供水温度与室温相差不大时,也是一种很好的保证高精度温度的方法,所以本条规定不仅设置精调电加热器一种方式。

8.5.11 本条是关于两管制水系统的冷、热盘管选用,为新增条文。

许多两管制的空调水系统中,空气的加热和冷却处理均由一组盘管来实现。设计时,通常以供冷量来计算盘管的换热面积,当盘管的供冷量和供热量差异较大时,盘管的冷水和热水流量相差也较大,会造成电动控制阀在供热工况时的调节性能下降,对控制不利。另外,热水流量偏小时,在严寒或寒冷地区,也可能造成空调机组的盘管冻裂现象出现。

综合以上原因,本条对两管制的冷、热盘管选用作了规定。

8.5.12 本条是关于新风、回风的过滤及净化,为新增条文。

工艺性空气调节,其空气过滤器应按相关规范要求设置。舒适性空气调节,一般都有一定的洁净度和室内卫生要求,因此送入室内的空气都应通过必要的过滤处理;同时为防止盘管的表面积尘严重影响其热湿交换性能,进入盘管的空气也需进行过滤处理。

当过滤处理不能满足要求时,如在化工、石化等企业厂区内或其周边区域内,室外空气中可能含有化学物质,化学物质会随着新风不断进入空气调节房间,室内空气中化学物质的浓度终将与室外空气相同。当室外空气中某种或某几种化学物质的浓度超过室内该化学物质许用限值时,室内空气中该化学物质的浓度终将超过其许用限值。此时,新风是室内空气污染源,故应经化学过滤处理,以移除该化学物质。

如石化企业的中央控制室(CCR)、分散系统控制室(DCS)和现场机柜间(FAR)等,工艺对室内空气中硫化氢和二氧化硫的最高容许浓度有要求,而厂区室外空气中难免含有该两种化学物质,因此石化企业的中控室、DCS机柜间的新风系统普遍设置化学过滤器。

有些行业,如电子工业对生产环境中化学污染物有较严格要求,超出限值会影响产品的质量,且各生产工序有时需要在一个大的空间内进行,不便进行物理隔离,各生产工序释放的化学物质交叉污染,相互影响,此时只能对房间的回风进行化学过滤。

8.5.13 本条规定了空气过滤器的设置。

1 根据现行国家标准《空气过滤器》GB/T 14295 的规定,空气过滤器按其性能可分为粗效过滤器、中效过滤器、高中效过滤器及亚高效过滤器,其中,中效过滤器额定风量下的计数效率为:$70\% > E \geqslant 20\%$(粒径$\geqslant 0.5\mu m$)。

为降低能耗,应选用低阻、高效的滤料;为降低运行费用,过滤器的滤料宜选用能清洗的材料,但清洗后的滤料性能不能明显降低;为延长过滤器的更换周期,过滤器应选用容尘量大的滤料制作。另外,为满足消防要求,过滤器的滤料和封堵胶的燃烧性能不应低于 B2 级。

2 对于工艺性空气调节系统,如果空气调节系统仅设置粗效过滤器不能满足生产工艺要求,系统中还应设置中效过滤器;对于舒适性空气调节,随着人们对工作环境要求的提高,通常空气调节系统中仅设置一级粗效过滤器是不够的,宜设置中效过滤器。

3 空气调节系统计算风机压头时,过滤器的阻力应按其终阻力计算。空气过滤器额定风量下的终阻力分别为:粗效过滤器 100Pa,中效过滤器 160Pa。

4 过滤器应具备更换条件,抽出型的应留有抽出空间,需进入设备内更换的应留有检修门等。

8.5.14 本条规定了加湿装置的选择,为新增条文。

目前,常用的加湿装置有干蒸汽加湿器、电加湿器、高压微雾加湿器、高压喷雾加湿器、湿膜加湿器等。

1 干蒸汽加湿器具有加湿迅速、均匀、稳定,并不带水滴,有利于细菌的抑制等特点,因此在有蒸汽源可利用时,宜优先考虑采用干蒸汽加湿器。

2 空气调节区湿度控制精度要求较严格,一般是指湿度控制精度小于或等于±5％的情况。常用的电加湿器有电极式、电热式蒸汽加湿器。该加湿器具有蒸汽加湿的各项优点,且控制方便、灵活,可以满足空气调节区对相对湿度允许波动范围严格的要求。高压微雾加湿器通过不同的开关量组合,也可以达到较严格的相对湿度允许波动范围要求。但前两种加湿器耗电量大,运行、维护费用较高,适用于加湿量比较小的场合。当加湿量较大时,宜采用淋水加湿器,淋水加湿器前通常设置加热器,通过控制加热器后的温度来控制加湿量,从而达到较严格的相对湿度精度要求。

3 湿度控制精度要求不高,一般是指大于或等于±10％的情况。

高压喷雾加湿器和湿膜加湿器等绝热加湿器具有耗电量低、初投资及运行费用低等优点,在普通民用建筑中得到广泛应用,但该类加湿易产生微生物污染,卫生要求较严格的空气调节区不应采用。

4 淋水加湿器的空气处理为等焓过程,当新风集中处理时,为满足生产车间内相对湿度要求,通常在淋水加湿器前的加热器需要将空气加热到较高的温度,这就限制了工厂低温余热的利用。如将淋水室加湿方式改为温水淋水加湿方式,即室外新风淋水加湿前用空气加热器对之加热的同时,淋水室喷淋系统的循环水也采取加热措施,使淋水温度提高,这样淋水室空气的处理过程介于等焓和等温过程之间,所以加湿前不需要将空气加热到较高的温度,通常只需 25℃左右,同时将淋水室的循环水也加热到 25℃左右,使之与空气加热器后的空气温度基本一致。这样淋水加湿器和空气加热器热水供水温度可降低,使工厂内大量的低温余热热水得以充分利用。

5 某些生物、医药、电子等工厂的生产工艺对空气中化学物质有严格要求,若采用传统的加湿方式,工业蒸气或自来水中的某些杂质将通过加湿系统进入到生产车间,从而影响工艺生产。针对上述对空气中化学物质有要求的空气调节区,其空气处理系统的加湿如采用蒸汽加湿方式,其加湿源应是洁净蒸汽,如采用淋水加湿方式,其循环淋水系统的补充水应是初级纯水。

6 二流体加湿为压缩空气和水对喷使水雾化,或使用压缩空气经过文丘里管将水雾化,产生几十微米直径或更细微的雾点,从而使雾化的水进入空气中。该过程为等焓加湿,雾化的水珠汽化过程中吸收显热,在增加空气湿度的同时使空气的温度降低,可以说是一举两得,有较明显的节能效果,但这种加湿方式缺点是湿度控制精度不高,所以比较适合于生产车间有大量余热,且湿度控制精度要求不严格的场合。

7 一方面,由于加湿处理后的空气中如含有杂质,会影响室内空气质量;另一方面,如加湿器供水中含有颗粒、杂质,会堵塞加湿器的喷嘴,直接影响加湿器的正常工作,因此加湿器的供水水质应符合卫生标准及加湿器供水要求,可采用生活饮用水等。

8.5.15 本条是对空气进行联合除湿处理的规定,为新增条文。

近几年,制药、电子、锂电池、夹层玻璃、印刷制品等行业的有些生产车间或仓库有低湿环境的要求,通常这些房间的温度为常温,即 23℃ 左右,但要求的相对湿度不大于 35% 或更低。当房间所要求的温、湿度所对应的露点温度低于 6℃ 时,仅采用空气冷却器对空气进行处理很难达到低湿度要求,也不经济,因此推荐采用联合除湿的方法。比较常用的做法是先用空气冷却器对新风进行冷却除湿,该部分新风处理后与房间的回风混合,再采用干式除湿方法,如转轮除湿机,或其他除湿方法,如溶液除湿、固体除湿对空气进行进一步除湿处理。当采用转轮除湿机对空气进行除湿处理时,由于转轮除湿机对空气除湿的同时空气的温度也急剧升高,为保证房间的温度,经转轮除湿后的干空气还应经空气冷却器干冷却后才能送入房间。

8.5.16 本条是关于恒温恒湿空气调节系统新风应预先单独处理或集中处理的规定。

8.5.17 本条是关于空调系统避免冷却和加热、加湿和除湿相互抵消现象的规定。

现在对相对湿度有上限控制要求的空气调节工程越来越多。这类工程虽然只要求全年室内相对湿度不超过某一限度,比如60%,并不要求对相对湿度进行严格控制,但实际设计中对夏季的空气处理过程却往往不得不采取与恒温恒湿型空气调节系统相类似的做法。所以在这里有必要特别提出,并把它们归并于一起讨论。

过去对恒温恒湿型或对相对湿度有上限控制要求的空气调节系统,大都采用新风和回风先混合,然后经降温去湿处理,实行露点温度控制加再热式控制。这必然会带来大量的冷热抵消,导致能量的大量浪费。本条力图改变这种状态。近年来,不少新建集成电路洁净厂房的恒温恒湿空气调节系统采用新的空气处理方式,成功地取消了再热,而相对湿度的控制允许波动范围可达±5%。这表明新条文的规定是必要的、现实的。

本条规定不仅旨在避免采用上述耗能的再热方式,而且也意在限制采用一般二次回风或旁通方式。因采用一般二次回风或旁通,尽管理论上说可起到减轻由于再热引起的冷热抵消的效应,但经实践证明,如完全依靠二次回风来避免出现冷热抵消现象,其控制较难实现。这里所提倡的实质上是采取简易的解耦手段,把温度和相对湿度的控制分开进行。譬如,采用单独的新风处理机组专门对新风空气中的湿负荷进行处理,使之一直处理到相应于室内要求参数的露点温度,然后再与回风相混合,经干冷降温到所需的送风温度即可。这一系统的组成、空气处理过程、自动控制原理及其相应的夏季空气焓图见图2和图3。

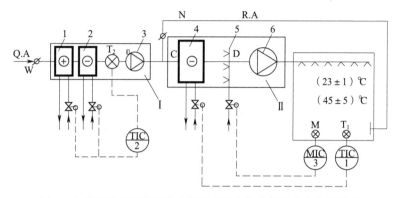

图 2   大中型精密恒温恒湿空调系统的空气热湿处理和自控原理

Ⅰ—新风处理机组;Ⅱ—主空气处理机组;1—新风预加热器;

2—新风空气冷却器;3—新风风机;4—空气干冷冷却器;5—加湿器;6—送风机

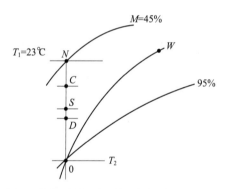

图 3   在焓湿图上表示的夏季空气处理过程

如果系统是直流式系统或新风量比例很大,则新风空气经过处理后与回风空气混合后的温度有可能低于所需的送风温度。在这种情况下再热便成为不可避免,否则相对湿度便会控制不住。

至于当相对湿度控制允许波动范围很小,比如±(2%～3%)时,情况可能会不同。因为在所述的空气调节控制系统中,夏季湿度控制环节采用的恒定露点温度控制,对室内相对湿度参数而言终究还是低级别的开环性质的控制。

这里用"不宜"而没有用"不应"作出规定,是因为有例外。如对于小型空调系统,不能生硬地规定不允许冷热抵消、加湿去湿抵消,这是因为:

(1)再热损失(即冷热抵消量的多少)与送风量的大小(即系统的大小)成正比例关系。系统规模越大,改进节能的潜力越大。小型系统规模小,即使用再热有一些冷热抵消,数量有限。

(2)小型系统常采用整体式恒温恒湿机组,使用方便、占地面积小,在实用中确实有一定的优势,因此不应限制使用。况且对于小型系统,如果再另外加设一套新风处理机组也不现实。这里"大、中型"意在定位于通常高度为 3m 左右,面积在 300m² 以上的恒温恒湿空气调节区对象。对于这类对象适用的恒温恒湿机组的容量大致为:风量 10000m³/h,冷量约 56kW。现在也有将恒温恒湿机组越做越大的现象。这是不节能、不经济、不合理的。因为:

(1)恒温恒湿机本身难以对温度和相对湿度实现解耦控制,难以避免因再热而引起大量的冷热抵消;

(2)系统容量大,因冷却和加热、加湿和除湿相互抵消而引起的能耗量更会令人难以容忍;

(3)其冬季运行全靠电加热供暖,与电炉取暖并无不同。系统容量大,这种能源不能优质优用的损失也必然随着增大。

9 冷源与热源

9.1 一 般 规 定

9.1.1 本条规定了选择空气调节冷热源的总原则。

冷热源设计方案一直是需要供冷、供热空气调节设计的首要难题,根据中国当前各城市供电、供热、供气的不同情况,在工业建筑中,空气调节冷热源及设备的选择可以有以下多种方案组合:

电制冷、工业余热或区域热网(蒸汽、热水)供热;

电制冷、燃煤锅炉供热;

电制冷、人工煤气或天然气供热;

电制冷、电热水机(炉)供热;

空气源热泵、水源热泵冷(热)水机组供冷、供热;

直燃型溴化锂吸收式冷(温)水机组供冷、供热;

蒸汽(热水)溴化锂吸收式冷水机组供冷、城市小区蒸汽(热水)热网供热;

蒸汽驱动式压缩式热泵机组区域集中供热。

如何选定合理的冷热源组合方案,达到技术经济最优化是比较困难的。因为国内各城市能源结构、价格均不相同,工业建筑的全生命周期和经济实力也存在较大差异,还受到环保和消防以及能源安全等多方面的制约。以上各种因素并非固定不变,而是在不断发展和变化。大、中型工程项目一般有几年建设周期,在这期间随着能源市场的变化而更改原来的冷热源方案也完全可能。在初步设计时应有所考虑,以免措手不及。

1 具有工业余热或区域供热时,应优先采用。这是国家能源政策、节能标准一贯的指导方针。我国工矿企业余热资源潜力很大,冶金、建材、电力、化工等企业在生产过程中也产生大量余热,这些余热都可能转化为供冷供热的热源,从而减少重复建设,节约一次能源。发展城市热源是我国城市供热的基本政策,北方城市发展较快,夏热冬冷地区的部分城市已在规划中,有的已在逐步实施。

2 在没有余热或区域供热的地区,通过技术经济比较及当地政策条件允许,空气调节冷热源可采用电动压缩式冷水机组加燃煤锅炉的供冷供热,这在工业工程中常用。燃煤锅炉主要应符合国家及当地环保相关标准的规定。

3 当具有电力、城市热力、天然气、城市煤气、油等其中两种以上能源时,为提高一次能源利用率及热效率,可按冷热负荷要求采用几种能源合理搭配作为空气调节冷热源。如电+气(天然气、人工煤气)、电+蒸汽、电+油等。实际上很多工程都通过技术经济比较后采用了这种复合能源方式,取得了较好的经济效益。城市的能源结构应该是电力、热力、燃气同时发展并存,同样,空气调节也应适应城市的多元化能源结构,用能源的峰谷、季节差价进行设备选型,提高能源的一次能效,使用户得到实惠。

4 热泵技术是属于国家大力提倡的节能技术之一,有条件时应积极推广。在夏热冬冷地区,空气源热泵冷热量出力较适合该地区建筑物的冷热负荷,空气源热泵的全年能效比较好,并且机组安装方便,不占机房面积,管理维护简单,因此推荐在中、小型生产厂房及辅助建筑中使用。但该地区冬季相对湿度较高,应考虑夜间低温高湿造成热泵机组化霜停机的影响;对于干旱缺水地区,宜采用空气源热泵或土壤源热泵系统。当采用土壤源热泵系统时,中、小型建筑空调冷热负荷的比例比较容易实现土壤全年热平衡,因此也推荐使用,但应考虑厂区敷设地埋管对生产规模扩建的影响。

5 中国河流年均水温的地区分布形势大体与气温一致。河流年均水温略高于当地年均气温,差值一般为$1℃\sim2℃$。但当高山冰雪融水在河流补给中占主要地位的地区则相反,年均水温低于气温1℃～2℃。中国河流水温的年内变化过程,大部分地区均为在春、夏增温阶段,水温低于当地气温;秋、冬降温阶段,水温高于当地气温。采用蒸发冷却空气处理方式,冷却水采用直流式地表水,可降低被处理空气温度,此时地表水即为天然冷源。

一般地下水水温是本地年平均温度。采用地表水作天然冷源时,强调再利用是对资源的保护,地下水的回灌可以防止地面沉降,全部回灌并不得造成污染是对水资源保护必须采取的措施。为保证地下水不被污染,地下水宜采用与空气间接接触的冷却方式。

条件具备时,室外新风可作为天然冷源:在室外气温适宜的条件下,室外新风可作为冷源;干空气具备吸湿降温能力,有称"天然冷却能力",或称"干空气能",可作为天然冷源。

6 水源热泵是一种以低位热能作能源的热泵机组,具有以下优点:

(1)可利用地下水,江、河、湖水或工业余热作为热源,供供暖和空气调节系统用,供暖运行时的性能系数(COP)一般大于4,节能效果明显;

(2)与电制冷中央空气调节相比,投资相近;

(3)调节、运转灵活方便,便于管理和计量收费。

7 本款是新增内容,这里的热泵包括压缩式热泵以及吸收式热泵。

工业项目中很多设备都需要给机械运转部分循环水冷却,如大型空压机、大型氧气压缩机、大型风机、发电机等,工业炉窑中的冷却水套需要循环水,循环水带走余热,循环水也成为一种热源。采用水源热泵机组提取其中的热量,技术上是可行的,只要做到经济上合理即可。

吸收式热泵是一种机械装置,以高品位热能(蒸汽、热水、燃气)作推动力,回收低品位余热,形成可被工业和民用建筑使用的热能,投入产出比一般在1.8～2.5之间,是典型的节能环保型技术。提出采用吸收式热泵,主要是在热电、冶炼(钢铁、有色金属)、石化(石油、化工)、纺织等行业,利用 25℃～60℃ 的低温余热水,通过少量高品位热能驱动,制取 45℃～90℃ 中高温热水,供区域集中供热,可实施规模化回收,据统计,节能效率达 45%～55%。

蒸汽驱动式压缩热泵机组是一种大型机械压缩装置,以各种蒸汽作为蒸汽机的驱动力,驱动压缩机作功实现热力循环,回收各种低品位的余热,可以运用在热电厂、市政污水处理厂、油田采油污水、煤矿伴生水、冶金(钢铁)、电子、化工、制药、食品等领域。制热效率/COP(定义为热泵制热量和热泵能耗的比值)通常和温度压头(热泵冷凝器侧热水出水温度和热泵蒸发器侧热源水出水温度差)相关,在 40℃～60℃ 温度压头范围内,其制热 COP 通常在 4.0～6.0 之间,是典型的节能环保型技术。

8 1996 年建设部在《市政公用事业节能技术政策》中提出发展城市燃气事业,搞好城市燃气发展规划,贯彻多种气源、合理利用能源的方针。目前,除城市煤气发展较快以外,西部天然气迅速开发,西气东输工程已在实施,输气管起自新疆塔里木的轮南地区,途经甘肃、宁夏、山西、河南、安徽、江苏、上海等地,2004 年已建成投产,可稳定供气 30 年。川气东送 2010 年已建成,同年 8 月正式投入运行,是继"西气东输"管线工程之后建成的又一条横贯中国东西部地区的绿色能源管道大动脉。同时,中俄共设管道引进俄国天然气,广东建设液化天然气码头,用于广东南部地区。

天然气燃烧转化效率高、污染少,是较好的清洁能源,而且可以通过管道长距离输送。这些优点正是发达国家迅速发展的主要原因。用于工业建筑空气调节冷热源的关键在于气源成本,采用燃气型直燃机或燃气锅炉具有如下优点:

(1)有利于环境质量的改善;

(2)解决燃气季节调峰;

(3)平衡电力负荷;

(4)提高能源利用率。

9 本款是新增内容。

燃气冷热电三联供是一种能量梯级利用技术,以天然气为一次能源,产生热、电、冷的联产联供系统。推广热电联产、集中供热,提高热电机组的利用率、发展热能梯级利用技术,热、电、冷联产技术和热、电、煤气三联供技术,提高热能综合利用率符合《中华人民共和国节约能源法》的基本精神。

在天然气充足的地区,当电力负荷、热负荷和冷负荷能较好匹配,并能充分发挥冷热电联产系统的综合能源利用效率时,可以采用分布式燃气冷热电三联供系统,利用小型燃气轮机、燃气内燃机、微燃机等设备将天然气燃烧后获得高温烟气首先用于发电,然后利用余热在冬季供暖,在夏季通过驱动吸收式制冷机供冷,充分利用了排气的热量,大量节省了一次能源,减少碳排放。

我国天然气开发和利用作为改善能源结构、提高环境质量的重要措施,北京、上海、哈尔滨、济南、南京、成都等地政府出台了一些优惠政策,鼓励热电冷三联供项目的发展。

中国在国外投资的一些项目中,项目所在地基础设施很差,供水、供电、交通都要从无到有做起,热电联供、冷电联供、冷热电三联供无疑是能源高效利用的最佳途径。用煤、燃气、重油发电的情况都有,暖通工程师作为项目的参与者,有必要倡导并实施联供技术。

需要指出的是,工业领域三联供中的供冷不单指空调供冷,供热不单指建筑供热,也同时指工艺用冷、用热。需用全局的、开放的眼光审视三联供问题,有利于对三联供技术作出正确合理的判断。

10 水环热泵系统是利用水源热泵机组进行供冷和供热的系统形式之一,20 世纪 60 年代首先由美国提出,国内从 20 世纪 90 年代开始已在一些工程中采用。系统按负荷特性在各房间或区域分散布置水源热泵机组,根据房间各自的需要,控制机组制冷或制热,将房间余热传向水侧换热器(冷凝器)或从水侧吸收热量(蒸发器)以双管封闭式循环水系统将水侧换热器连接成并联环路,以辅助加热和排热设备供给系统热量的不足和排除多余热量。

水环热泵系统的主要优点是:机组分散布置,减少风道占据的空间,设计施工简便灵活、便于独立调节;能进行制冷工况和制热工况机组之间的热回收,节能效益明显;比空气源热泵机组效率高,受室外环境温度的影响小。因此推荐(宜)在全年空气调节且同时需要供热和供冷的厂房内使用。

水环热泵系统没有新风补给功能,需设单独的新风系统,且不易大量使用新风;压缩机分散布置在室内,维修、消除噪声、空气净化、加湿等也比集中式空气调节复杂,因此应经过经济技术比较后采用。

水环热泵系统的节能潜力主要表现在冬季供热时。有研究表明,由于水源热泵机组夏季制冷 COP 值比集中式空气调节的冷水机组低,冬暖夏热的我国南方地区(例如福建、广东等)使用水环热泵系统比集中式空气调节反而不节能。因此上述地区不宜采用。

11 蓄冷(热)空气调节系统近几年在中国发展较快,其意义在于可均衡当前的用电负荷,缩小峰谷用电差,减少电厂投资,提高发电输配电效率,对国家和电力部门具有重要的意义和经济效益。对用户来说,有多大的实惠,主要看当地供电部门能够给出的优惠政策,包括分时电价和奖励。经过几年国内较多工程实践说明,双工况主机和蓄冷设备的质量一般都较好,在设计上关键是合理的系统设计和系统控制以及设备选型。经过技术经济论证,当用户能在可以接受的年份内回收所增加的初投资时,宜采用蓄冷(热)空气调节系统。

9.1.2 本条规定了采用电直接加热设备作为热源的限制条件,为强制性条文。

常见的直接用电供热的情况有电锅炉、电热水器、电热空气加热器、电暖气及电暖风机等。采用高品位的电能直接转换为低品位的热能,热效率低、运行费用高,用于供暖空调热源是不经济的。合理利用能源,提高能源利用率,节约能源是我国基本国策。考虑到国内各地区以及工业建筑的情况,只有在符合本条所指的特殊情况下才能采用。

1 工矿企业一些分散的建筑,远离集中供热区域,如偏远的泵站、仓库、值班室等,这些建筑通常体积小,热负荷也较小,集中供热管道太长,管网热损失及阻力过大,不具备集中供热的条件,为了保证必要的职业卫生条件,当无法利用热泵供热时,允许采用电直接加热。

4 这里指配电室等重要电力用房,在严寒地区,设备余热不足,又不能采用热水或蒸汽供暖的情况。在工业企业中常见的是一些小型的配电室等。

5 工业企业本身设置了可再生能源发电系统,其发电量能够满足部分厂房或辅助建筑供热需求,为了充分利用发电能力,允许采用这部分电能直接供热。

9.1.3 区域供冷在工业企业或工业区有其适用条件。

9.1.4 本条规定了蒸发冷却冷水机组作为冷源选择的基本原则,为新增条文。

通常情况下,当室外空气的露点温度低于 14℃～15℃时,采用间接-直接蒸发冷却方式,可以得到接近 16℃ 的空调冷水作为空调系统的冷源。直接蒸发冷却式系统包括水冷式蒸发冷却、冷却塔冷却、蒸发式冷凝等。在西北部地区等干燥气候区,可通过蒸发冷却方式直接提供用于空调系统的冷水,减少人工制冷的能耗,符合条件的地区推荐优先推广采用。

9.1.5 本条规定了机组台数选择。

机组台数的选择应按工程大小、负荷运行规律而定,一般不宜少于 2 台;大工程台数也不宜过多。单台机组制冷量的大小应合理搭配,当单机容量调节下限的制冷量大于建筑物的最小负荷时,可选 1 台适合最小负荷的冷水机组,在最小负荷时开启小型制冷机组满足使用要求。为保证运转的安全可靠性,小型工程选用1台机组时应选择多台压缩机分路联控的机组,即多机头联控型机组。虽然目前冷水机组质量都比较好,有的公司承诺几万小时或10年不大修,但电控及零部件故障是难以避免的。

变频调速技术在目前冷水机组中的运用越来越成熟,自2010年起,我国变频冷水机组的应用呈不断上升的趋势。冷水机组变频后,可有效地提升机组部分负荷的性能,尤其是变频离心式冷水机组,变频后其综合部分负荷性能系数 IPLV 通常可提升 30%左右;相应地,由于变频器功率损耗及其配用的电抗器、滤波器损耗,变频后机组在名义工况点的满负荷性能会有一定程度的降低,通常在 3%~4%。所以,对于负荷变化比较大或运行工况变化比较大的场合,适宜选用变频调速式冷水机组,用户既可获得实际常用工况和负荷下的更高性能,节省了运行能耗,又可以实现对配电系统的零冲击电流。配置多台机组时,有人认为定频机组配合变频机组使用,既节约设备初投资又能达到需要的负荷调节精度,也有人认为全部配置变频调速机组运行调节能力更好,具体的配置方式需根据具体的工程情况经技术经济分析后确定。

9.1.6 本条是关于电动压缩式机组制冷剂的选择。

1991 年我国政府签署了《关于消耗臭氧层物质的蒙特利尔议定书》(以下简称《议定书》)伦敦修正案,成为按该《议定书》第五条第一款行事的缔约国。我国编制的《中国消耗臭氧层物质逐步淘汰国家方案》由国务院批准。该方案规定,对臭氧层有破坏作用的CFC-11、CFC-12制冷剂最终禁用时间为 2010 年 1 月 1 日。对于当前广泛用于空气调节制冷设备的 HCFC-22 以及 HCFC-123 制冷剂是过渡制冷剂,按照《议定书》调整案的要求,需要加速淘汰 HCFCs,2030 年完成 HCFCs 物质生产和消费的淘汰(允许每年保留基线水平 2.5%用于制冷维修领域,直到 2040 年为止)。

压缩式冷水机组的使用年限较长,一般在 20 年以上,当选用过渡制冷剂时应考虑禁用年限。

9.2　电动压缩式冷水机组

9.2.1　本条规定了电动压缩式冷水机组的总装机容量。

对装机容量问题,在工业建筑的工程项目中曾进行过详细的调查,一般制冷设备装机容量普遍偏大,这些制冷设备和变配电设备"大马拉小车"或机组闲置的情况浪费了大量资金。对国内空气调节工程的总结和运转实践说明,装机容量偏大的现象虽有所好转,但在一些工程中仍有存在,主要原因如下:一是空调负荷计算方法不够准确,二是不切实际地套用负荷指标,三是设备选型的附加系数过大。冷水机组总装机容量过大会造成投资浪费。同时,由于单台的装机容量也同时增加,还导致了其低负荷工况下的能效降低。因此对设计的装机容量作出了本条规定。

目前大部分主流厂家的产品都可以按照设计冷量的需求来配置和提供冷水机组,但也有一些产品采用的是"系列化或规格化"生产。为了防止冷水机组的装机容量选择过大,本条对总容量进行了限制。对于工艺要求必须设置备用冷水机组时,其备用冷水机组的容量不统计在本条规定的装机容量之中。

9.2.2　本条规定了水冷式冷水机组制冷量的范围划分。

本条对目前生产的水冷式冷水机组的单机制冷量作了大致的划分,供选型时参考。考虑到工业建筑的复杂性,表9.2.2中仍保留了涡旋式、往复式冷水机组的选型范围,以方便使用。

(1)表9.2.2中对几种机型制冷范围的划分,主要是推荐采用较高性能参数的机组,以实现节能。

(2)螺杆式和离心式之间有制冷量相近的型号,可通过性能价格比选择合适的机型。

9.2.3　冷水机组名义工况制冷性能系数(COP)是指在表8温度条件下,机组以同一单位标准的制冷量除以总输入电功率的比值。

表 8　名义工况时的温度条件

类型	进水温度 (℃)	出水温度 (℃)	冷却水进水温度 (℃)	空气干球温度 (℃)
水冷式	12	7	30	—
风冷式	12	7	—	35

机组性能系数应符合现行国家标准《冷水机组能效限定值及能源效率等级》GB 19577 中的要求,提倡采用高性能设备,可选用现行国家标准《冷水机组能效限定值及能源效率等级》GB 19577 中 2 级能效等级以上的机组。同时指出在机组选型时,除考虑满负荷运行时的性能系数外,还应考虑部分负荷时的性能系数。

9.2.4　本条规定了冷水机组电动机供电方式要求。

9.2.5　氨作为制冷剂,有较好的热力学及热物理性质,其 ODP (消耗臭氧层潜值)和 GWP(全球变暖潜值)值均为 0。随着 CFC_s 及 $HCFC_s$ 的禁用和限用,随着氨制冷的工艺水平和研发技术不断提高,氨制冷的应用项目和范围将不断扩大。

9.3　溴化锂吸收式机组

9.3.1　本条规定了溴化锂吸收式机组的选型。

采用饱和蒸汽和热水为热源的溴化锂吸收式冷水机组有单效机组、双效机组和热水机组三种形式。除利用废热或工业余热、可再生能源产生的热源、区域或市政集中热水为热源外,矿物质能源直接燃烧和提供热源的溴化锂吸收式机组均不应采用单效型机组。

9.3.2　本条规定了溴化锂吸收式冷(温)水机组的燃料选择。

溴化锂吸收式冷(温)水机组的燃料选择根据节能环保要求,宜按本条顺序。

1　利用废热或工业余热作为溴化锂机组的热源有利于节能,但考虑实际经济效益,一般有压力不低于 30kPa 的废热蒸汽或温度不低于 80℃ 的废热热水等适宜的热源时才采用。

2 可再生能源作为溴化锂机组的热源,如太阳能、地热能等,需经过技术经济比较确定。

3 直燃式溴化锂冷(温)水机组,本款推荐了采用矿物质能源的顺序,其中天然气是直燃机的最佳能源,在无天然气的地区宜采用人工煤气或液化石油气。燃油时,目前都采用 0 号轻柴油而不用重柴油,因为重柴油黏度大,必须加热输送。在南方地区可在重柴油中加入 20%~40% 的轻柴油,输送时可不加热。重柴油对设计、管理都带来不便,因此不宜采用。

9.3.3 本条规定了选用直燃型溴化锂吸收式冷(温)水机组的原则。

1 直燃机组的额定供热量一般为额定供冷量的 70%~80%,这是一个标准的配置,也是较经济合理的配置,在设计时尽可能按照标准型机组来选择,我国多数地区(需要供应生活热水除外)都能满足要求。同时,设计时要分别按照供冷工况和供热工况来预选直燃机。如果供冷、供热两种工况下选择的机型规格相差较大时,宜按照机型较小者来配置,并增加辅助的冷源或热源装置。

2 当热负荷大于机组供热量时,用加大机组型号的方法是不可取的,因为要增加投资、降低机组效率。加大高压发生器和燃烧器虽然可行,但也应有限制,否则会影响机组高、低压发生器的匹配,同样造成低效,导致能耗增加。

3 按冬季热负荷选择溴化锂吸收式冷(温)水机组,夏季供冷能力不足时应设辅助制冷措施。

9.3.4 本条规定了溴化锂吸收式冷(温)水机组的冷(热)量修正。

虽然近年来溴化锂吸收式机组在保持真空度、防结垢、防腐等方面采取了多方位的有效措施,产品质量大为提高,但真正做好、管理好还是有一定难度的。因为溴化锂吸收式机组都是由换热器组成,结垢和腐蚀的影响很大。从某些工程运行的情况看,因结垢、腐蚀造成的冷量衰减现象仍然存在。至于如何修正,可根据水质及水处理的实际状况确定。

9.3.5 本条规定了溴化锂吸收式三用直燃机的选型要求。

由于此机型具备系统简单、占用面积小等优点,在实际工程中有广泛应用,在设计选型中需注意以下问题:三用机的工作模式混淆,被曲解为同时供冷、供热、供生活热水,实际上应该是夏季单供冷、供冷及供生活热水,春秋季供生活热水,冬季供暖、供暖及供生活热水。

有如此多的用途,三用机受到业主的欢迎。由于在设计选型中存在一些问题,致使在实际工程使用中出现不尽如人意之处。分析其原因是:

(1)对供冷(温)和生活热水未进行日负荷分析与平衡,由于机组能量不足,造成不能同时满足各方面的要求。

(2)未进行各季节的使用分析,造成不经济、不合理运行、效率低、能耗大。

(3) 在供冷(温)及生活热水系统内未设必要的控制与调节装置,管理无法优化,造成运行混乱,达不到使用要求,以致运行成本提高。

直燃机是价格昂贵的设备,尤其是三用机,要搞好合理匹配、系统控制、提高能源利用率是设计选型的关键。当难以满足生活热水供应要求,又影响供冷(温)质量时,即不符合本条和本规范第9.3.3条的要求时,应另设专用热水机组提供生活热水。

9.3.6 本条规定了溴化锂吸收式机组的水质要求。

吸收式机组对水质的要求较高,应满足国家现行相关标准的要求,以防止和减少对机组换热管的结垢和腐蚀。

9.3.7 本条规定了直燃型机组的储油、供油、燃气系统的设计要求。

直燃型溴化锂吸收式冷(温)水机组储油、供油、燃气供应及烟道的设计应符合现行国家标准《锅炉房设计规范》GB 50041、《建筑设计防火规范》GB 50016、《城镇燃气设计规范》GB 50028、《工业企业煤气安全规程》GB 6222 等的要求。

9.4 热 泵

9.4.1 本条规定了空气源热泵冷(热)水机组的选型原则。

本条提出选用空气源热泵冷(热)水机组时应注意的问题：

(1)空气源热泵机组应优选机组性能系数较高的产品,以降低投资和运行成本。此外,先进科学的融霜技术是机组冬季运行的可靠保障。机组冬季运行时,换热盘管强度低于露点温度时,表面产生冷凝水,冷凝水低于0℃就会结霜,严重时就会堵塞盘管,明显降低机组效率,为此必须除霜。除霜方法有多种,包括原始的定时控制、温度传感器控制和近几年发展的智能控制,最佳的除霜控制应是判断正确,除霜时间短,做到完美是很难的。设计选型时应进一步了解机组的除霜方式,通过比较判断后确定。

(2)机组多数安装在屋面,应考虑机组噪声对周边建筑环境的影响,尤其是夜间远行,若噪声超标不但会遭到投诉,还会被勒令停止运行。

(3)在北方寒冷地区采用空气源热泵机组是否合适,根据一些文献分析和对北京、西安、郑州等地实际使用单位的调查,归纳意见如下：

1)日间使用,对室温要求不太高的建筑可以采用；

2)室外计算温度低于－20℃的地区,不宜采用；

3)当室外强度低于空气源热泵平衡点温度(即空气源热泵供热量等于建筑耗热量时的室外计算温度)时,应设置辅助热源。在辅助热源使用后,应注意防止冷凝温度和蒸发温度超出机组的使用范围。

以上仅从技术角度指出了空气源热泵在寒冷地区的使用,设计时还需从经济角度全面分析。在有集中供热的地区就不宜采用。

一些公司已推出适用于低温环境(－12℃～－20℃)运行的机组,为在寒冷地区推广应用空气源热泵创造了条件。同时空气源热泵还可以拓宽现有的应用途径,如和水源热泵串级应用,为低温热水辐射供暖系统提供热源等。

我国幅员辽阔、气温差异较大,对空气源热泵的应用应按可靠性与经济性为原则因地制宜地结合当地的综合条件而确定。

9.4.2 本条规定了空气源热泵机组的制热量计算。

空气源热泵机组的冬季制热量会受到室外空气温度、湿度和机组本身的融霜性能的影响,在设计工况下的制热量通常采用下式计算:

$$Q = qK_1K_2 \tag{13}$$

式中:Q——机组设计工况下的制热量(kW);

q——产品标准工况下的制热量(标准工况:室外空气干球温度 7℃、湿球温度 6℃)(kW);

K_1——使用地区室外空气调节计算干球温度的修正系数,按产品样本选取;

K_2——机组融霜修正系数,应根据生产厂家提供的数据修正;当无数据时每小时融霜一次取 0.9,两次取 0.8。

每小时融霜次数可按所选机组融霜控制方式、冬季室外计算温度、湿度选取或向生产厂家咨询。对于多联机空调系统,还要考虑管长的修正。

9.4.3 本条规定了地埋管地源热泵系统设计的基本要求。

1 地埋管地源热泵系统的采用首先应根据工程场地条件、地质勘查结果,评估埋地管换热系统实施的可能性与经济性。

2 利用岩土热响应实验进行地埋管换热器的设计,是将岩土综合热物性参数、岩土初始平均温度和空调冷热负荷输入专业软件,在夏季工况和冬季工况运行条件下进行动态耦合计算,通过控制地埋管换热器夏季运行期间出口最高温度和冬季运行期间进口最低温度,进行地埋管换热器的设计。

3 采用地埋管地源热泵系统,埋管换热系统是成败的关键。这种系统的设计与计算较为复杂,地埋管的埋管形式、数量、规格等应根据系统的换热量、埋管土地面积、土壤的热物理特性、地下岩土分布情况、机组性能等多种因素确定。

4 地源热泵地埋管系统的全年总释热量和总吸热量(单位均为 kW·h)基本平衡是地埋管地源热泵系统成败的关键。对于地下水径流流速较小的地埋管区域,在计算周期内,地源热泵系统总释热量和总吸热量应相平衡。两者相差不大指两者的比值为 0.8~1.25。对于地下水径流流速较大的地埋管区域,地源热泵系统总释热量和总吸热量可以通过地下水流动(带走或获取热量)取得平衡。地下水径流流速的大小区分原则为:1 个月内,地下水的流动距离超过沿流动方向的地埋管布置区域的长度为较大流速;反之,为较小流速。

5 当无法取得地埋管系统的总释热量和总吸热量的平衡时,设计可以通过增加辅助热源或冷却塔辅助散热的方法解决;还可以采用设置其他冷、热源与地源热泵系统联合运行的方法解决,通过检测地下土壤温度,调整运行策略,保证整个冷、热源系统全年的高效率运行。

6 地埋管泄漏后,防冻剂会造成污染,故不建议使用。

9.4.4 本条规定了地下水水源热泵的基本要求。第 4 款为强制性条款。

1 应通过工程场地的水文地质勘查、试验资料,取得地下水资源详细数据,包括连续供水量、水温、地下水径流方向、分层水质、渗透系数等参数。有了这些资料才能判定采用地下水的可能性。水源热泵的正常运行对地下水的水质有一定的要求。为满足水质要求可采用具有针对性的处理方法,如采用除砂器、除垢器、除铁处理等。正确的水处理手段是保证系统正常运行的前提,不容忽视。

2 采用变流量设计是为了尽量减少地下水的用量和减少输送动力消耗。但要注意的是:当地下水采用直接进入机组的方式时,应满足机组对最小水量的限制要求和最小水量变化速率限制的要求,这一点与冷水机组变流量系统的要求相同。

3 地下水直接进入机组还是通过换热器后间接进入机组,需要根据多种因素确定,包括水质、水温和维护的方便性。水质好的地下水宜直接进入机组,反之采用间接方法;维护简单工作量不大时采用直接方法,反之亦然;地下水直接进入机组有利于提高机组效率,反之亦然。因此设计人员可以通过技术经济分析后确定,本条提供的方法正是遵照了这些原则。

4 为了保护宝贵的地下水资源,要求采用地下水全部回灌,并回灌到原取水层。回灌到原取水层可形成取水、回灌水的良性循环,既保障了水源热泵系统的稳定运行,又避免了人为改变地下水资源环境。

9.4.5 本条规定了水源热泵设计的原则。

1 在工程方案设计时,通常可假设所使用的水源温度计算出机组所需的总水量。然后进行技术经济比较。

2 充足稳定的水量、合适的水温、合格的水质是水源热泵系统正常运行的重要因素。机组冬、夏季运行时对水源温度的要求不同,一般冬季不宜低于 $10℃$,夏季不宜高于 $30℃$,采用地表水时应特别注意。有些机组在冬季可采用低于 $10℃$ 的水源,但使用时应进行技术经济比较。关于水质,在目前还未设有机组产品标准的情况下,可参照下列要求:pH 值为 $6.5 \sim 8.5$,CaO 含量 $<200mg/L$,矿化度 $<3g/L$,$Cl^-<100mg/L$,$SO_4^{2-}<200mg/L$,$Fe^{2+}<1mg/L$,$H_2S<0.5mg/L$,含砂量 $<1/200000$。

3 水源的供给分直接供水和间接供水(即通过板式换热器换热)。采用间接供水,可保证机组不受水源水质不好的影响,能减少维修费用和延长使用寿命,尤其是采用小型分散式系统时,应采用间接式供水。当采用大、中型机组集中设置在机房时,可视水源水质情况确定。如果水质符合标准,不需采取处理措施时,可采用直接供水。

9.4.6 本条规定了水环热泵空气调节系统的设计要求。

1 循环水的温度范围是根据热泵机组的正常工作范围、冷却塔的处理能力和使用板式换热器时的水温确定的。为使水温保持在这个范围内,需设置温度控制装置,用水温控制辅助加热装置和排热装置的运行。

2 由于热泵机组换热器对循环水水质有较高的要求,一般不允许直接采用与大气直接接触的开式冷却塔。采用闭式冷却塔能够保证水质且系统简单,但价格较高(为开式冷却塔的 2~3 倍)、重量较大(为开式冷却塔的 4 倍左右),我国目前产品较少;采用换热器和开式冷却塔的系统,也可以保证流经热泵机组的水质,但多一套循环水系统,系统较复杂且增加了水泵能耗;因此需经技术经济比较后确定循环水系统方案,一般认为系统较小时可采用闭式冷却塔。

3 水环热泵空气调节系统的最大优势是冬季可减少热源供热量,但要考虑白天和夜间等不同时段的需热和余热之间的热平衡关系,经分析计算确定其数值。

9.5 蒸发冷却冷水机组

9.5.1 根据水蒸发冷却原理,蒸发冷却冷水机组制取的冷水温度受气象条件的限制,在不同的气象条件下制取的冷水温度有所不同。直接蒸发冷却冷水机组和间接蒸发冷却冷水机组的供水温度主要取决于室外湿球温度和干、湿球温度差。采用间接-直接蒸发冷却冷水机组的供水温度介于低于湿球温度而接近露点温度的范围。表 9 列举了部分地区的间接-直接蒸发冷却冷水机组适宜的供水温度计算结果。

表 9　西北地区主要城市间接-直接蒸发冷却冷水机组出水温度计算结果

省份	城市	设计温度参数(℃)		冷水机组出水温度(℃)
		干球温度	湿球温度	
内蒙古	呼和浩特	30.6	21.0	19.1
	赤峰	32.7	22.6	20.6
	通辽	32.3	24.5	22.9

省份	城市	设计温度参数(℃)		冷水机组
		干球温度	湿球温度	出水温度(℃)
陕西	榆林	32.2	21.5	19.4
	延安	32.4	22.8	20.9
	西安	35.0	25.8	24.0
甘肃	酒泉	30.5	19.6	17.4
	兰州	31.2	20.1	17.9
	天水	30.8	21.8	20.0
青海	格尔木	26.9	13.3	10.6
	西宁	26.5	16.6	14.6
	玉树	21.8	13.1	11.4
宁夏	固原	27.7	19.0	17.3
	吴中(盐池)	32.4	20.7	18.4
	银川	31.2	22.1	20.3
新疆	克拉玛依	36.4	19.8	16.5
	乌鲁木齐	33.5	18.2	15.1
	喀什	33.8	21.2	18.7

9.5.2 本条规定了蒸发冷却冷水机组设计供回水温差的要求,为新增条文。

蒸发冷却冷水机组按照末端温差可分为:大温差型冷水机组,其适宜的最大温差为10℃;小温差型冷水机组,其适宜的最大温差为5℃。采用何种形式的冷水机组应结合当地室外空气计算参数、室内冷负荷特性、末端设备的工作能力合理确定,水系统温差过小会增加水泵运行功耗,水系统温差过大会增加冷水机组单位冷量的能耗,应根据技术经济合理的要求确定蒸发冷却冷水机组设计供回水温差。

9.5.3 本条是关于采用蒸发冷却冷水机组时空调末端水系统的规定,为新增条文。

根据不同的连接方式其对应的水系统流程通常有三种方式：

（1）独立式[图 4（a）]：供给显热末端的冷水直接回到冷水机组，新风机组不利用末端的回水。

（2）串联式[图 4（b）]：供给显热末端的冷水经显热末端利用后再通过新风机组的空气冷却器预冷新风，然后回到冷水机组。该形式的系统就是为了更好地利用干空气能"自然冷却"，从而减少显热末端需处理的显热负荷，相比独立式系统进一步降低了冷水机组的装机容量，减少了管道输送系统及末端设备；

（3）并联式[图 4（c）]：冷水机组制取的冷水分别单独供给显热末端与新风机组，然后显热末端与新风机组的回水混合后回到冷水机组。该系统相比于串联式，冷水机组的供回水温差较小但冷水流量较大。该系统进一步提高了新风机组的降温能力，但是对建筑物的占用空间较大。

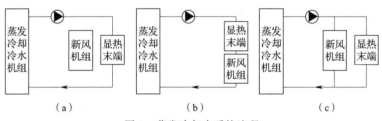

图 4　蒸发冷却水系统流程

9.5.4　本条是关于蒸发冷却冷水机组选型的规定，为新增条文。

蒸发冷却冷水机组分为直接蒸发冷却冷水机组、间接蒸发冷却冷水机组、间接-直接蒸发冷却冷水机组。

（1）直接蒸发冷却冷水机组的产出介质为冷水，冷水由滴水填料式直接蒸发冷却或喷淋式直接蒸发冷却制取。工作介质（冷却排风）与产出介质（冷水）直接接触，工作介质温度升高，湿度增加，排至室外，而产出介质降温后，送入室内显热末端，如干式风机盘管、辐射末端、冷梁等。

（2）间接蒸发冷却冷水机组的产出介质为冷水，冷水由喷淋式冷却盘管制取。工作介质（冷却排风及循环喷淋水或冷却水）与产出介质(冷水)不直接接触,产出介质始终在冷却盘管内流动,通过冷却盘管壁与外界工作介质进行换热,工作介质温度升高,排至室外,而管内的产出介质降温后,送入室内显热末端,如干式风机盘管、辐射末端、冷梁等。

(3)间接-直接蒸发冷却复合冷水机组的产出介质为冷水,其工作过程就是间接蒸发冷却和直接蒸发冷却的复合过程。首先室外空气先经过一个间接蒸发冷却器实现等湿降温后再经过滴水填料与循环水充分接触,实现等焓降温直接蒸发冷却,通过这个间接-直接蒸发冷却复合冷水机组,可以获得较低温度的冷水,其中间接蒸发冷却器可以为表冷器或管式间接蒸发冷却器等,其中之一设备形式示意图如图 5 中所示。

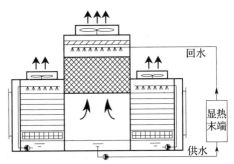

图 5　间接-直接蒸发冷却冷水机组示意图

蒸发冷却冷水机组选型时应根据室外气象条件而定。我国幅员辽阔,地区海拔差异很大,受海上风及地理位置等因素的影响,形成湿热、温湿、干旱及半干旱等多样气候条件,多样的气候条件决定了蒸发冷却冷水机组在不同的地区有不同的适用性。

9.6　冷热电联供

9.6.1　本条规定了冷热电联供系统的配置原则,为新增条文。

本规范提到的冷热电联供是适用于工厂类工业建筑的分布式

冷热电联供系统,不包括大型工业开发区类大型热电联供系统。系统配置形式与特点见表10。

表 10 系统配置形式与特点

发电机	余热形式	中间热回收	余热利用设备	用途
涡轮发电机	烟气	无	烟气双效吸收式制冷机 烟气补燃双效吸收式制冷机	空调、供暖、生活热水
内燃发电机	烟气高温冷却水	无	烟气热水吸收式制冷机 烟气补燃双效吸收式制冷机	空调、供暖、生活热水
大型燃气(油)汽轮机热电厂	烟气、蒸汽	余热锅炉蒸汽轮机	蒸汽双效吸收式制冷机 烟气双效吸收式制冷机	空调、供暖、生活热水
微型燃气(油)汽轮机	低温烟气	—	烟气双效吸收式制冷机 烟气单效吸收式制冷机	空调、供暖

9.6.2 本条规定了烟气余热利用方式,为新增条文。

1 采用余热锅炉生产热水或蒸汽用于供热,采用热水或蒸汽型溴化锂吸收式冷水机组供冷,是比较稳妥的一种余热利用方式。烟气成分随燃料的不同而不同,含尘量大,含粘接性烟尘、有腐蚀性的烟气,对设备的要求较高,烟气型余热锅炉技术上成熟,能够克服这些技术上的难题。而热水或蒸汽型溴化锂吸收式冷水机组技术上也是较成熟的。

2 当烟气成分、参数较适合采用溴化锂吸收式冷、热水机组时,可直接采用溴化锂吸收式冷、热水机组供冷、供热;

3 本款是第1款和第2款的综合。

9.7 蓄冷、蓄热

9.7.1 本条规定了蓄冷的条件。

1~3 采用蓄冷方式或者是为了节约初投资,或者是为了节约运行费用,但两者都只能作为采用蓄冷方案的必要条件而非充分条件,所以还应从技术经济层面上入手,做到方案整体上最优。

4 特殊场合,如矿山的避险硐室,采用相变蓄冷装置蓄冷,作为灾难时降温使用。

5 这里指的是供电能力有限的情况。

9.7.2 本条规定了集中蓄热的条件。

蓄热要比蓄冷应用的更为普遍。蓄热的介质包括水、相变材料等。

9.7.3 本条规定了蓄冷空调负荷计算和蓄冷方式的选择,为新增条文。

1 对于一般的工业建筑来说,典型设计蓄冷时段通常为一个典型设计日。对于全年非每天使用(或即使每天使用但使用负荷并不总是满负荷的厂房,如阶段性工艺生产等),其满负荷使用的情况具有阶段性,这是根据实际负荷使用的阶段性周期作为典型设计蓄冷时段来进行的。

由于蓄冷系统存在间歇运行的特点,空调系统不运行的时段内,建筑构件(主要包括楼板、内墙)仍然有传热而形成了一定的蓄热量,这些蓄热量需要空调系统来带走。因此在计算空调蓄冷系统典型设计日的总冷量(kW·h)时,除计算空调系统运行时间段的冷负荷外,还应考虑上述附加冷负荷。

2 对于用冷时间短,并且在用电高峰时段需冷量相对较大的系统,可采用全负荷蓄冷;一般工程建议采用部分负荷蓄冷。在设计蓄冷-释放周期内采用部分负荷的蓄冷空调系统,应考虑其在负荷较小时以全负荷蓄冷方式运行。

9.7.4 本条规定了选择载冷剂的要求。

蓄冰系统中常用的载冷剂是乙烯乙二醇水溶液,其浓度愈大,凝固点愈低。一般制冰出液温度为$-7℃～-6℃$,蓄冰需要其蒸发温度为$-11℃～-10℃$,因此希望乙烯乙二醇水溶液的凝固温度在$-14℃～-11℃$之间。所以常选用乙烯乙二醇水溶液体积浓度为25%左右。

9.7.5 本条规定了乙烯乙二醇水溶液作为载冷剂的要求。

1 乙烯乙二醇水溶液系统的溶液膨胀箱,容量计算原则与水系统中的膨胀水箱相同,存液和补液设备一般由存液箱和补液泵组成,存液箱兼作配液箱使用。补液泵扬程、存液箱容积按本规范第9.9.13条和第9.9.14条的相关规定计算确定。对冰球式系统尚应考虑冰球结冰后的膨胀量。

2 乙烯乙二醇水溶液的物理特性与水不同,与水相比,其密度和黏度均较大,而热容量较小,故对一般水力计算得出的水管阻力、溶液流量均应进行修正。

3 蓄冷系统的载冷剂一般选用乙烯乙二醇水溶液,遇锌会产生絮状沉淀物。

4 由载冷剂乙烯乙二醇水溶液直接进入空气调节系统末端设备时,要求空气调节水管路系统安装后确保清洁、严密,而且管材不得选用镀锌管材。

5 载冷剂乙烯乙二醇水溶液管高处与水系统一样会有空气集存,应予以即时排除。

6 多台并联的蓄冰装置采用并联连接时,设置流量平衡阀是为了保证每台蓄冰装置流量分配均衡,从而实现均匀蓄冷和取冷。

7 载冷剂系统中的阀门性能非常重要,它们直接影响系统中各种运行工况之间的正确转换,而且要确保在制冰工况下,防止低温溶液进入板式换热器,引起用户侧不流动的水冻结,破坏板式换热器的结构。

8 一个冰蓄冷系统,常用的运行工况有:蓄冰、蓄球装置单独供冷、制冷机单独供冷,制冷机与蓄冰装置联合供冷等。实现工况转换宜配合自动控制。

9.7.6 本条规定了蓄冰装置的设计要求。

1 蓄冷装置种类很多,蓄冷与取冷的机理也各不相同,因而其性能特征不同。蓄冷特性包括两个内容,即为保证在电网的低谷时段(一般约为 7～9 时)完成全部冷量的蓄存,应能提供出的两个必要条件:确定制冷机在制冰工况下的最低运行温度(一般为 $-4℃～-8℃$),用以计算制冷机的运行效率;根据最低运行温度及保证制冷机安全运行的原则,确定载冷剂的浓度(一般为体积浓度 25％～30％)。

2 对用户及设计单位来说,蓄冰装置的取冷特性是非常重要的,因为所选蓄冰装置在融球取冷时,冷水温度能否保持、逐时取冷量能否保证是一个空气调节系统稳定运行的前提条件之一。所以蓄冰装置的完整取冷特性曲线中,应能明确给出装置逐时可取出的冷量(常用取冷速率来表示和计算)及其相应的溶液温度。

对取冷速率,通常有两种定义法:

其一,取冷速率是单位时间可取出的冷量与蓄冰装置名义总蓄冷量的比值,以百分数表示(一般球盘管式蓄冰装置均按此种方法给出);

其二,取冷速率是某单位时间取出的冷量与该时刻蓄冰装置内实际蓄存的冷量的比值,以百分数表示(一般封装式蓄冰装置均按此种方法给出)。

由于定义不同,在相同取冷速率时,实际上取出的冷量并不相等。因此在选择产品时,务必首先了解清楚其定义方法。

9.7.7 本条规定了设备容量的确定。

全负荷蓄冰系统初投资最大,占地面积大,但运行费最节省。部分负荷蓄冰系统则既减少了装机容量,又有一定蓄能效果,相应减少了运行费用。本规范附录 L 中所指一般空气调节系统运行周期为 1 天 21h,实际工程(如教堂)使用周期可能是一周或其他。

一般产品规格和工程说明书中,常用蓄冷量量纲为冷吨

(RT·h)时,它与标准量纲的关系为:1RT·h＝3.517kW·h。

9.7.8 本条规定了蓄冰时段供冷措施。

1 蓄冰时段内供冷负荷较小时,为了整个系统的简化,建议在大系统制冰工况下,在环路中增设小循环泵取冷管路,保证少量用冷需求。

2 一般制冷机在制冰工况下效率比较低,连续空气调节负荷可以让冷机在空气调节工况下连续运行解决供冷,以保证制冷机的运行效率永远最高。即在系统中另设制冷机按空气调节工况运行来负担这部分负荷,以保证系统运行更为节能与节省运行费。这台制冷机称为基载制冷机,意为满足基本需求的制冷机。当然,制冰冷机和蓄冰装置容量计算中不需考虑这部分负荷。

9.7.9 本条规定了冰蓄冷系统的冷水供回水温度的温差要求。

采用蓄冷空调系统时,由于能够提供比较低的供水温度,应加大冷水供回水温差,节省冷水输送能耗。在蓄冰空调系统中,由于系统形式、蓄冰装置等的不同,供水温度也会存在一定的区别,因此设计中要根据不同情况来确定。

设计中要根据不同蓄冷介质和蓄冷取冷方式来确定空调冷水供水温度。各种方式常用冷水温度范围可参考表11。表11中也列出了采用水蓄冷时的适宜供水温度。

表11 不同蓄冷介质和蓄冷取冷方式的空调冷水供水温度(℃)

蓄冷介质和蓄冷取冷方式	水	冰				共晶盐
		动态冰片滑落式	冰盘管式		封装式(冰球或冰板)	
			内融冰式	外融冰式		
空调供水温度(℃)	4～9	2～4	3～6	2～5	3～6	7～10

9.7.10 本条规定了共晶盐相变材料的蓄冷,为新增条文。

作为蓄冰装置,不论其发生相变的材料是水还是其他共晶盐,都要求蓄冷和取冷特性应满足本规范的要求。

水最适于作首选的相变材料,但其相变结冰温度有限,只能在0℃时进行,因此要求制冷机需在双工况下工作。制冰时蒸发器出液温度需降至−8℃～−5℃,致使制冷效率大幅度下降。如果制冷机不便于实现双工况下工作,而又想利用蓄冷系统,则要利用相变材料。为配合一般制冷机工作,常选相变温度为 4℃～8℃。若为特殊工艺服务,如食品、制药等行业,可根据要求选用不同的相变温度。

9.7.11 本条规定了水蓄能系统设计。

1 为防止蒸发器内水的冻结,一般制冷机出水温度不宜低于4℃,而且4℃水密度最大,便于利用温度分层蓄存,通常可利用温差为 6℃～7℃,特殊情况利用温差可达 8℃～10℃。

2 水池蓄冷、蓄热系统的设计,关键是要尽量提高水池的蓄能效率。因此蓄冷、蓄热水池容积不宜过小,以免传热损失所占比例过大。水池加深有利于冷热水分层,能减少水池内冷热水的掺混。加深形式可以多种多样,如水池保温和内壁的处理,进出水口的布置等。结构可以是钢结构或混凝土结构。

3 一般蓄能槽均为开式系统,管路设计一定要配合自动控制,防止水倒灌和管内出现真空(尤其对蓄热水系统)。

9.7.12 本条是关于消防水池不得兼作蓄热水池的规定,为强制性条文。

热水不能用于消防,消防水池不得作为蓄热水池使用。使用专用消防水池需要得到消防部门的认可。

9.8 换热装置

9.8.1 本条规定了换热器的选型原则。换热装置是一个含义很广的概念,在本章专指冷热源处常用到的换热装置。

1 目前可选用的换热器品种繁多,某些产品样本所列参数,选型表所列数据并非真实可靠,以样本的传热系数来区别产品的先进与否也比较困难,因为传热系数计算极其复杂,变化因素很多,与一、二次热源的流体介质、温度、流速及诸多热工系数的取值相关。在一些换热器样本中,对传热系数的标注均不相同。如3000W/(m²/℃)、4000W/(m² · ℃)、3000W/(m² · ℃)～7000W/(m² · ℃)等,从这些数据中难以判断产品的先进性。因此在选型时,应按生产厂的技术实力、生产装备,样本资料的科技含量、市场占有率、用户反应等情况综合考虑。

2 换热介质理化特性是确定换热器类型、构造、材质的重要因素,例如,水-水板式换热器由于结构紧凑、易于实现小温差换热的特点,在供暖空调中被广泛使用,但高温汽-水热交换器不适合采用板式换热器,因为板式换热器所用的胶垫在高温下使用寿命短。又如,当换热介质含有较大粒径杂质时,应选择高通过性流道形式的换热器。

9.8.2 本条规定了换热器的容量计算。

换热器的容量应根据计算的冷、热量进行选择,其台数与单台的供冷、供热能力应满足换热量的使用需求、分期增长的计划及考虑热源可靠稳定性等因素。

9.9 空气调节冷热水及冷凝水系统

9.9.1 本条规定了空气调节冷水参数。

工艺性空气调节系统冷水供回水温度,应根据空气处理工艺要求,并在技术可靠、经济合理的前提下确定。舒适性空气调节系统冷热水参数,应考虑冷热源、末端、循环泵功率的影响等因素,通过技术经济比较后确定。原规范规定:空气调节冷水供水温度:5℃~9℃,一般为7℃;空气调节冷水供回水温差:5℃～10℃,一般为5℃。由于工业建筑中工艺性空调系统种类繁多、要求各异,同时随着冷热源设备种类的增加、技术的进步、新的节能环保政策的出台等因素,上述参数显得过于简单、概括,但要全面概括各种情况,规范的篇幅可能过长,因此本规范中只提出原则性规定。

工业项目中生产用制冷和空气调节用制冷有时合并设置制冷站,甚至合并设置制冷系统,在工艺用冷为主时,冷媒参数应随工艺要求确定。

仅按设备种类划分,空气调节冷水参数的确定原则如下:

1 采用冷水机组直接供冷时,空调冷水供回水温度可按设备额定工况取 7℃/12℃。循环水泵功率较大的工程(如厂区集中供冷),在综合考虑制冷机组性能系数和制冷量影响的前提下,可适当降低供水温度、加大空调冷水供回水温差。

2 采用蓄冷装置的供冷系统,空调冷水供水温度应根据采用蓄冷介质和蓄冷、取冷方式确定,并应符合本规范第 9.7.9 条的相关规定;当采用蓄冷装置能获得较低的供水温度时,应尽量加大供回水温差。

4 采用蒸发冷却或天然冷源制取空调冷水时,空调冷水的供水温度应根据当地气象条件和末端设备的工作能力合理确定;当采用强制对流末端设备时,空调冷水供回水温差不宜小于 4℃。

9.9.2 本条规定了空气调节热水供回水温差。

1 确定热水供回水温度时,也应综合各种因素,经技术经济比较后确定。冷热盘管夏季供冷、冬季供热,换热面积较大,热水温度不宜过高,供水温度 50℃～60℃,供回水温差不宜小于 10℃;专用加热盘管不受夏季工况的限制。

2 对于工业厂房,一次热源的温度一般较高,供暖空调设备有使用高温热水的条件。使用高温热水,可减小加热器面积,获得较高的送风温度,大温差供水系统输送能耗低、管材消耗小,因此规定:工艺性空调系统设专用加热盘管时,供水温度宜为 70℃～130℃,供回水温差不宜小于 25℃。

3 采用直燃式冷(温)水机组、空气源热泵、水源热泵等作为热源时,空调热水供回水温度和温差应按设备要求和具体情况确定,并应使设备具有较高的供热性能系数。

9.9.5 本条规定了直接供冷空调水系统的设计。

暖通术语规定如下:是同一个水系统,直接供冷,称为一级泵、二级泵等;经过了换热、划分成了不同的水系统,间接供冷,称为一次泵、二次泵等。

1 冷水机组定流量、负荷侧变流量的一级泵系统,形式简单,通过末端用户设置的水路两通自动控制阀调节各末端的水流量,是目前应用最广泛、最成熟的系统形式。在冷水机组允许、控制方案和运行管理可靠的前提下,为了节能,在技术经济条件合理时,也可采用冷水机组、负荷侧均变流量的一级泵系统。

2 负荷侧应按变流量系统设计,末端设备水路上设电动或气动阀,与末端设备联动。水路阀采用双位阀或调节阀。

3 一级泵系统是较常用的系统形式。

4、5 二级泵的选择设计:

(1)关于系统作用半径较大、设计系统阻力较高。

机房冷源侧阻力变化不大,因此系统设计水流阻力较高的原因一般是由于系统作用半径造成的,因此系统阻力是推荐采用二级泵或多级泵系统的充分必要条件。通过二级泵的变流量运行,可大大节约系统耗能。

(2)关于二级泵不分区域并联设置。一级泵负担冷源侧水系统阻力,二级泵负担负荷侧水系统阻力,通过运行调控,可实现水泵运行节能。

(3)关于分区域设置二级泵。当有些系统或区域空调冷热水的温度参数与冷热源的温度参数不一致,又不单独设置冷热源时,可采用设置二级混水泵和混水阀调节水温的直接供冷系统;当不同区域管网阻力相差较大时,分区域分别设置二级泵,有利于水泵运行节能。

6 多级泵的选择设计:

当系统作用半径大,即使采用二级泵系统,仍然扬程过高时,宜采用多级泵系统。对于冷热源集中设置且各建筑分散的大规模冷、热水系统,当输送距离较远且各用户管路阻力相差悬殊或用户所需水温不一致时,宜按系统或区域分别设置多级泵系统。

9.9.6 本条是关于二级泵或多级泵系统的设计,为新增条文。

1 一、二级泵之间的旁通管称为平衡管(也称盈亏管、耦合管),其两侧接管端点,即为一级泵和二级泵负担管网阻力的分界点。当一、二级泵流量在设计工况完全匹配时,平衡管内应无水流通过,两端无压差。当一、二级泵流量在调节工况时,平衡管内有水流通过,保证冷源侧通过蒸发器的流量恒定,同时负荷侧的流量按需供给。为了防止平衡管内水'倒流'现象,应进行水力计算。当分区域设置的二级泵采用分布式布置时,如平衡管远离机房设在各区域内,定流量运行的一级泵需负担机房和外网的阻力,应按最不利区域所需压力配置,功率很大,同时较近各区域平衡管前的资用压力过大,需用阀门调节克服,不符合节能,因此推荐平衡管的位置在冷源站房内。当平衡管内有水流通过时,也应尽量减少平衡管阻力,因此管径尽量大。

2 二级泵或多级泵可集中设置在冷源站房内,也可以设在服务的各区域内。集中设置管理简单,当水系统分区较多时,可考虑将二级泵或多级泵设置在各服务区内,但需校核从平衡管的分界点至二级泵或多级泵入口的阻力不应大于定压点高度,防止二级泵或多级泵入口处出现进气和气蚀。

3 二级泵或多级泵采用变频调速泵,比仅采用台数调节更节能。

9.9.7 本条是关于二次侧空调水系统的设计,为新增条文。

直接供冷(热)不满足使用要求时可通过换热间接供冷(热)。

1 按变流量系统设计时,末端设备应设温控两通阀,循环泵宜采用变频调速泵。

2 这里的分区域设置二次水系统,其原理与分区域设二级泵或多级泵相似。

9.9.8 本条是关于冷源侧定流量运行、负荷侧变流量运行时,空调水系统的设计。

（1）多台冷水机组和循环水泵之间宜采用一对一的管道连接方式（不包括冷源侧、负荷侧均变流量的一级泵系统）。当冷水机组与冷水循环泵之间采用一对一连接有困难时，常采用共用集管的连接方式，当一些冷水机组和对应的冷水泵停机，应自动隔断停止运行的冷水机组的冷水通路，以免流经运行冷水机组的流量不足。对于冷源侧、负荷侧均变流量的一级泵系统，冷水机组和冷水循环泵可不一一对应，并应采用共用集水管连接方式。冷水机组和冷水循环泵的台数变化及运行状态应根据负荷变化独立控制。

（2）空调末端装置应设置自控两通阀（包括开关控制和连续调节阀门），才能实现系统流量按需求实时改变。

（3）工业上除电动两通阀外，也常用气动两通阀。

（4）自控旁通阀的口径应按本规范第11.2.8条的规定通过计算阀门流通能力（即流量系数）来确定，防止阀门选择过大。对于设置多台相同容量冷冻机组的系统，该设计流量就是一台冷水机组的流量。对于设置冷水机组大小搭配的系统，通常情况是多台大机组联合运行，小机组停运，但也可能有其他的大小搭配运行模式，但从冷水机组定流量运行的安全原则考虑，旁通阀设计流量选取容量最大的单台冷水机组的额定流量。

9.9.9　本条是关于冷源侧、负荷侧均变流量运行时，空调水系统的设计。

1　对适应变流量运行的冷水机组应具有的性能提出了要求。

2　水泵采用变速控制模式，其被控参数应经过详细的分析后确定，包括采用供回水压差、供回水温差、流量、冷量以及上述参数的组合等控制方式。

3　虽然应用于该系统的冷水机组均是流量允许变化的机型，但均有各自安全运行的最小流量，为了确保冷水机组均能达到最小流量，供、回水总管间应设置设计流量取各台冷水机组允许最小流量中的最大值的旁通调节阀（即空调末端全部关闭，冷冻机组在停机前，也可通过该旁通阀，有一个最低限度流量的冷冻水通过冷水机组)。

4 如果冷水机组蒸发器在设计流量下的水压降相差较大,由于系统的不平衡,在变流量运行时,流经阻力较大机组的水流量可能低于机组允许的最小流量,故作出本款规定。

9.9.10 本条规定了冷热水循环泵的选用原则。

1 对于两管制系统,一般按系统的供冷运行工况选择循环泵,供热工况时系统和水泵工况不吻合,往往水泵不在高效率区运行或系统为小温差大流量运行等,造成电能浪费,因此不宜冬、夏合用循环泵。当冬、夏季空气调节水系统流量及系统阻力相差不大时,从减少投资和机房占用面积的角度出发,也可以合用循环泵。

2 为保证流经冷水机组蒸发器的水量恒定,并随冷水机组的运行台数的增减,向用户提供适应负荷变化的空气调节冷水流量,要求一级泵设置的台数和流量与冷水机组"相对应"。考虑到如模块式冷水机组拥有多套蒸发器制冷系统的特殊情况,不再按原规范强调"一对一",可根据模块组装成的冷水机组情况,灵活配备循环水泵台数,且流量应与冷水机组相对应。

3 变流量运行的每个分区的各级水泵的流量调节,可通过台数调节和水泵变速调节实现,但即使是流量较小的系统,也不宜少于2台,是考虑在小流量运行时,水泵可以轮流检修。但是同级水泵均采用变速方式时,如果台数过多,会造成控制上的困难。系统不分区时,可认为是一个大区,"每个分区(冷热水循环泵)不宜少于2台"同样适用。

4 空气调节热水循环泵的流量调节和水泵设置原则一般为流量调节,多数时间在小于设计流量状态下运行,只要水泵不少于2台,即可做到轮流检修。但考虑到严寒及寒冷地区对供暖的可靠性要求较高,而且设备管道等有冻结的危险,强调水泵设置台数不超过3台时,宜设置备用泵,以免水泵检修时,流量减少过多。上述规定与现行国家标准《锅炉房设计规范》GB 50041中"供热热水制备"一章的相关规定相符。

9.10 空气调节冷却水系统

9.10.1 本条是关于冷却水的循环使用和冷却塔供冷、热回收的规定。

为符合节水的要求,除采用地表水作为冷却水情况外,冷却水系统已不允许直流。冷水机组的冷凝废热也应通过冷却水尽量得到利用。例如,夏季可作为生活热水的预热热源,并宜在冷季充分利用冷却塔冷却功能进行制冷等。

9.10.2 本条规定了冷却水水温的限制和要求。

1 冷却水最高温度限制应根据压缩式冷水机组冷凝器的允许工作压力和溴化锂吸收式冷(温)水机组的运行效率等因素,并考虑湿球温度较高的炎热地区冷却塔的处理能力,经技术经济比较后确定。本规范参考相关标准提供的数值,并针对目前空气调节常用设备的要求进行了简化和统一,规定不宜高于 33℃。

2 冷却水水温不稳定或过低会造成制冷系统运行不稳定、影响节流过程的正常进行、吸收式冷(温)水机组出现结晶事故等,所以增加了对一般冷水机组冷却水最低水温的限制(不包括水源热泵等特殊系统的冷却水)。本规范参照了相关标准中提供的数值。随着冷水机组技术配置的提高,对冷却水进口最低水温的要求也会有所降低,必要时可参考生产厂的具体要求。调节水温的措施包括控制冷却塔风机、控制供回水旁通水量等。

3 电动压缩式冷水机组的冷却水进出口温差是综合考虑了设备投资和运行费用、大部分地区的室外气候条件等因素,推荐了我国工程和产品的常用数据。吸收式冷(温)水机组的冷却水因为经过吸收器和冷凝器两次温升,进、出口温差比压缩式冷水机组大,推荐的数据是按照我国目前常用产品要求确定的。当考虑室外气候条件可采用较大温差时,应与设备生产厂配合选用非标准工况冷却水流量的设备。

9.10.3 本条是关于冷却水循环泵的选择。

1 为保证流经冷水机组冷凝器的水量恒定,要求冷却水循环泵台数和流量应与冷水机组相对应。

2 小型水冷柜式空气调节器、小型户式冷水机组等可以合用冷却水系统。

3 冷却水泵扬程包括冷却水系统阻力、系统所需扬水高差,有布水器的冷却塔和喷射式冷却塔等进水口要求的压力,这在工程设计中经常容易被忽略或漏掉,所以特作本款规定。

9.10.4 本条规定了冷却塔的设置要求。

1 同一型号的冷却塔,在不同的室外湿球温度条件和冷水机组进出口温差要求的情况下,散热量和冷却水量不同,因此选用时需按照工程实际,对冷却塔的名义工况下设备性能参数进行修正,得到设计工况下的冷却塔性能参数,该参数应满足冷水机组的要求。

2 有旋转式布水器或喷射式等对进口水压有要求的冷却塔需保证其进水量,所以应和循环水泵相对应设置,详见本规范第9.10.3条的条文说明。

3 为防止冷却塔在0℃以下,尤其是间断运行时结冰,应采取防冻措施,包括在冷却塔底盘和室外管道设电加热设施,以及在合适的高度设泄空阀等。

4 冷却塔的设置位置不当,直接影响冷却塔散热量,且对周围环境产生影响。

6 由冷却塔产生火灾是工程中经常发生的事故,因此作出本款规定。

7 由于双工况制冷机组一般情况需昼夜运行,蓄冷工况和空调用冷工况冷冻水温、制冷量均不同,在相同冷却水量条件下,所需冷却水进出水温和温差亦不同。故应选用能满足两种工况冷却能力的冷却塔。

8 选用可风量调节的冷却塔,有利于冷却塔进、出水温差控制和节约电能。

9.10.5 本条规定了冷却水水质的要求。

1 由于补充水的水质和系统内的机械杂质等因素,不能保证冷却水系统水质,尤其是开式冷却塔能使水与空气大量接触,造成水质不稳定,产生和积累大量水垢、污垢,滋生微生物等,使冷却塔和冷凝器的传热效率降低,水流阻力增加,卫生环境恶化,对设备及管道造成腐蚀。因此为稳定水质,规定应采取相应措施。

3 电算机房专用水冷整体式空气调节器或分区设置的水源热泵机组等,这些设备内换热器要求冷却水洁净,一般不能将开式系统的冷却水直接送入机组。

4 在线清洗装置,是指工作状态下不停机清洗。有一种在线清洗装置在制冷机组冷却水入口向水系统内释放清洁球,在机组冷却水出口回收,并反复循环使用,自动清洗水冷管壳式冷凝器换热管内壁,可以有效降低冷凝器的污垢热阻,提高制冷效率。

9.10.6 本条规定了冷水机组和冷却水泵之间的连接方式和保证冷凝器水流量恒定的措施。

冷却水泵和冷水泵相同,与冷水机组之间有一对一连接和通过共用集管连接两种接管方式;为使正常运行的冷水机组所需水量不分流,冷凝温度稳定,冷水机组正常工作,共用集管接管时宜设电动或气动阀,且与冷水机组和冷却水泵连锁。

9.10.7 本条规定了并联冷却塔管路的流量平衡。

在并联冷却塔之间设置平衡管或公用连通水槽是为了避免各台冷却塔补水和溢水不均衡,造成浪费。另外,冷却塔进、出水管道设计时也应注意管道阻力平衡,以保证各台冷却塔要求的水量。

9.10.8 本条规定了并联冷却塔的水量控制。

冷却塔的旋转式布水器靠出水的反作用力推动运转,因此需要足够的水量和约 0.1MPa 的水压才能够正常布水;喷射式冷却塔的喷嘴也要求约 0.1MPa～0.2MPa 的压力。当并联冷却水系统中一部分冷水机组和冷却水泵停机时,系统总循环水量减少,如果平均进入所有冷却塔,每台冷却塔进水量过少,会使布水器或喷嘴不能正常运转,影响散热;冷却塔一般远离冷却水泵,如采用手动阀门控制十分不便;因此要求共用集管连接的系统应设置能够随冷却水泵频繁动作的自控阀门,在水泵停机时关断对应冷却塔的进水阀,保证正在工作的冷却塔的进水量。

9.10.9 本条规定了冷却水的补水量和补水点。

1 开式冷却水损失量占系统循环水量的比例计算或估算值:蒸发损失为每1℃水温降0.185%;飘逸损失可按生产厂提供数据确定,无资料时可取0.3%~0.35%;排污损失(包括泄漏损失)与补水水质、冷却水浓缩倍数的要求、飘逸损失量等因素相关,应经计算确定,一般可按0.3%估算。计算冷却水补水量的目的是为了确定补水管管径、补水泵、补水箱等设施,可以采用以上估算数值。

2 补水点位置应按是否设置集水箱确定。

集水箱的作用如下:

(1)可连通多台并联运行的冷却塔,使各台冷却塔水位平衡;

(2)可减少冷却塔底部存水盘容积及塔的运行重量;

(3)冬季使用的系统,停止运行时,冷却塔底部无存水,可以防止静止的存水冻结;

(4)可方便地增加系统间歇运行时所需存水容积,使冷却水循环泵能够稳定工作,详见本规范第9.10.10条的条文说明;

(5)为多台冷却塔统一补水、排污、加药等提供了方便操作的条件等。

设置水箱也存在占据机房面积、水箱和冷却塔高差过大时浪费电能等缺点。因此是否设置集水箱应根据工程具体情况确定,这里不作规定。

9.10.10 本条规定了间歇运行的冷却水系统的存水量。

间歇运行的冷却水系统,在系统停机后,冷却塔填料的淋水表面附着的水滴落下来。一些管道内的水容量由于重力作用,也从系统开口部位下落,系统内如没有足够的容纳这些水量的容积,就会造成大量溢水浪费;当系统重新开机时,首先需要一定的存水量,以湿润冷却塔干燥的填料表面和充满停机时流空的管道空间,否则会造成水泵缺水进气空蚀,不能稳定运行。

不设集水箱采用冷却塔底盘存水时,底盘补水水位以上的存水量不应小于冷却塔布水槽以上供水水平管道内的水容量,以及湿润冷却塔填料等部件所需水量;当冷却塔下方设置集水箱时,水箱补水水位以上的存水容积除满足上述水量外,还应容纳冷却塔底盘至水箱之间管道等的水容量。

湿润冷却塔填料等部件所需水量应由冷却塔生产厂提供,根据资料介绍,经测试,逆流塔约为冷却塔标称循环水量的 1.2%,横流塔约为 1.5%。

9.10.11 本条规定了集水箱的设置位置。

当冷却塔设置在多层或高层建筑的屋顶时,集水箱如设置在底层,不能利用高位冷却塔的位能,过多地增加了循环水泵的扬水高度和电力消耗,不符合节能原则,故规定集水箱宜设置在冷却塔的下一层,且冷却塔布水器与集水箱设计水位之间的高差不应超过 8m。

9.11　制冷和供热机房

9.11.1　本条规定了制冷和供热机房(不含锅炉房,包含无压热水机房及换热间)的布置和要求。

制冷和供热机房的位置应根据工程项目的实际情况确定,尽可能设置在空气调节负荷的中心,这样可以避免环路长短不均,有利于各支路负荷的平衡,并能够减少管路输送长度和输送能耗。

1　机房内设备运行噪声比较大,为了保证机房内工作人员良好的工作环境,应设置值班室;设置控制室便于工作人员对机房内设备和末端进行控制和调节,是提高设备与系统管理水平、保障空气调节质量、实现机房自动化控制的需要。

2 地下机房应设置机械通风,这是地下空间的通用要求。地下机房是否设置事故通风,需根据潜在的危险因素、可能发生事故的概率、机组对机房配置的要求等确定。

3 由于机房内设备的尺寸都比较大,因此设计时就需考虑预留好安装洞和这些大型设备的运输通道,防止建筑结构完成后设备的就位困难。

4 为了保证机房内的室内环境,对机房地面、照明、给排水以及温度提出了要求。

9.11.2 本条规定了机房设备布置要求。

按当前常用的机型作了最小间距的规定。在设计布置时还是应尽量紧凑、不应宽打窄用、浪费面积,根据实践经验、设计图面上因重叠的管道摊平绘制,管道甚多,看似机房很挤,完工后却较宽松。所以按本条规定的间距设计一般不会拥挤。

9.11.3 本条规定了氨制冷机房的要求,为强制性条文。

氨是一种应用较广泛的中压中温制冷剂,其 ODP(消耗臭氧层潜值)和 GWP(全球变暖潜值)均为 0,是一种环境友好型制冷剂。氨具有较好的热力学及热物理性质,单位容积制冷量大,黏度小,流动阻力小,传热性能好。氨制冷机的 COP(制冷能效比)比采用 R22、R134a 的制冷机高出约 12%~19%。氨制冷机在我国冷藏行业得到了广泛的应用,同样适用于其他类型的工业建筑或民用建筑,但应尤其注意安全问题。

1 关于氨制冷机房的设置位置,在《采暖通风与空气调节设计规范》GB 50019—2003 中即有"氨制冷机房单独设置且远离建筑群"的规定,本次修订在条文中增加了程度用词"应",并经编制组及审查专家组讨论,确定其为强制性条文。由于在建筑空调制冷中不允许采用氨直接蒸发式空调系统,而是先由氨制冷机组生产冷水或低温盐水作为载冷剂,因此单独设置氨制冷机房是可行的、必要的,对于降低使用氨的事故风险意义重大。

2 氨制冷机房的火灾危险性是乙类,根据现行国家标准《建筑设计防火规范》GB 50016 的相关规定,严禁明火和电散热器供暖。

3 本款规定了氨制冷机房事故通风的要求。

4、5 关于氨泄压口和紧急泄氨装置的规定,是参考了现行国家标准《冷库设计规范》GB 50072 作出的,并将其上升为强制性条款,是为了加强氨制冷使用的安全性。

9.11.4 本款规定了直燃机房的设计要求。

直燃机房的设计除机房布置和管路系统外,还包括室外储油罐、供回油系统、室内日用油箱及油路系统(或燃气系统)、排烟管道系统、消防及通风等方面,较为复杂,关键是安全和环保问题。以上各项设计涉及的规范较多,应按现行国家标准《建筑设计防火规范》GB 50016、《城镇燃气设计规范》GB 50028 等的相关规定综合考虑协调解决。在原条文的基础上增加第 7 款规定,因为对于设置于地下室的大型直燃机组,特别是针对工业建筑,必须考虑因冷热负荷变化而引起的机组燃烧所需空气量的变化因素。机房内正压或负压过大,都不利于机组燃烧,也不利于平时的使用。增加本款的目的可以更加合理地设计通风系统,防止由于机组燃烧时所需空气量变化引起室内空气压力超出范围,影响机组燃烧工况。要求有风量调节能力,理论上可以采用变频调节技术,但是实际中为了减少投资,保证使用效果,不宜采用变频调节。可以采用送风机组与直燃机组连锁的方式实现风量调节。当通风管道或通风井直通室外时,其面积可计入机房的泄压面积;以免影响机组的燃烧效率及制冷效率。特别是送风系统,要具有风量调节能力,以适应机组的运行工况和机组燃烧空气量的变化,保证机房内空气压力在正常范围内。

10 矿井空气调节

10.1 井筒保温

10.1.1 本条规定了需设井筒保温设施的条件。

加热入井空气是井筒保温常用措施,一般采用加热部分新风,然后与未经加热的新风混合,混风送入井下的方式,加热后空气温度一般控制在30℃~50℃,混风后空气温度不宜低于2℃。加热入井空气是矿山项目中供暖能耗最大的部分,必须加以重视。严寒及寒冷地区,冬季加热入井空气,目的主要有以下两个方面:一是为了防止井壁、井口、巷道路面或水管等结冰,二是为了维持开采面一定的环境温度,保障工人的生产条件。矿井内适宜的空气温度范围是15℃~28℃,适宜的相对湿度范围是50%~60%。

10.1.2 本条规定了井筒保温热负荷的计算。

采用不同的室外空气计算温度,主要出于经济及安全方面的考虑。取值过低,会使加热设备型号偏大,但供暖保障率高;取值过高,加热设备型号偏小,设备费用低,供暖保障率降低。

1 提升井井壁结冰可能引起提升罐笼撞击冰面,危险较大;斜井路面结冰会使路面打滑,行车、行人均不安全;因此提升井或斜井进风时室外计算温度取值较低。

2 平硐或专用进风井危险较小,保障率可适当降低。

10.1.3 本条规定了矿井通风量及其计算参数。

矿井通风量由采矿专业提供。确定工况后,才能由体积流量换算为质量流量,才能确定加热设备加热量。通风标准工况为:温度293K(20℃),大气压力101325Pa,相对湿度50%,空气密度$\rho=1.2kg/m^3$。

10.1.4 本条规定了空气加热器的形式。

空气-蒸汽、空气-热水式空气加热器是较常采用的空气加热设备,技术上成熟。缺水地区在技术经济比较合理的条件下,可采用燃煤型热风炉(设有空气-烟气热交换器),但风道内应设一氧化碳浓度检测报警装置。在条件具备且技术经济合理时,可采用天然气直燃型空气加热器,风道内也应设一氧化碳浓度检测报警装置。

10.1.5 本条规定了空气加热器风流阻力的规定。

空气加热器可设在热风机组内,加热部分新风送入井筒内,与未经加热的新风混合,混风进入井下;空气加热器也可直接安装在井口下进风道内,利用矿井通风机提供热风流通动力,此时的空气加热器的风流阻力不宜大于 50Pa。

10.1.6 本条规定了风机和空气加热器的安装位置。

1 空气加热器前空气温度较低,电动机工作条件较好。轴流风机一般与电机直联,电机处在气流中,因此轴流风机宜布置在空气加热器前;空气加热后温度升高,密度减小,体积膨胀,空气的体积流量发生了较大的变化,按照这个工作条件选用风机,选出的风机规格号偏大,偏于安全,因此离心风机宜布置在空气加热器后。

2 轴流风机直联传动时效率较高,因此风机与电机宜直联传动。

10.1.7 本条是关于井筒保温送风温度的规定。

从人的舒适性考虑,斜井、平硐、井口房人员通行的可能性越来越大,相应热风温度的要求是越来越低。另外,由于浮力的影响,温度越高的空气,送入井下的难度越大,热风逸散的可能性越大,因此对送入井口房的风温作出了规定。

10.1.8 本条是关于热风口位置的规定。

从人的舒适性以及防止热风逸散损失考虑,作出了本条规定。

10.1.10 本条是关于空气加热器热媒参数的规定。

矿井进风均为直流风,热媒温度维持在一定水平上才能保证加热效果。

10.1.12 本条是关于空气加热器设防冻设施的规定。

矿井进风均为直流风,易发生冻结现象,故特别作出本条规定。

10.1.13 本条是关于燃煤型热风炉的适用条件及设计规定。

燃煤型热风炉采用烟气-空气换热器加热井下送风,换热器换热系数小,工作条件差,钢耗高,一般情况下不建议采用。但在特殊场合,如远离主工业场地、供暖负荷较小或缺水地区、供水困难的井下送风系统,可采用燃煤型热风炉供暖。

规定热风炉与井口的距离,主要是井下进风安全的需要。烟气-空气换热器可能渗漏,因此热风道内应安装一氧化碳检测设施。

10.2 深热矿井空气调节

10.2.1 本条规定了深、热矿井设置空调制冷设施的条件。

深、热矿井制冷设施是保证人员安全生产、提高工作效率的保证。矿井风量大,供冷时耗冷量巨大,应给予足够的重视。井下空气温度是由原始岩温、井下各种散热和空气自压缩升温等综合因素决定的。竖井中的空气在下降过程中温度和压力都在增加,当空气在沿竖井向下流动时,如果被压缩,即使没有其他的热交换和水蒸气的蒸发,由于势能转变为内能,其温度也会升高。按照理论计算,对于干空气,气流向下流动 1000m,由于自压缩引起的升温约 9.7℃。同样条件,湿空气自压缩升温约 4℃～5℃,水自压缩升温约 2.3℃。

对于一般矿井,能够利用矿井通风使作业面温度降至小于或等于 28℃ 的临界深度约为 2500m～3000m,超过这个深度,必须设置人工制冷系统才能满足使用要求。

对于热井,则根据井下通风计算结果确定是否需要设置人工制冷系统。

10.2.2 本条规定了确定矿井制冷及空气调节方式的原则。

矿井空气调节方式有多种。从制冷空调设备安装位置分,可以分为地面集中式空调系统、井下集中式空调系统或井上、井下联合式空调系统。

地面设置制冷机房时,可以制备冷水、冷风或冰送入井下,各有适用条件,根据工程情况确定。

冷水机组设在井下时,冷却塔可以设在地面,此时冷凝热直接排至大气;也可以将冷却塔设在井下,此时冷凝热排至井下回风道,间接地排至室外大气。

制冷空调设备设在井下时,可以不制备冷冻水,而采用直接膨胀式空气处理设备。直接膨胀式空气处理设备可以采用水冷方式,也可以采用风冷方式。采用风冷冷凝器时,表面喷淋循环水增强传热效果,同时也可起到清洗冷凝器的效果。这种空调制冷方式较适用于井下局部空调系统。

从空气处理上看,矿井空气调节可以冷却矿井进风、采区进风或作业地点进风。冷却矿井进风相当于全面空调,冷却采区进风相当于局部空调,冷却作业地点进风相当于岗位空调。采用何种方式,还需要根据工程具体情况而定。

室外气象条件对矿井空气调节方式有较重要的影响。夏季室外空气焓值高的地区,新风负荷远大于井下得热量产生的冷负荷,这时采用地面制备冷风的方式较经济。处理后的干冷空气送入井下,有利于吸收井下的热量及湿量。但送入工作面之前,空气沿途吸收的热量应视为无效热损失。

矿体的规模越大,所需的冷空气越多。当采场比较分散而且不断向新的地点延伸时,采用井下局部空调的方式比较好。

采矿速度对空调制冷设备装机容量的影响:采矿速度快时,会产生一个很大的瞬时热负荷,但每生产一吨矿石时的总热量会减少,这是因为在热量放入空气之前,岩壁已经被覆盖或隔绝了。所以采矿速度快时,空调制冷设备装机容量大,但单位产能的制冷降温费用会减少。

老矿井向下延伸开采深层矿体时,由于受气流通道面积小的限制,不太可能通过加大通风量来降温,这时对空调降温的需求更为迫切。

矿井深度超过 3000m 时,采用地面制冰送入井下的制冷方式较经济。井下融冰制备冷冻水,一般采用喷水室制备冷风。

10.2.3 本条是关于工作面或机电设备硐室送风参数的确定。

井下每个工作面的通风量由采矿专业提供。离开工作面的空气计算参数应满足现行国家标准《金属非金属矿山安全规程》GB 16423 的要求。

表 12 采掘作业地点环境参数规定

干球温度(℃)	相对湿度(%)	风速(m/s)	备 注
≤28	不规定	0.5~1.0	上限
≤26	不规定	0.3~0.5	合适
≤18	不规定	≤0.3	增加工作服保暖量

国外井下热环境标准一般采用干球温度、湿球温度、感觉温度、等效温度、相对湿度或者它们的组合来定义,一般认为,采掘工作面湿球温度或相对湿度对人的影响更大。美国有一项研究表明,湿球温度对劳动的影响如下:

$t_{wb} \leqslant 27℃$ 时,工作效率 100%;

$27 < t_{wb} \leqslant 29℃$,较合适;

$29 < t_{wb} \leqslant 33℃$,能够正常工作;

$t_{wb} > 33℃$,只能工作较短时间。

现行国家标准《金属非金属矿山安全规程》GB 16423 暂未对作业地点相对湿度作出规定,但随着认识的深入,作业地点的相对湿度要求会逐步成为必要的设计参数。

10.2.4 本条是关于制冷设备容量的确定。

井下得热量由采矿专业计算确定。一般包括:

（1）空气自压缩热；

（2）井筒、巷道壁面散热；

（3）采出的矿石散热；

（4）矿石氧化放热；

（5）采矿机电设备散热；

（6）柴油机及尾气散热；

（7）照明散热；

（8）人体散热；

（9）地面沟槽热水散热；

（10）充填养护散热。

有的热源处于井下作业面下风向，这部分散热可不计入井下得热量。井下岩石温度按钻探记录数据由采矿专业提供有困难时用近似公式计算确定。

井下通风系统一般为直流式，有条件时也可利用一部分循环风，新风冷负荷占制冷设备总容量的比例很大，尤其在炎热地区。风机、水泵等温升引起的附加冷负荷也应计入制冷设备总容量内。

10.2.5 本条是关于地面集中制备冷冻水或冷却水时的原则规定。

1 送入井下的冷冻水供水温度一般取 3℃，回水温度一般取 18℃，温差 15℃。井下设高低压换热器时，二次水温度一般为 6℃/21℃。载冷剂采用乙二醇溶液时，一次侧温度一般取 −3℃/12℃，二次水温度取 3℃/15℃。

2 受室外空气湿球温度的限制，冷却水温度一般不会低于 30℃；受制冷机冷凝温度的限制，冷却水回水温度一般不高于 42℃，因此这里规定冷却水供回水温差不宜小于 10℃。

3 由于设备的承压问题、高压管道的成本问题以及安全问题，送入井下的冷冻水或冷却水应设置减压装置，减压装置包括中间水池、减压阀、高低压换热器、高低压转换器、水能回收装置等。

4 井筒内安装的管道过大时，会使得井筒直径增加，从而增加了井筒造价。千米及以下深井水管承受的高压大于 10MPa 以上，水管壁厚加大，则管径过大，自重大，不便安装。水管流速过高，管道又长，消耗动力过大，所以应限制流速。

10.2.6 本条规定了地面制冰供冷的适用条件。

冷负荷较大，输送冷媒管径过大，井内难以安装时应采用制冰送入井下的供冷方式。矿井在 3000m 以下时，载冷剂管线压力过大，难以保证安全。同时由于自压缩热的产生，水温升高较大，冷量损失较多，这时宜采用制冰方式。

10.2.7 本条是关于冰输送的规定。

自溜方式输送冰，管道不承压，但应有必要的折弯管段，防止冰块对井下储冰槽形成巨大的冲击。

10.2.8 本条是关于采用氨压缩制冷的规定。

10.2.9 本条是关于产生冷凝热的设备在井下位置的规定。

产生冷凝热的设备一般是指冷却塔或风冷冷凝器，这些设备安装在井下时，冷凝热排入回风巷道，热量才会被带到地面上。井下排风量是有限的，冷却塔或风冷冷凝器所需通风量大于巷道排风量时，会降低设备冷却能力，影响制冷效果。

10.2.10 本条是关于冷冻水梯级用能的规定。

冷水梯级利用是指冷冻水先用于冷却空气，再用于生产作业。用冷水直接喷洒在新采出的矿石表面，通过井下排水带走矿石的热量，防止矿石散热到空气中，这部分用水可采用空气处理机组的回水，而不宜直接采用冷冻水。

10.2.11 本条是关于空气冷却设备的规定。

10.2.12 本条是关于井下爆炸危险区域使用防爆型设备的规定，为强制性条文。

深热矿井空气调节目前在煤炭行业应用较多，按照国家安全生产监督管理局、国家煤矿安全监察局联合发布的《煤矿安全规程》(2014 年版)第四百四十四条的规定，有瓦斯产生的煤矿，设在翻车机硐室、采区进风巷、总回风巷、主要回风巷、采区回风巷、工作面和工作面进回风巷的高低压电机和电气设备,都必须采用矿用防爆型。这些场所均属于爆炸危险区域,因此本条规定井下爆炸危险区域使用的空调制冷设备应采用防爆型。这些场所一旦发生爆炸,后果将很严重,因此本条作为强制性条文提出。

本条同样适用于有爆炸危险的非煤矿山。

11 监测与控制

11.1 一 般 规 定

11.1.1 本条规定了监测和控制的内容及确定方法。

（1）参数检测：根据管理和控制的需要，测量相关参数的数值。

（2）参数和设备状态显示：在集中监控系统或本地控制系统的界面显示或通过打印单元打印某一参数的数值或者某一设备的运行状态。

（3）自动调节：使某些运行参数自动保持规定值或按预定的规律变动。

（4）自动控制：使系统中的设备及元件按规定的程序启停。

（5）工况自动转换：指在多工况运行的系统中，根据运行要求自动从某一运行工况转到另一运行工况。

（6）设备连锁：使相关设备按某一既定程序顺序启停或者动作互锁。

（7）自动保护与报警：指设备运行状况异常或某些参数超过允许值时，发出报警信号或使系统中某些设备及元件自动停止工作。

（8）能量计量：计量系统的电力使用量、燃气使用量、冷热量、水流量及其累计值等，它是实现系统节能，更好地进行能量管理的基础。

（9）中央监控与管理：是对供暖、通风及空调系统的集中监控与管理，既考虑局部，又着重总体，实现各类设备的综合高效运行。

设计时需要根据建筑物的功能和标准、系统的类型、运行时间和工业生产工艺的要求等因素，经技术经济比较确定合理的监测与控制内容，实现只测不监、只监不控、远动操作、安全保护、自动调节等不同层次的功能。

11.1.2 本条规定了供暖、通风和空调控制系统与生产工艺控制系统的层次关系。

当工业生产工艺需要对供暖、通风与空气调节设备进行监测与控制时，应优先由工业生产工艺的控制系统对供暖、通风与空调设备进行控制，供暖、通风与空调设备的监控系统作为工艺控制的辅助，不能与工艺控制指令矛盾。

11.1.3 本条规定了采用集中监控系统的条件。

1 由于集中监控系统可以实现设备的远程管理，因而采用集中监控对于规模大、每位运行管理人员管理的设备台数较多时，能有效减少运行维护工作量，提高管理水平。

2 由于集中监控系统远程管理能方便地改变设备工作状态，因而与常规控制相比实现工况转换和调节更容易。

3 由于集中监控系统容易监控系统的总体运行状态，因而更有利于实现系统的整体优化节能运行。

4 由于工业生产过程中有些环境无法进行现场的设备操作，所以通过集中监控系统可实现系统的远程监控与管理，保证设备的安全可靠运行。

11.1.4 本条规定了集中监控系统的功能要求，为新增条文。

指出了集中监控系统应具有的基本功能。包括监视功能、显示功能、操作功能、控制功能、数据管理辅助功能、安全保护管理功能等。它是由监控系统的软件包实现的，各厂家的软件包虽然各有特点，但是软件功能应满足本规范的要求。实际工程中，由于没有按照条文中的要求去做，致使所安装的集中监控系统运行不良的例子屡见不鲜。例如，不设立安全机制，任何人都可进入修改程序的级别，就会造成系统运行故障；不定期统计系统的能量消耗并加以改进，就达不到节能的目标；不记录系统运行参数并保存，就缺少改进系统运行性能的依据等。

随着智能建筑技术的发展，主要以管理暖通空调系统为主的集中监控系统只是弱电子系统的一部分。为了实现各弱电子系统数据共享,就要求各子系统间(如消防子系统、安全防范子系统等)能够相互通信、进行数据交互,因而要预留进行数据交互的接口。

11.1.5 本条规定了采用就地控制系统的条件。

(1)经技术经济分析不适合设置集中监控的供暖、通风和空气调节设备,宜采用就地控制系统。

(2)工业生产工艺有一定要求、不能采用集中监控的供暖、通风和空气调节设备,宜采用就地控制。

11.1.6 本条规定了就地控制系统宜实现的功能,为新增条文。

指出了就地监控系统应具有的基本功能,包括检测功能、显示功能、操作功能、控制功能、运行调节、安全保护管理功能等。

11.1.7 本条是关于联动、连锁等保护措施的设置。

1 采用集中监控系统时,设备联动、连锁等安全保护措施在保证可靠性的前提下可以直接通过监控系统下位机的控制程序或点到点的连接实现,尤其联动、连锁分布在不同控制区域时优越性更大,也可以由本地的机械或电气联动、连锁实现。联动、连锁等安全保护状态应能在集中监控系统的人机界面上显示,以方便管理与监视。

2 采用就地控制系统时,设备联动、连锁等保护措施可以为就地控制系统的一部分,也可以设置成本地的机械或电气联动、连锁,联动、连锁等安全保护状态应能在就地控制系统的人机界面上显示。

3 对于不采用自动控制的系统,处于安全保护的目的,应设置本地的机械或电气联动、连锁装置。

11.1.8 本条是关于设置就地检测仪表的规定。

设置就地检测仪表的目的,是通过仪表随时向操作人员提供各工况点和室内控制点的情况,以便进行必要的操作,因而应设在便于观察的位置。另一方面,集中监控或就地控制系统基于实现监测与控制目的所设置的远传仪表当具有就地显示环节时,则可不必再设就地显示仪表。

11.1.9 本条是关于就地/远程转换开关及就地手动控制装置的设置。

为使动力设备安全运行及便于维修,采用集中监控系统时,应在动力设备附近的动力柜上设置手动控制装置及就地/远程转换开关,并要求能监视就地/远程转换开关状态。

11.1.10 本条是关于控制室的设置。

为便于系统初调试及运行管理,通常做法是将控制器或集中监控系统的下位机放在被控设备或系统附近;当采用集中监控系统时,为便于管理及提高系统运行质量,应设专门控制室;当就地控制的环节或仪表较多时,为便于统一管理,宜设专门控制室。

11.1.11 本条是关于防冻控制的要求。

首先要做好防冻配置,其次才能做防冻保护控制。位于冬季有冻结可能地区的新风机组、空调机组,应防止因某种原因热水盘管或其局部水流断流而造成结冰胀裂盘管的事故发生。通常的做法是在机组盘管的背风侧加设感温测头(通常为毛细管或其他类型测头),当其检测到盘管的背风侧温度低于某一设定值时,与该测头相连的防冻开关发出信号,机组即通过控制程序或电气设备的联动、连锁等方式运行防冻保护程序,如关新风阀、停风机、开大热水阀、启动加热装置等,防止热水盘管冰冻面积进一步扩大。

11.1.12 本条规定了供暖、通风和空调控制系统与消防控制系统的层次关系。

涉及防火与排烟系统的监测与控制应执行国家现行相关防火规范的规定;兼作防排烟用的通风空气调节设备应能接受消防系统的控制,并在火灾时能切换到消防控制状态,由消防系统控制设备的运行;风道上的防火阀宜设置位置信息反馈,以方便管理与监视。

11.2 传感器和执行器

11.2.1 本条规定了传感器、执行器的选用及维护的规定,为新增条文。

工业建筑中传感器、执行器的使用环境复杂多样,传感器、执行器的设计选型需要根据使用环境的情况选择合适的型号,如防尘、防潮、耐腐蚀等。传感器、执行器应进行定期的维护检查与校正,否则无法保证控制效果,设计时需要根据使用环境的情况和所选产品的特性,规定维护点检周期。

11.2.2 本条规定了传感器精度及安装位置的要求,为新增条文。

本条规定了传感器选型设计及安装位置设计时应注意的问题。所选择的传感器测量精度与范围应为经过传感、转换和传输过程后的测量精度和测量范围,测量精度应高于工艺要求的控制和测量精度。传感器的安装位置应能反映被测参数的整体情况,不能处于对其产生干扰的位置,如涡流区或者有局部热源、湿源、热桥的区域,在这些区域测得的参数值不能代表被测参数的整体情况。

11.2.3、11.2.4 这两条规定了温度、湿度、压力(压差)、流量传感器的选型及安装位置应满足的条件。

实际工程中,由于忽视条文中指出的相关条款,致使以上所述参数测量不准确或根本测不出参数值的实例屡见不鲜。

11.2.5 本条规定了压力(压差)的选型及安装位置应满足的条件。

原条文第8.2.3条第2款,压差传感器的位置"应"安装在同一标高,修改为"宜"。当压差传感器不在相同标高时,需考虑两点之间的高度差。

11.2.6 本条规定了流量传感器的选型及安装位置应满足的条件。

本条第2款,不包括选用弯管流量计的不同要求。第4款推荐选用低阻产品,有利于水系统输送的节能。

11.2.7 本条规定了开关量传感器使用的条件。

当设备状态监视及安全保护,如温度、压力、风流、水流、压差、水位等仅需要开关操作时,宜选择以开关量形式输出的传感器。开关量输出的传感器比连续输出的传感器结构简单、工作可靠、成本较低,所以当用于安全保护和设备状态监视为目的仅需要开关操作时,应尽量选用开关型传感器。

11.2.8 本条规定了自动调节阀的选择。

为了调节系统正常工作,保证在负荷全部变化范围内的调节质量和稳定性,提高设备的利用率和经济性,正确选择调节阀的特性十分重要。

调节阀的选择原则应以调节阀的工作流量特性即调节阀的放大系数来补偿对象放大系数的变化,以保证系统总开环放大系数不变,进而使系统达到较好的控制效果。但是实际上由于影响对象特性的因素很多,用分析法难以求解,多数是通过经验法粗定,并以此来选用不同特性的调节阀。

此外,在系统中由于配管阻力的存在,压力损失比 S 值的不同,调节阀的工作流量特性并不同于理想的流量特性。如理想线性流量特性,当 $S<0.3$ 时,工作流量特性近似为快开特性,等百分比特性也畸变为接近线性特性,可调比显著减小,因此通常是不希望 $S<0.3$ 的。

关于水两通阀流量特性的选择,由试验可知,空气加热器和空气冷却器的换热量的增加是随流量的增大而变小,而等百分比特性阀门的流量增加量是随开度的加大而增大,同时由于水系统管道压力损失往往较大,$S<0.6$ 的情况居多,因而选用等百分比特性阀门具有较好的适应性。

关于三通阀的选择,总的原则是要求通过三通阀的总流量保持不变,抛物线特性的三通阀当 $S=0.3\sim0.5$ 时,其总流量变化较小,在设计上一般常使三通阀的压力损失与热交换器和管道的总压力损失相同,即 $S=0.5$,此时无论从总流量变化角度,还是从三通阀的工作流量特性补偿热交换器的静态特性考虑,均以抛物线特性的三通阀为宜,在系统压力损失较小,通过三通阀的压力损失较大时,亦可选用线性三通阀。

关于蒸汽两通阀的选择,如果蒸汽加热中的蒸汽作自由冷凝,那么加热器每小时所放出的热量等于蒸汽冷凝器潜热和进入加热器蒸汽量的乘积。当通过加热器的空气量一定时,经推导可以证明,蒸汽加热器的静态特性是一条直线,但实际上蒸汽在加热器中不能实现自由冷凝,有一部分蒸汽冷凝后再冷却使加热器的实际特性有微量的弯曲,但这种弯曲可以忽略不计。从对象特性考虑可以选用线性调节阀,但根据配管状态当 $S<0.6$ 时工作流量特性发生畸变,此时宜选用等百分比特性的阀。

调节阀的口径应根据使用对象要求的流通能力来定。口径选用过大或过小都满足不了调节质量或不经济。

11.2.9 本条规定了三通阀和两通阀的应用。

受阀门结构的限制,三通混合阀和分流阀一般都要求流体单向流动,因此两者不能互为代用。但是对于公称直径小于 80mm 的阀,由于不平衡力,混合阀亦可用作分流。

双座阀不易保证上、下两阀芯同时关闭,因而泄漏量大。尤其用在高温场合,阀芯和阀座两种材料的膨胀系数不同,泄漏会更大。因此规定蒸汽的流量控制用单座阀。

11.2.10 本条规定了通断阀和调节阀的适用条件。

通断阀一般具有较快的开关速度和较少的泄漏量,因此当仅需要开关形式进行设备或系统水路的切换时,应采用通断阀。本次修订补充后半句,当使用通断阀达不到温度或湿度调节要求时,应采用调节阀。

11.2.11 本条是关于易燃易爆环境中使用的传感器、执行器的规定,为强制性条文。

本质安全型产品是按现行国家标准《爆炸性气体环境用电气设备 第4部分:本质安全型"i"》GB 3836.4 标准生产,专供易燃易爆场合使用的防爆电器设备。本质安全型电器设备的特征是其全部电路均为本质安全电路,即在正常工作或规定的故障状态下产生的电火花和热效应均不能点燃规定的爆炸性混合物的电路。也就是说该类电器不是靠外壳防爆和充填物防爆，而是其电路在正常使用或出现故障时产生的电火花或热效应的能量小于0.28mJ，即瓦斯浓度为8.5%（最易爆炸的浓度）最小点燃能量。

11.3 供 暖 系 统

11.3.1 本条规定了供暖系统的监测要求。

监测数据主要用于运行管理、运行调节。对于改善供暖质量、供暖系统节能运行、监视供暖系统运行状态均有帮助，防止供暖场所过冷或过热的情形出现。

11.4 通 风 系 统

11.4.1 本条规定了通风系统需检测与监视的参数。

11.4.2 本条规定了防毒通风及防爆通风系统风机控制及状态显示的要求。

由于该类排风系统的通风机通常设在远离工作地点处，为了在工作地点处能监督通风机运行，防止由于停机导致工作地点产生有毒或爆炸危险性物质超过允许浓度，发生火灾或爆炸及其他人身事故，应在工作地点设通风机运行状态显示信号，以确保工作现场及人身的安全。有条件时可以根据主要污染物浓度自动控制排风系统的运行，既满足安全要求，又能节约风机能耗。

11.5 除尘与净化系统

11.5.1 本条规定了除尘系统监测的要求。

1~5 监测及控制的目的是为了保障运行、方便运行管理。

6 项目实施之前，均会进行环境影响评价，重点污染源参数要求监测，并执行相关的国家标准。相关的政策及措施包括：《污染源自动监控管理办法》、《固定污染源排气中颗粒物测定与气态污染物采样方法》GB/T 16157、《污染源统一监测分析方法》(废气部分)等。

11.5.2 本条规定了有害气体净化系统监测的要求。

1～3 监测的目的是为了控制废气净化工艺、保障运行、方便运行管理。

11.6 空气调节系统

11.6.1 本条规定了空气调节系统需要监测的参数。

本条给出了应设置的空气调节系统监测点,设计时应根据系统所具有的设备配置具体确定。

11.6.2 本条是关于控制系统多工况控制的规定。

本条中"多工况"的含义是,在不同的工况时,其调节(调节对象和执行机构等)的组成是变化的,以适应室内、外热湿条件变化大的特点,达到节能的目的。工况的划分也要因系统的组成及处理方式的不同而改变,但总的原则是节能,尽量避免空气处理过程中的冷热抵消,充分利用新风和回风,缩短制冷机、加热器和加湿器的运行时间等,并根据各工况在一年中运行的累计小时数简化设计,以减少投资。多工况同常规系统运行的区别在于不仅要进行参数的控制,还要进行工况的转换。多工况的控制、转换可采用就地的逻辑控制系统或集中监控系统等方式实现,工况少时可采用手动转换实现。

利用执行机构的极限位置,空气参数的极限信号以及分程控制方式等自动转换方式,在运行多工况控制及转换程序时交替使用,可达到实时转换的目的。

供冷和供热模式的水阀开度、风量等随偏差的调节方向不同,例如:在供冷工况下,当房间温度降低时,变风量末端装置的风阀应向关小的位置调节;当房间温度升高时,再向开大的位置调节。在加热工况下,风阀的调节过程则相反。因此控制系统应具有供冷/供热模式切换功能,以保证末端装置的动作方向正确。

11.6.3 本条给出了串级调节系统的应用范围,说明如下:

串级调节系统采用两个调节回路;一是由副调节器、调节机构、对象2,变送器2等组成的副调节回路;二是由副调节回路以外的其余部分组成的主调节回路。主调节器为恒值调节,副调节器的给定值由主调节器输入,并随输入而变化,为随动调节。主副两个调节器相串联,组成串级调节系统。这一调节系统如图6所示。

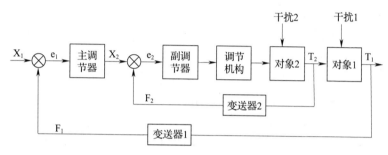

图6 串级调节系统原理图

11.6.4 本条规定了全空气空调系统的控制。

1 空调房间室温的控制应由送风温度和送风量的控制和调节来实现。定风量系统通过控制送风温度、变风量系统主要通过送风量的调节来保证。

2 送风温度是空调系统中重要的设计参数,应采取必要措施保证其达到目标,有条件时进行优化调节。控制室温是空调系统需要实现的目标,根据室温实测值与目标值的偏差对送风温度设定值不断进行修正。房间温度变化的时间常数大,而改变盘管水阀开度或电加热器输出后,送风温度的时间常数小,这两个时间常数不在一个数量级,是分钟量级与秒量级的区别,如房间温度降低1℃需要十几分钟,而送风温度降低1℃仅需要几秒钟。控制系统的控制参数要与被控对象的物理特性相匹配,才能实现稳定无振荡的控制。因此对于变送风温度调节时,应采取调节周期长短差别较大的两个控制回路嵌套的串级调节方式。送风温度设定值的修改周期应根据房间温度的时间常数确定,如10min修改一次;

用于改变送风温度的盘管水阀开度等执行机构的状态修改周期应根据送风温度的时间常数确定,如10s修改一次。送风温度调节的通常手段有空气冷却器/加热器的水阀调节、电加热器的加热量调节、对于二次回风系统和一次回风系统也可通过调节新风和回风的比例来控制送风温度。

3 变风量采用风机变速是最节能的方式。尽管风机变速的做法投资有一定增加,但对于采用变风量系统的工程而言,这点投资应该是有保证的,其节能所带来的效益能够较快地回收投资。

4 当空调系统需要控制室内湿度时,应进行加/除湿量控制。空调房间湿负荷变化较小时,用恒定送风温度的方法可以使室内相对湿度稳定在某一范围内,如室内湿负荷稳定,可达到相当高的控制精度。但对于室内湿负荷或相对湿度变化大的场合,宜采用变送风温度的方式,即用直接装在室内工作区、回风口或总回风管中的湿度敏感元件来测量房间湿度并调节相应执行调节机构进行加湿或除湿,达到控制室内相对湿度的目的。对湿度控制和对温度的控制是相互影响的,应采取适当措施,避免相互干扰引起被控参数达不到要求的控制精度。例如,通过根据室温偏差变送风量控制室温,根据室内湿度偏差变送风温度或湿度控制室内湿度,并根据送风温度修正送风量,根据送风量修正送风温度或湿度。

5 在条件合适的时期应充分利用全空气空调系统的优势,尽可能利用室外自然冷源,最大限度地利用新风降温,提高室内空气品质和人员的舒适度,降低能耗。利用新风免费供冷(增大新风比)工况的判别方法可采用固定温度法、温差法、固定焓法、电子焓法、焓差法等,根据建筑的气候分区进行选取,具体可参考ASHRAE标准《Energy standand for buildings except low-rise residential buildings》ASHRAE Standard 90.1—2013。从理论分析,采用焓差法的节能性最好,然而该方法需要同时检测温度和湿度,且湿度传感器误差大、故障率高,需要经常维护,数年来在国内外的实施效果不够理想。而固定温度和温差法,在工程中实施最为简单方便。因此对变新风比控制方法不作限定。

11.6.5 本条规定了新风机组的控制。

1 新风机组根据承担室内热湿负荷的多少确定控制调节方法：

（1）一般情况下，配合风机盘管等空调房间内末端设备使用的新风系统，新风不负担室内主要冷热负荷时，各房间的室温控制主要由风机盘管满足，新风机组控制送风温度恒定即可。

（2）当新风负担房间主要或全部冷负荷时，机组送风温度设定值应根据室内温度进行调节。

2 当新风负责控制室内湿度时，送风温度应根据室内湿度设计值进行确定。

3 对于湿热地区的全新风系统，水路阀宜采用模拟量调节阀，水路阀不应全关，防止未经除湿的新风直接送入室内。

11.6.6 本条规定了风机盘管的控制。

风机盘管的自动控制方式主要有两种：带风机三速选择开关、可冬夏转换的室温控制器控制水路两通控制阀的开关，带风机三速选择开关、可冬夏转换的室温控制器控制风机开停。第一种方式，能够实现整个水系统的变水量调节；第二种方式，采用风机开停对室内温度进行控制，但不利于房间的湿度控制和实现变水量节能，所以本条规定水路控制阀的开关应与风机的启停连锁。

11.6.7 本条规定了电加热器的连锁与保护，为强制性条文。

要求电加热器与送风机连锁，是一种保护控制，可避免系统中因无风电加热器单独工作导致的火灾。为了进一步提高安全可靠性，还要求设无风断电、超温断电保护措施，如用监视风机运行的风压差开关信号及在电加热器后面设超温断电信号与风机启停连锁等方式，来保证电加热器的安全运行。

电加热器采取接地及剩余电流保护，可避免因漏电造成触电类的事故。

11.7 冷热源及其水系统

11.7.1 本条规定了空气调节冷、热源及其水系统的监测参数。

冷、热源及其水系统应设置的监测参数，在设计时应根据系统设置加以确定。

11.7.2 本条规定了蓄冷、蓄热系统的监测参数。

蓄冷(热)系统宜设置的监测点，设计时应根据系统设置加以确定。

11.7.3 本条规定了冷水机组水系统的连锁。

规定本条的目的是为了保护制冷机安全运行。由于制冷机运行时，一定要保证它的蒸发器和冷凝器有足够的水量流过，为达到这一目的，制冷机水系统中其他设备，包括电动水阀，冷水泵、冷却水泵、冷却塔风机等应先于制冷机开机运行，停机则应按相反顺序进行。通常通过水流开关检测与制冷机相连锁的水泵状态，即确认水流开关接通后才允许制冷机启动。

11.7.4 本条规定了冷水机组群控的要求。

根据冷负荷的大小及冷水机组在不同负荷率下的不同能耗，确定能耗最小的运行组合，实现冷水机组节能。冷水机组运行组合的变化不能太频繁，冷水机组的启停频率需要满足冷水机组安全运行的要求，如启停间隔不能小于30min。

11.7.5 本条规定了冰蓄冷系统二次冷媒侧换热器的防冻保护。

一般空气调节系统夜间负荷往往很小，甚至处在停运状态，而冰蓄冷系统主要在夜间电网低谷期进行蓄冰。因此在两者进行换热的板式热交换器处，由于空气调节系统的水侧冷水基本不流动，如果乙二醇侧的制冰低温传递过来，必然引起另一侧水的冻结，造成板式热交换器的冻裂破坏。因此确实需要随时观察板式热交换器处的乙二醇侧的溶液温度，调节好相关电动调节阀的开度，防止事故发生。

11.7.7 本条规定了水泵的控制要求。

冷源侧定流量、负荷侧变流量是常见的空调水系统,这时的一般做法是冷水泵、冷却水泵运行台数宜与冷水机组相对应。

变流量运行的水系统,既指冷源侧变流量的水系统,也指负荷侧变流量的水系统,水泵运行台数宜用流量控制,水泵变速宜用压差控制。

11.7.8 本条规定了冷却水旁通调节阀的设置要求。

设置旁通调节阀的目的是为了防止进入冷水机组冷却水温度低于机组安全运行所要求的温度下限。通常在实施冷却水旁通前,会减少风机风量或停止风机运行。冷水机组冷却水温度下限要求见本规范第 9.10.2 条。

11.7.9 本条规定了集中监控系统对冷水机组的运行状态监测与控制的要求。

冷水机组自带控制器,设立控制器通讯接口并接入集中监控系统,可使集中监控系统的中央主机系统能够监控冷水机组的运行参数,并使冷水系统能量管理更加合理。

12 消声与隔振

12.1 一般规定

12.1.1 本条规定了消声与隔振的设计原则。

供暖、通风与空气调节系统产生的噪声与振动只是建筑中噪声和振动源的一部分。当系统产生的噪声和振动影响到工艺和使用的要求时,就应根据工艺和使用要求,也就是各自的允许噪声标准及对振动的限制,系统的噪声和振动的频率特性及其传播方式(空气传播或固体传播)等进行消声与隔振设计,并应做到技术经济合理。

12.1.2 本条规定了室内及环境噪声标准。

室内和环境噪声标准是消声设计的重要依据。因此本条规定由供暖、通风和空气调节系统产生的噪声传播至使用房间和周围环境的噪声级,满足现行国家标准《工业企业设计卫生标准》GBZ 1、《工业企业噪声控制设计规范》GB/T 50087、《民用建筑隔声设计规范》GB 50118、《声环境质量标准》GB 3096 和《工业企业厂界噪声排放标准》GB 12348 等标准的要求。

12.1.3 本条规定了振动控制设计标准。

振动对人体健康的危害是很严重的。在供暖、通风与空气调节系统中振动问题也是相当严重的。因此本条规定了振动控制设计应满足现行国家标准《工业企业设计卫生标准》GBZ 1、《城市区域环境振动标准》GB 10070 等的要求。

12.1.4 本条规定了降低风系统噪声的措施。

本条规定了降低风系统噪声应注意的事项。系统设计安装了消声器,其消声效果也很好,但经消声处理后的风管又穿过高噪声房间,再次被污染,又回复到了原来的噪声水平,最终不能起到消声作用,这个问题过去往往被人们忽视。同样道理,噪声高的风管穿过要求噪声低的房间时,它也会污染低噪声房间,使其达不到要求。因此对这两种情况必须引起重视。当然,必须穿过时还是允许的,但应对风管进行良好的隔声处理,以避免上述两种情况发生。

12.1.5 本条规定了风管内的空气流速。

通风机与消声装置之间的风管,其风道无特殊要求时,可按经济流速采用,根据国内外相关资料介绍,经济流速为 6m/s～13m/s。本条推荐采用 8m/s～10m/s。

消声装置与房间之间的风管,其空气流速不宜过大,因为空气流速增大会引起系统内气流噪声和管壁振动加大,空气流速增加到一定值后,产生的气流再生噪声甚至会超过消声装置后的计算声压级;风管内的空气流速也不宜过小,否则会使风管的截面积增大,既耗费材料又占用较大的建筑空间,这也是不合理的。因此本条给出了适应四种室内允许噪声级的主管和支管的空气流速范围。

12.1.6 本条规定了机房位置及噪声源的控制。

通风、空气调节与制冷机房是产生噪声和振动的地方,是噪声和振动的发源处,其位置应尽量不靠近有较高隔振和消声要求的房间,否则对周围环境影响颇大。

通风、空气调节与制冷系统运行时,机房内会产生相当高的噪声,一般为 80dB(A)～100dB(A),甚至更高,远远超过环境噪声标准的要求。为了防止对相邻房间和周围环境的干扰,本条规定了噪声源位置在靠近有较高隔振和消声要求的房间时,应采取有效措施。这些措施是在噪声和振动传播的途径上对其加以控制。为了防止机房内噪声源通过空气传声和固体传声对周围环境的影响,设计中应首先考虑采取把声源和振源控制在局部范围内的隔声与隔振措施,如采用实心墙体、密封门窗、堵塞空洞和设置隔振器等,这样做仍达不到要求时,再辅以降低声源噪声的吸声措施。

大量实践证明,这样做是简单易行、经济合理的。

12.1.7 本条规定了室外设备噪声控制。

对露天布置的通风、空气调节和制冷设备及其附属设备,如冷却塔、空气源冷(热)水机组等,其噪声达不到环境噪声标准要求时,亦应采取有效的降噪措施,如在其进、排风口设置消声设备或在其周围设置隔声屏障等。

12.1.8 进、排风口是重点的噪声源,其传播设备噪声并产生气流噪声,应引起注意。

12.2 消声与隔声

12.2.1 本条规定了噪声源声功率级的确定。

进行供暖、通风与空气调节系统消声与隔声设计时,首先必须知道其设备,如通风机、空气调节机组、制冷压缩机和水泵等声功率级,通过计算后再与室内、外允许的噪声标准相比较,最终确定是否需要设置消声和隔声装置。

12.2.2 本条规定了再生噪声与自然衰减量的确定。

当气流以一定速度通过直风管、弯头、三通、变径管、阀门和送、回风口等部件时,由于部件受气流的冲击湍振或因气流发生偏斜和涡流,从而产生气流再生噪声。随着气流速度的增加,再生噪声的影响也随之加大,以至成为系统中的一个新噪声源。所以应通过计算确定所产生的再生噪声级,以便采取适当措施来降低或消除。

本条规定了在噪声要求不高,风速较低的情况下,对于直风管可不计算气流再生噪声和噪声自然衰减量。气流再生噪声和噪声自然衰减量是风速的函数。

12.2.3 本条规定了设置消声装置的条件及消声量的确定。

通风与空气调节系统产生的噪声量应尽量用风管、弯头和三通等部件以及房间的自然衰减降低或消除。当这样做不能满足消声要求时,则应设置消声装置或采取其他消声措施,如采用消声弯头等。消声装置所需的消声量应根据室内所允许的噪声标准和系统的噪声功率级分频带通过计算确定。

12.2.4 本条规定了选择消声设备的原则。

选择消声设备时,首先应了解消声设备的声学特性,使其在各频带的消声能力与噪声源的频率特性及各频带所需消声量相适应。如对中、高频噪声源,宜采用阻性或阻抗复合式消声设备;对于低、中频噪声源,宜采用共振式或其他抗性消声设备;对于脉动低频噪声源,宜采用抗性或微穿孔板阻抗复合式消声设备;对于变频带噪声源,宜采用阻抗复合式或微穿孔板消声设备。其次,还应兼顾消声设备的空气动力特性,消声设备的阻力不宜过大。

12.2.5 本条规定了消声设备的布置原则。

为了减少和防止机房噪声源对其他房间的影响,并尽量发挥消声设备应有的消声作用,消声设备一般应布置在靠近机房的气流稳定的管段上。当消声器直接布置在机房内时,消声器、检查门及消声器后至机房隔墙的那段风管应有良好的隔声措施;当消声器布置在机房外时,其位置应尽量临近机房隔墙,而且消声器前至隔墙的那段风管(包括拐弯静压箱或弯头)也应有良好的隔声措施,以免机房内的噪声通过消声设备本体、检查门及风管的不严密处再次传入系统中,使消声设备输出端的噪声增高。

在有些情况下,如系统所需的消声量较大或不同房间的允许噪声标准不同时,可在总管和支管上分段设置消声设备。在支管或风口上设置消声设备,还可适当提高风管风速,相应减小风管尺寸。

12.2.6 本条规定了管道穿过围护结构的处理。

管道本身会由于液体或气体的流动而产生振动,当与墙壁硬接触时,会产生固体传声,因此应使之与弹性材料接触,同时也为防止噪声通过孔洞缝隙泄露出去而影响相邻房间及周围环境。

12.3 隔 振

12.3.1 本条规定了设置隔振的条件。

通风、空调和制冷装置运行过程中产生的强烈振动,如不予以妥善处理,将会对工艺设备、精密仪器等的工作造成影响,并且有害于人体健康,严重时还会危及建筑物的安全。因此本条规定当通风、空气调节和制冷装置的振动靠自然衰减不能达到允许程度时,应设置隔振器或采取其他隔振措施,这样做还能起到降低固体传声的作用。

12.3.4 本条规定了选择隔振器的原则。

(1)从隔振器的一般原理可知,工作区的固有频率或者说包括振动设备、支座和隔振器在内的整个隔振体系的固有频率,与隔振体系的质量成反比,与隔振器的刚度成正比,也可以借助于隔振器的静态压缩量用下式计算;

$$f_0 = \frac{1}{2\pi}\sqrt{\frac{k}{m}} \approx \frac{5}{\sqrt{x}} \qquad (14)$$

式中:f_0——隔振器的固有频率(Hz);

k——隔振器的刚度(kg/cm^2);

m——隔振体系的质量(kg);

x——隔振器的静态压缩量(cm);

π——圆周率。

振动设备的扰动频率取决于振动设备本身的转速,即:

$$f = \frac{n}{60} \qquad (15)$$

式中:f——振动设备的扰动频率(Hz);

n——振动设备的转速(r/min)。

隔振器的隔振效果一般以传递率表示,它主要取决于振动设备的扰动频率与隔振器的固有频率之比,如忽略系统的阻尼作用,其关系式为:

$$T = \left| \frac{1}{1-\left(\dfrac{f}{f_0}\right)^2} \right| \qquad (16)$$

式中:T——振动传递率。

由式(16)可以看出,当 f/f_0 趋近于 0 时,振动传递率接近于 1,此时隔振器不起隔振作用;当 $f=f_0$ 时,传递率趋于无穷大,表示系统发生共振,这时不仅没有隔振作用,反而使系统的振动急剧增加,这是隔振设计必须避免的;只有当 $f/f_0>\sqrt{2}$ 时,亦即振动传递率小于 1,隔振器才能起作用,其比值愈大,隔振效果愈好。虽然在理论上,f/f_0 愈大愈好,但因设计很低的 f_0,不但有困难、造价高,而且当 $f/f_0>5$ 时,隔振效果提高得也很缓慢,通常在工程设计上选用 $f/f_0=2.5\sim5$。因此规定设备运转频率(即扰动频率或驱动频率)与隔振器的固有频率之比应大于或等于 2.5。

弹簧隔振器的固有频率较低(一般为 2Hz～5Hz),橡胶隔振器的固有频率较高(一般为 5Hz～10Hz),为了发挥其应有的隔振作用,使 $f/f_0=2.5\sim5$,因此本规范规定当设备转速小于或等于 1500r/min 时,宜选用弹簧隔振器;设备转速大于 1500r/min 时,宜选用橡胶等弹性材料垫块或橡胶隔振器。对弹簧隔振器适用范围的限制并不意味着它不能用于高转速的振动设备,而是因为采用橡胶等弹性材料已能满足隔振要求,而且做法简单,比较经济。

原规范规定设备运转频率与弹簧隔振器或橡胶隔振器垂直方向的固有频率之比应大于或等于 2,本次修订改为 2.5 意味着隔振效率从 67% 提高到 80%。各类建筑由于允许噪声的标准不同,因而对隔振的要求也不尽相同。由设备隔振而使与机房毗邻房间内的噪声降低量 NR 可由经验公式(19)得出:

$$NR=12.5\lg(1/T) \tag{17}$$

允许振动传递率 T 随着建筑和设备的不同而不同,对于生产厂房、仓库等,振动传递率 T 值宜在 $0.5\sim0.6$ 之间。

(2)为了保证隔振器的隔振效果并考虑某些安全因素,橡胶隔振器的计算压缩变形量一般按制造厂提供的极限压缩的 $1/3\sim1/2$ 采用;橡胶隔振器和弹簧隔振器所承受的荷载均不应超过允许工作荷载;由于弹簧隔振器的压缩变形量大,阻尼作用小,其振幅也较大,当设备启动与停止运行通过共振区而其共振振幅达到最大时,有可能对设备及基础起破坏作用。因此条文中规定,当共振振幅较大时,弹簧隔振器宜与阻尼大的材料联合使用。

(3)当设备的运转频率与弹簧隔振器或橡胶隔振器垂直方向的固有频率之比为 2.5 时,隔振效率约为 80%,自振频率之比为 4~5 时,隔振效率大于 93%,此时的隔振效果才比较明显。在保证稳定性的条件下,应尽量增大这个比值。根据固体声的特性,低频声域的隔声设计应遵循隔振设计的原则,即仍遵循单自由度系统的强迫振动理论,高频声域的隔声设计不再遵循单自由度系统的强迫振动理论,此时必须考虑到声波沿着不同介质传播所发生的现象,这种现象的原理是十分复杂的,它既包括在不同介质中介封上的能量反射,也包括在介质中被吸收的声波能量。根据上述现象及工程实践,在隔振器与基础之间再设置一定厚度的弹性隔振垫,能够减弱固体声的传播。

12.3.5 本条规定了对隔振台座的要求。

加大隔振台座的质量及尺寸等是为了加强隔振基础的稳定性和降低隔振器的固有频率,提高隔振效果。设计安装时,要使设备的重心尽量落在各隔振器的几何中心上,整个振动体系的重心要尽量低,以保证其稳定性。同时应使隔振器的自由高度尽量一致,基础底面也应平整,使各隔振器在平面上均匀对称,受压均匀。

12.3.6、12.3.7 这两条规定了减缓固体传振和传声的措施。

为了减缓通风机和水泵设备运行时,通过刚性连接的管道产生的固体传振和传声,同时防止这些设备设置隔振器后,由于振动加剧而导致管道破裂或设备损坏,其进、出口宜采用软管与管道连接。这样做还能加大隔振体系的阻尼作用,降低通过共振时的振幅。同样道理,为了防止管道将振动设备的振动和噪声传播出去,支、吊架与管道间应设弹性材料垫层。管道穿过机房围护结构处,其与孔洞之间的缝隙应使用具备隔声能力的弹性材料填充密实。

12.3.8 这两条规定了浮筑双隔振台座的适用条件。

一般采用预制混凝土板作为设备的配重,安装于设备减振台座和楼板之间,预制混凝土板和楼板之间再设橡胶减振垫,因此称为"浮筑双隔振台座"。通过这种减振方式,实质上降低了设备的重心,改变了设备的固有振动频率,措施得当时能起到较好的效果。

13 绝热与防腐

13.1 绝　　热

13.1.1 本条规定了需要保温的条件。

为减少设备与管道的散热损失、节约能源、保持生产及输送能力,改善工作环境、防止烫伤,应对设备、管道及其附件、阀门等进行保温。其中对于设备与管道表面温度超过 50℃ 的保温要求中不包括室内供暖管道。由于空调、通风、供暖系统需要进行保温的设备和管道种类较多,本条仅原则性地提出应该保温的部位和要求。

13.1.2 本条规定了需要保冷的条件。

为减少设备与管道的冷损失、节约能源、保持和发挥生产及输送能力、防止表面结露、改善工作环境,应对设备、管道及其附件、阀门等进行保冷。由于空调系统需要进行保冷的设备和管道种类较多,本条仅原则性地提出应该保冷的部位和要求。

13.1.3 本条规定了保冷和保温的基本要求。

本条仅原则性地提出管道保冷、保温应该达到的效果。特别需要指出的是,水源热泵系统的水源环路应根据当地气象参数做好保冷(温)或防凝露措施;全年供冷的冷却水管应保温。

室外架空管道无论采用闭孔或非闭孔绝热材料,均应设保护层,防止日晒雨淋对绝热构造造成破坏或者加速绝热层老化。

13.1.4 本条规定了保冷、保温材料的选择要求。

本条重点强调用在空气调节及制冷系统的保冷材料的性能应符合现行国家标准《设备及管道绝热设计导则》GB/T 8175 的要求。保冷与保温的要求不同,保冷特别强调材料的湿阻因子 μ 要大,吸水性要小的特性。现行国家标准《柔性泡沫橡塑绝热制品》

GB/T 17794 中说明湿阻因子是用以衡量保冷材料的抗水渗透能力,即空气的水蒸气扩散系数 D 与材料的透湿系数 δ 之比。

对于低温管道,保持材料的内、外壁两侧始终存在着温差和湿度差,在水汽分压差的持续作用下,水汽会不可避免地渗入保冷材料内部,因水的导热系数[0.56W/(m·K)]十数倍于材料的初始导热系数,故材料的导热系数会逐渐增高,致使原有按初始导热系数选定的保冷层厚度变得不足而产生结露。保冷材料的湿阻因子 μ,即抗水汽渗透能力至关重要,它直接关系到保冷材料的使用寿命。

随着我国对工厂安全生产的重视,对于绝热材料的燃烧性能要求会越来越高,因此有必要提出所使用的绝热材料的燃烧性能满足相应的防火规范的要求;防火规范主要是现行国家标准《建筑设计防火规范》GB 50016。

13.1.5 本条规定了保温保冷的计算规则。

设备和管道的保冷及保温层厚度应按照现行国家标准《设备及管道绝热设计导则》GB/T 8175 中给出的方法计算确定。国家建筑标准设计图集《管道与设备绝热》(K507—1~2、R418—1~2)对不同使用环境、不同介质参数、不同保温材料、不同热价条件下的绝热层经济厚度给出了详细的数据,可参考使用。

13.2 防 腐

13.2.1 本条规定了设备、管道及其部件、配件的防腐材料及防腐设计要求。

设备、管道及其它们配套的部件、配件等所接触的介质是包括了内部输送的介质与外部环境接触的物质。工业建筑中的设备、管道使用的环境条件较复杂,有些使用场合条件比较恶劣。设计应针对条件,正确选择使用防腐材料。

13.2.2 本条规定了金属设备与管道外表面的防腐要求。

一般情况下,有色金属、不锈钢管、不锈钢板、镀锌钢管、镀锌钢板、非金属和用作保护层的铝板都具有较好的耐腐蚀能力,不需要涂漆。但这些金属材料与特定的物质接触时也会产生防腐。如铝、锌材料不耐酸、碱性介质,不耐氯、氯化氢和氟化氢,也不适用于铜、汞、铅等金属化合物粉末作用的部位;奥氏体铬镍不锈钢不耐盐酸、氯气等含氯离子的物质。因此这类金属在非正常使用环境条件下,也应注意防腐蚀工作。

防腐蚀涂料有很多类型,适用于不同环境大气条件。对于一般防腐蚀,应选用价格便宜的涂料,如酚醛、醇酸等。环氧树脂、聚氨酯、橡胶等涂料,由于它们优良的防腐蚀性和较高的价格,主要用于防腐程度较高或重要的设备及管道防腐。用于酸性介质环境时,宜选用氯化橡胶、聚氨酯、环氧、聚氯乙烯萤丹、丙烯酸氨酯、丙烯酸环氧、环氧沥青等涂料;用于弱酸性介质环境时,可选用醇酸涂料等;用于碱性介质环境时,宜选用环氧涂料等;用于室外环境时,可选用氯化橡胶、脂肪属聚氨酯、高氯化聚乙烯、丙酸聚氨酯、醇酸等;用于对涂层有耐磨要求时,宜选用树脂玻璃鳞片涂料。

为保证涂层的使用效果和寿命,涂层的底层涂料、中间涂料与面层涂料应选用相互间结合良好的涂层配套。

13.2.3 本条规定了埋地管道防腐要求的原则。

为保证管道的使用寿命,埋地管道应根据土壤腐蚀性等级进行防腐处理,其防腐涂料可选用石油沥青或环氧煤沥青。

土壤腐蚀性等级及防腐涂料等级要求见表 13。

表 13 土壤腐蚀性等级及防腐涂料等级

土壤腐蚀性等级	土壤腐蚀性质					防腐等级	涂层总厚度
	电阻率 (W·m)	含盐量 (质量比%)	含水量 (质量比%)	电流密度 (mA/cm³)	pH 值		
强	<50	>0.75	>12	>0.3	<3.5	特级加强	≥7.0
中	50~100	0.05~0.75	5~12	0.025~0.3	3.5~4.5	加强级	≥5.5
弱	>50	<0.05	<5	<0.025	4.5~5.5	普通级	≥4.0

表 13 中其中任何一项超过表指标者,防腐等级应提高一级;埋地管道穿越道路、沟渠以及改变埋设深度时的弯管处,防腐等级应为特加强级。

13.2.4 本条是关于表面除锈的规定。

为保证涂层质量,涂漆前设备与管道的外表面均需进行表面除锈处理,表面应平整,无附着物(油污、焊渣、毛刺、铁锈等)。一般情况下,在防腐工程施工验收规范中都有规定。特殊要求是设计根据设备及管道使用环境条件所规定的除锈等级方式,如喷射或抛丸除锈、火焰除锈、化学除锈等。

13.2.5 本条规定了与奥氏体不锈钢表面接触的绝热材料的相关要求。

氯离子、氟离子会引起奥氏体不锈钢表面产生应力裂纹,而硅酸盐、钠离子的存在则会对其应力腐蚀起到抑制作用。现行国家标准《工业设备及管道绝热工程施工规范》GB 50126 中规定:用于奥氏体不锈钢设备及管道上的绝热材料,其氯化物、氟化物、硅酸盐、钠离子含量的规定如下:

$$\lg(y\times10^4)\leqslant0.188+0.655\lg(x\times10^4) \tag{18}$$

式中:y——测得的(CL^-+F^-)离子含量$<0.060\%$;

x——测得的($Na^++SiO_3^{2-}$)离子含量$<0.005\%$。

离子含量的对应关系对照见表 14。

表 14　离子含量的对应关系对照

$CL^-+F^-(y)$		$Na^++SiO_3^{-2}(x)$	
%	μg/g	%	μg/g
0.0020	20	0.0050	50
0.0030	30	0.010	100
0.0040	40	0.015	150
0.0050	50	0.020	200
0.0060	60	0.026	260

CL⁻＋F⁻(y)		Na⁺＋SiO₃⁻²(x)	
%	μg/g	%	μg/g
0.0070	70	0.034	340
0.0080	80	0.042	420
0.0090	90	0.050	500
0.010	100	0.060	600
0.020	200	0.18	1800
0.030	300	0.30	3000
0.040	400	0.50	5000
0.050	500	0.70	7000
0.060	600	0.90	9000

附录 A 室外空气计算参数

A.0.1 表 A.0.1-1 全部采用了现行国家标准《民用建筑供暖通风与空气调节设计规范》GB 50736—2012 附录 A 的数据,本规范未作修改。现行国家标准《民用建筑供暖通风与空气调节设计规范》GB 50736—2012 附录 A 的说明如下:

本附录提供了我国除香港、澳门特别行政区,台湾外 28 个省级行政区、4 个直辖市所属 294 个台站的室外空气计算参数。由于台站迁移、观测条件不足等因素,个别台站的基础数据缺失,统计年限不足 30 年。统计年限不足 30 年的计算结果在使用时应参照邻近台站数据进行比较、修正。咸阳、黔南州及新疆塔城地区等个别台站的湿球温度无记录,可参考表 15 的数值选取。

本附录绝大部分台站基础数据的统计年限为 1971 年 1 月 1 日至 2000 年 12 月 31 日。在标准编制过程中,编制组与国家气象信息中心合作,投入了很大的精力整理计算室外空气计算参数,为了确保方法的准确性,编制组提取了 1951—1980 年的数据进行整理,并与《工业企业供暖通风和空气调节设计规范》TJ 19—75 进行比对,最终确定了各个参数的确定方法。本标准编制初期是 2009 年,还没有 2010 年的基础数据,由于气象部门的整编数据是以 1 为起始年份,每十年进行一次整编,因此编制组选用 1971 年至 2000 年的数据整理计算形成了附录 A(注:即本规范表 A.0.1-1)。2010 年底,标准编制进入末期,为了能使设计参数更具时效性,编制组又联合气象部门计算整理了以 1981 年至 2010 年为基础数据的室外空气计算参数。经过对比,1981 年至 2010 年的供暖计算温度、冬季通风室外计算温度及冬季空气调节室外计算温度上升较为明显,夏季空气调节室外计算温度等夏季计算参数也有小幅上升。

以北京为例,供暖计算温度为－6.9℃,已经突破了－7℃。不同统计年份下,北京、西安、乌鲁木齐、哈尔滨、广州、上海的室外空气计算参数比对情况见表16。

据气象学人士的研究:自20世纪60年代起,乌鲁木齐、青岛、广州等台站的年平均气温均表现为显著的上升趋势,21世纪前几年,极端最高气温的年际值都比多年平均值偏高。同时,20世纪60年代中后期和70年代中期是极端低温事件发生的高频时段,20世纪70年代初和80年代初是极端高温事件发生的低频时段,20世纪90年代后期是极端高温事件发生的高频时期。因此,室外空气计算参数的结果也随之发生变化。表16可以看出1951—1980年的室外空气计算参数最低,这是由于1951—1980年是极端最低气温发生频率较高的时期;1971—2000年由于气温逐渐升高,室外空气气象参数也随之升高,1981—2010年则更高。考虑到近两年来冬季气温较往年同期有所下降,如果选用1981—2010年的计算数据,对工程设计尤其是供暖系统的设计影响较大,为使数据具有一定的连贯性,编制组在广泛征求行业内部专家学者意见的基础上,最终决定选用1971—2000年作为本标准室外空气计算参数的统计期,形成表A.0.1(注:即本规范表A.0.1-1)。

表15　部分台站夏季空调室外计算湿球温度参考值

市/区/ 自治州	咸阳	黔南州	博尔塔拉 蒙古自治州	阿克苏 地区	塔城地区	克孜勒苏 柯尔克孜 自治州
台站名称	武功	罗甸	精河	阿克苏	塔城	乌恰
	57034	57916	51334	51628	51133	51705
统计期	1981—2010	1981—2010	1981—2010	1981—2010	1981—2010	1981—2010
夏季空气 调节室外 计算湿球 温度(℃)	27.0	27.8	26.2	25.7	22.9	19.4

表 16　室外空气计算参数对比

台站名称及编号	北京			西安①			乌鲁木齐		
	54511			57036			51463		
统计年份	1981 — 2010	1971 — 2000	1951 — 1980	1981 — 2005	1971 — 2000	1951 — 1980	1981 — 2010	1971 — 2000	1951 — 1980
年平均温度（℃）	12.9	12.3	11.4	14.2	13.7	13.3	7.3	7.0	5.7
供暖室外计算温度（℃）	−6.9	−7.6	−9	−3.0	−3.4	−5	−18.6	−19.7	−22
冬季通风室外计算温度（℃）	−3.1	−3.6	−5	0.3	−0.1	−1	−12.1	−12.7	−15
冬季空气调节室外计算温度（℃）	−9.4	−9.9	−12	−5.5	−5.7	−8	−23.1	−23.7	−27
冬季空气调节室外计算相对湿度（%）	43	44	45	64	66	67	78	78	80
夏季空气调节室外计算干球温度（℃）	34.1	33.5	33.2	35.2	35.0	35.2	33.0	33.5	34.1
夏季空气调节室外计算湿球温度（℃）	27.3	26.4	26.4	26.0	25.8	26	23.0	18.2	18.5
夏季通风室外计算温度（℃）	30.3	29.7	30	30.5	30.6	31	27.1	27.5	29
夏季通风室外计算相对湿度（%）	57	61	64	57	58	55	35	34	31

续表 16

台站名称及编号	北京			西安①			乌鲁木齐		
	54511			57036			51463		
统计年份	1981 — 2010	1971 — 2000	1951 — 1980	1981 — 2005	1971 — 2000	1951 — 1980	1981 — 2010	1971 — 2000	1951 — 1980
夏季空气调节室外计算日平均温度（℃）	29.7	29.6	28.6	31.0	30.7	30.7	28.1	28.3	29
极端最高气温（℃）	41.9	41.9	37.1	41.8	41.8	39.4	40.6	42.1	38.4
极端最低气温（℃）	−17.0	−18.3	−17.1	−14.7	−12.8	−11.8	−30	−32.8	−29.7

台站名称及编号	哈尔滨			广州			徐汇	上海②
	50953			59287			58367	
统计年份	1981 — 2010	1971 — 2000	1951 — 1980	1981 — 2005	1971 — 2000	1951 — 1980	1971 — 2000	1951 — 1980
年平均温度（℃）	4.9	4.2	3.6	22.4	22.0	21.8	16.1	15.7
供暖室外计算温度（℃）	−23.4	−24.2	−26	8.2	8.0	7	−0.3	−2
冬季通风室外计算温度（℃）	−17.6	−18.4	−20	13.9	13.6	13	4.2	3
冬季空气调节室外计算温度（℃）	−26.6	−27.1	−29	6.0	5.2	5	−2.2	−4

台站名称及编号	哈尔滨			广州			徐汇	上海[②]
	50953			59287			58367	
统计年份	1981 — 2010	1971 — 2000	1951 — 1980	1981 — 2005	1971 — 2000	1951 — 1980	1971 — 2000	1951 — 1980
冬季空气调节室外计算相对湿度(%)	71	73	74	70	72	70	75	75
夏季空气调节室外计算干球温度(℃)	30.9	30.7	30.3	34.8	34.2	33.5	34.4	34
夏季空气调节室外计算湿球温度(℃)	24.6	23.9	23.4	28.5	27.8	27.7	27.9	28.2
夏季通风室外计算温度(℃)	26.9	26.8	27	32.2	31.8	31	31.2	32
夏季通风室外计算相对湿度(%)	62	62	61	66	68	67	69	67
夏季空气调节室外计算日平均温度(℃)	26.6	26.3	26	31.1	30.7	30.1	30.8	30.4
极端最高气温(℃)	39.2	36.7	34.2	39.1	38.1	36.3	39.4	36.6
极端最低气温(℃)	−37.7	−37.7	−33.4	0.0	0.0	1.9	−10.1	−6.7

注:西安站由于迁站或者台站号改变造成数据不完整,2006—2010 年数据缺失。

上海市气象台站由于迁站等原因,数据十分不连续,基本基准站里仅徐汇站数据较为完整,且只有截至1998 年的数据。由于1951—1980 年的数据没有徐汇站(或站名改变),台站编号不确定,故分开表示。

表 15 和表 16 引自现行国家标准《民用建筑供暖通风与空气调节设计规范》GB 50736—2012。

表 A.0.1-2 提供了我国除香港、澳门特别行政区以及台湾外的 27 个省级行政区、4 个直辖市所属 270 个台站的 4 个室外空气计算参数值,是对室外空气计算参数(一)的补充。目前掌握的基础数据有限,因此与表 A.0.1-1 的气象台站数量不能一一对应。

A.0.2 夏季设计用逐时新风计算焓值按以下方法计算:首先用各气象站点历史观测得到的室外空气参数进行插值,得到累年逐时的空气参数,并求得累年逐时室外空气焓值。将累年焓值数据分别按照出现时刻 1~24 时分为 24 组,每组分别由大到小排序,逐时刻取第 $7n+1$ 个数值作为该时刻的计算焓值,由此可以得到 24 个时刻的夏季设计用逐时新风计算焓值。其中 n 为室外气象参数的统计年数。

在使用室外空气参数插值计算累年逐时空气参数的过程中,使用的是干球温度和绝对湿度。使用绝对湿度代替相对湿度进行插值的原因,一是避免了相对湿度在某些时刻出现突变对插值结果的影响,二是避免了先求四次定时焓值再插值计算逐时焓值。

以北京夏季设计用逐时新风计算焓值为例,将 30 年室外空气焓值按每一时刻降序排列,取每一时刻平均每年不保证 7 小时,即 30 年不保证 210 小时的焓值作为该时刻的计算焓值。图 7 为逐时焓值按时刻排列的分布(仅显示最大 250 个小时的数据),图示曲线上的点即为每一时刻按降序排列的第 211 个数值,取作该时刻的设计用新风计算焓值。

在现有的单点新风焓值计算中,均采用室外空调计算干、湿球温度确定设计焓值,即采用累年平均每年不保证 50h 的干、湿球温度。编制组认为对于逐时计算焓值曲线,其峰值应该与现有不保证 50h 的湿球温度对应。通过对北京、上海、广州、哈尔滨、西安、成都等城市的夏季逐时新风计算焓值的统计,发现 24 时刻分别不保证 7 小时的空气焓值中的最大值,与全年不保证

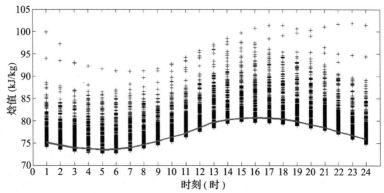

图 7　北京夏季逐时新风计算焓值统计结果

50 小时的焓值基本相符,因而选择不保证 7 小时作为统计方法。图 8 对比了全国部分主要城市用现有不保证 50h 的湿球温度计算得到的单点焓值与本规范所采用的统计方法得到的曲线,可以看出本规范统计方法得到的曲线峰值与现有计算方法基本对应。

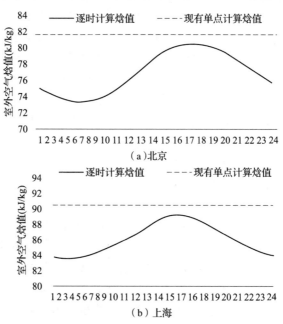

（a）北京

（b）上海

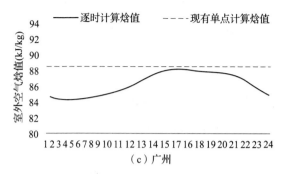

（c）广州

图 8　设计用夏季逐时计算焓值

　　由逐时曲线亦可看出，对于大部分城市，夏季逐时计算焓值为近似的正弦曲线，而亦有部分城市逐时焓值日变化不明显或不规律。与湿球温度相对应，北方寒冷干燥城市的焓值日较差一般大于南方温暖潮湿城市。

附录 E 夏季空气调节设计用大气透明度分布图

夏季空气调节设计用大气透明度等级分布图,其制订条件是在标准大气压力下,大气质量 $M=2$,($M = \dfrac{1}{\sin\beta}$,β 为太阳高度角,这里取 $\beta=30°$)。

根据本附录所标定的计算大气透明度等级,再按本规范第 4.3.4 条表 4.3.4 进行大气压力订正,即可确定出当地的计算大气透明度等级。本附录是根据我国气象部门有关科研成果中给出的我国七月大气透明度分布图,并参照全国日照率等值线图改制的。

附录 F 加热由门窗缝隙渗入室内的 冷空气的耗热量

冷风渗透耗热量的计算方法共给出三种,设计中采用哪一种根据工程情况确定。缝隙法适于计算生活、行政辅助建筑物以及辅助用室(包括值班室、控制室、休息室等)的冷风渗透耗热量,百分率附加法适合于计算生产厂房、仓库、公用辅助建筑物内除辅助用室外的部分,换气次数法适合于计算气密性差的建筑物或建筑在不避风的高地、河边、海岸、旷野上的建筑物。

在采用缝隙法进行计算时,本附录沿用原规范以单纯风压作用下的理论渗透冷空气量 L_0 为基础的模式。

(1)在确定 L_0 时,应用通用性公式(F.0.2)进行计算。原因是规范难以涵盖目前出现的多种门窗类型,且同一类型门窗的渗风特性也有不同,而因计算条件的改变以风速分级的计算列表也无必要。式(F.0.3)中的外门窗缝隙渗风系数 α_1 值可由供货方提供,或根据现行国家标准《建筑外门窗气密、水密、抗风压性能分级及检测方法》GB/T 7106,按表 F.0.3 采用。

(2)根据朝向修正系数 n 的定义和统计方法,v_0 应当与 $n=1$ 的朝向对应,而该朝向往往是冬季室外最多风向;若 n 值以一月平均风速为基准进行统计,v_0 应当取为一月室外最多风向的平均风速。考虑一月室外最多风向的平均风速与冬季室外最多风向的平均风速相差不大,且后者可较为方便地应用《供暖通风与空气调节气象资料集》,本附录式(F.0.3)中的 v_0 取为冬季室外最多风向的平均风速。

(3)本附录采用冷风渗透压差综合修正系数 m 的概念,取代原规范中渗透冷空气的综合修正系数 m。本附录中 m 值的计算式(F.0.4-1)对原规范中风压与热压共同作用时的压差叠加方式进行了修改,并引入热压系数 C_r 和风压差系数 ΔC_f,使其成为反映综合压差的物理量,当 $m > 0$ 时,冷空气渗入。

(4)当渗透冷空气流通路径确定时,热压系数 C_r 仅与建筑内部隔断情况及缝隙渗风特性相关。因建筑日趋多样化,且确定 C_r 的解析值需求解非线性方程,获取 C_r 的理论值非常困难。本附录根据典型建筑门窗设置情况及其缝隙特性,通过对相关参数的数量级分析,提供了热压系数 C_r 的推荐值。一般认为,渗透冷空气经外窗、内(房)门、前室门和楼梯间(电梯间)门进入气流竖井。表F.0.4 中,若前室门或楼梯间(电梯间)设门,则 $0.2 \leqslant C_r \leqslant 0.6$;否则 $C_r \geqslant 0.6$。对于内(房)门也是如此。所谓密闭性好与差是相对于外窗气密性而言的。C_r 的幅值范围应为 $0 \sim 1.0$,但为便于计算且偏安全,可取下限为 0.2。有条件时,应进行理论分析与实测。

(5)风压差系数 ΔC_f 不仅与建筑表面风压系数 C_f 相关,而且与建筑内部隔断情况及缝隙渗风特性相关。当建筑迎风面与背风面内部隔断等情况相同时,ΔC_f 仅与 C_f 相关;当迎风面与背风面 C_f 分别取绝对值最大,即 1.0 和-0.4 时,$\Delta C_f = 0.7$,可见该值偏于安全。有条件时,应进行理论分析与实测。

(6)因热压系数 C_r 对热压差与风压差均有作用,本附录中有效热压差与有效风压差之比 C 值的计算式(F.0.4-2)中不包括 C_r,且以风压差系数 ΔC_f 取代原规范中建筑表面风压系数 C_f。

(7)竖井计算温度 t'_n,应根据楼梯间等竖井是否供暖等情况经分析确定。

附录 G 渗透冷空气量的朝向修正系数 n 值

本附录给出的全国 104 个城市的渗透冷空气量的朝向修正系数 n 值,是参照国内相关资料提出的方法,通过具体地统计气象资料得出的。所谓渗透冷空气量的朝向修正系数,仍是 1971—1980 年累年一月份各朝向的平均风速、风向频率和室内外温差三者的乘积与其最大值的比值,即以渗透冷空气量最大的某一朝向 $n=1$,其他朝向分别采取 $n<1$ 的修正系数。在本附录中所列的 104 个城市中,有一小部分城市 $n=1$ 的朝向不是供暖问题比较突出的北、东北或西北,而是南、西南或东南等。如乌鲁木齐南向 $n=1$,北向 $n=0.35$;哈尔滨南向 $n=1$,北向 $n=0.30$。有的单位反映这样规定不尽合理,有待进一步研究解决。考虑到各地区的实际情况及小气候等因素的影响,为了给设计人员留有选择的余地,在本附录的表述中给予一定的灵活性。

附录 H 自然通风的计算

本附录列出的自然通风计算方法是适用于热车间自然通风的比较常用的计算方法。

本附录 H.0.3 中的散热量有效系数 m 值，其影响因素较多，如热源的布置情况、热源的高度和辐射强度等。一个热车间当热源的布置、保温等情况一定时，就有一个客观存在的 m 值，它可以通过实测得到比较符合实际的数值。其他相同或类似布置的热车间就可以沿用这个实测数据进行设计计算。不是每种类型的热车间都有实测数据，这样就会给热车间的自然通风计算带来困难。经过对一些资料的分析对比，本附录给出了式(H.0.3)的计算方法，该计算公式除考虑了热设备占地面积的因素外，还考虑了热设备的高度和辐射强度对 m 值的影响，比较全面，计算结果比较切合实际。

附录 K　除尘风管的最小风速

　　本附录给出的除尘风管最小风速是根据国内外有关资料归纳整理的。由于所依据的资料较多,所载数据不尽相同。取舍的原则是:凡数据有出入的,按与其关系最直接的部门的数据采用。

　　设计工况和通风标准工况相近时,最低风速不应低于本附录表 K.0.1 中的数值;如两者相差较大,则应根据气体含尘浓度、粉尘密度和粒径、气体温度、气体密度等另行确定除尘风管最小风速。

S/N:1580242·753

统一书号：1580242·753

定　　价：128.00元

中国计划出版社　真伪查询

增值服务

网址：www.jhpress.com
电话：400-670-9365

进入官方微信
刮涂层查真伪

9 158024 275308

UDC

中华人民共和国国家标准

P

GB 50019－2015

工业建筑供暖通风
与空气调节设计规范

Design code for heating ventilation and
air conditioning of industrial buildings

2015－05－11 发布　　　　2016－02－01 实施

中华人民共和国住房和城乡建设部
中华人民共和国国家质量监督检验检疫总局　联合发布